한 권으로 끝내는

SPSS & AMOS

Mastering
SPSS & AMOS

Statistical Package for the Social Sciences
Analysis of Moment Structures

김석우 · 김윤용 · 구경호 · 김형란 · 서원석 · 이승배 · 장재혁 공저

학지사

머리말

최근 4차 산업혁명과 AI혁명의 바람이 거세게 불어왔다. 또한 SPSS(Statistical Package for the Social Sciences)와 AMOS(Analysis of Moment Structures) 프로그램의 버전도 26.0까지 업그레이드가 되었다. 이러한 변화와 '회귀와 효과' 영역에 대한 독자들의 바람을 반영하여 SPSS와 AMOS 프로그램을 활용할 수 있도록 책의 내용과 체제를 구성하였다.

이 책은 제1장 '데이터 다루기'를 포함하여 총 5부 21장으로 구성하였다. 제1장 '데이터 다루기'를 시작으로 Part Ⅰ 기술통계 및 χ^2분석은 기술통계 및 빈도분석, 다중반응분석, 교차분석과 χ^2검정, 신뢰도분석을, Part Ⅱ 차이 분석은 t검정(t-test), 변량분석(ANOVA), 공변량분석(ANCOVA), 중다변량분석(MANOVA)을, Part Ⅲ 인과분석은 상관분석, 정준상관분석, 다중회귀분석, 매개효과 분석, 조절효과 분석, 로지스틱 회귀분석을, Part Ⅳ 분류분석은 군집분석, 판별분석, 요인분석을, Part Ⅴ 구조방정식은 경로분석, 확인적 요인분석, 구조방정식을 내용으로 하고 있다.

이 책의 특징은 데이터 분석의 실무에서 많이 취급되는 분석기법을 중심으로 그 내용을 강화하였다는 것이다. 그 예로 기초 분석에서 교차분석과 χ^2분석을 함께 취급함으로써 기초적 데이터 분석의 활용도를 높였다. 그리고 실무활용도가 높은 매개효과와 조절효과를 Part Ⅲ의 인과분석에서 자세히 설명함으로써 인과분석뿐만 아니라 구조분석과 같은 고급 통계분석을 쉽게 이해하고 분석자의 영역에서 필요한 데이터 분석을 어려움

없이 활용할 수 있도록 친절하게 설명하고 있다.

코로나19와 더불어 어려운 출판환경임에도 불구하고 기꺼이 출간을 맡아 주신 학지사 김진환 사장님, 김은석 이사님 그리고 이 책의 출간을 위해 수고해 주신 편집부 황미나 과장님께 감사의 말씀을 전한다.

2022년 3월
금정산 연구실에서
집필진 대표 김석우

차례

제7장 변량분석(ANOVA) 175

제8장 공변량분석(ANCOVA) 201

제9장 중다변량분석(MANOVA) 227

Part Ⅲ 인과분석

제10장 상관분석 269

Part V
구조방정식

제1장

데이터 다루기

1. 설문지 코딩하기
2. 데이터의 입력과 저장
3. 데이터 불러오기
4. 데이터 편집
5. 표와 그래프

1 설문지 코딩하기

어떤 조사나 연구를 위해서 설문지를 작성하고, 설문지 내용을 분석하기 위해서 코딩을 한다. 〈표 1-1〉은 교사들의 성취평가제에 대한 교사의 관심도를 측정하기 위한 설문지 문항의 일부이다.

〈표 1-1〉 설문지 예시

1. 학교유형: ① 전문계 (∨) ② 일반계 ( ) ③ 특목고 ( )

2. 교과:
   ① 국어 ( ) ② 영어 ( ) ③ 수학 ( )
   ④ 사회 ( ) ⑤ 과학 ( ) ⑥ 예체 ( ) ⑦ 전문 (∨)

3. 담당학년: ① 1학년 (∨) ② 2학년 ( ) ③ 3학년 ( )

4. 보직:
   ① 교장 ( ) ② 교감 ( ) ③ 부장 ( ) ④ 일반 (∨)

5. 성별: ① 남 (∨) ② 여 ( )

6. 경력: 만 (11)년

7. 연수횟수: 총 (3)회

8. 나는 성취평가제에 대해 학생들이 어떤 태도를 갖는지에 관해 관심이 있다.

매우 아니다	다소 아니다	보통이다	다소 그렇다	매우 그렇다
1 ( )	2 ( )	3 (∨)	4 ( )	5 ( )

9. 나는 가르치고 싶은 내용과 성취평가제에서 요구하는 내용이 달라 갈등을 느낀다.

1 ( )	2 ( )	3 (∨)	4 ( )	5 ( )

10. 나는 성취평가제가 활용될 수 있는 여러 상황이 무엇인지 알고 싶다.

1 ( )	2 ( )	3 ( )	4 (∨)	5 ( )

11. 나는 다른 교사들이 성취평가제를 어떻게 실행하고 있는지 알고 싶다.

1( )	2( )	3(∨)	4( )	5( )

12. 현재 나는 다른 중요한 사안들로 인하여 성취평가제에 관심을 기울이지 못한다.

1( )	2( )	3(∨)	4( )	5( )

설문을 통해서 자료를 수집한 후에는 데이터 보기에서 응답 자료를 입력하기 위해서 부호화 또는 기호화해야 한다. 이렇게 응답 자료를 컴퓨터 프로그램이 처리할 수 있도록 변수에 따라서 부호화 또는 기호화하는 것을 코딩(coding)이라 한다.

첫 번째로, 응답자를 구분해야 한다. 보통은 개인별로 아이디(ID)를 부여한다. 아이디는 100명 미만이면 01, 02, 03, …… 순으로, 1000명 미만이면 001, 002, 003, …… 순으로 부여한다.

두 번째로, 학교유형, 교과, 성별과 같은 단일 선택 변수는 내용별로 숫자를 부여한다. 예를 들면, 전문계 고등학교는 1, 일반계 고등학교는 2, 특수목적 고등학교는 3으로 하고, 성별에서 남자는 1, 여자는 2로 숫자를 부여한다.

세 번째로, 경력이나 연수 횟수와 같은 변수는 직접 그 숫자를 기록하는 것이 분석에 효율적이다.

네 번째로, 관심이나 선호도를 묻는 변수는 관심이나 선호가 낮은 순에서 높은 순으로 1～5 또는 1～7 등의 숫자를 부여하거나 부정적 관심 또는 부정적 선호를 포함하는 것을 표현하려면 −2, −1, 0, 1, 2 등으로 숫자를 부여한다. 코딩을 하는 과정과 변수 내용을 정리하여 코딩 가이드를 작성하는 것이 필요하다(〈표 1-2〉 참조).

〈표 1-2〉 코딩 가이드 예시

문항번호	변수	코딩 내용	비고
.	아이디	001부터	
1	학교유형	1=전문계, 2=일반계, 3=특목고	
2	교과	1=국어, 2=영어, 3=수학, 4=사회, 5=과학, 6=예체, 7=전문	
3	담당학년	1=1학년, 2=2학년, 3=3학년	
4	보직	1=교장, 2=교감, 3=부장, 4=일반	

5	성별	1=남성, 2=여성, 3=양성	
6	경력	1=1년 이하, 2=2년 이하, 3=3년 이하, ……	연수를 기록
7	연수횟수	1=1회, 2=2회, 3=3회, ……	횟수를 기록
8~12	관심도	1=매우 아니다, 2=다소 아니다, 3=보통이다, 4=다소 그렇다, 5=매우 그렇다	

앞의 설문지 문항을 변수로 하여 응답 결과를 코딩하면 〈표 1-3〉과 같다.

〈표 1-3〉 코딩 결과 예시

변수 아이디	학교 유형	교과	담당 학년	보직	성별	경력	연수 횟수	문항 8	문항 9	문항 10	문항 11	문항 12
001	1	7	1	4	1	11	3	3	3	4	3	3
002	1	7	3	3	1	12	2	5	5	5	5	6
003	1	7	2	4	2	5	0	3	4	3	4	4
004	1	7	2	4	2	10	1	4	3	4	4	3

이제 코딩한 자료를 SPSS에 입력한다. SPSS의 데이터 편집기를 열면 '데이터 보기'가 열려 있는 상태이다. 왼쪽 아래에 '데이터 보기'와 '변수 보기'가 있다([그림 1-1] 참조).

[그림 1-1] SPSS의 데이터 보기: 빈 창

SPSS에서 데이터 보기 창을 열어서 직접 데이터를 입력하려면 먼저 변수 보기 창을 열어서 변수들의 이름을 정하는 것이 필요하다. 이때 변수 이름은 설문지에서 보는 각 문항의 내용이나 문항 번호로 정하는 것이 좋다. [그림 1-2]를 기준으로 변수 이름을 정하면, 학교유형, 교과, 담당학년, 보직, 성별, 경력, 연수횟수, 그리고 문항008, 문항009, 문항010, 문항011, 문항012로 한다.

	이름	유형	너비	소수점이...	레이블	값	결측값	열	맞춤	측도	역할
1	아이디	문자	8	0		지정않음	지정않음	8	왼쪽	명목형(N)	입력
2	학교유형	숫자	8	0		{1, 전문계고...	지정않음	8	오른쪽	명목형(N)	입력
3	교과	숫자	8	0		{1, 국어}...	99	8	오른쪽	명목형(N)	입력
4	담당학년	숫자	8	0		{1, 1학년}...	9	8	오른쪽	명목형(N)	입력
5	보직	숫자	8	0		{1, 교장}...	9	8	오른쪽	명목형(N)	입력
6	성별	숫자	8	0		{1, 남자}...	9	8	오른쪽	명목형(N)	입력
7	경력	숫자	8	0		지정않음	99	8	오른쪽	척도	입력
8	연수횟수	숫자	8	0		{0, 0회}...	9	8	오른쪽	척도	입력
9	문항008	숫자	8	0	나는 성취평가...	지정않음	지정않음	8	오른쪽	척도	입력
10	문항009	숫자	8	0	나는 가르치고 ...	지정않음	지정않음	8	오른쪽	척도	입력
11	문항010	숫자	8	0	나는 성취평가...	지정않음	지정않음	8	오른쪽	척도	입력
12	문항011	숫자	8	0	나는 다른 교사...	지정않음	지정않음	8	오른쪽	척도	입력
13	문항012	숫자	8	0	현재 나는 다른 ...	지정않음	지정않음	8	오른쪽	척도	입력

[그림 1-2] SPSS의 변수 보기: 입력 후

변수 이름을 입력할 때 '여백'을 사용해서는 안 된다. 예를 들면, '학교 유형'이 아니라 붙여서 '학교유형'으로 하여야 한다. &, *, %, $, #, @ 등 특수문자를 사용해서도 안 된다. 그리고 ALL, ASYMMETRIC, BOTH, CASE, DISTINCT, FROM, ITEM, LEADING, NOT, SYMMETRIC, TRAILING, WHEN 같은 ESQL 예약 키워드는 변수 이름으로 사용할 수 없다. 특히 문항 번호로 변수 이름을 정할 때는 숫자가 앞서지 않도록 주의한다. 예를 들면, 10문항이나 11문항으로 하지 말고 문항10, 문항11로 하여야 한다. 변수 이름이 설정되면 설문을 통해서 수집된 자료, 즉 케이스를 SPSS의 데이터 보기 화면에서 입력한다.

2 데이터의 입력과 저장

데이터를 직접 SPSS에 입력하고 저장하는 방법과 Excel에 입력하고 SPSS에 불러오는 방법이 있다.

1) SPSS에서 입력하는 경우

SPSS 프로그램을 실행한 후 데이터 편집기 창에서 데이터를 직접 입력한다.

케이스별로 입력하는 경우는 가장 먼저 첫 행의 1열 아이디에 코딩된 내용(01 또는 001 등)을 입력한다. 이때 아이디에 001을 입력하면 1로 나타나는 경우가 있다. 이것은 변수 보기에서 유형을 숫자에서 문자로 바꾸지 않았기 때문이다. 변수 보기로 가서 유형을 문자로 바꾼 후에 다시 데이터 보기를 클릭하고 아이디 아래 셀에 001로 입력하면 된다. 다음으로 커서를 이용하여 오른쪽으로 두 번째 셀로 이동한 후에 학교 유형 데이터를 입력한다. 이런 식으로 오른쪽으로 가면서 마지막 문항까지 입력 후에 저장한다.

변수별로 입력하는 경우는 첫 행, 1열에 아이디 001을 입력하고 엔터키를 사용하여 아래쪽 둘째 행, 1열로 이동하여 002를 입력한다. 이런 식으로 입력을 마친 후에 저장한다.

	아이디	학교유형	교과	담당학년	보직	성별	경력	연수횟수	문항008	문항009	문항010	문항011	문항012
1	001	1	7	1	4	1	11	3	3	3	4	3	3
2	002	1	7	3	3	1	12	2	5	5	5	5	6
3	003	1	7	2	4	2	5	0	3	4	3	4	4
4	004	1	7	2	4	2	10	1	4	3	4	4	3
5	005	1	7	1	4	1	28	0	2	3	4	3	3
6	006	1	7	1	4	1	5	1	5	7	7	7	5
7	007	1	5	1	4	1	37	2	5	4	5	4	5
8	008	1	5	2	4	2	2	0	3	6	4	4	4
9	009	1	2	3	4	1	28	1	5	5	4	6	5
10	010	1	4	2	4	2	13	2	3	2	5	5	4
11	011	1	5	1	4	2	8	2	3	6	2	3	5
12	012	1	3	3	3	1	28	2	4	2	3	4	3
13	013	1	2	3	3	1	19	1	2	5	4	4	5
14	014	1	2	2	3	1	26	1	3	4	4	4	4
15	015	1	1	3	4	2	10	1	3	5	3	5	3
16	016	1	1	2	4	1	15	2	7	5	7	7	5
17	017	1	7	2	3	2	24	1	3	3	5	3	4
18	018	1	1	1	4	2	25	1	4	4	5	3	6
19	019	1	5	1	4	1	19	1	4	4	4	3	4
20	020	1	3	2	4	1	8	2	3	6	5	2	5
21	021	1	1	3	3	1	21	2	4	3	3	7	1
22	022	1	7	2	4	2	2	1	3	5	7	5	5
23	023	1	4	3	4	1	28	2	3	3	3	3	5
24	024	1	6	2	4	1	6	2	3	5	5	5	5
25	025	1	3	2	4	1	10	2	4	5	4	4	5
26	026	1	2	2	4	1	7	1	3	5	3	3	1

데이터 보기(D) 변수 보기(V)

more 코딩된 데이터의 오류를 찾는 방법

많은 자료를 코딩하다 보면 잘못된 데이터로 인해 고생하는 경우가 많다. 빈도분석과 데이터 편집기 창의 **찾기**를 통해 오류를 쉽게 찾을 수 있다. 우선, 빈도분석을 통해 반응의 통계치를 구한 다음, 결과를 살펴보고, 데이터 편집기 창의 **편집 → 찾기**를 통해 잘못 입력된 데이터를 찾아 고치면 된다.

2) Excel에서 입력하는 경우

코딩된 데이터를 Excel 프로그램에서 입력하는 경우, 먼저 첫 번째 행의 왼쪽에서 오른쪽으로 변수 이름을 입력한다.

변수 이름을 입력한 후에 케이스별로 가로 방향으로 아이디, 학교유형, 교과, 담당학년 등의 순서로 입력한다.

변수별로 입력하는 경우는 세로 방향으로 데이터를 넣고 엔터를 쳐서 아래 방향으로 이동하면서 계속 입력한다. 입력을 마친 후에는 다른 이름으로 저장한다.

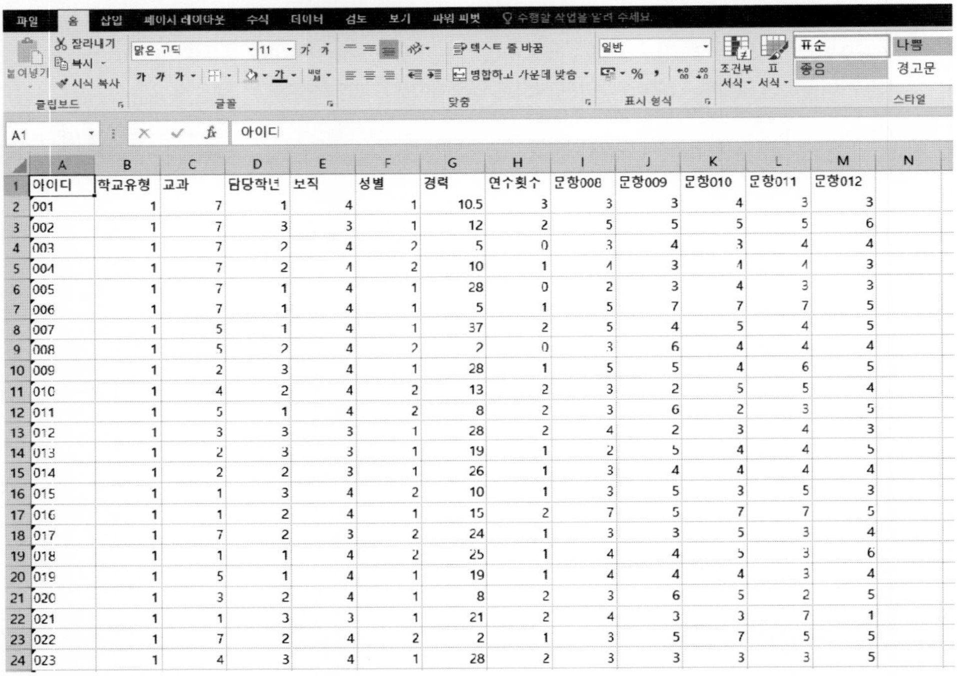

	A	B	C	D	E	F	G	H	I	J	K	L	M	N
1	아이디	학교유형	교과	담당학년	보직	성별	경력	연수횟수	문항008	문항009	문항010	문항011	문항012	
2	001	1	7	1	4	1	10.5	3	3	3	4	3	3	
3	002	1	7	3	3	1	12	2	5	5	5	5	6	
4	003	1	7	2	4	2	5	0	3	4	3	4	4	
5	004	1	7	2	4	2	10	1	4	3	4	4	3	
6	005	1	7	1	4	1	28	0	2	3	4	3	3	
7	006	1	7	1	4	1	5	1	5	7	7	7	5	
8	007	1	5	1	4	1	37	2	5	4	5	4	5	
9	008	1	5	2	4	2	2	0	3	6	4	4	4	
10	009	1	2	3	4	1	28	1	5	5	4	6	5	
11	010	1	4	2	4	2	13	2	3	2	5	5	4	
12	011	1	5	1	4	2	8	2	3	6	2	3	5	
13	012	1	3	3	3	1	28	2	4	2	3	4	3	
14	013	1	2	3	3	1	19	1	2	5	4	4	5	
15	014	1	2	2	3	1	26	1	3	4	4	4	4	
16	015	1	1	3	4	2	10	1	3	5	3	5	3	
17	016	1	1	2	4	1	15	2	7	5	7	7	5	
18	017	1	7	2	3	2	24	1	3	3	5	3	4	
19	018	1	1	1	4	2	25	1	4	4	5	3	6	
20	019	1	5	1	4	1	19	1	4	4	4	3	4	
21	020	1	3	2	4	1	8	2	3	6	5	2	5	
22	021	1	1	3	3	1	21	2	4	3	3	7	1	
23	022	1	7	2	4	2	2	1	3	5	7	5	5	
24	023	1	4	3	4	1	28	2	3	3	3	3	5	

more 첫 행에 변수 이름 입력하기

첫 행에 변수 이름을 입력하지 않는 경우, 작업에 번거로움이 있거나 심하면 오류를 범한다. 그리고 이 자료를 SPSS로 불러올 때 Excel에 입력된 데이터 순서와 SPSS에서 입력한 변수 이름의 순서가 일치하는지를 확인하는 것이 필요하다.

3 데이터 불러오기

1) SPSS에서 입력한 데이터 파일(*.sav)을 불러올 경우

I

데이터 편집기 창에서 **파일 → 열기 → 데이터**를 클릭한다.

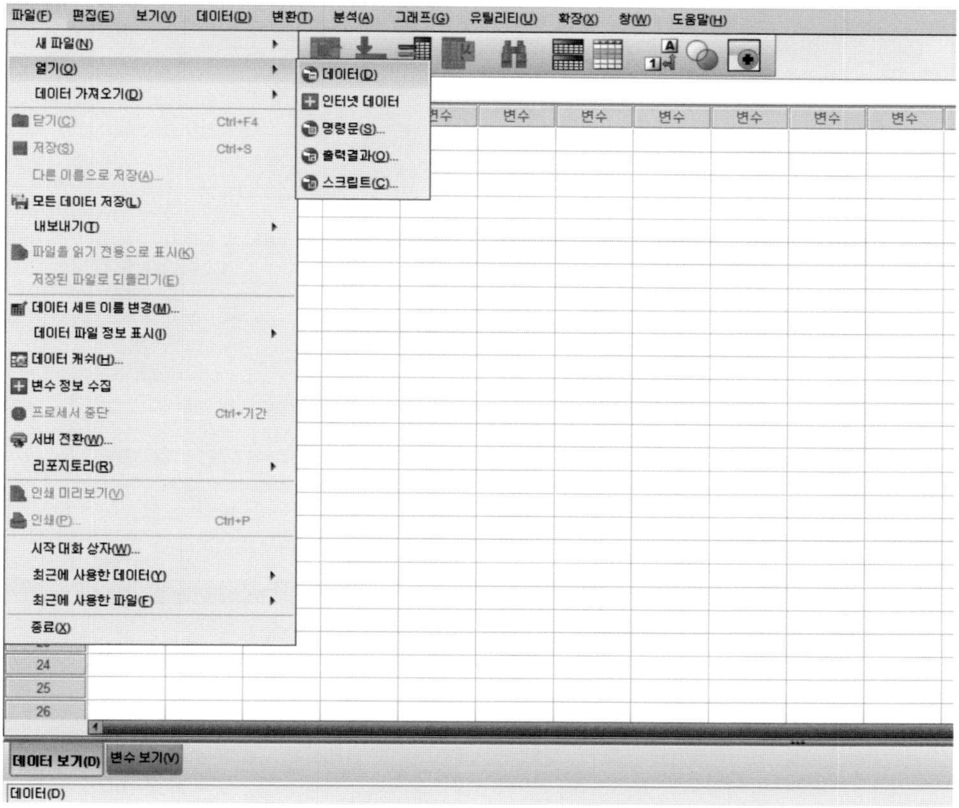

2

데이터 열기의 찾아보기에서 폴더를 찾아서 이동하여 자신이 저장한 파일 이름을 선택한다. 여기서는 'SPSS 교재 개발' 폴더 안의 '(간편) 0723 성취평가제 관심도.sav' 파일이다.

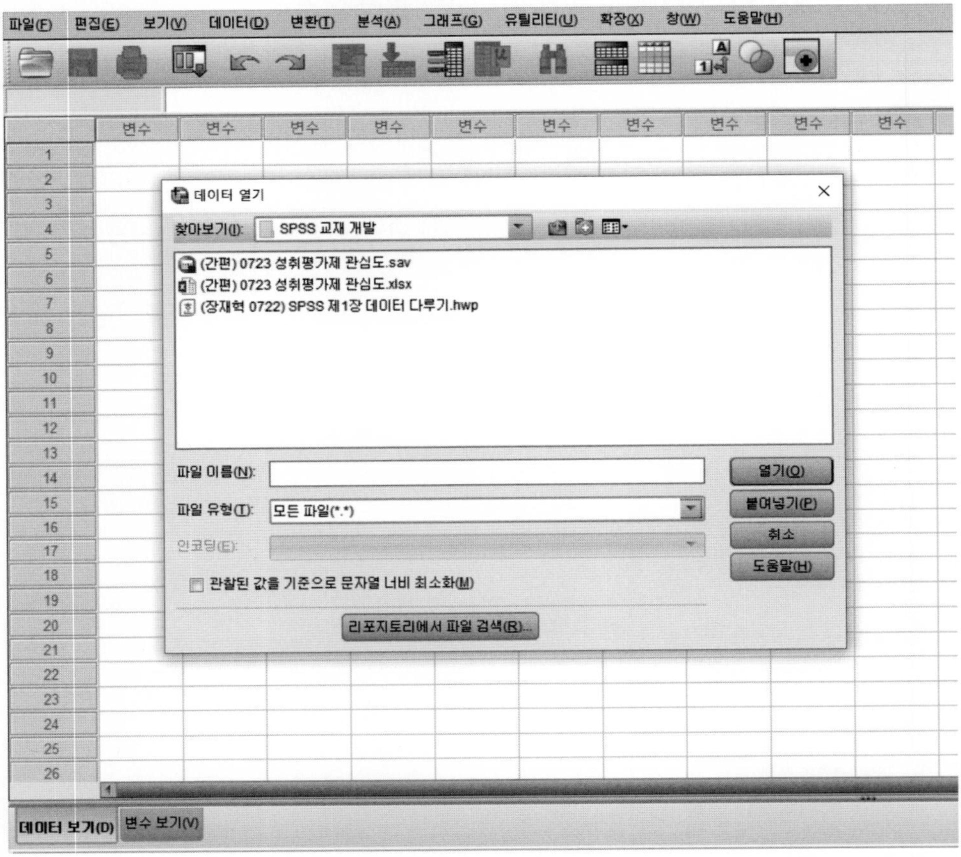

2) Excel에서 입력한 데이터(*.xls)를 불러올 경우

(1) 복사하여 붙여넣기

I

저장된 Excel 데이터를 불러오고 마우스로 원하는 자료의 범위를 드래그한 후 마우스의 오른쪽 버튼을 클릭하여 **복사**를 클릭한다.

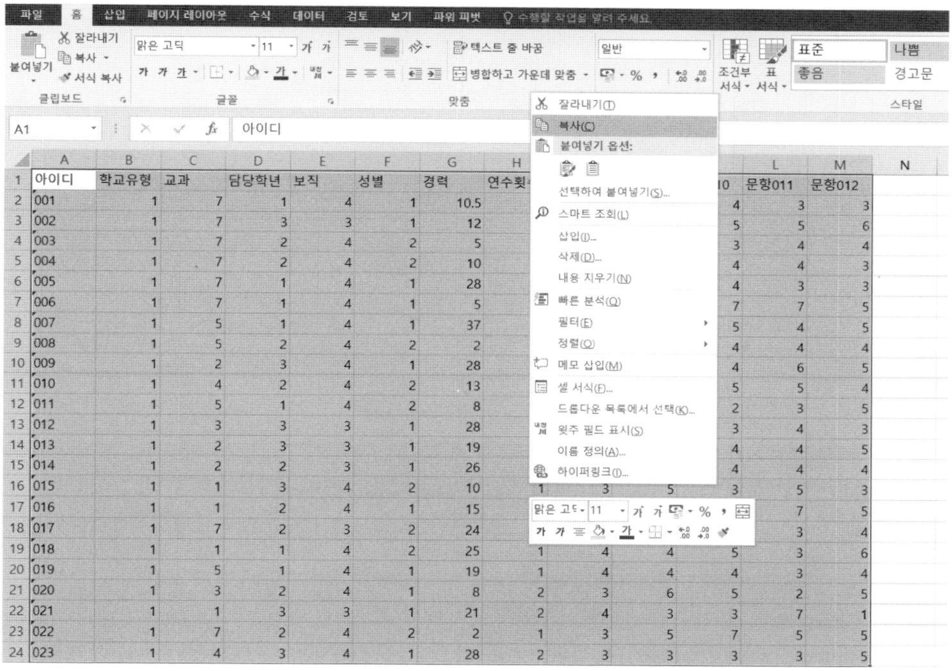

2

SPSS 프로그램을 실행한 후 데이터 편집기 창을 연다. 그리고 마우스의 오른쪽 버튼을 클릭하면 붙여넣기와 변수 이름으로 붙여넣기가 보인다. Excel에 첫 행에서 변수 이름이 지정되어 있을 때는 **변수 이름으로 붙여넣기**를 클릭한다.

3

첫 행에 변수 이름이 지정되어 있지 않을 때는 붙여넣기를 선택하고 변수 이름을 따로 변수 보기에서 지정해 주어야 한다. Excel의 첫 행에 변수 이름이 지정되어 있을 때는 **변수 이름으로 붙여넣기**를 클릭하면 다음과 같이 저장된다. 이때 변수 아이디는 변수 보기에서 유형을 숫자가 아닌 '문서'로 미리 지정해 주어야 한다.

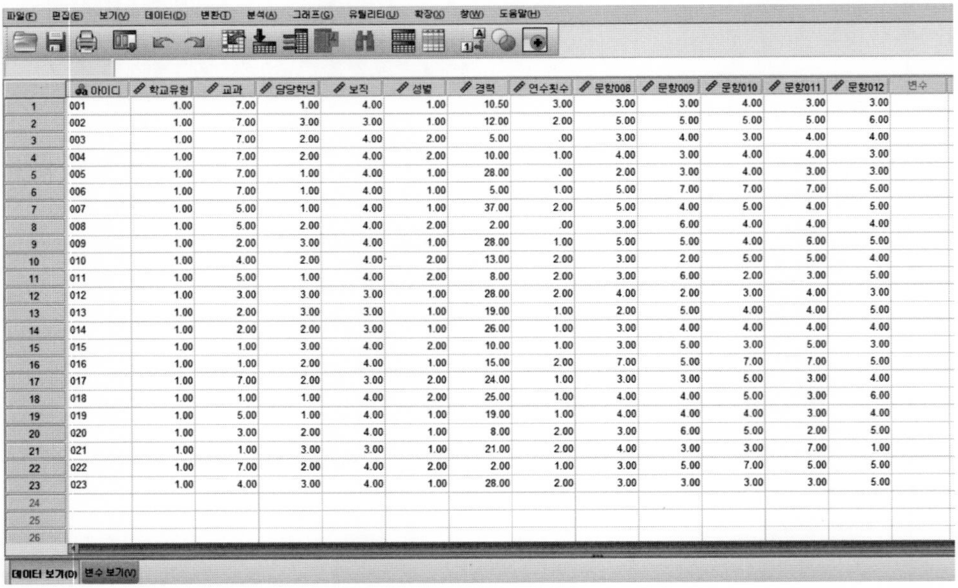

	아이디	학교유형	교과	담당학년	보직	성별	경력	연수횟수	문항008	문항009	문항010	문항011	문항012	변수
1	001	1.00	7.00	1.00	4.00	1.00	10.50	3.00	3.00	3.00	4.00	3.00	3.00	
2	002	1.00	7.00	3.00	3.00	1.00	12.00	2.00	5.00	5.00	5.00	5.00	6.00	
3	003	1.00	7.00	2.00	4.00	2.00	5.00	.00	3.00	4.00	3.00	4.00	4.00	
4	004	1.00	7.00	2.00	4.00	2.00	10.00	1.00	4.00	3.00	4.00	4.00	3.00	
5	005	1.00	7.00	1.00	4.00	1.00	28.00	.00	2.00	3.00	4.00	3.00	3.00	
6	006	1.00	7.00	1.00	4.00	1.00	5.00	1.00	5.00	7.00	7.00	7.00	5.00	
7	007	1.00	5.00	1.00	4.00	1.00	37.00	2.00	5.00	4.00	5.00	4.00	5.00	
8	008	1.00	5.00	2.00	4.00	2.00	2.00	.00	3.00	6.00	4.00	4.00	4.00	
9	009	1.00	2.00	3.00	4.00	1.00	28.00	1.00	5.00	5.00	4.00	6.00	5.00	
10	010	1.00	4.00	2.00	4.00	2.00	13.00	2.00	3.00	2.00	5.00	5.00	4.00	
11	011	1.00	5.00	1.00	4.00	2.00	8.00	2.00	3.00	6.00	2.00	3.00	5.00	
12	012	1.00	3.00	3.00	3.00	1.00	28.00	2.00	4.00	2.00	3.00	4.00	3.00	
13	013	1.00	2.00	3.00	3.00	1.00	19.00	1.00	2.00	5.00	4.00	4.00	5.00	
14	014	1.00	2.00	2.00	3.00	1.00	26.00	1.00	3.00	4.00	4.00	4.00	4.00	
15	015	1.00	1.00	3.00	4.00	2.00	10.00	1.00	3.00	5.00	3.00	5.00	3.00	
16	016	1.00	1.00	2.00	4.00	1.00	15.00	2.00	7.00	5.00	7.00	7.00	5.00	
17	017	1.00	7.00	2.00	3.00	2.00	24.00	1.00	3.00	3.00	5.00	3.00	4.00	
18	018	1.00	1.00	1.00	4.00	2.00	25.00	1.00	4.00	4.00	5.00	3.00	6.00	
19	019	1.00	5.00	1.00	4.00	1.00	19.00	1.00	4.00	4.00	4.00	3.00	4.00	
20	020	1.00	3.00	2.00	4.00	1.00	8.00	2.00	3.00	6.00	5.00	2.00	5.00	
21	021	1.00	1.00	3.00	3.00	1.00	21.00	2.00	4.00	3.00	3.00	7.00	1.00	
22	022	1.00	7.00	2.00	4.00	2.00	2.00	1.00	3.00	5.00	7.00	5.00	5.00	
23	023	1.00	4.00	3.00	4.00	1.00	28.00	2.00	3.00	3.00	3.00	3.00	5.00	
24														
25														
26														

(2) SPSS 데이터 편집기 창에서 Excel 자료 불러오기

1

Excel 데이터를 불러오기 위해 SPSS 데이터 편집기 창에서 **파일 → 열기 → 데이터**를 클릭하면 데이터 열기 창이 열린다. 이때 찾아보기에서 해당 파일을 불러와야 한다. 이때 파일 유형을 Excel 또는 모든 파일로 바꾸어야 한다.

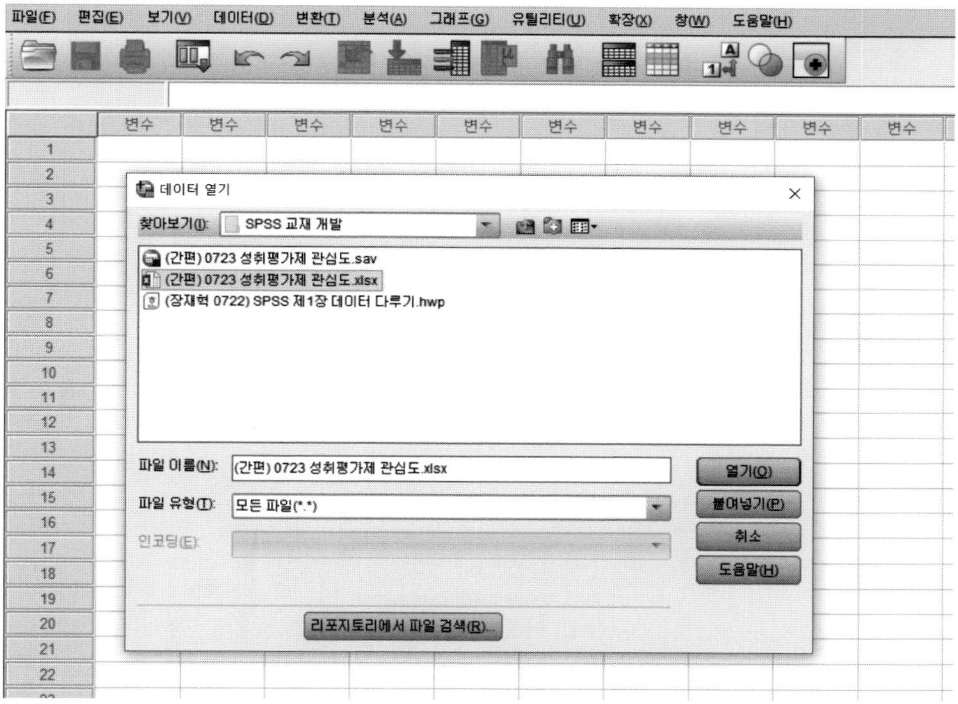

2

해당 파일을 선택하면 아래 창이 뜨는데, Excel 파일에서 첫 행에 변수 이름이 정해져 있으면 첫 번째 항목인 **데이터 첫 행에서 변수 이름 읽어오기**를 체크하고 **확인**을 클릭한다.

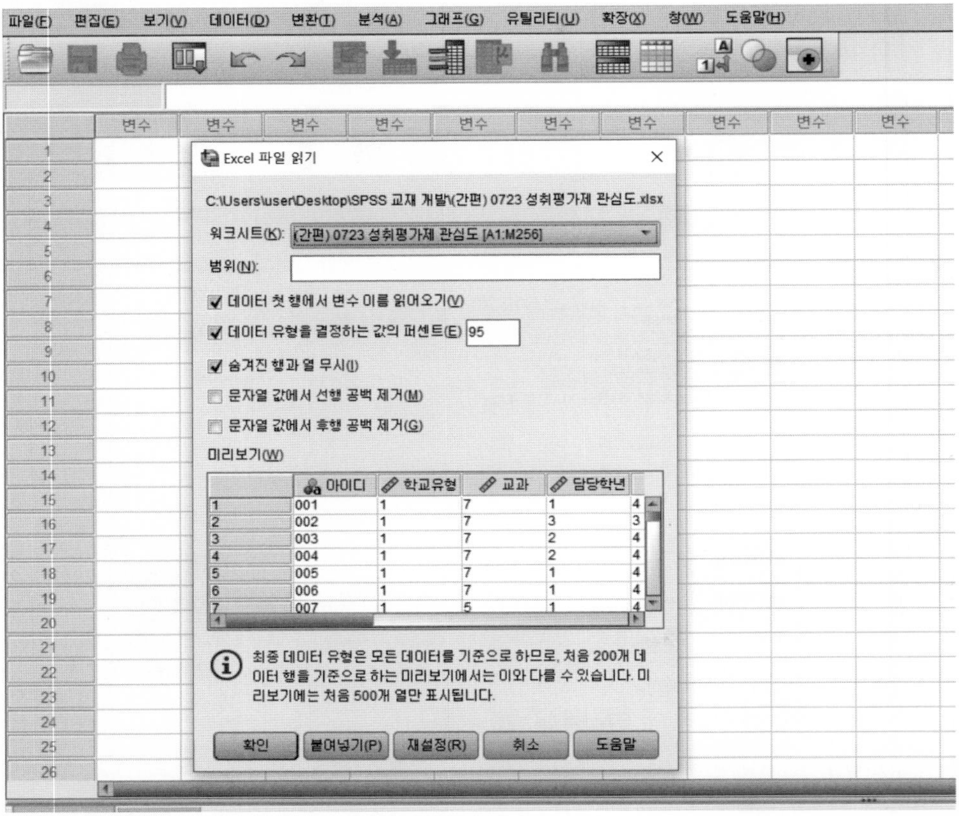

3

해당 파일은 다음과 같은 모양으로 SPSS 데이터 편집기에서 열린다. 변수 보기에 가서 데이터 형식을 조절해야 한다. 자세한 설명은 데이터 편집에서 다룬다.

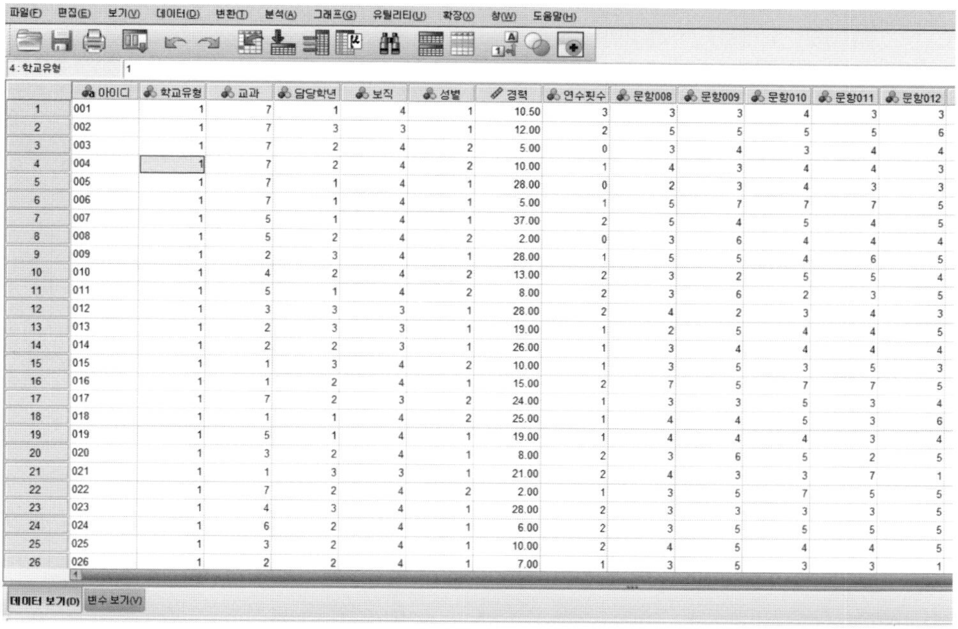

	아이디	학교유형	교과	담당학년	보직	성별	경력	연수횟수	문항008	문항009	문항010	문항011	문항012
1	001	1	7	1	4	1	10.50	3	3	3	4	3	3
2	002	1	7	3	3	1	12.00	2	5	5	5	5	6
3	003	1	7	2	4	2	5.00	0	3	4	3	4	4
4	004	1	7	2	4	2	10.00	1	4	3	4	4	3
5	005	1	7	1	4	1	28.00	0	2	3	4	3	3
6	006	1	7	1	4	1	5.00	1	5	7	7	7	5
7	007	1	5	1	4	1	37.00	2	5	4	5	4	5
8	008	1	5	2	4	2	2.00	0	3	6	4	4	4
9	009	1	2	3	4	1	28.00	1	5	5	4	6	5
10	010	1	4	2	4	2	13.00	2	3	2	5	5	4
11	011	1	5	1	4	2	8.00	2	3	6	2	3	5
12	012	1	3	3	3	1	28.00	2	4	2	3	4	3
13	013	1	2	3	3	1	19.00	1	2	5	4	4	5
14	014	1	2	2	3	1	26.00	1	3	4	4	4	4
15	015	1	1	3	4	2	10.00	1	3	5	3	5	3
16	016	1	1	2	4	1	15.00	2	7	5	7	7	5
17	017	1	7	2	3	2	24.00	1	3	3	5	3	4
18	018	1	1	1	4	2	25.00	1	4	4	5	3	6
19	019	1	5	1	4	1	19.00	1	4	4	4	3	4
20	020	1	3	2	4	1	8.00	2	3	6	5	2	5
21	021	1	1	3	3	1	21.00	2	4	3	3	7	1
22	022	1	7	2	4	2	2.00	1	3	5	7	5	5
23	023	1	4	3	4	1	28.00	2	3	3	3	3	5
24	024	1	6	2	4	1	6.00	2	3	5	5	5	5
25	025	1	3	2	4	1	10.00	2	4	5	4	4	5
26	026	1	2	2	4	1	7.00	1	3	5	3	3	1

4 데이터 편집

데이터 편집기(Data editor)의 메뉴는 파일, 편집, 보기, 데이터, 변환, 분석, 그래프, 유틸리티, 확장, 창, 도움말로 구성되어 있다([그림 1-3] 참조). 각 메뉴의 세부 항목들을 학습함으로써 데이터를 분석하고 편집하는 역량을 강화할 수 있고, 이는 독자의 연구 역량을 강화하는 것으로 이어질 것이다.

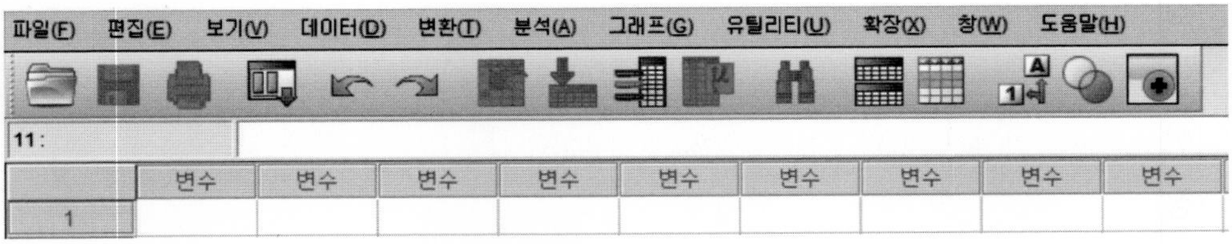

[그림 1-3] SPSS 메뉴

1) SPSS의 메뉴

- **파일**: 파일 메뉴는 새로운 파일의 생성, 기존의 다른 파일 열기, 다른 형태로 입력된 데이터 가져오기, 저장과 다른 이름으로 저장, 내보내기, 인쇄를 하위 항목으로 한다.
- **편집**: 편집 메뉴는 실행 취소, 재실행, 잘라내기, 복사, 붙여넣기, 변수삽입, 케이스삽입, 데이터 파일검색, 찾기, 이동, 그리고 언어, 뷰어, 출력결과, 차트, 피벗표, 명령문 편집기 등에 대한 옵션을 하위 항목으로 한다.
- **보기**: 보기 메뉴는 상태줄표시, 도구모음, 메뉴편집기, 글꼴, 격자선, 값 레이블, 변수를 하위 항목으로 한다. 특히 도구모음을 선택하면 사용자 정의가 있고, 사용자 정의를 선택하면 도구모음을 편집할 수 있는 창이 열린다.
- **데이터**: 데이터 메뉴는 변수특성정의, 측정수준설정, 데이터 특성복사, 날짜 및 시간 정의, 다중반응 변수군정의, 데이터 검증, 중복케이스식별, 특이케이스식별, 데이터 세트비교, 데이터통합, 케이스 정렬, 케이스 선택, 변수 정렬, 전치, 파일합치기, 파일 분할, 가중케이스 등을 하위 항목으로 한다. 특히 케이스 선택, 가중케이스, 케이스 정렬, 파일합치기, 데이터통합 등은 다수의 연구자가 공동연구를 하는 경우에 자주 사용하는 항목이다.
- **변환**: 변환 메뉴는 하위 항목으로 변수계산, 코딩변경, 더미변수작성, 순위변수생성, 시계열변수생성, 결측값 대체, 난수생성기 등을 하위 항목으로 한다. 연구자는 변수계산, 코딩변경, 결측값 대체에 익숙해질 필요가 있다.
- **분석**: 분석 메뉴는 보고서, 기술통계량, 표, 평균비교, 분산분석을 포함하는 일반선형분석, 회귀분석, 요인분석을 포함하는 차원축소, 신뢰도를 포함하는 척도분석, 시계열분석, 결측값분석, 시뮬레이션, AMOS를 하위 항목으로 한다.
- **그래프**: 그래프 메뉴는 차트 작성기, 그래프 보드 양식 선택기, Weibull 도표, 부집단 비교, 회귀변수도표, 각종 차트와 산점도를 하위 항목으로 하는 레거시 대화상자로 구

성되어 있다.

- 유틸리티: 유틸리티 메뉴는 변수, 변수 매크로 정의, 변수군 정의, 변수군 사용, OMS 제어판, OMS 식별자, 피벗표를 사용한 계산, 스트립트 실행 등을 하위 항목으로 한다.
- 확장: 확장 메뉴는 확장허브, 로컬확장 번들설치, 사용자 대화상자, 그리고 확장번들 생성과 확장번들 편집을 포함하는 유틸리티를 하위 항목으로 한다.
- 창: 창 메뉴는 분할, 창 최소화, 지정된 뷰어로 이동, 지정된 명령문으로 이동, 대화상자 크기 및 위치 재설정을 하위 항목으로 한다.
- 도움말: 도움말 메뉴는 SPSS 지원, SPSS 포럼, PDF 형식의 문서, 명령문 참조, 호환성 보고서 도구 등을 하위 항목으로 한다.

〈표 1-4〉 SPSS 메뉴 개요

메뉴	개요
파일(File)	새로 SPSS 파일을 작성하거나 기존의 작성된 파일을 불러올 수 있고, 텍스트 파일 및 기타 응용 프로그램에서 작성된 파일을 변환하여 읽을 수 있음
편집(Edit)	편집 메뉴로 작성된 자료와 명령문을 편집 · 복사하는 역할을 수행함
보기(View)	상태 표시바와 툴바의 표시, 글꼴, 격자선을 설정하거나 해제하고 변수값 설명이나 데이터 설명에 대한 출력을 제어함
데이터(Data)	데이터 메뉴에서 작성된 자료를 사용자가 원하는 방식으로 정렬, 병합, 전치, 변환함으로써 자료 파일에 전반적인 변화를 가져오게 함
변환(Transform)	데이터 파일에서 이미 작성된 자료와 변수들을 새로운 값과 수식을 가지고 변환함
분석(Analysis)	각종 통계분석 방법을 사용하여 자료를 분석함
그래프(Graphs)	막대도표, 원도표, 산점도 같은 그래프를 작성하여 분석을 보다 용이하게 함
유틸리티(Utilities)	파일이나 변수의 정보를 표시하고 변수 세트를 설정함
확장 (Extensions)	확장은 SPSS의 기능을 확장하는 사용자 정의 구성요소임. 확장 프로그램은 확장 번들(.spe 파일)에 패키지되어 있으며 모든 사용자가 만들고 연결된 확장 번들을 공유하여 다른 사용자와 공유함
창(Window)	창 메뉴로 SPSS 창 간에 전환하거나 열려 있는 SPSS 창을 모두 아이콘으로 표시할 수 있음
도움말(Help)	도움말 메뉴로 SPSS 인터넷 홈페이지에 연결하거나 SPSS에서 사용할 수 있는 기능에 대한 온라인 도움말을 볼 수 있음

2) 변수 설정

변수 설정은 데이터 편집기의 변수 보기 창에서 변수에 대한 정보를 설정하는 것이다. 변수 보기 창에서 이름, 유형, 너비, 소수점 이하 자릿수, 레이블, 값, 결측값, 열, 맞춤, 측도, 역할을 설정한다.

more 데이터 보기 창과 변수 보기 창

창 하단에 데이터 보기(Data view) 창과 변수 보기(Variable view) 창이 구분되어 있다. 변수 보기 창을 이용하여 변수 정의를 하면 편리하다.

1

데이터 편집기 창의 **파일 → 열기 → 데이터**로 파일을 불러와서 아래 왼쪽의 데이터 보기 옆에 있는 **변수 보기**를 클릭한다.

2

이름에서는 더블클릭하여 변수명을 적는다.

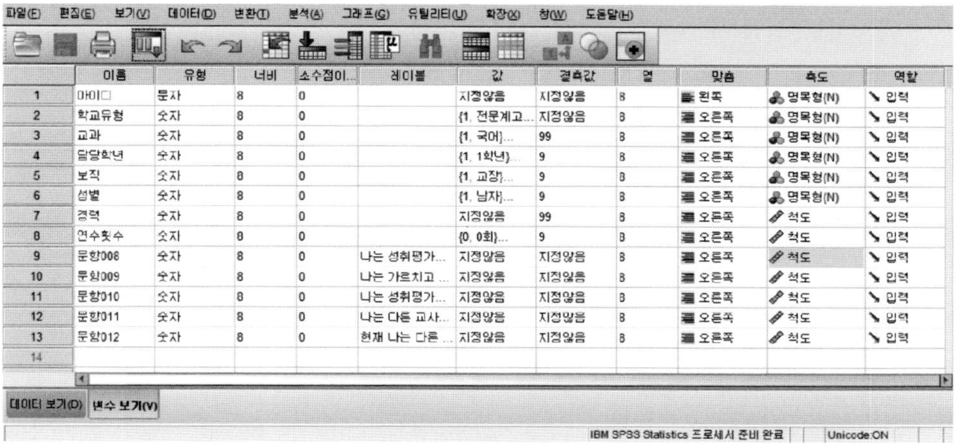

〈표 1-5〉 변수 보기 개요

변수 보기	개요
이름(Name)	특수문자 사용은 불가, (_)는 사용 가능, 동일한 이름 사용 불가, 숫자로 시작할 수 없음
유형(Type)	변수의 형태를 나타냄. 숫자는 양적 변수, 문자열은 질적 변수를 입력하는 데 사용됨
너비(Width)	입력 자료의 자릿수를 결정하는 것으로 초기값은 8자리로 지정
소수점 이하 자릿수 (Decimals)	소수점 이하의 자릿수를 결정하는 것이며, 초기값은 소수점 둘째 자릿수로 지정
레이블(Label)	변수의 설명을 나타내고자 하는 경우에 사용됨, 출력 결과에 변수 이름 대신 변수 설명이 나타남
값(Values)	변수값의 구체적인 설명을 나타내는 경우에 사용됨
결측값(Missing value)	사용자 무응답치 처리에 관한 것이며, 초기값은 없음
열(Columns)	변수를 입력할 때 자릿수를 의미하며, 초기값은 8임
맞춤(Align)	자료를 입력할 때 정렬 방식을 결정하는 것이며, 초기값은 오른쪽 정렬
측도(Measure)	척도를 결정하는 것이며, 초기값은 비율척도
역할(Role)	분석을 위해 변수를 미리 선택하는 데 사용할 수 있는 미리 정의된 역할, 입력, 출력 등을 지정

3

변수의 유형은 지정하려는 해당 셀을 클릭하고 오른쪽 부분의 ' ...'버튼을 클릭하면 대화상자가 나온다. 해당 변수 유형을 체크하고 너비와 소수점 이하 자릿수를 입력하고 **확인** 버튼을 클릭한다. 아이디는 변수 유형에서 **문자**를 체크해야 입력하는 대로 기록된다는 것을 기억해야 한다.

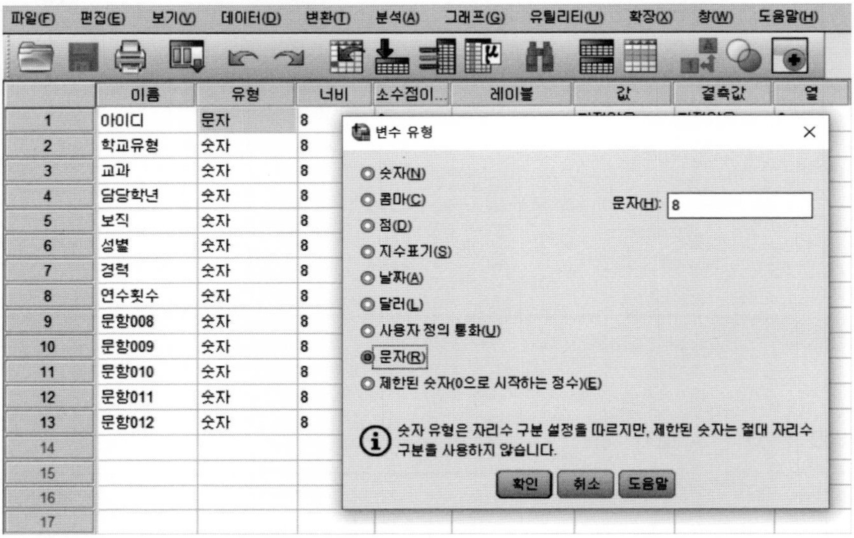

4

레이블에서는 더블클릭하여 변수에 대한 설명을 적는다. 변수에 관한 설명을 적는 경우 출력 창에 그 설명이 나타난다.

5

지정하려는 해당 셀을 클릭하고 오른쪽 부분의 '...' 버튼을 클릭하면 대화상자가 나온다. 기준값을 지정하고 레이블에 설명을 입력한 후 **추가** 버튼을 클릭하면 변수값에 대한 설명이 저장된다.

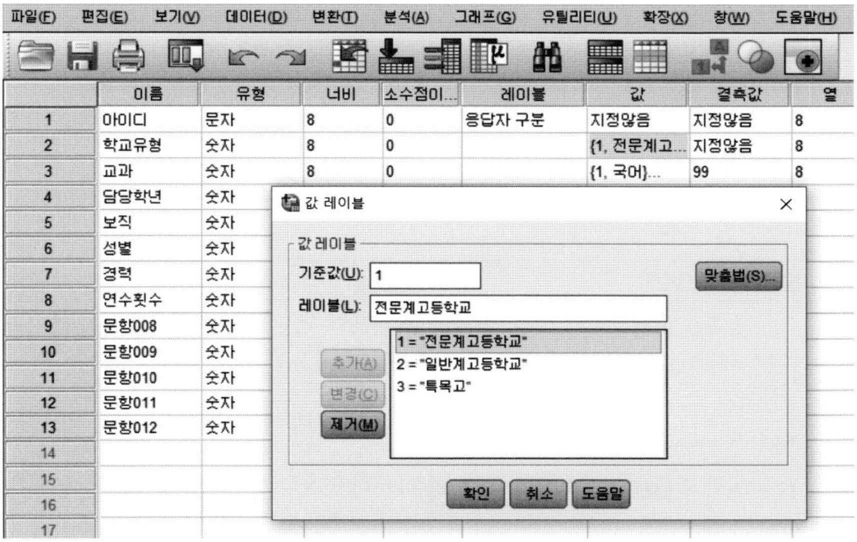

6

지정하려는 해당 셀을 클릭하고 오른쪽 부분의 '...' 버튼을 클릭하면 대화상자가 나온다. **이산형 결측값** 또는 **한개의 선택적 이산형 결측값을 더한 범위**를 체크한 후 지정한 결측값을 기입한다.

more 결측값 설정

결측값(Missing value)은 지정된 데이터값을 사용자 결측값으로 설정한다. 이 작업은 정보 결측 이유를 알고자 할 때 유용하다. 예를 들어, 응답자가 대답하려 하지 않아서 발생하는 데이터 결측과 질문이 응답자에게 적용되지 않을 때 발생하는 데이터 결측 간의 차이를 알고 싶은 경우가 해당된다.

사용자 결측값으로 지정된 데이터 값은 특수 처리로 표시되고, 일반적인 계산에서 제외되며, 시스템 결측값과 구별된다. 시스템 결측값은 자료가 입력될 셀이 공백으로 남아 있을 경우, 자동적으로 결측값으로 처리된다.

결측값은 3개의 이산형(개별) 결측값과 결측값 범위 또는 범위와 이산형 변수값을 입력할 수 있으며, 범위는 숫자변수에만 지정할 수 있다. 긴 문자변수(8자가 넘는 문자변수)에 대해서는 결측값을 설정할 수 없다. null 또는 공백값을 포함하는 모든 문자열 값은 특별히 결측값으로 정의하지 않는 경우 유효한 값으로 간주된다.

〈표 1-6〉 결측값의 종류

선택 버튼	설명
결측값 없음 (No missing values)	이는 초기값임. 응답자가 누락한 경우가 없이 모든 변수가 타당할 때 사용함
이산형 결측값 (Discrete missing values)	변수에 대해 3개까지 사용자 결측값을 입력할 수 있음
한개의 선택적 이산형 결측값을 더한 범위 (Range plus one discrete missing value)	낮은 값부터 높은 값까지의 값과 결측값 범위 밖의 값도 추가하여 결측값으로 처리할 수 있음

7

열, 맞춤, 측도, 역할은 해당 셀을 클릭하면 오른쪽에 콤보버튼이 나타난다. 콤보버튼을 클릭하여 관련되는 것을 클릭하면 된다. 맞춤은 왼쪽, 오른쪽과 가운데 중 하나를, 측도는 척도, 순서형, 명목형 중 하나를, 역할은 입력, 목표, 모두, 없음 중 하나를 알맞게 클릭한다.

	이름	유형	너비	소수점이...	레이블	값	결측값	열	맞춤	측도	역할
1	아이디	문자	8	0	응답자 구분	지정않음	지정않음	8	왼쪽	명목형(N)	입력
2	학교유형	숫자	8	0		{1, 전문계고...	지정않음	8	오른쪽	명목형(N)	입력
3	교과	숫자	8	0		{1, 국어}...	9	8	오른쪽	명목형(N)	입력
4	담당학년	숫자	8	0		{1, 1학년}...	9	8	오른쪽	명목형(N)	입력
5	보직	숫자	8	0		{1, 교장}...	9	8	오른쪽	명목형(N)	입력
6	성별	숫자	8	0		{1, 남자}...	9	8	오른쪽	명목형(N)	입력
7	경력	숫자	8	0		지정않음	99	8	오른쪽	척도	입력
8	연수횟수	숫자	8	0		{0, 0회}...	9	8	오른쪽		입력
9	문항008	숫자	8	0	나는 성취평가...	지정않음	지정않음	8	오른쪽		입력
10	문항009	숫자	8	0	나는 가르치고 ...	지정않음	지정않음	8	오른쪽		입력
11	문항010	숫자	8	0	나는 성취평가...	지정않음	지정않음	8	오른쪽	척도	입력
12	문항011	숫자	8	0	나는 다른 교사...	지정않음	지정않음	8	오른쪽	척도	입력
13	문항012	숫자	8	0	현재 나는 다른 ...	지정않음	지정않음	8	오른쪽	척도	입력
14											

〈표 1-7〉 척도의 종류

명목척도 (Nominal scale)	가감승제나 순서의 개념은 없으며 어떤 고유한 특성에 따라 분류되거나 구분된 척도. 예를 들면, 성별을 1과 2로 코딩하는 것. SPSS에서는 명목형에 해당함
서열척도 (Ordinal scale)	키 순서대로 번호를 부여하는 것과 같이 대상의 순위를 비교하기 위하여 수치를 부여한 데이터로서 순서척도라고도 함. SPSS에서는 순서형에 해당함
등간척도 (Interval scale)	주가지수, 만족도 등과 같이 사칙연산이 가능하고 평균, 표준편차, 분산 등의 값을 구할 수 있는 척도로서 어떤 대상들이 양적인 정도의 차이에 따라 등간격성을 갖는 척도로 절대 영점의 의미가 없음. SPSS에서는 척도에 해당함
비율척도 (Ratio scale)	나이, 무게, 가격 등과 같이 등간척도의 특성에 더하여 비율 계산이 가능하고 절대 영점의 의미를 가지는 척도. SPSS에서는 척도에 해당함

3) 자료의 편집

자료의 편집에서는 변수 삽입 및 케이스 삽입, 케이스 정렬, 파일 합치기, 데이터 통합, 파일분할, 케이스 선택, 변수 계산, 코딩변경을 설명한다.

(1) 자료의 삽입(변수 삽입 및 케이스 삽입)

I

① 변수 삽입: 새로운 변수를 삽입할 경우에는 마우스로 삽입할 위치의 오른쪽에 있는 변수를 클릭한 후에 **편집 → 변수 삽입**을 클릭한다.

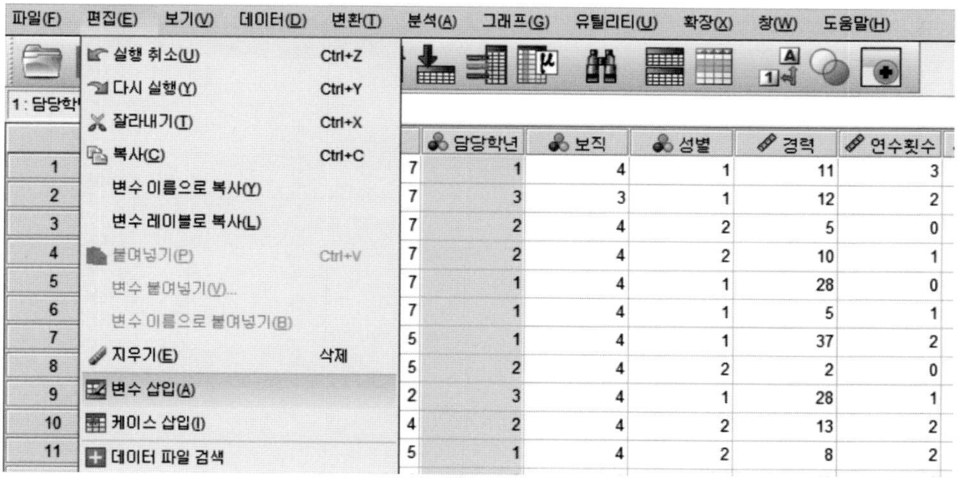

2

① 변수 삽입: 새로운 변수를 '담당학년' 변수 왼쪽에 삽입하고 싶을 때는 '담당학년' 변수를 클릭하면 그림과 같이 왼쪽에 새로운 변수가 삽입된다.

	아이디	학교유형	교과	VAR00003	담당학년	보직	성별	경력
1	001	1	7	.	1	4	1	11
2	002	1	7	.	3	3	1	12
3	003	1	7	.	2	4	2	5
4	004	1	7	.	2	4	2	10
5	005	1	7	.	1	4	1	28
6	006	1	7	.	1	4	1	5
7	007	1	5	.	1	4	1	37
8	008	1	5	.	2	4	2	2
9	009	1	2	.	3	4	1	28
10	010	1	4	.	2	4	2	13
11	011	1	5	.	1	4	2	8

3

② 케이스 삽입: 새로운 케이스를 삽입할 경우에는 마우스로 삽입할 위치의 아래쪽에 있는 케이스를 클릭한 후에 **편집 → 케이스 삽입**을 클릭한다.

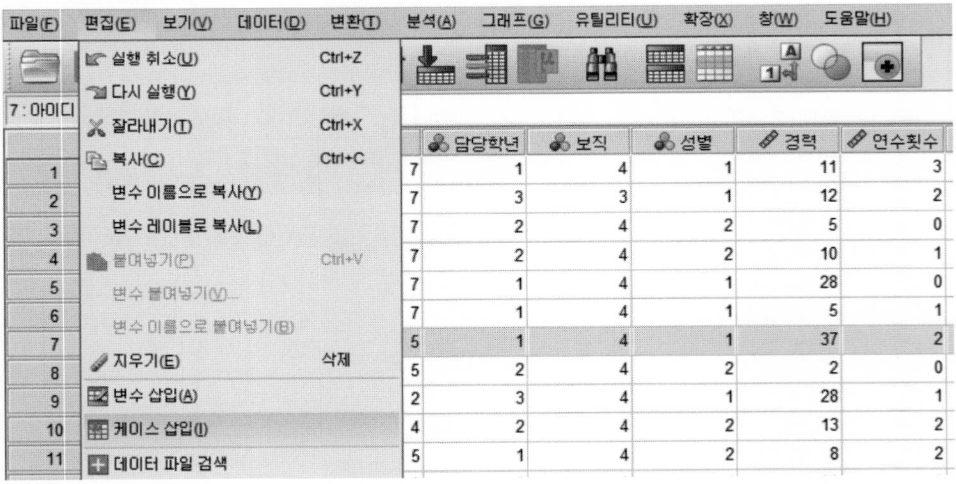

		담당학년	보직	성별	경력	연수횟수
1	7	1	4	1	11	3
2	7	3	3	1	12	2
3	7	2	4	2	5	0
4	7	2	4	2	10	1
5	7	1	4	1	28	0
6	7	1	4	1	5	1
7	5	1	4	1	37	2
8	5	2	4	2	2	0
9	2	3	4	1	28	1
10	4	2	4	2	13	2
11	5	1	4	2	8	2

4

③ 케이스 삽입 결과

	아이디	학교유형	교과	담당학년	보직	성별	경력	연수횟수
1	001	1	7	1	4	1	11	3
2	002	1	7	3	3	1	12	2
3	003	1	7	2	4	2	5	0
4	004	1	7	2	4	2	10	1
5	005	1	7	1	4	1	28	0
6	006	1	7	1	4	1	5	1
7		.	.	.	.	.	.	.
8	007	1	5	1	4	1	37	2
9	008	1	5	2	4	2	2	0
10	009	1	2	3	4	1	28	1
11	010	1	4	2	4	2	13	2

(2) 케이스 정렬

1

입력된 케이스를 특정 기준(오름차순 또는 내림차순)으로 정렬하고자 할 경우에는 **데이터 → 케이스 정렬**을 클릭한다.

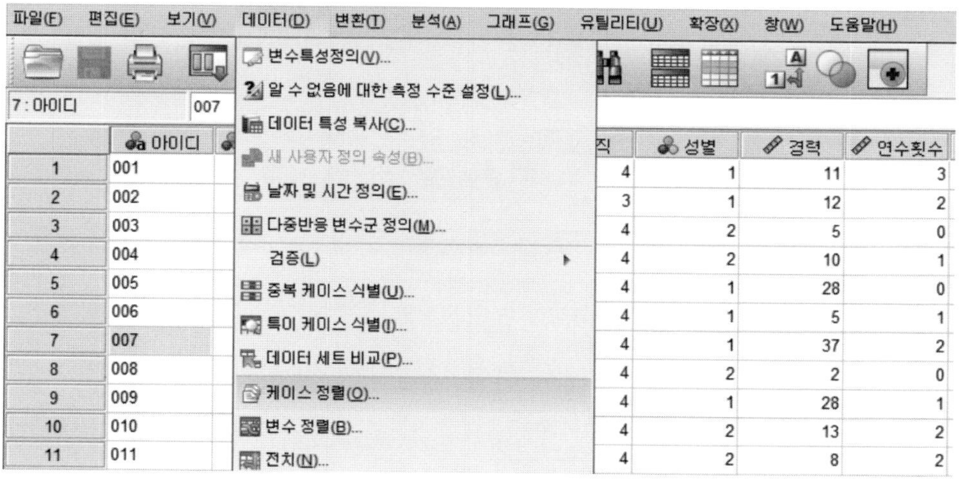

2

정렬해야 할 변수(교과)를 선택하여 **정렬기준**으로 옮기고 정렬 순서에서 **오름차순**을 체크한 후 **확인** 버튼을 클릭한다. 새로 정렬된 데이터 파일을 저장하려면 **정렬된 데이터를 파일로 저장**을 체크하고 **파일** 버튼을 클릭하여 파일 이름을 입력하고 저장하면 된다.

3

다음의 그림에서 각 케이스들이 '교과'라는 변수를 기준으로 하여 오름차순으로 정렬된 결과를 볼 수 있다.

(3) 파일 합치기(케이스 추가 및 변수 추가)

파일 합치기에는 '케이스 추가'와 '변수 추가'의 두 종류가 있다. 케이스 추가는 연구자들이 설문지를 나누어 코딩 작업한 경우이며, '변수 추가'는 배경변수와 내용변수로 나누어 코딩 작업한 경우에 작업한 것을 합칠 때 사용한다.

I

① 케이스 추가: '케이스 추가'를 할 때는 데이터를 불러온 후 **데이터 → 파일 합치기 → 케이스 추가**를 클릭한다.

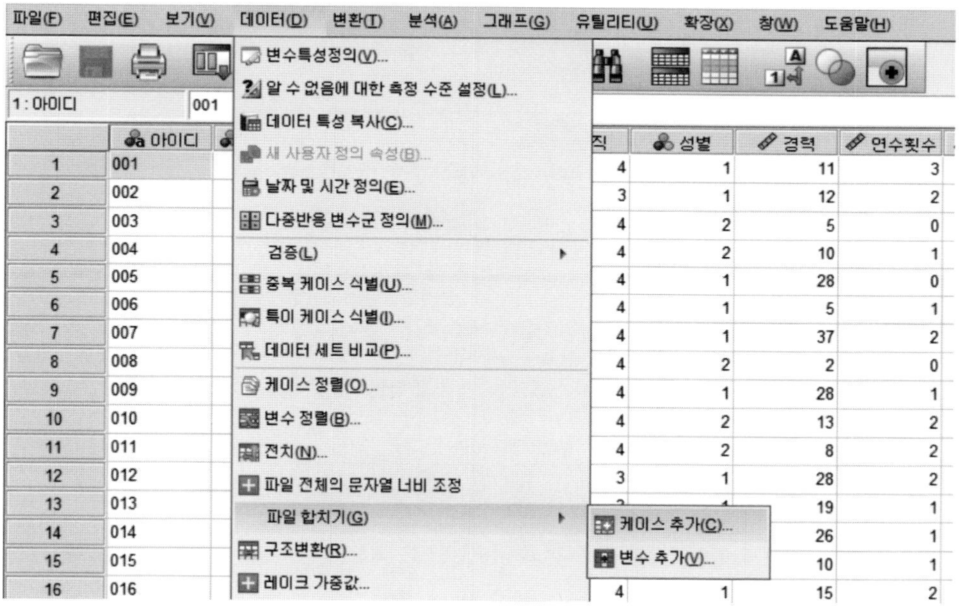

2

① 케이스 추가: 합치고자 하는 파일이 활성화되어 있으면 **열려 있는 데이터 세트** 아래 창에서 추가될 사례의 파일을 클릭하고 **계속** 버튼을 클릭한다. 열려 있지 않은 경우는 외부 SPSS Statistics 데이터 파일을 체크하고 찾아보기로 찾아서 합친다. 예시는 변수 추가에서 자세히 설명한다.

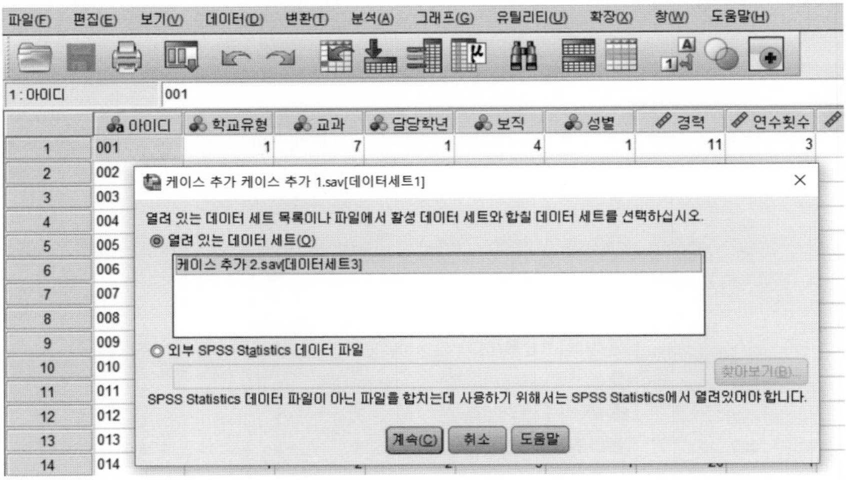

3

① 케이스 추가: 대응되지 않은 변수가 없이 모든 변수가 새 활성 데이터 세트에 포함된다. 대응되지 않은 변수나 포함하지 않아야 할 변수가 있다면 수정하고 **확인** 버튼을 클릭한다.

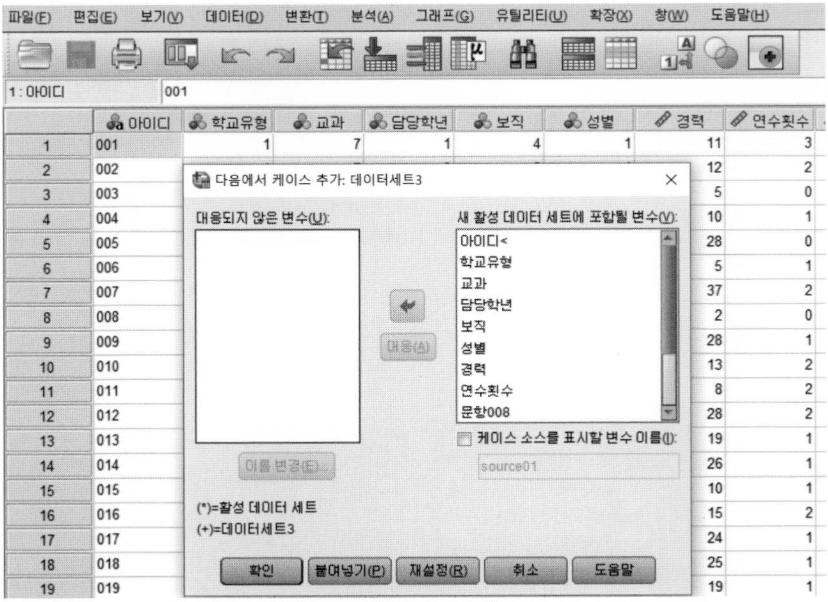

4

① 케이스 추가: 다음의 그림에서 추가한 케이스 파일이 아래쪽에 추가되어 두 케이스 파일이 합쳐진 것을 볼 수 있다.

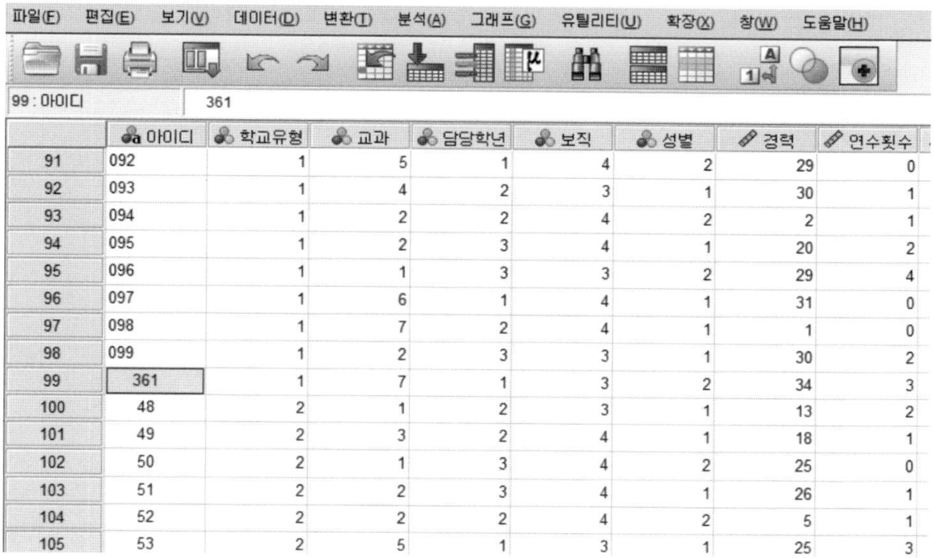

	아이디	학교유형	교과	담당학년	보직	성별	경력	연수횟수
91	092	1	5	1	4	2	29	0
92	093	1	4	2	3	1	30	1
93	094	1	2	2	4	2	2	1
94	095	1	2	3	4	1	20	2
95	096	1	1	3	3	2	29	4
96	097	1	6	1	4	1	31	0
97	098	1	7	2	4	1	1	0
98	099	1	2	3	3	1	30	2
99	361	1	7	1	3	2	34	3
100	48	2	1	2	3	1	13	2
101	49	2	3	2	4	1	18	1
102	50	2	1	3	4	2	25	0
103	51	2	2	3	4	1	26	1
104	52	2	2	2	4	2	5	1
105	53	2	5	1	3	1	25	3

5

② 변수 추가: 데이터 편집기에서 합칠 파일을 불러온 후 **데이터 → 파일 합치기 → 변수 추가**를 클릭한다.

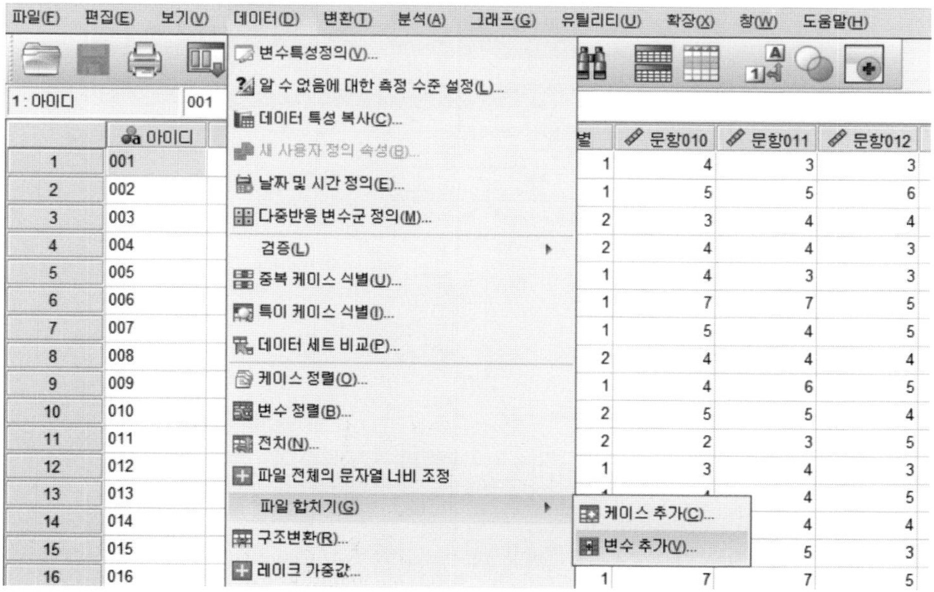

6

② 변수 추가: 추가될 변수 파일이 열려 있지 않을 경우에는 **외부 SPSS Statistics 데이터 파일**을 체크하고 **찾아보기** 버튼을 클릭한다.

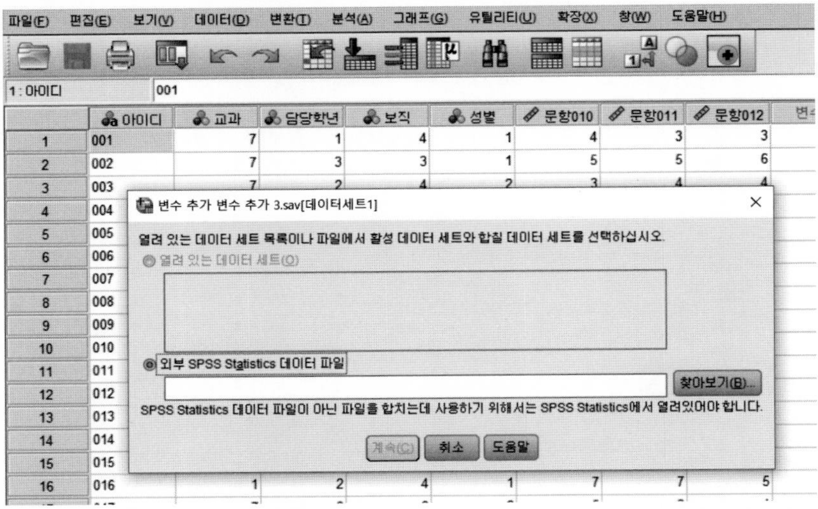

7

② 변수 추가: **외부 SPSS Statistics 데이터 파일**을 체크하고 **찾아보기** 버튼을 클릭한 후 '변수 추가: 파일 읽기'에서 해당 추가 변수 파일을 찾아서 클릭하고 **열기** 버튼을 클릭한다.

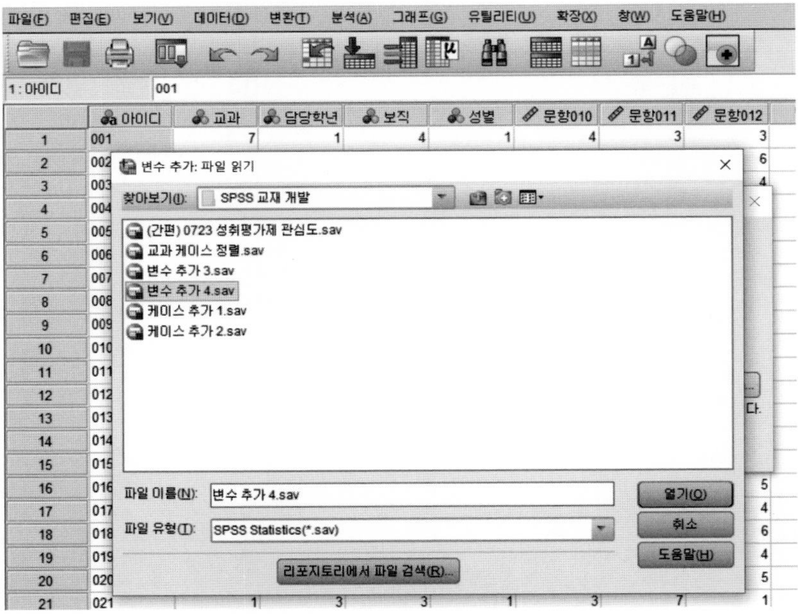

8

② 변수 추가: 다시 외부 SPSS Statistics 데이터 파일의 찾아보기로 돌아오면 창 안에 추가 변수의 경로가 업로드되어 있는 것을 볼 수 있다. **계속** 버튼을 클릭한다.

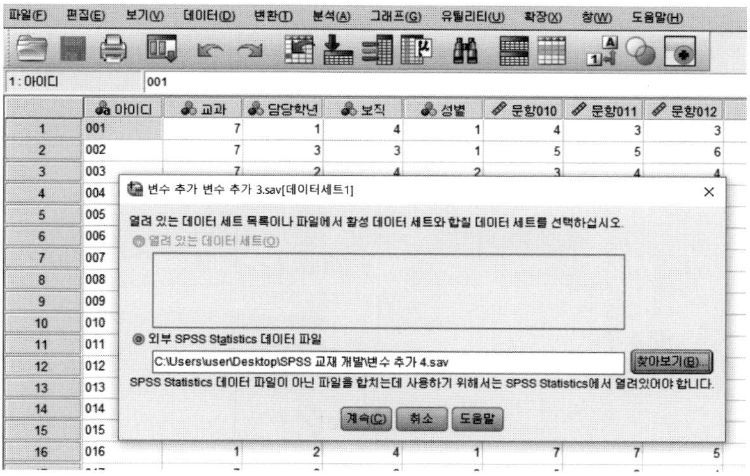

9

② 변수 추가: 합치기 방법에서 **키 값을 기반으로 하는 일대일 합치기**가 초기값으로 설정되어 있다. 아래쪽의 기준변수 창에는 아이디가 기준변수로 되어 있다. 합치기 방법의 오른쪽에 있는 **변수**를 클릭한다.

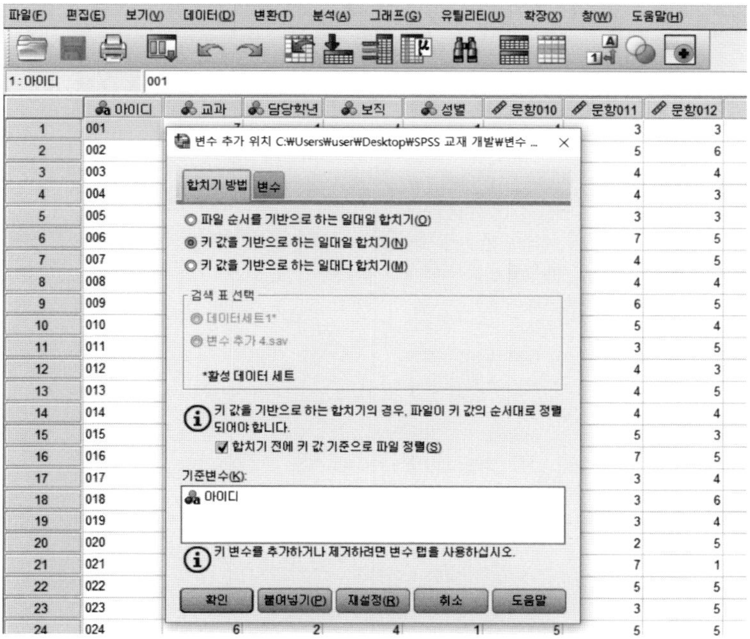

10

② 변수 추가: 포함된 변수 중에서 제외할 변수가 있으면 제외된 변수 창으로 이동하고 기준변수도 추가 변경하여 확인한 후 **확인** 버튼을 클릭한다.

more 변수 제외하기

두 파일에 있는 변수가 같으면 자동적으로 변수가 제외된다. 그러나 동일한 변수인데도 두 파일에 변수명이 다르게 되어 있으면 자동적으로 제외되지 않기 때문에 해당 변수명을 클릭해서 제외시킨다.

② 변수 추가: 다음의 그림에서 추가한 변수 파일이 오른쪽에 추가되어 두 변수 파일이 합쳐진 것을 볼 수 있다.

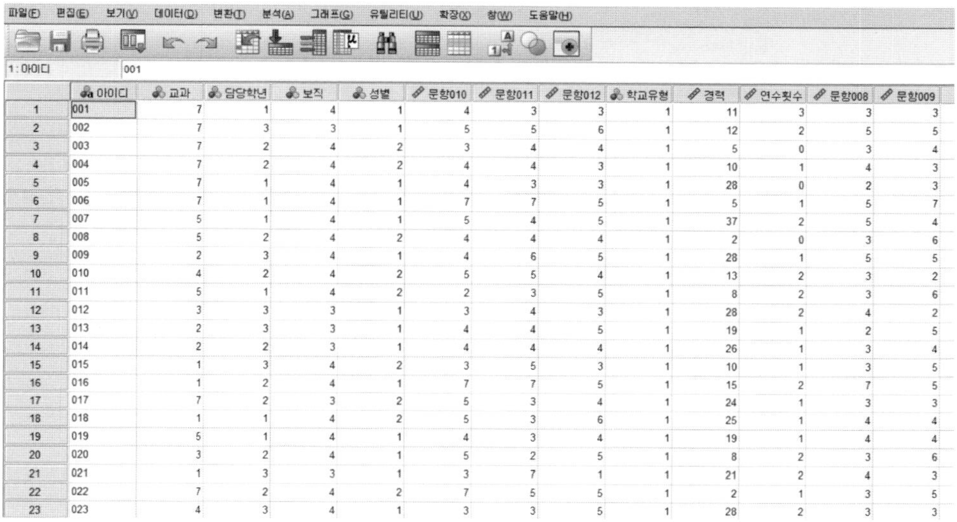

	아이디	교과	담당학년	보직	성별	문항010	문항011	문항012	학교유형	경력	연수횟수	문항008	문항009
1	001	7	1	4	1	4	3	3	1	11	3	3	3
2	002	7	3	3	1	5	5	6	1	12	2	5	5
3	003	7	2	4	2	3	4	4	1	5	0	3	4
4	004	7	2	4	2	4	4	3	1	10	1	4	3
5	005	7	1	4	1	4	3	3	1	28	0	2	3
6	006	7	1	4	1	7	7	5	1	5	1	5	7
7	007	5	1	4	1	5	4	5	1	37	2	5	4
8	008	5	2	4	2	4	4	4	1	2	0	3	6
9	009	2	3	4	1	4	6	5	1	28	1	5	5
10	010	4	2	4	2	5	5	4	1	13	2	3	2
11	011	5	1	4	2	2	3	5	1	8	2	3	6
12	012	3	3	3	1	3	4	3	1	28	2	4	2
13	013	2	3	3	1	4	4	5	1	19	1	2	5
14	014	2	2	3	1	4	4	4	1	26	1	3	4
15	015	1	3	4	2	3	5	3	1	10	1	3	5
16	016	1	2	4	1	7	7	5	1	15	2	7	5
17	017	7	2	3	2	5	3	4	1	24	1	3	3
18	018	1	1	4	2	5	3	6	1	25	1	4	4
19	019	5	1	4	1	4	3	4	1	19	1	4	4
20	020	3	2	4	1	5	2	5	1	8	2	3	6
21	021	1	3	3	1	3	7	1	1	21	2	4	3
22	022	7	2	4	2	7	5	5	1	2	1	3	5
23	023	4	3	4	1	3	3	5	1	28	2	3	3

more 변수 추가

변수 추가를 사용하면 사례는 같으나 변수가 다른 외부 데이터 파일로 작업 데이터 파일을 합칠 수 있다. 예를 들어, 사후검정 결과가 있는 데이터 파일에 사전검정 결과가 있는 데이터 파일을 합칠 수 있다. 이런 경우 두 파일에 있는 사례들의 순서와 위치는 동일해야 한다.

(4) 자료 선택(파일분할, 케이스 선택)

자료 선택은 수집된 데이터 중 특정 사례에 대해 연구하고자 할 때는 파일분할과 케이스 선택을 이용할 수 있다. 파일분할은 예를 들어, 분할 변수를 교과를 선택하고 국어·영어·수학·사회·과학·예체·전문 교과 중에서 수학을 분할하거나 국어·영어·수학과 사회·과학·예체·전문으로 파일을 분할하는 것이다. 케이스 선택은 성별에서 여성만 선택하거나 20대 등 특정 연령층을 선택하는 경우이다.

1

① 파일분할: 해당 데이터 파일을 열고 데이터 편집기 창에서 **데이터 → 파일분할**을 클릭한다.

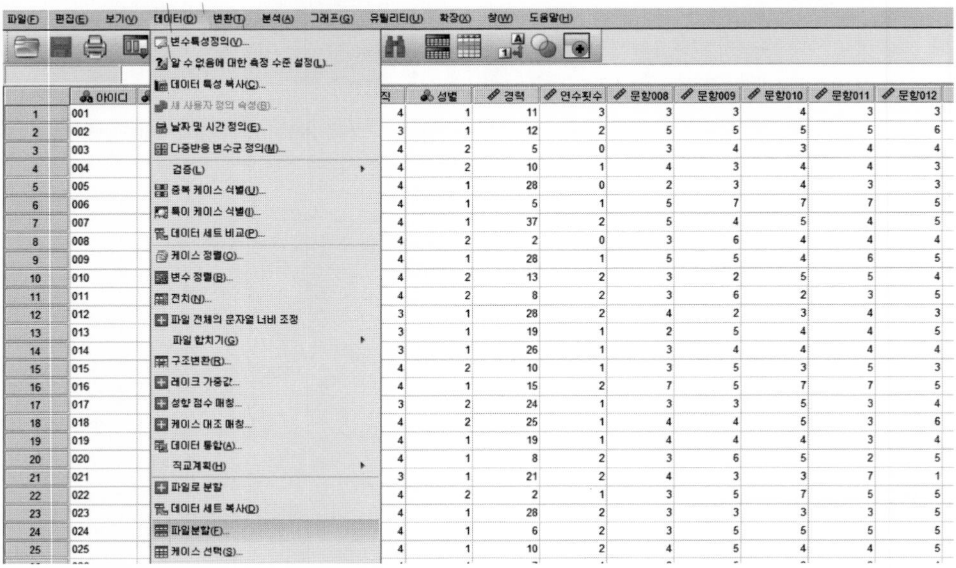

2

① 파일분할: **집단들 비교**를 체크하고 분할할 변수를 지정하여 분할 집단변수로 옮긴 후 **확인** 버튼을 클릭한다.

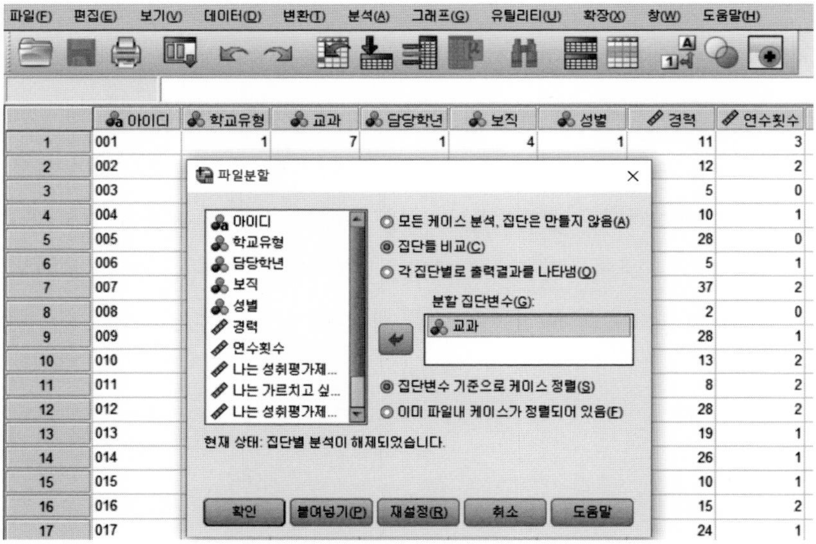

3

① 파일분할: 데이터 편집기 창에서 살펴보면 '교과'라는 변수에 따라 자료가 분할되어 있음을 볼 수 있다.

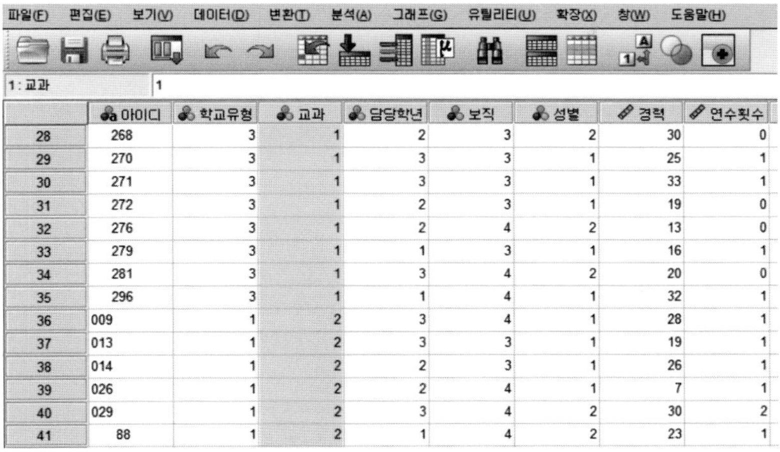

	아이디	학교유형	교과	담당학년	보직	성별	경력	연수횟수
28	268	3	1	2	3	2	30	0
29	270	3	1	3	3	1	25	1
30	271	3	1	3	3	1	33	1
31	272	3	1	2	3	1	19	0
32	276	3	1	2	4	2	13	0
33	279	3	1	1	3	1	16	1
34	281	3	1	3	4	2	20	0
35	296	3	1	1	4	1	32	1
36	009	1	2	3	4	1	28	1
37	013	1	2	3	3	1	19	1
38	014	1	2	2	3	1	26	1
39	026	1	2	2	4	1	7	1
40	029	1	2	3	4	2	30	2
41	88	1	2	1	4	2	23	1

4

② 케이스 선택: 해당 데이터 파일을 열고 데이터 편집기 창에서 **데이터 → 케이스 선택**을 클릭한다.

	아이디	보직	성별	경력	연수횟수
1	001	4	1	11	3
2	002	3	1	12	2
3	003	4	2	5	0
4	004	4	2	10	1
5	005	4	1	28	0
6	006	4	1	5	1
7	007	4	1	37	2
8	008	4	2	2	0
9	009	4	1	28	1
10	010	4	2	13	2
11	011	4	2	8	2
12	012	3	1	28	2
13	013	3	1	19	1
14	014	3	1	26	1
15	015	4	2	10	1
16	016	4	1	15	2
17	017	3	2	24	1
18	018	4	2	25	1
19	019	4	1	19	1
20	020	4	1	8	2
21	021	3	1	21	2
22	022	4	2	2	1
23	023	4	1	28	2
24	024	4	1	6	2
25	025	4	1	10	2
26	026	4	1	7	1

5

② 케이스 선택: 케이스를 선택한 후 조건을 만족하는 케이스를 체크하면 조건이 반전된다. 조건 버튼을 클릭한다.

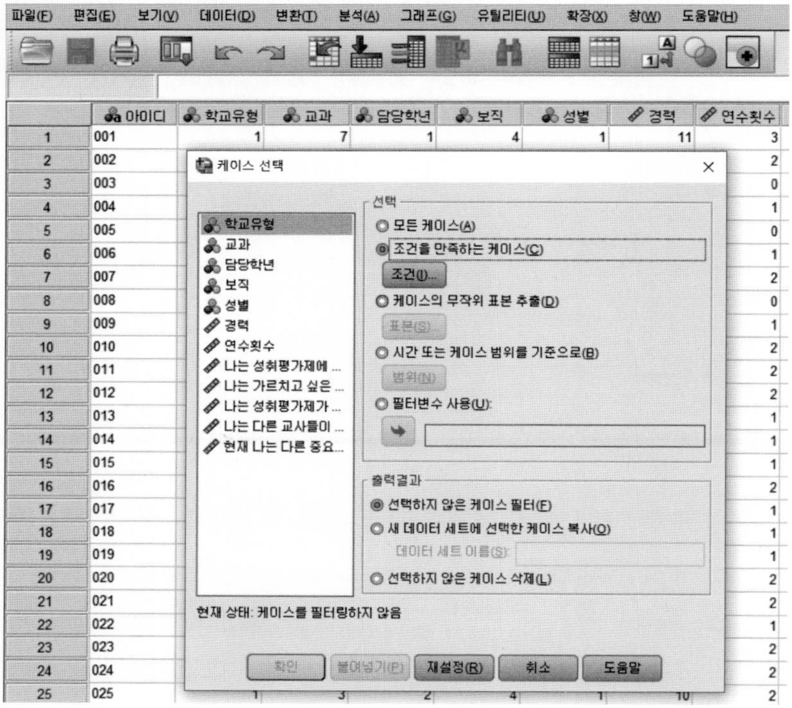

6

② 케이스 선택: 케이스를 선택할 기준변수를 더블클릭 또는 드래그하여 오른쪽 위의 진술문 창으로 이동시킨 후 필요한 값을 입력한다(여기서는 남자를 선택하기 위해서 '성별=1'로 하였다). 선택이 끝나면 계속 버튼을 클릭한다.

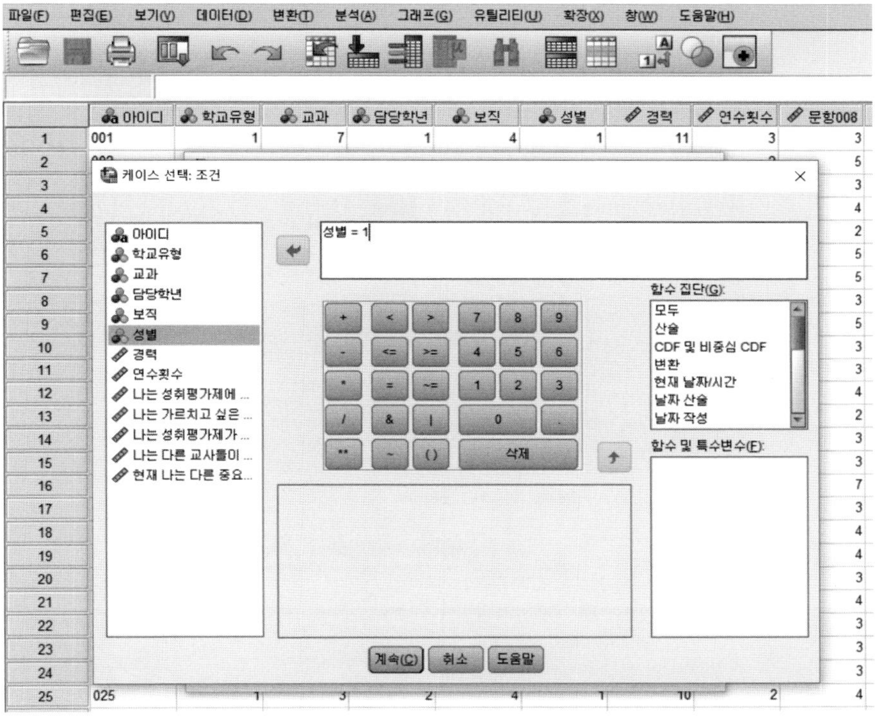

more 진술문 작성

선택 조건을 여러 개 하고자 할 때, 예를 들어 성별은 1이고 교과는 2인 사례들만 선택하고자 할 경우의 진술문은 '성별=1 & 교과=2'이다.

7

② 케이스 선택: 조건을 만족하는 케이스의 조건 오른쪽에 ‘성별=1’이라는 케이스 선택의 진술문이 나타난다. **확인** 버튼을 클릭한다.

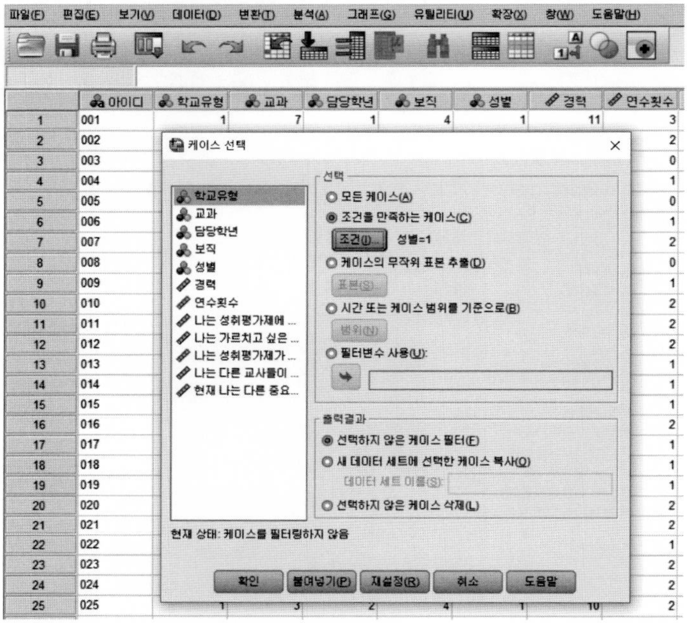

8

② 케이스 선택: 데이터 편집기 창의 왼쪽 케이스 번호에서 성별이 여자인 경우(2)는 제외되었음이 사선 표시로 나타난다. 이 케이스들은 분석에서 제외된다.

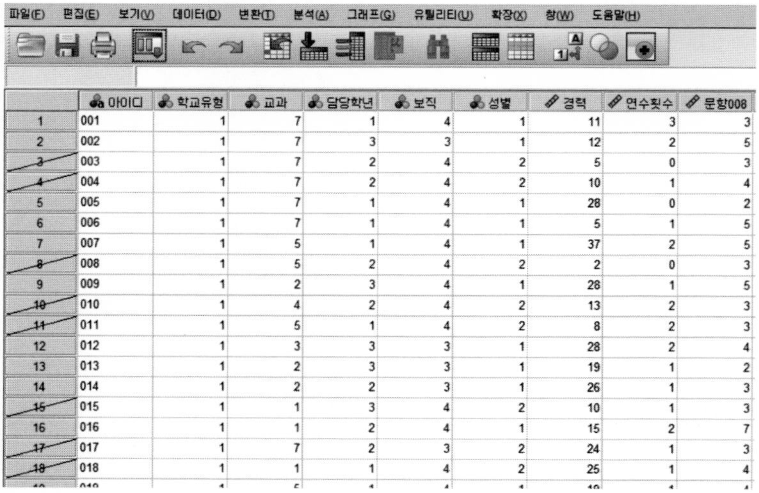

	아이디	학교유형	교과	담당학년	보직	성별	경력	연수횟수	문항008
1	001	1	7	1	4	1	11	3	3
2	002	1	7	3	3	1	12	2	5
3	003	1	7	2	4	2	5	0	3
4	004	1	7	2	4	2	10	1	4
5	005	1	7	1	4	1	28	0	2
6	006	1	7	1	4	1	5	1	5
7	007	1	5	1	4	1	37	2	5
8	008	1	5	2	4	2	2	0	3
9	009	1	2	3	4	1	28	1	5
10	010	1	4	2	4	2	13	2	3
11	011	1	5	1	4	2	8	2	3
12	012	1	3	3	3	1	28	2	4
13	013	1	2	3	3	1	19	1	2
14	014	1	2	2	3	1	26	1	3
15	015	1	1	3	4	2	10	1	3
16	016	1	1	2	4	1	15	2	7
17	017	1	7	2	3	2	24	1	3
18	018	1	1	1	4	2	25	1	4

(5) 데이터 변환(변수 계산, 코딩변경)

연구자의 편의에 따라 수집된 데이터를 변환해야 할 경우가 있다. 이때 변수 계산에 의한 방법과 새로운 변수로 변환하는 코딩변경 방법이 있다.

I

① 변수 계산: 해당 데이터 파일을 열고 데이터 편집기 창에서 변환 → 변수 계산을 클릭한다.

2

① 변수 계산: 목표변수 창에 새로운 변수의 이름(평가 전문성)을 입력하고 **유형 및 레이블** 버튼을 클릭하여 필요하면 간단한 설명을 입력하고 숫자표현식 창에 '경력 + 연수횟수'를 입력한 후에 **확인** 버튼을 클릭한다.

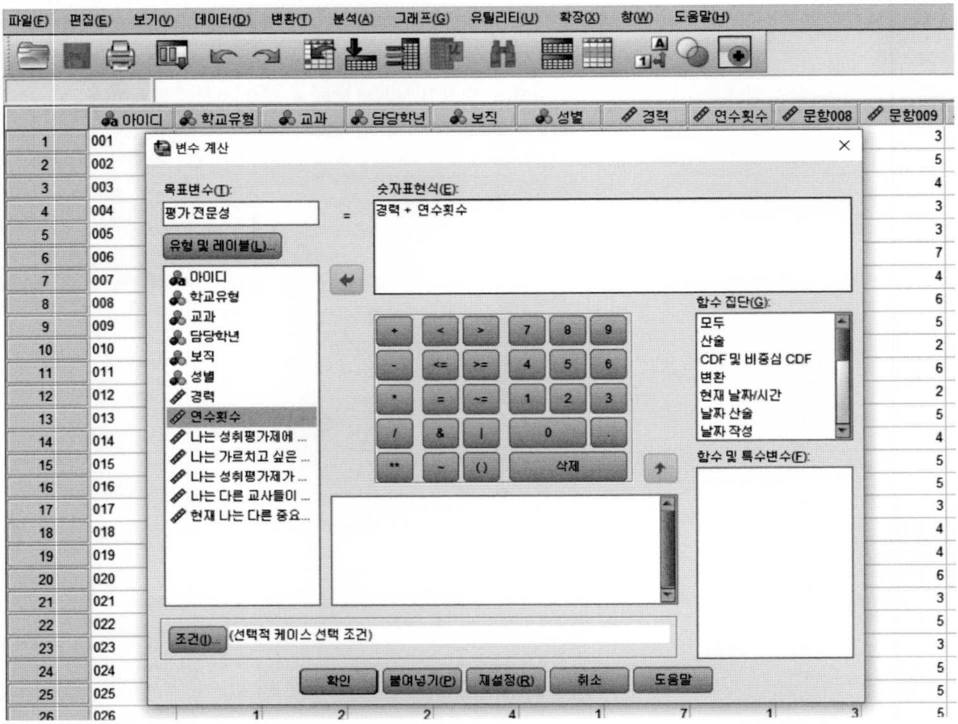

3

① 변수 계산: 데이터 편집기 창의 오른쪽 끝에 새로운 변수인 '평가전문성'이 생성되어 있는 것을 볼 수 있다.

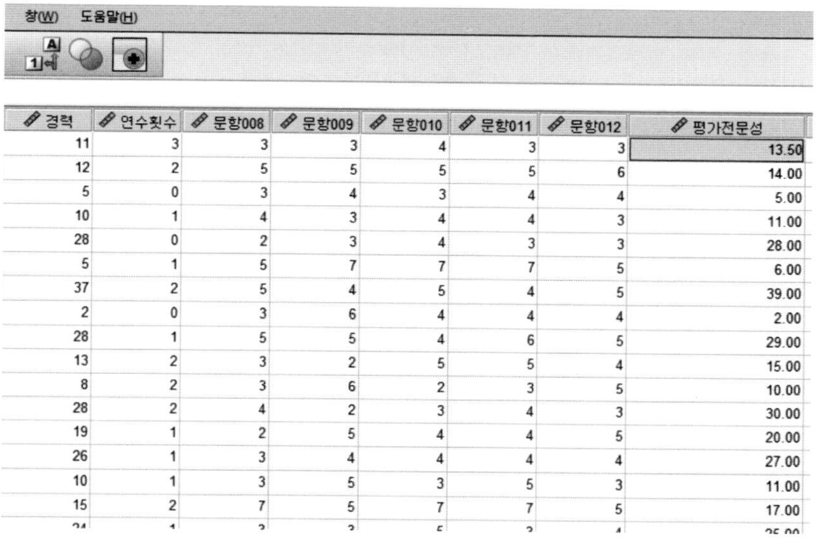

경력	연수횟수	문항008	문항009	문항010	문항011	문항012	평가전문성
11	3	3	3	4	3	3	13.50
12	2	5	5	5	5	6	14.00
5	0	3	4	3	4	4	5.00
10	1	4	3	4	4	3	11.00
28	0	2	3	4	3	3	28.00
5	1	5	7	7	7	5	6.00
37	2	5	4	5	4	5	39.00
2	0	3	6	4	4	4	2.00
28	1	5	5	4	6	5	29.00
13	2	3	2	5	5	4	15.00
8	2	3	6	2	3	5	10.00
28	2	4	2	3	4	3	30.00
19	1	2	5	4	4	5	20.00
26	1	3	4	4	4	4	27.00
10	1	3	5	3	5	3	11.00
15	2	7	5	7	7	5	17.00

4

② 코딩변경: 코딩변경에는 같은 변수로 코딩변경과 다른 변수로 코딩변경이 있다. 여기서는 다른 변수로 코딩변경을 예시로 설명한다. 해당 데이터 파일을 열고 데이터 편집기 창에서 **변환 → 다른 변수로 코딩변경**을 클릭한다.

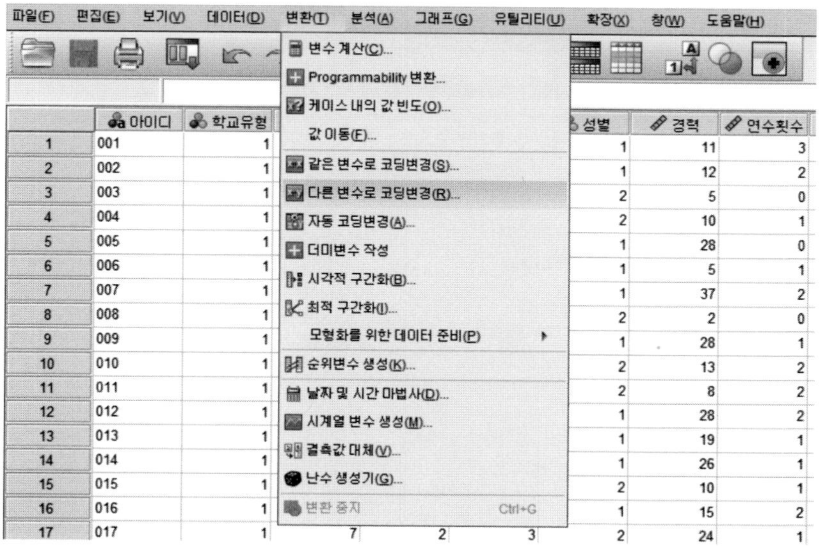

5

② 코딩변경: 다른 변수로 코딩변경 대화창에서 교과를 클릭하여 숫자변수 → 출력변수 창으로 '교과'를 이동한다. 출력변수 아래 이름 창에 '교과범주'를 입력하고 변경을 클릭하면 '숫자변수 → 출력변수' 창에 '교과 → 교과범주'가 입력된 것을 볼 수 있다. 그리고 기존값 및 새로운 값을 클릭한다.

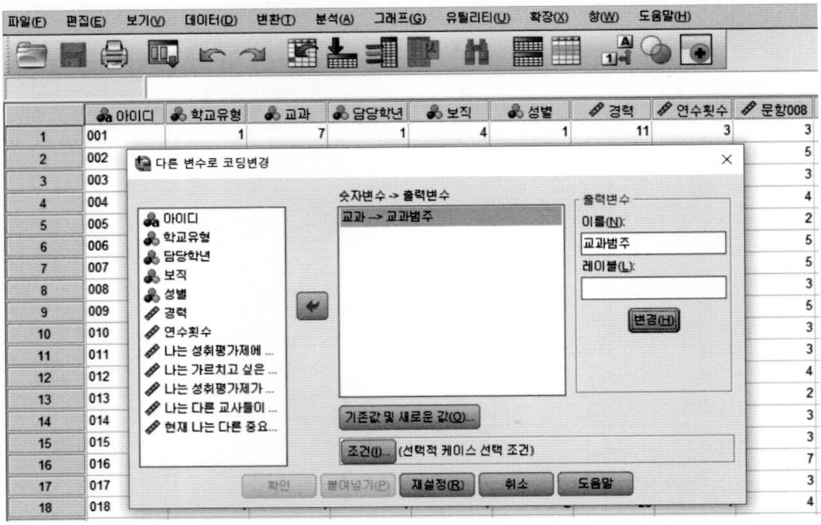

6

② 코딩변경: 기존값의 값 창에 기존의 변수값을 입력하고 새로운 값의 값 창에 새로운 변수값을 입력하고 추가를 클릭한다. 변수값이 모두 변경되어 계속을 클릭하면 다음 화면에서 '확인' 버튼이 활성화된다.

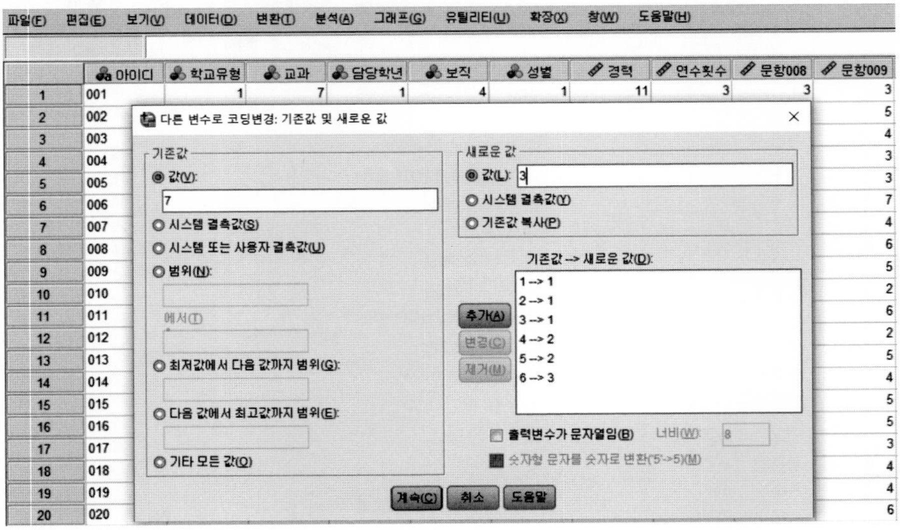

7

② 코딩변경: 활성화되어 있는 확인 버튼을 클릭하면 데이터 편집기 창의 오른쪽 끝에 '교과범주'라는 새로운 변수를 볼 수 있다.

움말(H)

연수횟수	문항008	문항009	문항010	문항011	문항012	교과범주	변수
3	3	3	4	3	3	3.00	
2	5	5	5	5	6	3.00	
0	3	4	3	4	4	3.00	
1	4	3	4	4	3	3.00	
0	2	3	4	3	3	3.00	
1	5	7	7	7	5	3.00	
2	5	4	5	4	5	2.00	
0	3	6	4	4	4	2.00	
1	5	5	4	6	5	1.00	
2	3	2	5	5	4	2.00	
2	3	6	2	3	5	2.00	
2	4	2	3	4	3	1.00	
1	2	5	4	4	5	1.00	

5 표와 그래프

SPSS 프로그램에는 연구자들이 원하는 결과를 표로 만들 수 있도록 분석 메뉴에 '표'라는 하위 메뉴가 있으며, 그래프를 만들 수 있도록 '그래프'라는 메뉴가 있다. 표와 그래프로 나타내면 분석의 결과를 쉽게 이해할 수 있다.

1) 표

자료를 통해서 범주형 교차표와 척도형 통계표를 작성하고 다른 문서에 사용하기 위해서 복사하거나 내보내기하는 것을 설명한다.

1

SPSS 프로그램의 데이터 편집기에서 표를 작성하기 위해서는 **분석 → 표 → 사용자 정의 표**를 클릭한다.

2

SPSS 프로그램의 데이터 편집기에서 **사용자 정의 표**를 클릭하면 다음과 같은 창이 나오는데, **확인** 버튼을 클릭한다.

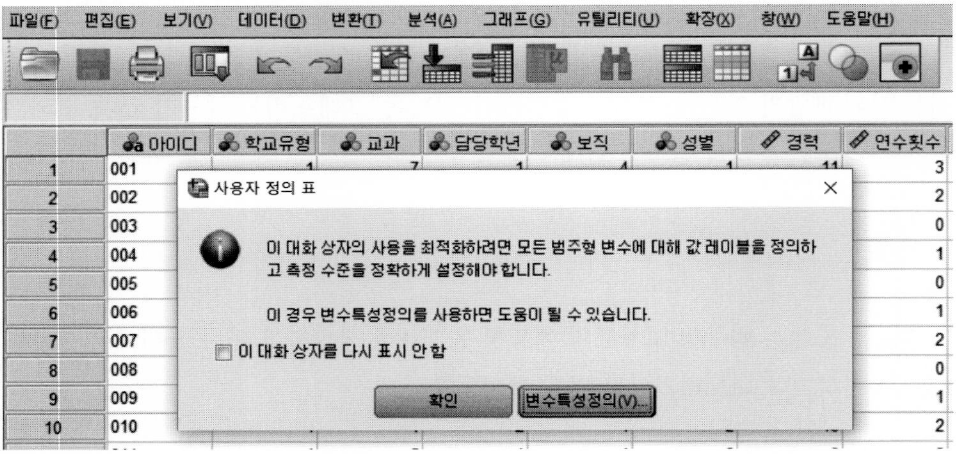

3

사용자 정의 표의 **표**를 클릭하고 분석하고자 하는 변수를 분석 창의 행과 열에 드래그한다.

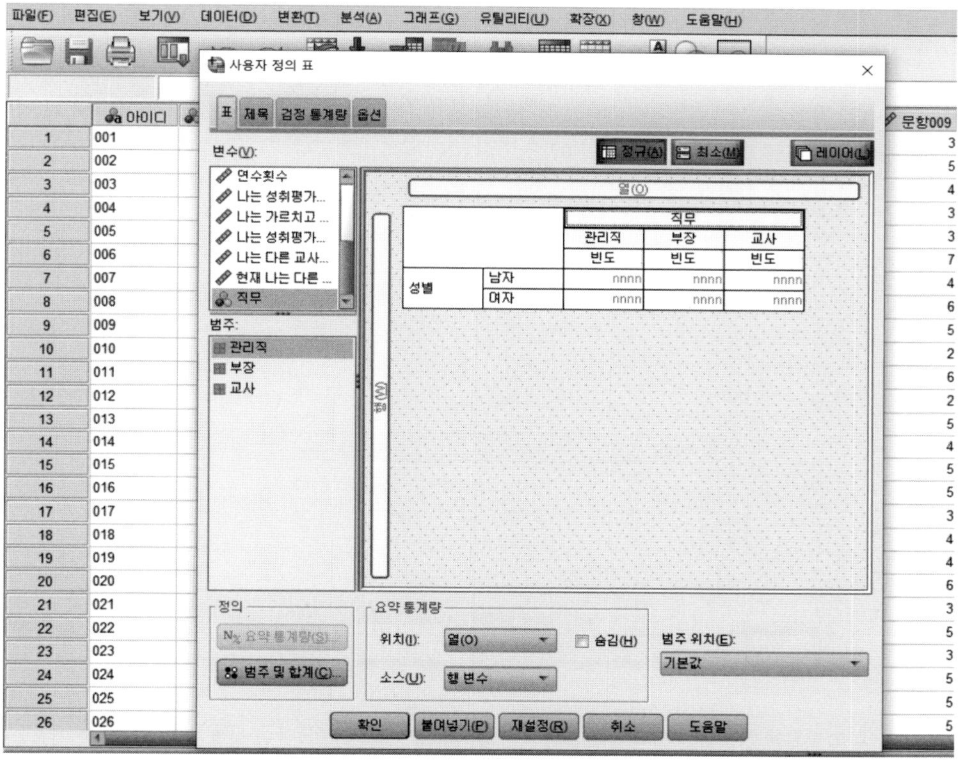

4

사용자 정의 표의 제목을 클릭하고, 제목 창에 표의 제목을 입력하고 확인 버튼을 클릭한다.

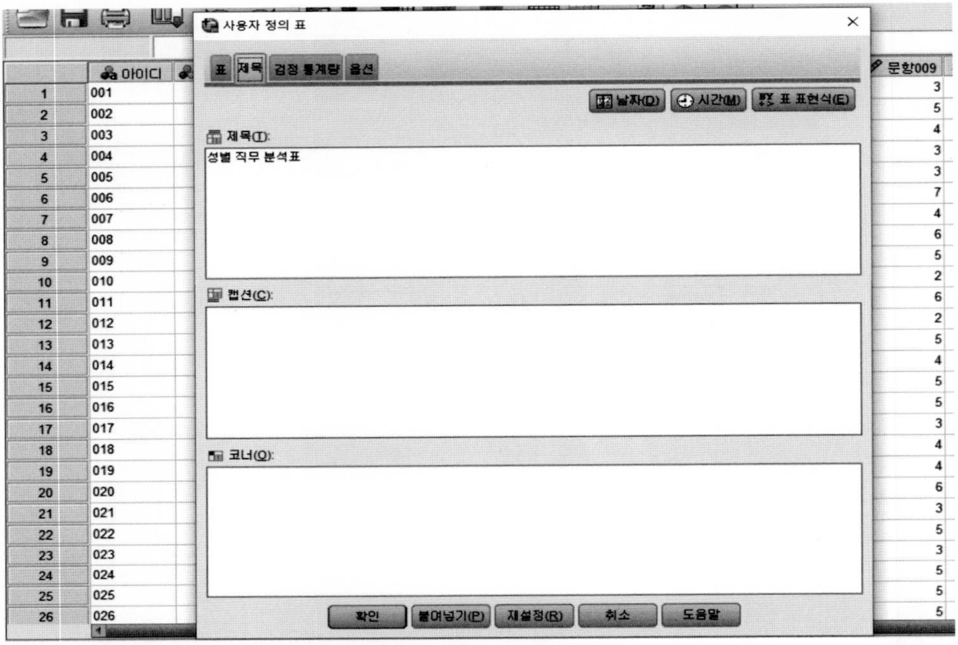

5

표의 형식을 결정하고 다른 문서에 사용하기 위해서 사용자 정의 표의 성별 직무 분석표를 더블클릭한다.

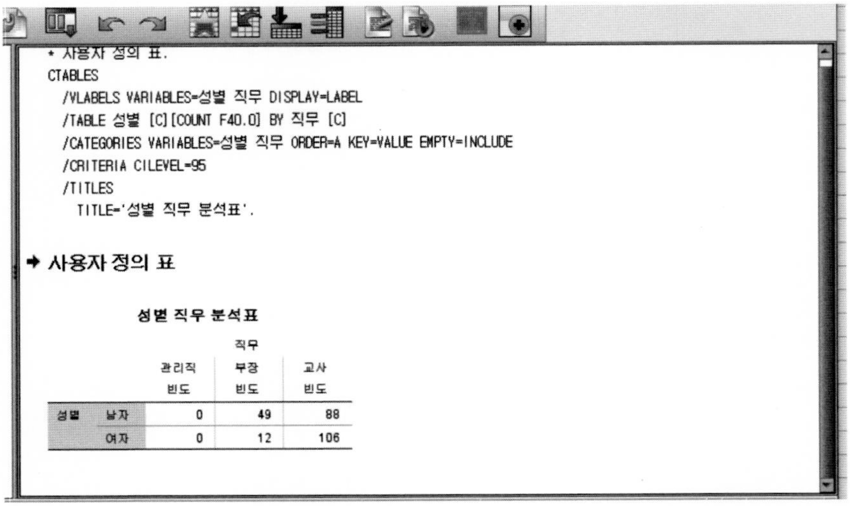

6

다음과 같이 반전이 되면 메뉴의 형식 → 표모양을 클릭한다.

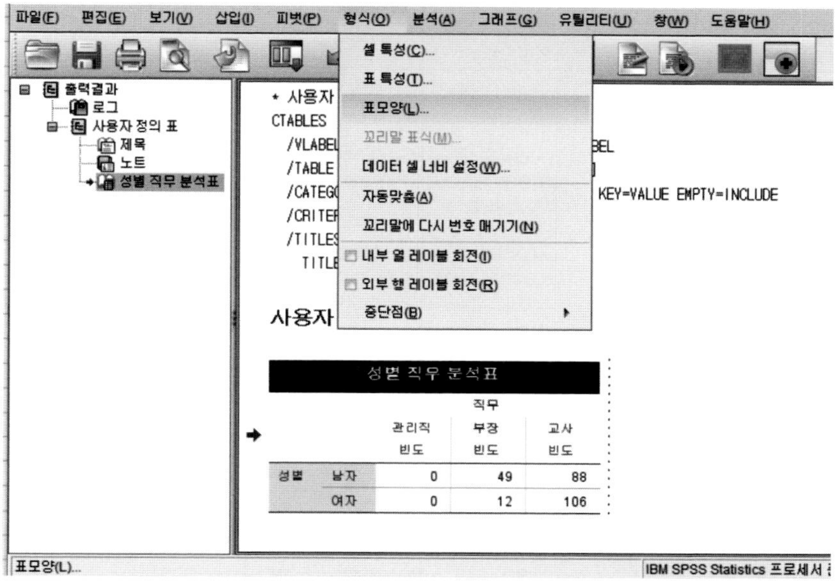

7

표모양 파일 창에서 Academic을 클릭하고 확인 버튼을 클릭한다.

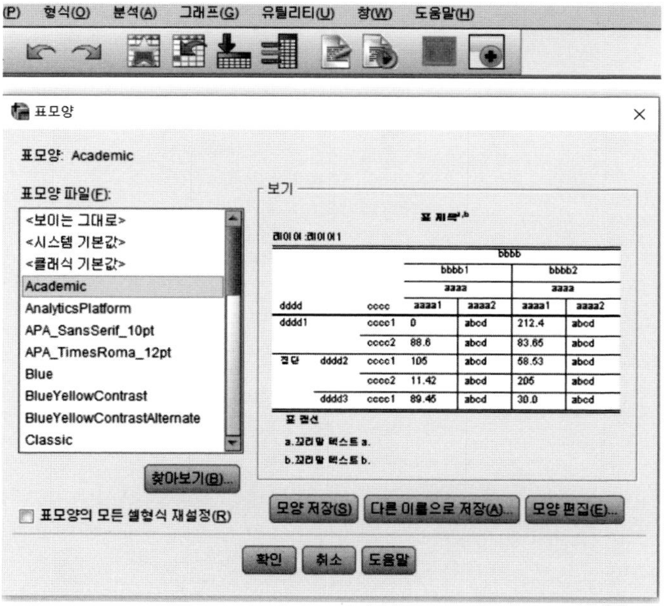

8

① 내보내기: 사용자 정의 표의 형식이 바뀐 것을 볼 수 있다. 다시 표를 클릭하고 **파일 → 내보내기**를 클릭한다.

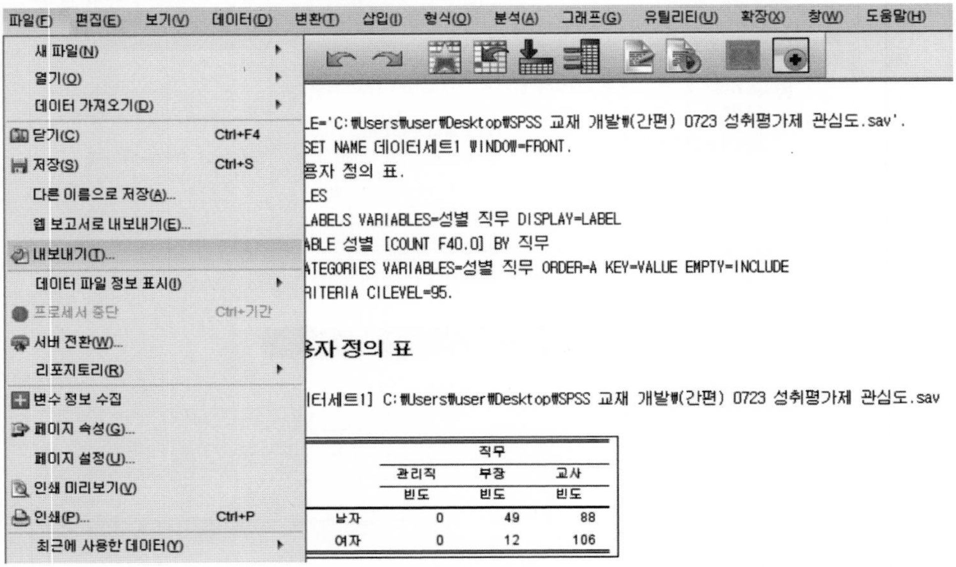

9

① 내보내기: 내보내기 출력결과의 내보낼 개체에서 **선택**을 체크한다. 문서의 **유형**의 콤보 버튼을 클릭하여 필요한 유형(여기서는 Excel)을 체크하고 **파일 이름** 창에 저장 경로와 파일 이름을 입력(찾아보기를 이용할 수 있음)한 후 **확인** 버튼을 클릭한다.

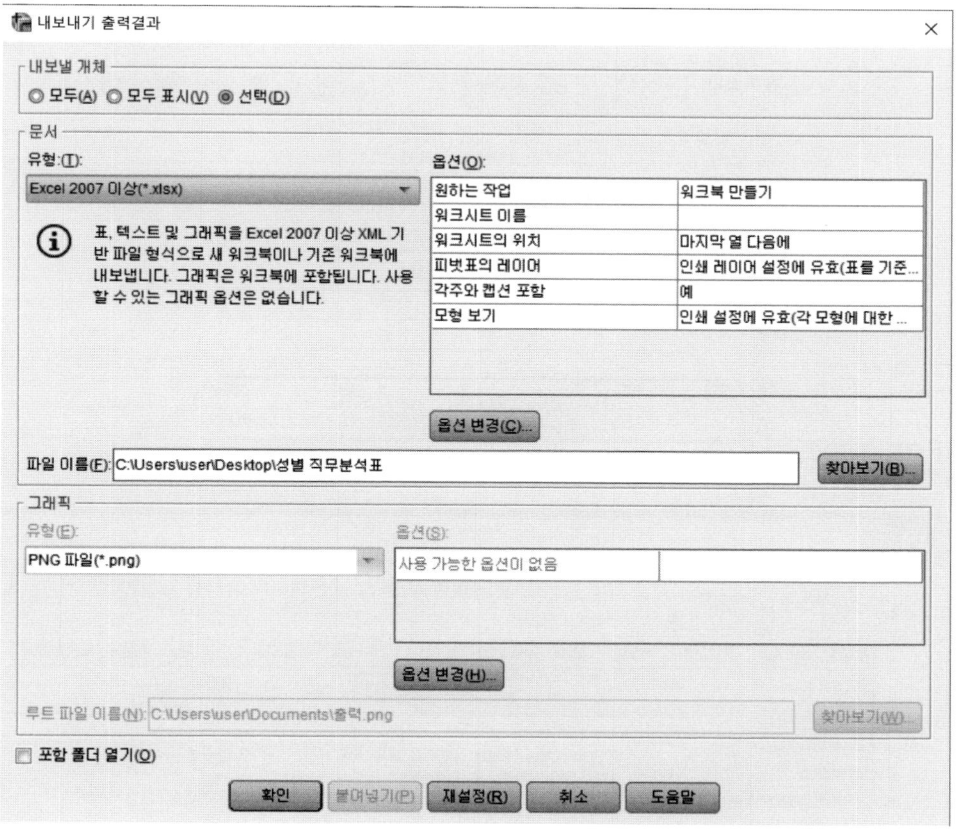

10

설정한 저장경로에 따라서 바탕화면의 성별 직무분석표를 클릭하면 다음과 같은 내용을 확인할 수 있다.

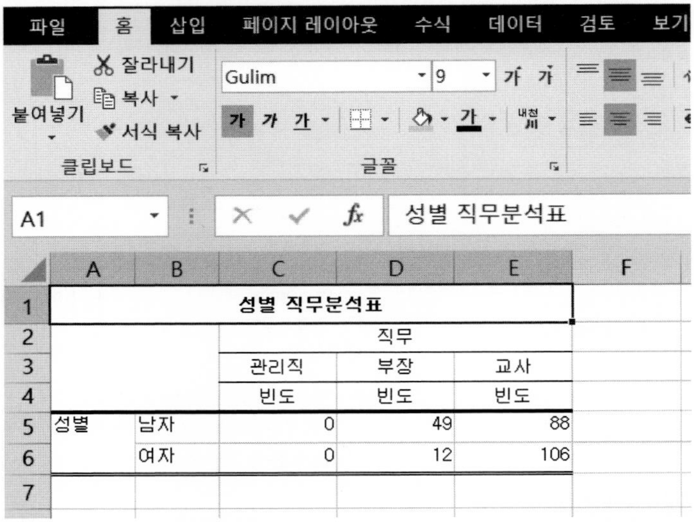

11

② 선택하여 복사: 다시 '성별 직무 분석표'를 클릭한 후 편집 → 선택하여 복사를 클릭한다.

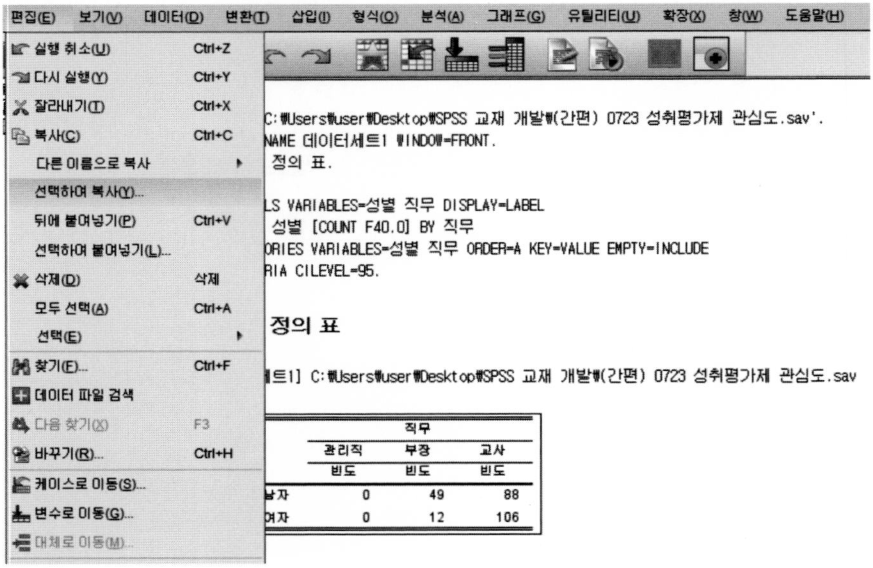

12

② 선택하여 복사: 복사할 형식을 체크하고 확인 버튼을 클릭한다.

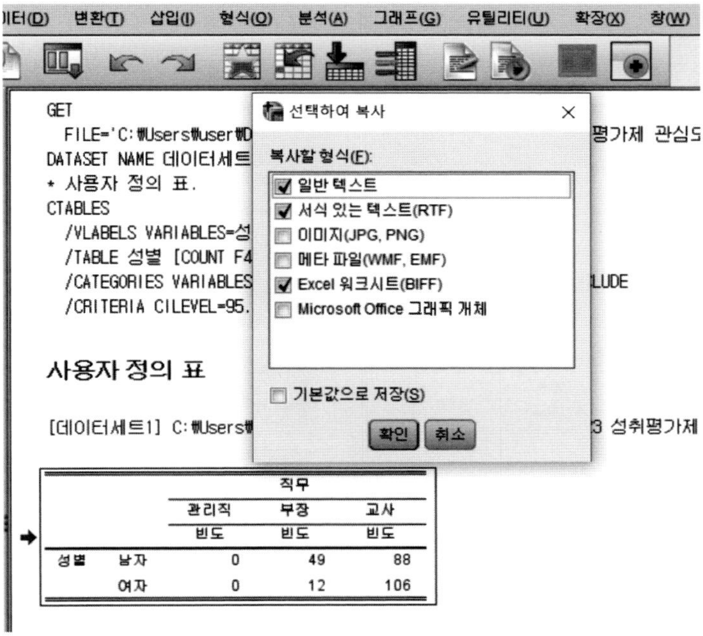

13

② 선택하여 복사: 해당 문서에 붙이기를 하거나 훈글 프로그램에서 마우스의 오른쪽 버튼을 이용하여 붙이기를 한 후 저장한다.

성별 직무분석표

		직무		
		관리직	부장	교사
		빈도	빈도	빈도
성별	남자	0	49	88
	여자	0	12	106

2) 그래프

분석을 실행하여 결과를 그래프로 표현하는 것이 시각적으로 강력한 효과를 나타낸다. 여기서는 막대그래프, 원그래프 등 범주형 그래프와 히스토그램, 산포도 등 척도형 그래프를 설명한다.

(1) 범주형 그래프

I

① 막대그래프: 데이터 편집기 창에서 데이터를 불러온 후 **그래프 → 차트 작성기**를 클릭한다.

2

① 막대그래프: 아래의 갤러리 창에서 막대형 차트를 체크하고 해당 그림을 위쪽 차트 미리보기 창으로 드래그한다. 변수 창에서 교과를 드래그하여 X축에 입력한다. **확인** 버튼을 클릭한다.

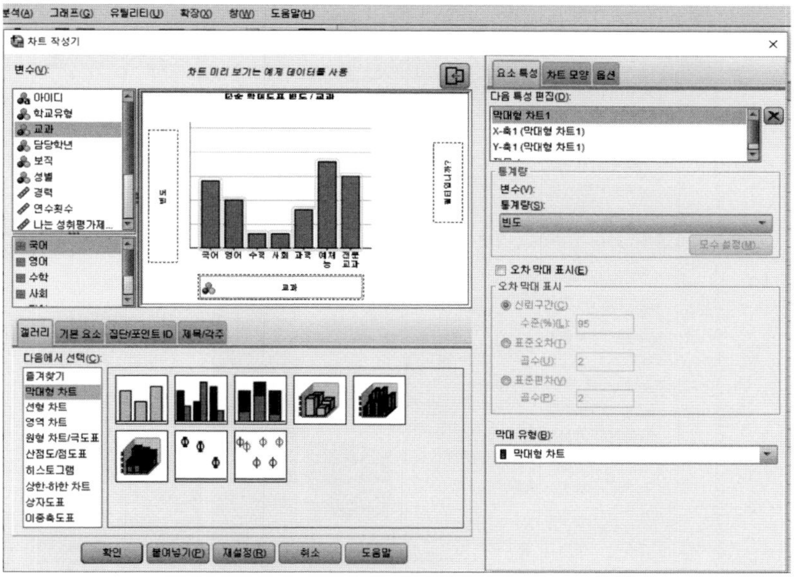

3

① 막대그래프: 막대그래프가 다음과 같이 그려진다. 해당 문서에 붙이기를 하거나 훈글 프로그램에서 마우스의 오른쪽 버튼을 이용하여 **붙이기**를 한 후 저장한다.

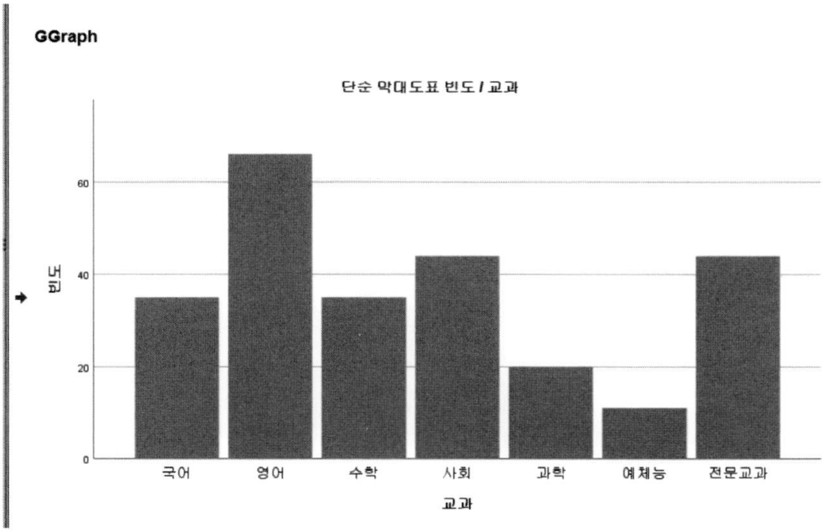

4

② 원그래프: 원그래프로의 전환은 출력결과 화면에서 편집 → 내용 편집 → 별도의 창에서를 클릭한다. 그러면 도표편집기 화면이 나타난다.

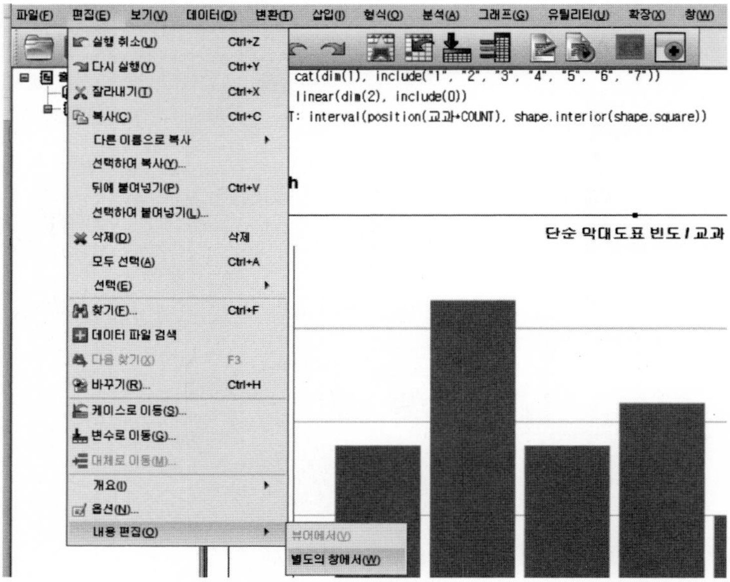

5

② 원그래프: 도표편집기에서 편집 → 특성을 클릭한다.

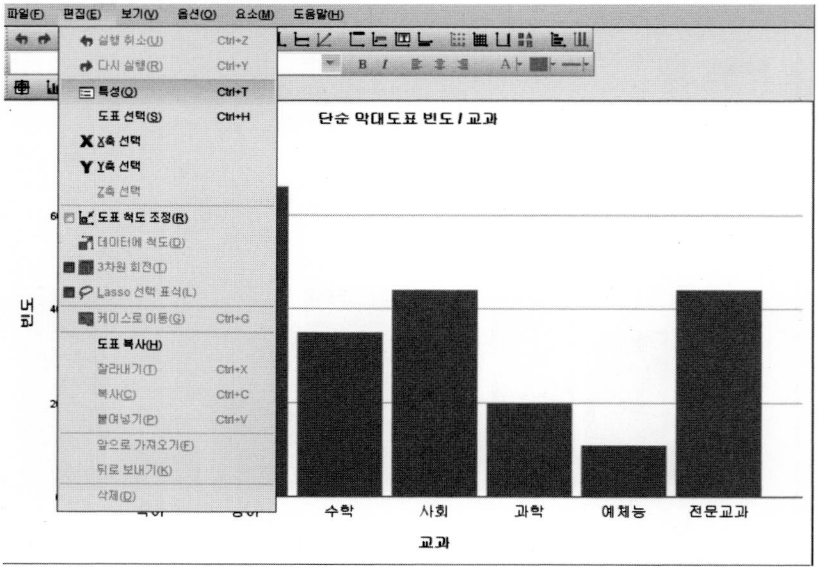

6

② 원그래프: 특성 창에서 변수 → 요소 유형 콤보 버튼 → 원을 체크한 후 적용을 클릭한다.

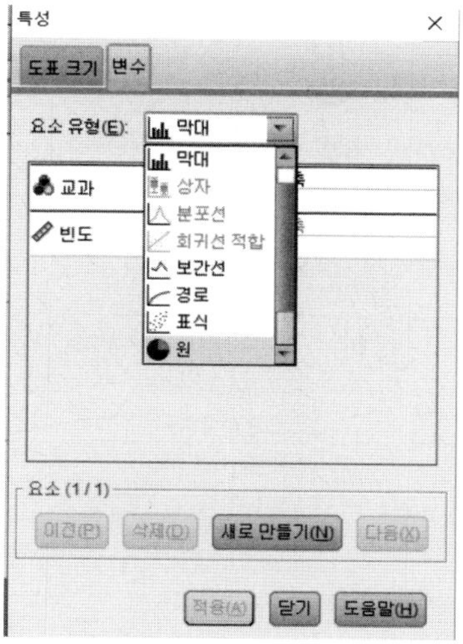

7

② 원그래프: 원그래프가 다음과 같이 그려진다.

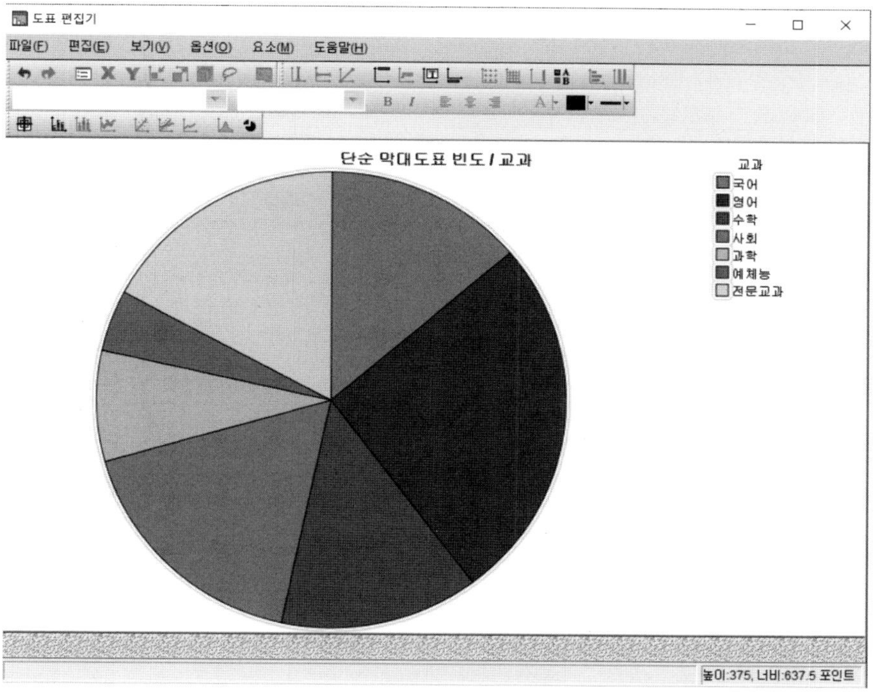

(2) 척도형 그래프

1

③ 히스토그램: 히스토그램은 그래프의 차트 작성기 또는 레거시 대화 상자에서 작성할 수 있다. **그래프 → 레거시 대화 상자 → 히스토그램**을 클릭한다.

2

③ 히스토그램: 경력을 **변수** 창으로 이동하고 **정규곡선 표시**를 체크한 다음, **제목**을 클릭하여 첫째 줄에 제목을 입력한 후 **계속**을 클릭하고, 마지막으로 **확인** 버튼을 클릭한다.

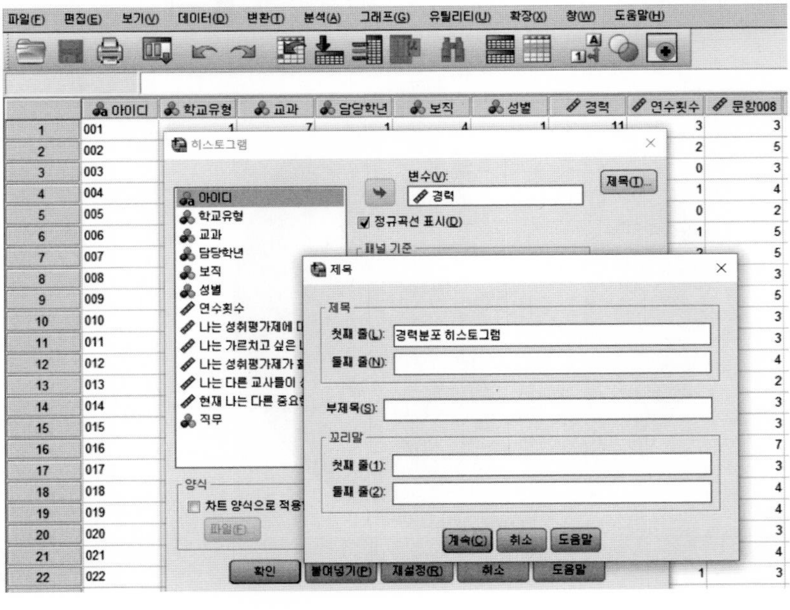

3

③ 히스토그램: 다음과 같은 정규분포 곡선을 포함한 히스토그램이 작성된다.

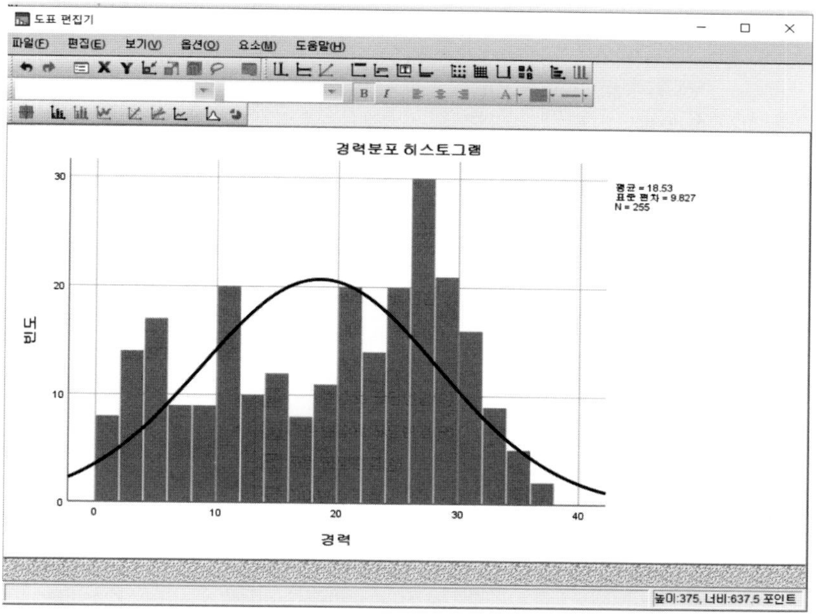

4

④ 산포도: 산포도(Scatter Plot)는 자료가 퍼진 정도를 뜻하는 것으로서 하나의 숫자변수를 다른 숫자변수와 대응하여 도표화한다. **그래프 → 레거시 대화 상자 → 산점도/점도표**를 클릭한다. 다음 화면에서 **단순 산점도**를 체크하고 정의 버튼을 클릭한다.

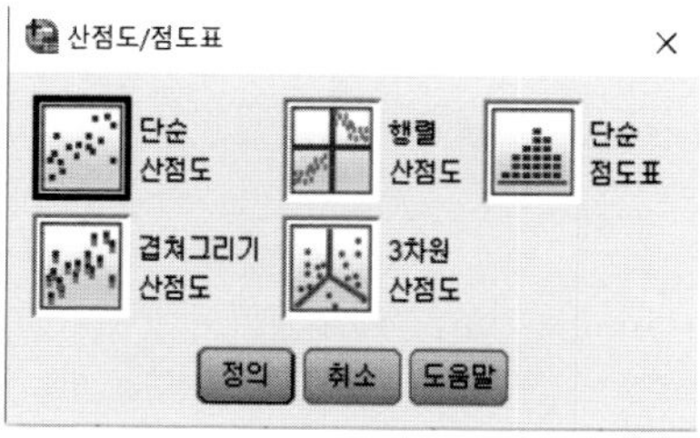

5

④ 산포도: 산점도 창에서 수학을 X축으로, 영어를 Y축으로 이동한다. **제목** 버튼을 클릭하면 제목 대화상자가 열린다. 대화상자의 첫째 줄에 '영수 산점도'라는 제목을 입력하고 **계속** 버튼을 클릭한 다음, **확인** 버튼을 클릭한다.

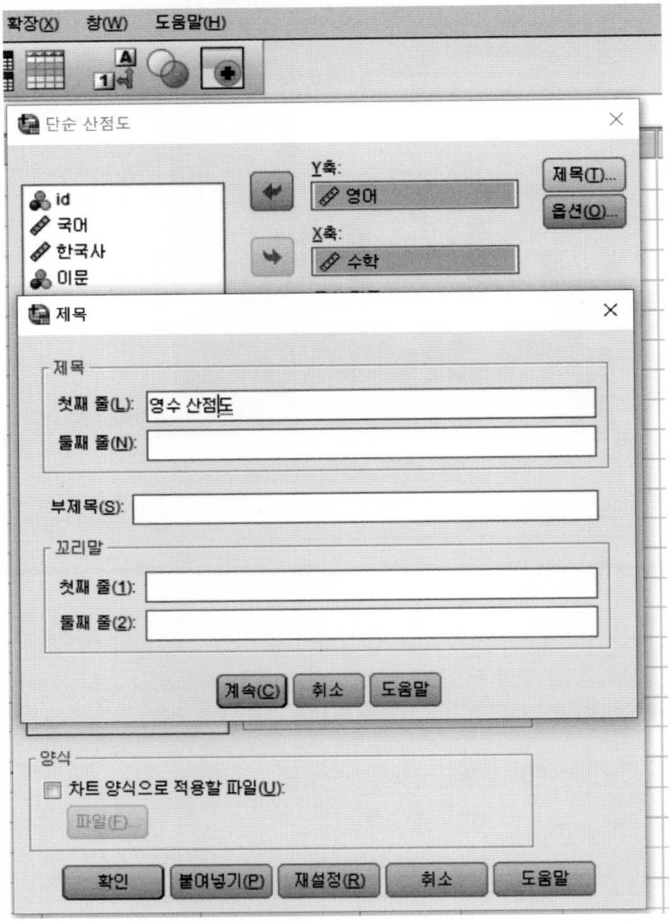

6

④ 산포도: 프로그램이 실행되면 다음과 같은 산점도 그래프가 나타난다.

→ 그래프

[데이터세트1] C:₩Users₩장재혁₩Desktop₩문이반별 국영수 원점.sav

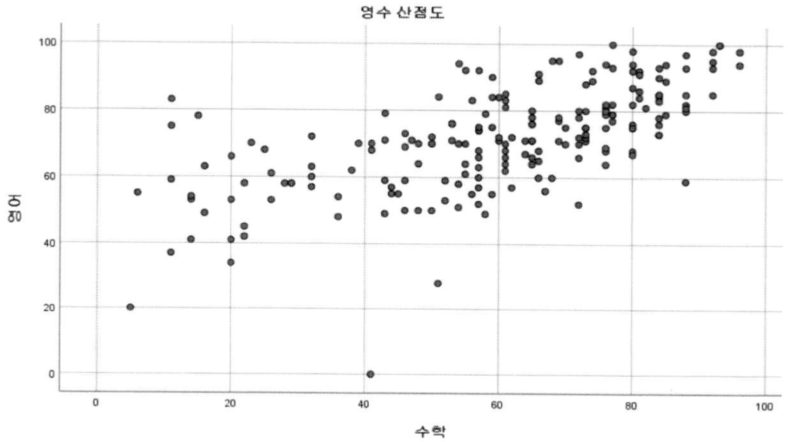

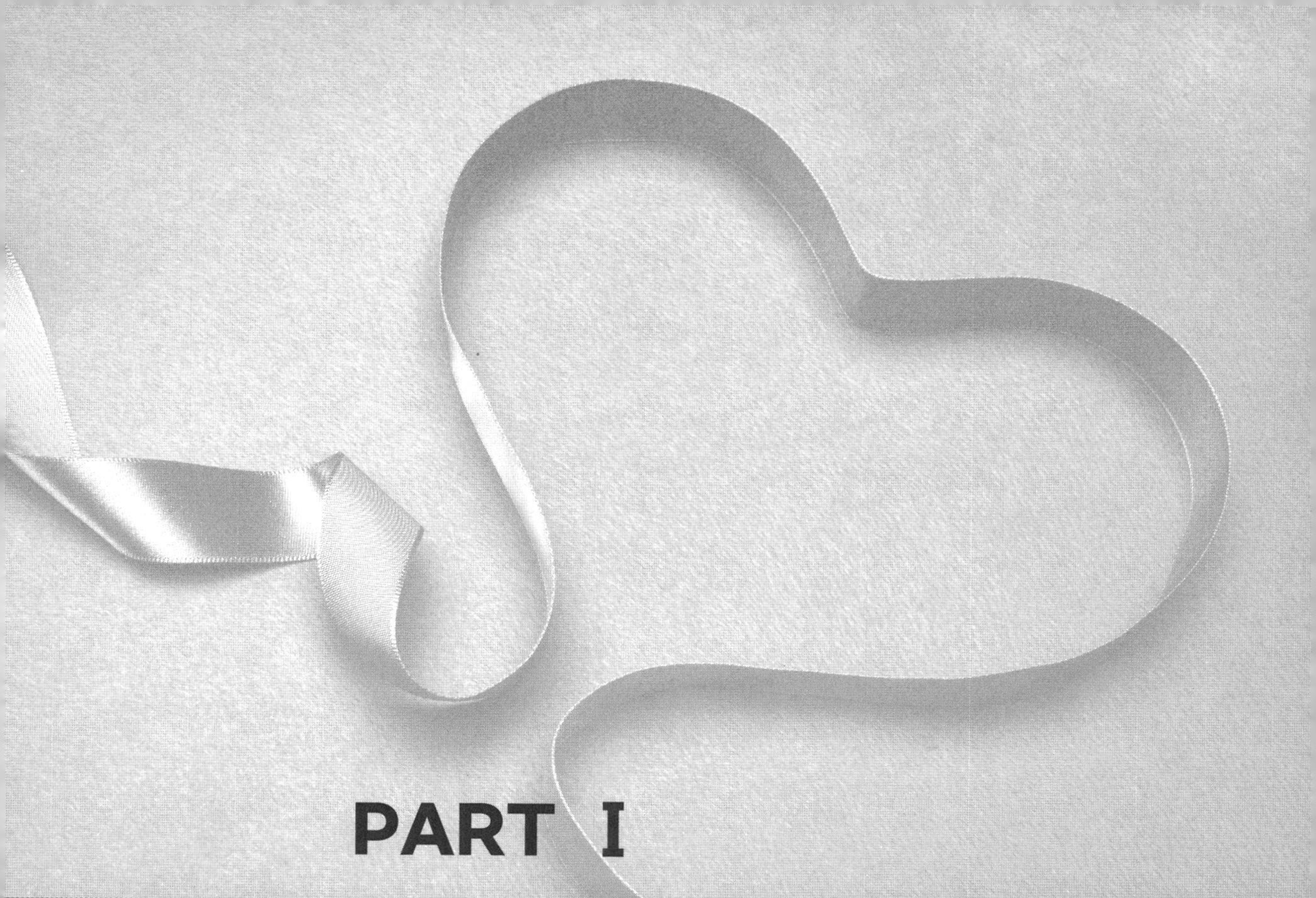

PART Ⅰ

기술통계 및 χ^2분석

제2장

기술통계 및 빈도분석

1. 개념 및 목적
2. 분석 실행
3. 분석 결과
4. 논문 양식

1 개념 및 목적

1) 개념

기술통계(Descriptive statistics)는 수집된 자료를 정리 · 분류 · 조직하여 표, 그래프, 숫자로 자료의 특징을 파악하는 연구 분야이다. 기술통계는 데이터가 가지고 있는 특성을 간결하게 요약 · 서술하고 설명하는 데 주로 사용하는 방법으로, 어떤 자료에서 얻는 결과를 그 대상 이외의 다른 대상에게 적용하지 않는다. 모집단에서 추출된 표본을 분석하여 이를 기초로 모집단의 특성을 추정 · 예측하는 추리통계(Inferential statistics)와는 다르며, 일반적으로 추리통계 분석에 앞서 표본의 특성을 제시하기 위해 기술통계 분석이 수행된다.

2) 목적

연구자가 분석에 필요한 자료를 수집할 때 전수조사가 불가능한 경우가 많다. 일반적으로 표본을 추출하여 분석을 진행하는데, 이때 추출한 표본은 전체를 대표할 만한 특성을 가져야 한다. 데이터의 최대값, 최소값, 표준편차, 범위, 평균의 표준오차 등 기술통계량을 통해 표본을 간략하게 데이터화하여 제시하면, 논문을 읽는 독자는 표본에 대한 대략적인 심상을 가질 수 있다. 또한 연구자는 기술분석 혹은 빈도분석 후 [통계량]의 유효수치와 결측값을 확인하여 수집된 데이터의 클리닝 상태를 확인할 수 있다.

3) 분석 방법

SPSS 기술통계에서 가장 많이 사용되는 분석은 빈도분석(Frequency analysis)이다. 빈도분석에서는 명목척도, 서열척도, 등간척도, 비율척도를 사용할 수 있다. 빈도분석은 표본에 대한 백분위수 값인 사분위수, 절단점, 백분위수와 중심화 경향을 확인할 수 있는 평균치(Mean), 중앙치(Median), 최빈치(Mode), 최저치(Minimum), 최고치(Maximum), 범위(Range) 그리고 첨도(Kurtosis)와 왜도(Skewness) 등을 통해 데이터 분포의 특성을 파악한다.

2 분석 실행

1) 기술통계

연구문제1

2장 기술통계 연구문제1.sav 파일에는 중학생 550명의 국어, 수학, 영어 성적이 있다. 평균, 표준편차, 왜도, 첨도 등을 확인하여 데이터의 정규분포를 확인하라.

1

분석 → 기술통계량 → 기술통계를 클릭한다.

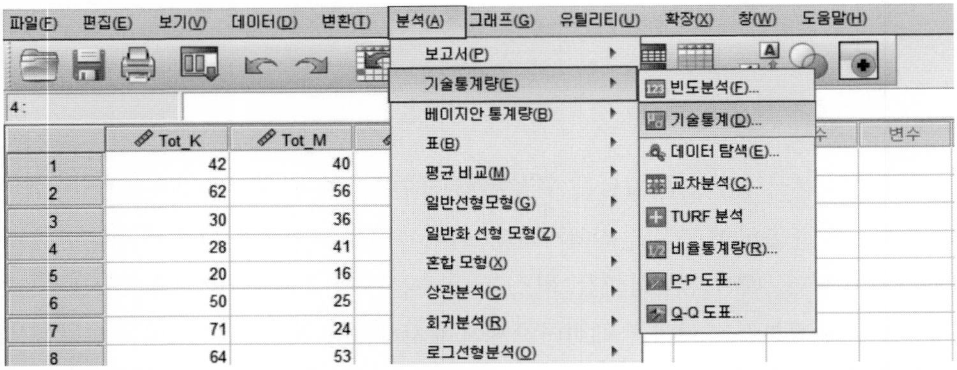

2

분석에 필요한 변수를 모두 선택한다. 선택된 변수를 **변수** 난으로 이동시키고, 기술통계치를 구하기 위해 **옵션**을 클릭한다.

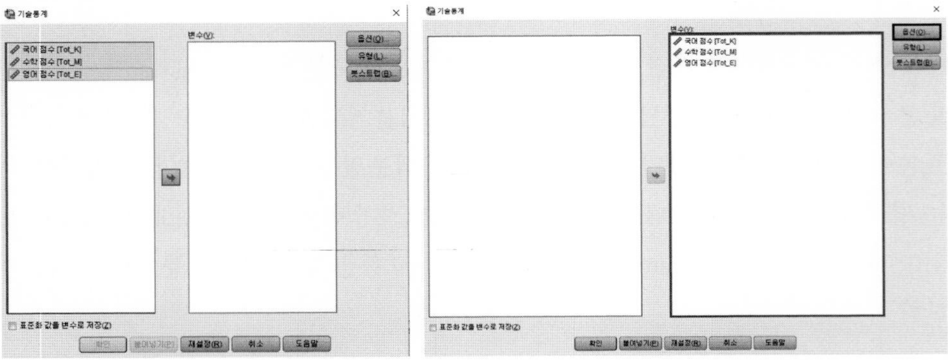

3

'기술통계: 옵션' 창이 열리면 분석에 필요한 통계량에 체크한 후 **계속**을 클릭한다.

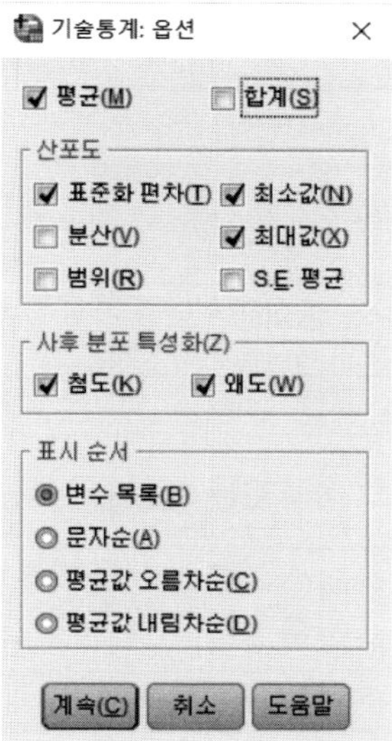

4

모두 설정되었으면 **확인**을 클릭한다. 분석을 마치면 출력 결과 창에 출력 결과가 나타난다.

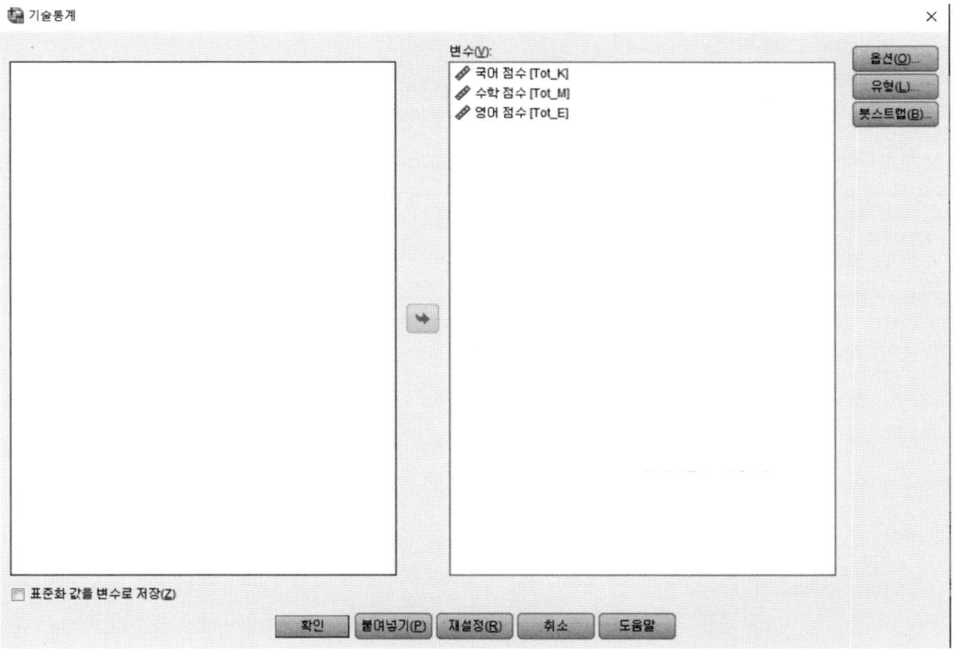

기술통계량

	N	최소값	최대값	평균	표준편차	왜도		첨도	
	통계량	통계량	통계량	통계량	통계량	통계량	표준오류	통계량	표준오류
국어 점수	547	0	97	52.68	21.725	-.217	.104	-.838	.209
수학 점수	547	3	100	51.94	28.277	.118	.104	-1.284	.209
영어 점수	547	7	97	59.57	23.264	-.157	.104	-1.111	.209
유효 N(목록별)	547								

키워드	설명
평균(Mean)	산술평균을 보여 줌
합계(Sum)	지정한 변수의 수집된 자료의 전체 합계

산포도(Scatter Plot)	설명
표준편차 (Std. deviation)	평균으로부터 퍼져 있는 정도를 나타냄. $\sqrt{분산}$
분산(Variance)	평균으로부터 얼마나 떨어져 있는가를 나타내는 변량. 표준편차를 제곱한 값
범위(Range)	최대값과 최소값의 차이를 나타내는 범위
최소값(Minimum)	수집된 자료 중에서 가장 작은 값
최대값(Maximum)	수집된 자료 중에서 가장 큰 값
평균의 표준오차 (S.E.mean)	평균의 표준오차로 표본평균의 흩어진 정도

분포(Distribution)	설명
첨도(Kurtosis)	분포의 뾰족한 정도 K=0(표준 정규분포), K<0(납작한 모양), K>0(뾰족한 모양)
왜도(Skewness)	분포의 기울어진 방향과 정도, 즉 비대칭의 정도 S=0(좌우대칭), S<0(왼쪽으로 긴 꼬리 모양), S>0(오른쪽으로 긴 꼬리 모양)

more 편포된 자료

수집된 자료의 분포가 한쪽으로 편포되어 있을 경우, 어느 한 집중경향치만 산출할 것이 아니라 복수의 집중경향치(평균과 최빈치, 평균과 중앙치 등)를 산출하여 제시하는 것이 그 분포를 이해하는 데 도움이 된다.

2) 비연속형 변수의 빈도분석

비연속형(범주형) 빈도분포는 명목척도 또는 서열척도들의 빈도분포를 말한다. 설문지의 기본 인적사항(나이, 성별) 혹은 개인특성(최종 학력, 현재 직위, 종교, 거주가족)과 같은 정보를 직관적으로 비교할 때 주로 사용한다. 비연속형(범주형) 변수를 시각적으로 표현할 때는 주로 막대그래프를 사용한다.

연구문제2

2장 기술통계 연구문제2.sav 파일에는 교사의 소속 학교급, 성별, 연령, 최종학력이 입력되어 있다. 교사의 성별, 최종학력을 빈도분석하여 자료의 분포를 확인해 보자.

1

분석 → 기술통계량 → 빈도분석을 클릭한다.

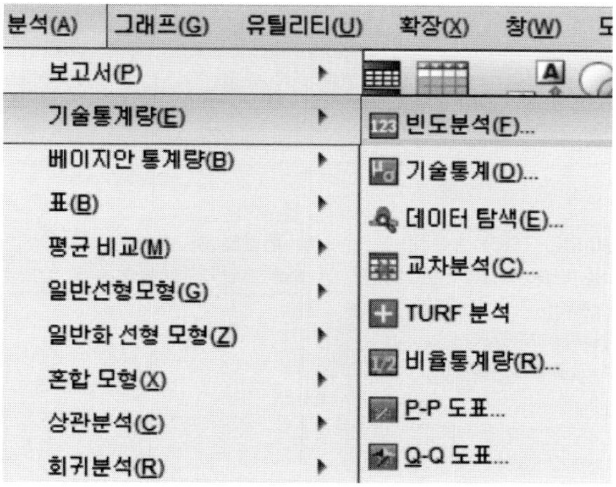

2

분석할 변수인 '성별' '최종학력'을 선택한다(변수를 선택하여 옮길 때는 Ctrl을 누른 상태에서 마우스로 각각의 변수를 선택하면 된다).

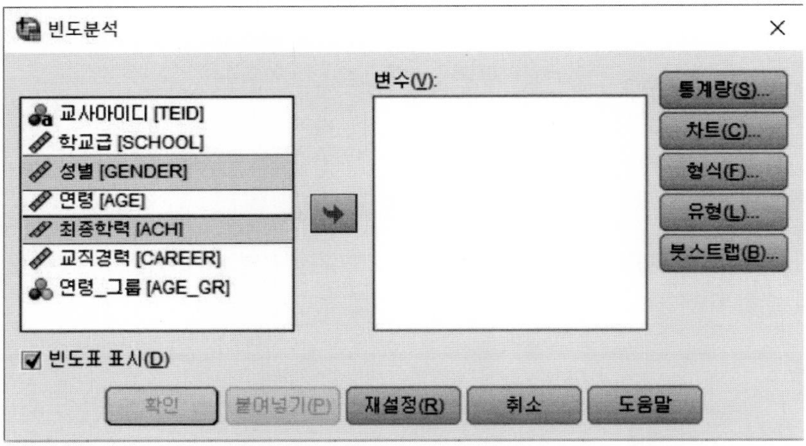

3

선택된 변수를 변수 난으로 이동시키고, **차트** 버튼을 클릭한다(질적변수는 통계량 체크가 필요 없다).

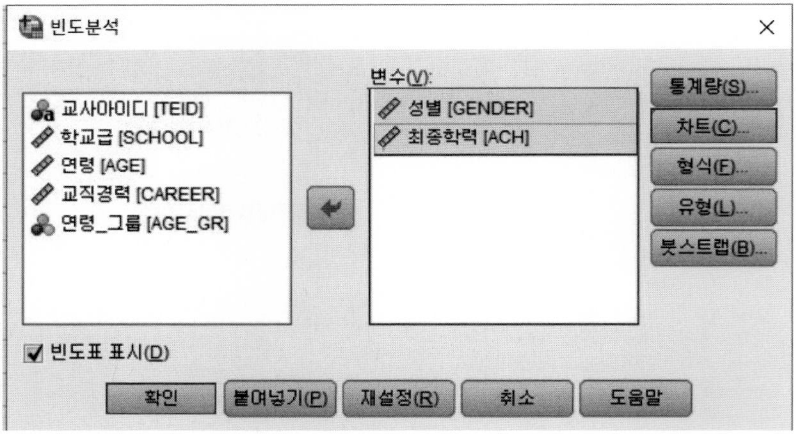

4

'빈도분석: 차트'가 열리면 분석에 필요한 차트를 체크한 후 계속을 클릭한다. 모두 설정되었으면 확인을 클릭한다. 분석을 마치면 출력 결과 창에 출력 결과가 나타난다.

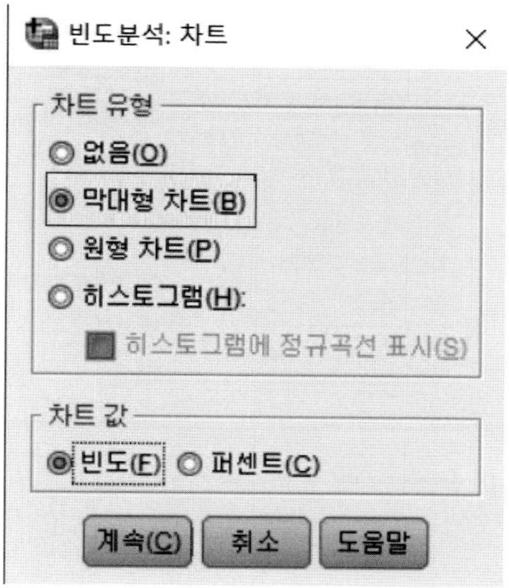

3) 연속형 변수의 빈도분석

(1) 단순 빈도분포

단순 빈도분포(Simple frequency distribution)는 데이터의 빈도를 크기순으로 나타낸 것이다. 일반적으로 점수의 크기에 따라 가장 높은 점수에서부터 가장 낮은 점수까지 차례로 정리한 후에 그 점수와 관련된 빈도를 적는다.

연구문제3

2장 기술통계 연구문제1.sav 파일에는 중학생 550명의 국어, 수학, 영어 성적이 있다. 각 과목별로 빈도분석을 하여 가장 빈번하게 나타나는 점수는 몇 점인지, 점수가 어느 정도 퍼져 있는가를 확인해 보자.

적용 절차(2장 기술통계 연구문제1.sav)는 다음과 같다.

1

분석 → 기술통계량 → 빈도분석을 클릭한다.

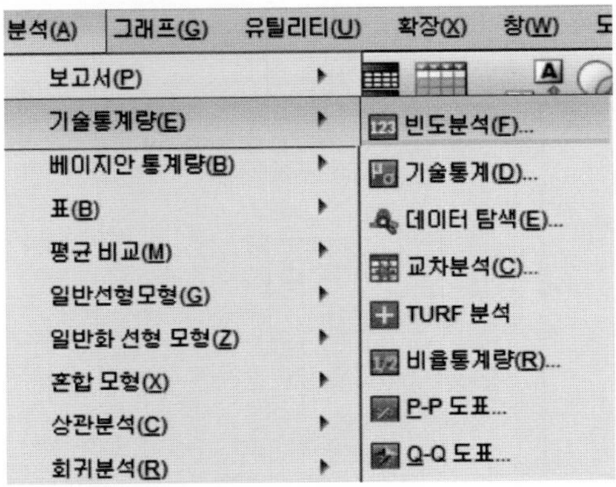

2

'빈도분석' 창에서 분석할 변수인 '국어 점수' '수학 점수' '영어 점수'를 모두 선택한다.

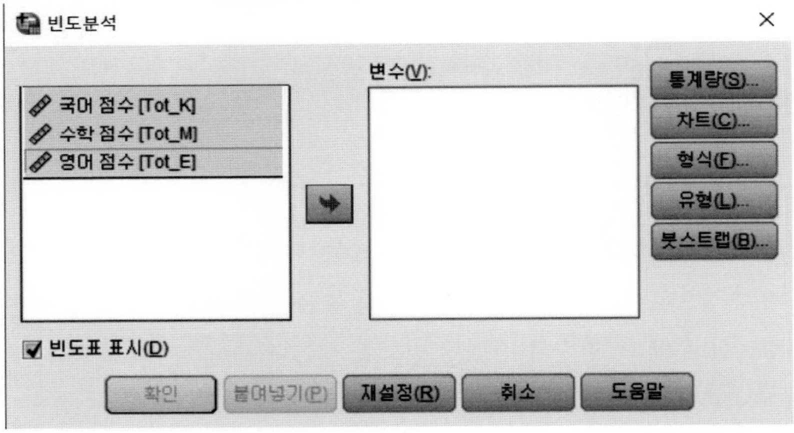

3

선택된 변수를 변수 난으로 이동시키고, **통계량** 버튼을 클릭한다.

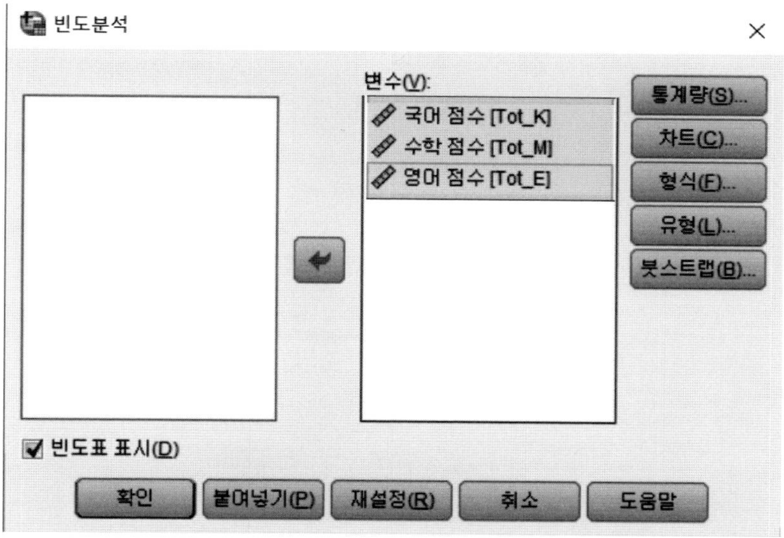

4

세부 통계량을 선택하여 '빈도분석: 통계량' 창이 열리면 분석에 필요한 통계량에 체크한 후 **계속**을 클릭한다.

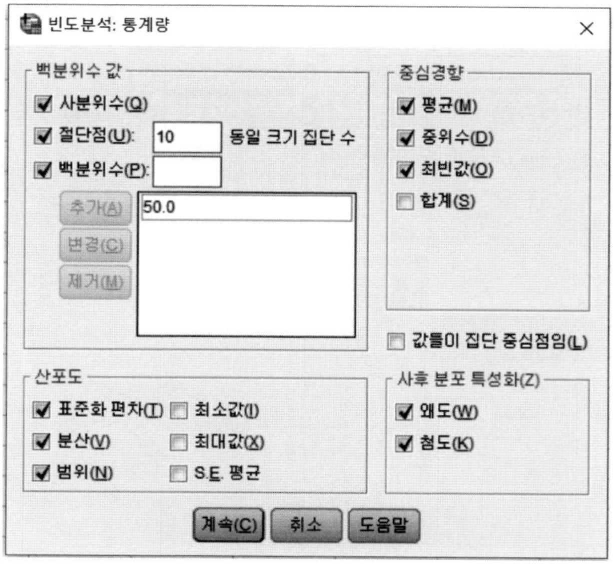

5

차트 버튼을 클릭한다. 세부 통계량을 선택하여 '빈도분석: 차트' 창이 열리면 분석에 필요한 차트를 체크한 후 **계속**을 클릭한다.

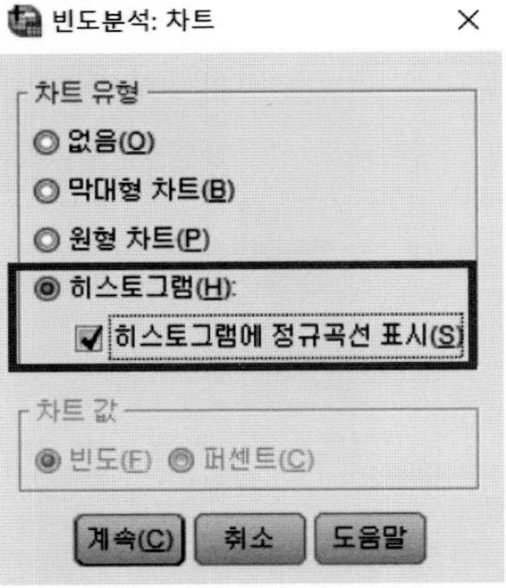

6

형식 버튼을 클릭하고 필요한 항목을 체크한 후 **계속** 버튼을 클릭한다.

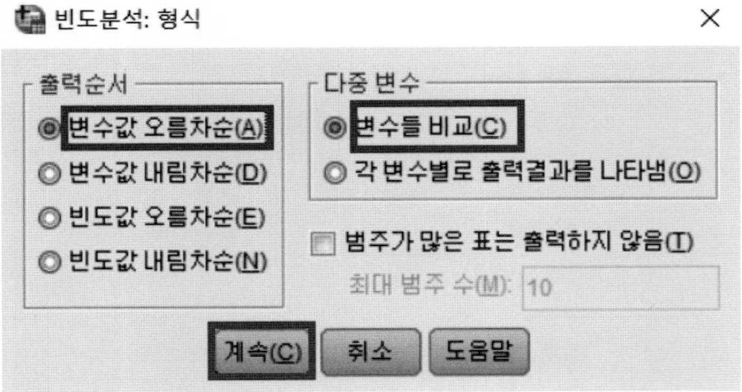

7

모두 설정되었으면 **확인**을 클릭한다. 분석을 마치면 출력 결과 창에 출력 결과가 나타난다.

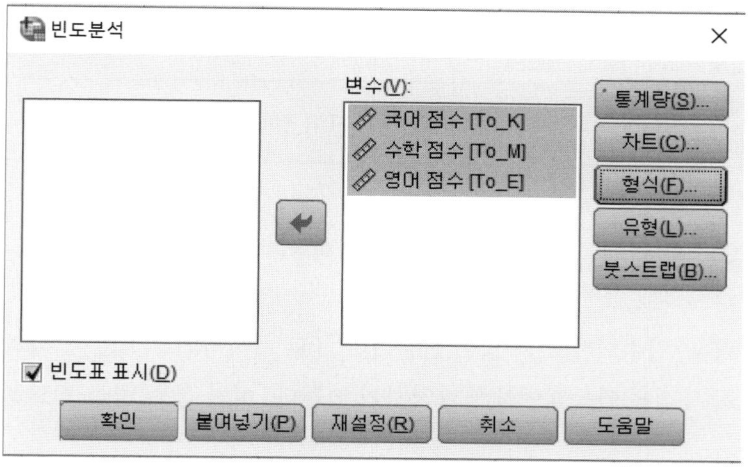

백분위수 값(Percentile values)	설명
사분위수(Quartiles)	데이터의 25, 50, 75번째의 비율을 보여 줌
절단점(Cut points for)	사례들을 똑같은 크기의 집단으로 나누는 비율 값을 의미함. 2와 100 사이의 정수 값을 입력하여 집단을 나눌 수 있음
백분위수[Percentile(s)]	사분위수 이외에 다른 원하는 데이터의 비율을 보고 싶을 때 사용함

중심경향(Central tendency)	설명
평균(Mean)	산술평균, 연속적인 자료를 설명하기에 가장 대표적인 통계치
중위수(중앙치, Median)	중앙값. 자료를 순서대로 배열할 때 가운데에 위치하는 값
최빈치(Mode)	가장 많은 빈도를 보이는 값
합계(Sum)	합계
값들이 집단 중심점임 (Values are group midpoints)	데이터 값이 집단의 중심점일 때 원자료의 집단화하지 않은 데이터의 중앙치와 백분위수를 추정할 때 사용함

출력 순서(Order by)	설명
변수값 오름차순(Ascending values)	변수값을 오름차순으로 보여 줌
변수값 내림차순(Descending values)	변수값을 내림차순으로 보여 줌
빈도값 오름차순(Ascending counts)	변수값의 빈도를 오름차순으로 보여 줌
빈도값 내림차순(Descending counts)	변수값의 빈도를 내림차순으로 보여 줌

다중변수(Multiple variables)	설명
변수들 비교(Compare variables)	여러 개의 변수를 사용할 때 변수를 비교할 수 있도록 한꺼번에 보여 줌
변수별로 출력 결과를 나타냄 (Organize output by variables)	여러 개의 변수를 사용할 때 차례대로 변수를 보여 줌
표 출력 범주 제한 (Suppress tables with more than)	출력되는 표의 범주 수를 제한할 수 있음

일반적으로 단순 빈도분포로 분석하면, [통계량]에 각 점수별로 빈도수, 퍼센트, 누적퍼센트가 나타나고, [빈도표] 역시 각 점수별로 빈도가 산출된다. 학업성취도와 같은 인지검사의 경우, 점수의 범위가 넓어 단순 빈도표로 제시하면 각 점수에 나타난 빈도수가 많아 자료의 특성을 일목요연하게 파악하기 힘들다. 이럴 경우, 묶음 빈도분포를 이용하면 된다.

(2) 묶음 빈도분포

묶음 빈도분포(Grouped frequency distribution)는 연속형 변수로 구성된 데이터를 급간(Interval)으로 설정한 후 나타낸 빈도분포이다. 급간으로 설정하는 원칙은 없으나, 급간의 크기는 홀수로 해야 중간점을 빠르게 알 수 있다. 급간의 수가 너무 적으면 정보 손실이 많아지므로 대체로 5~20개의 급간을 많이 사용한다. 급간을 정하는 방법은 『기초통계학』(김석우, 2016)을 참고해 주기를 바란다. 연구자가 급간을 설정할 때 주의할 점은 데이터 최저값의 하한계보다 측정단위를 1단위 낮추어 급간값을 시작해야 한다는 것이다. 그 이유는 모집단의 속성을 추정하기 위해 추출된 표본의 점수 단위는 일반적으로 모집단의 점수 범위보다 크지 않기 때문이다. 즉, 표본에서 획득한 점수 범위에서 하한계는 모집단 점수 범위의 하한계보다 높고, 상한계는 모집단의 상한계보다 낮다.

연구문제4

"귀하의 연령은? □□ 세"라는 문항으로 교사의 연령을 조사하였다. 교사의 연령을 10년 간격으로 그룹화한 후 빈도분석을 실시해 보자.

more 동일 변수명 비동일 척도 수준 확인

설문 문항 1. 귀하의 연령은? ① 20세 미만 ② 20세 이상 30세 미만 ③ 30세 이상 40세 미만 ④ 40세 이상

설문 문항 2. 귀하의 연령은? □□ 세

설문 문항 1의 연령은 서열척도 수준에서 측정한 경우이다. 서열척도의 특성상 평균, 표준편차를 이용하는 통계적 분석을 수행할 수 없게 된다. 이와 달리, 설문 문항 2의 연령은 비율척도 수준에서 측정한 경우이다. 따라서 평균, 표준편차를 산출할 수 있으며, 그 결과를 보다 다양하게 활용할 수 있다. 이와 같이 설문 문항 형식에 따라 명명척도나 서열척도로 측정될 수 있고, 등간척도나 비율척도로 측정될 수 있기 때문에 데이터 분석을 시작하기 전 설문지의 측정수준을 확인할 필요가 있다.

적용 절차(2장 기술통계 연구문제2.sav)는 다음과 같다.

I

[코딩변경-그룹화]

연령(AGE)은 20세 이상 69세 이하로 구성되어 있는데, 새로운 변수 생성을 통한 연령 그룹(20대, 30대, 40대, 50대, 60대)을 생성해야 한다. **변환 → 다른 변수로 코딩변경**을 클릭하고, '다른 변수로 코딩변경' 창에서 변경하고자 하는 변수(연령)를 선택한 후 ➡을 클릭하여 출력변수로 이동시킨다.

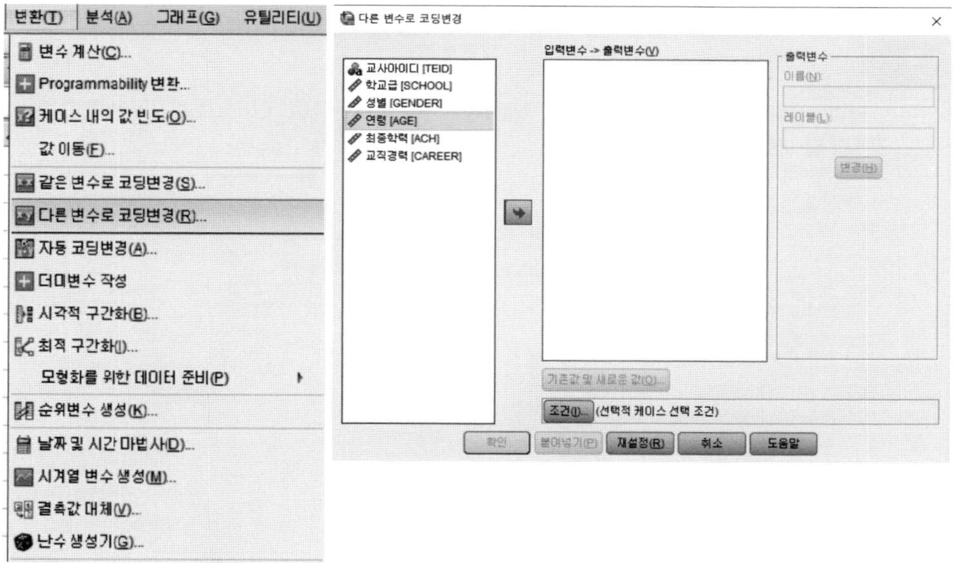

2

중앙 상단에 '숫자변수 → 출력변수'는 'AGE → ?'로 나타나며, 오른쪽의 출력변수에는 새로운 변수를 생성해야 하므로, **이름**에는 변수명, **레이블**에는 변수 설명을 각각 지정한다.

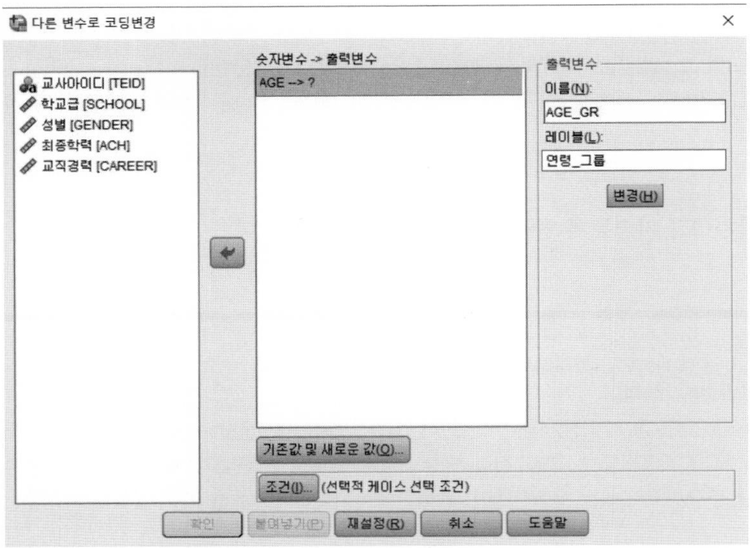

3

변경을 클릭하여 가운데의 '숫자변수 → 출력변수'가 'AGE → AGE_GR'으로 변경된 것을 확인한 후 **기존값 및 새로운 값**을 클릭한다.

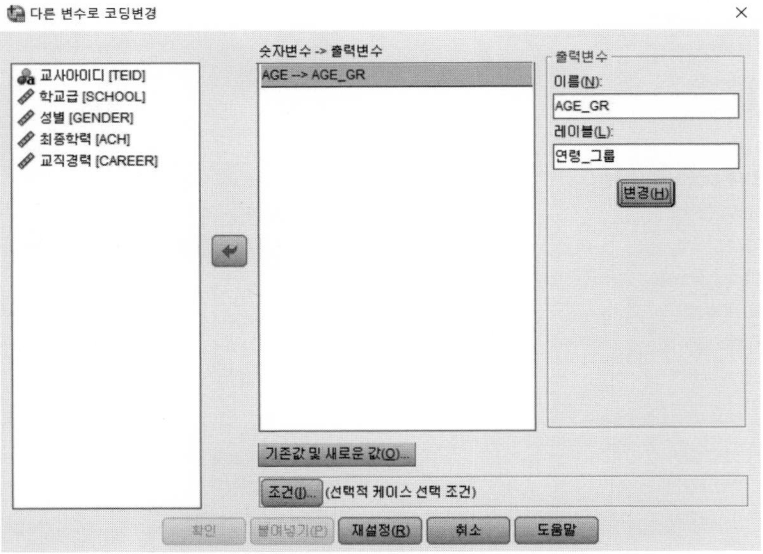

4

'20~29세 → 1'로 그룹화하기 위해 기존값의 **범위**에서 20~29를 입력하고 새로운 값의 **값**은 1로 입력한 후, **추가**를 클릭한다. 같은 방법으로 '30~39 → 2' '40~49 → 3' '50~59 → 4' '60~69 → 5'를 입력한다.

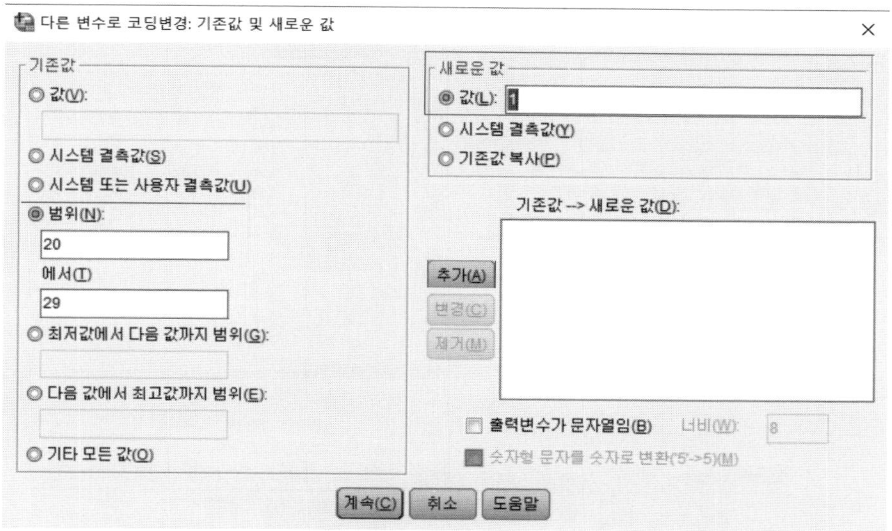

5

지정된 범위 외에는 무조건 시스템 결측값인 점(.)으로 변환되므로 반드시 생성하고자 하는 모든 범위를 포함하도록 입력하고, 최종적으로 그룹화하고자 하는 범위를 설정한 후, **계속**을 클릭한다.

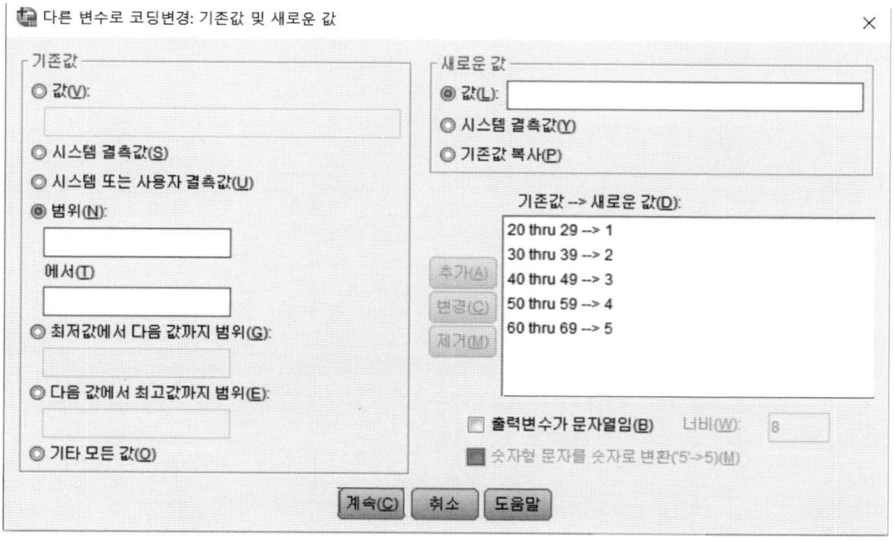

6

확인을 클릭하면 **데이터 보기**를 통해 오른쪽에 새로운 'AGE_GR'이라는 그룹화 변수가 생성되어 있음을 볼 수 있다. **변수 보기**에서 변수명과 레이블, 변수값, 척도의 성격 등을 확인한다.

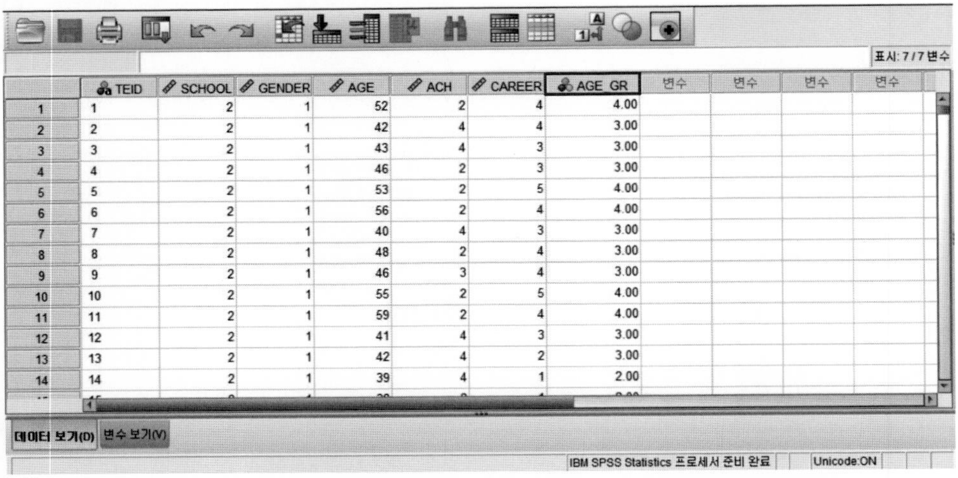

	TEID	SCHOOL	GENDER	AGE	ACH	CAREER	AGE_GR	변수	변수	변수	변수
1	1	2	1	52	2	4	4.00				
2	2	2	1	42	4	4	3.00				
3	3	2	1	43	4	3	3.00				
4	4	2	1	46	2	3	3.00				
5	5	2	1	53	2	5	4.00				
6	6	2	1	56	2	4	4.00				
7	7	2	1	40	4	3	3.00				
8	8	2	1	48	2	4	3.00				
9	9	2	1	46	3	4	3.00				
10	10	2	1	55	2	5	4.00				
11	11	2	1	59	2	4	4.00				
12	12	2	1	41	4	3	3.00				
13	13	2	1	42	4	2	3.00				
14	14	2	1	39	4	1	2.00				

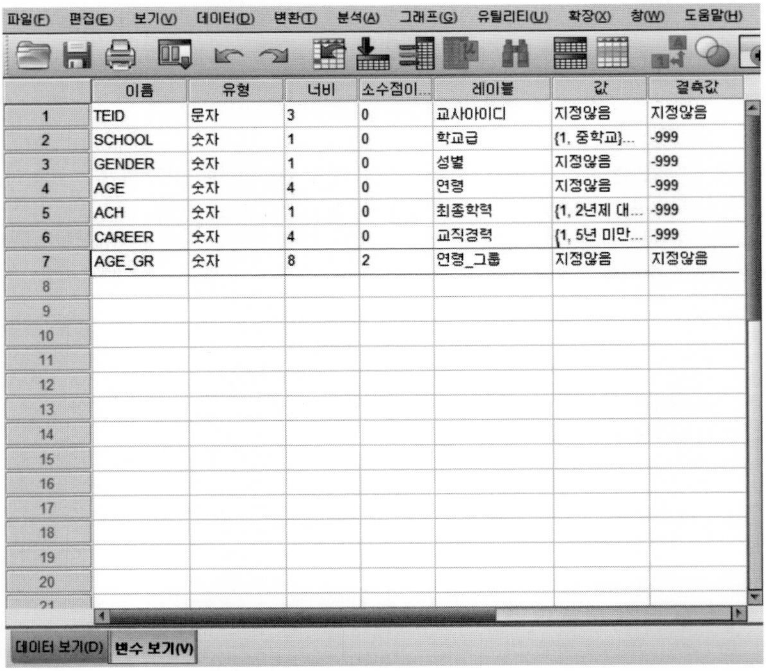

	이름	유형	너비	소수점이...	레이블	값	결측값
1	TEID	문자	3	0	교사아이디	지정않음	지정않음
2	SCHOOL	숫자	1	0	학교급	{1, 중학교}...	-999
3	GENDER	숫자	1	0	성별	지정않음	-999
4	AGE	숫자	4	0	연령	지정않음	-999
5	ACH	숫자	1	0	최종학력	{1, 2년제 대...	-999
6	CAREER	숫자	4	0	교직경력	{1, 5년 미만...	-999
7	AGE_GR	숫자	8	2	연령_그룹	지정않음	지정않음

7

'값 레이블' 창에서 새로 생성된 **기준값**(1, 2, 3, 4, 5)에 대한 **레이블**(20대, 30대, 40대, 50대, 60대)을 입력한다.

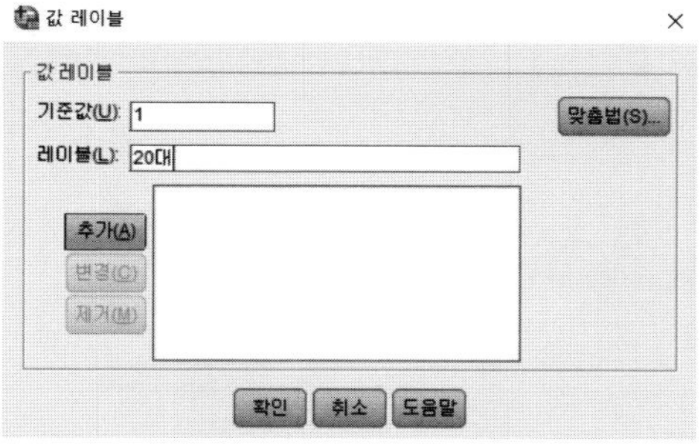

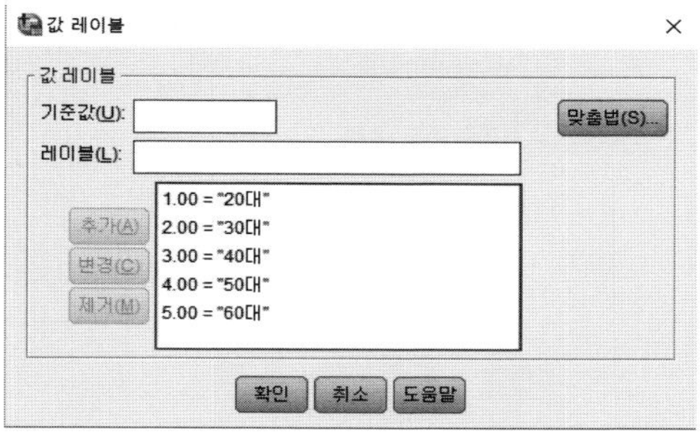

8

변수 보기에서 값이 변화하였는지 확인한다.

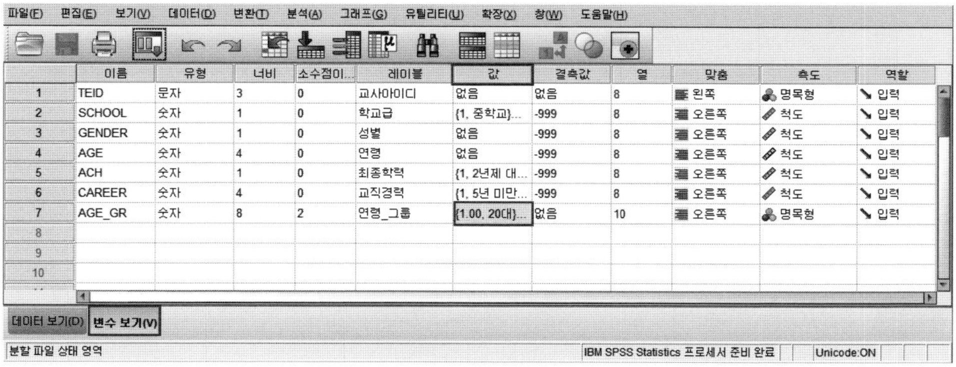

9

분석 → 기술통계량 → 빈도분석을 클릭하고, 새롭게 생성된 '연령_그룹'을 선택한다. '빈도분석' 창의 **통계량**에서 필요한 항목을 선택한다. 차트, 형식 창에서 각각 필요한 항목을 체크한 후 **확인**을 클릭한다. 최소값, 최대값 등을 살펴보고 새롭게 생성된 변수의 이상치, 오류값을 반드시 확인한다. 모두 설정되었으면 **확인**을 클릭한다. 분석을 마치면 출력 결과 창에 출력 결과가 나타난다.

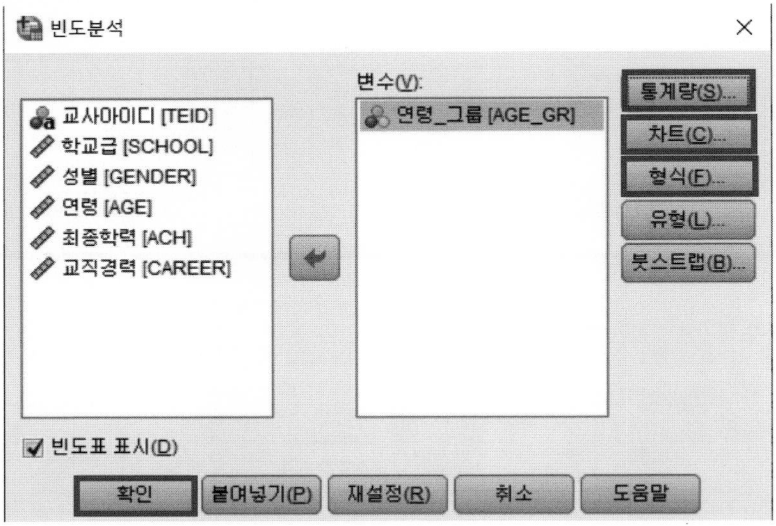

3 분석 결과

1) 기술통계의 통계량

	N	최소값	최대값	평균	표준편차	왜도	첨도
국어	547	0	97	52.68	21.72	−.21	−.838
수학	547	3	100	54.94	28.22	−.11	−1.28
영어	547	7	97	59.57	23.26	−.15	−1.11
유효 수(목록 수)	547						

이 결과표는 국어, 수학, 영어 성적에 대한 기술통계량을 나타낸 것이다. 응답자 550명 중 결측값을 제외한 유효한 사례 수(N)는 각각 547명이고, 국어, 수학, 영어의 평균은 각

각 54.94(SD=21.72), 52.68(SD=28.22), 59.57(SD=23.26)으로 나타났다. 일반적 사회과학 연구에서는 |첨도(kurtosis)|≤3.0, |왜도(skewness)|≤2.0(George & Mallery, 2020: 114)이면 정규성을 만족하는 것으로 가정하는데, 해당 데이터는 정규성을 만족하는 것으로 나타났다.

2) 비연속형(범주형)의 통계량

		빈도	퍼센트	유효 퍼센트	누적 퍼센트
N	여성	329	82.3	82.3	82.3
	남성	71	17.8	17.8	100.0
합계		400	100.0	100.0	

교사의 성별은 여자가 329명(82.3%)으로 남자 71명(17.8%)에 비하여 많은 것으로 나타났다.

		빈도	퍼센트	유효 퍼센트	누적 퍼센트
N	4년제 대학졸업	236	59.0	59.0	59.0
	석사수료	20	5.0	5.0	64.0
	석사졸업	128	32.0	32.0	96.0
	박사수료	9	2.3	2.3	98.3
	박사졸업	7	1.8	1.8	100.0
전체		400	100.0	100.0	

교사의 최종학력은 4년제 대학 졸업(59.0%)>석사졸업(32.0%)>석사수료(5.0%)>박사수료(2.3%)>박사졸업(1.8%) 순으로 나타났다.

이와 같이, 비연속형 변수의 빈도표를 각각 제시하면 가독성이 떨어진다. 이럴 때는 교차분석 메뉴를 사용하여 '성별×최종학력' 형태의 교차분석표를 제시하도록 하자. 자세한 내용은 제4장을 참고하라.

3) 연속형의 빈도분석의 통계량

(1) 빈도분포 통계량

		국어 점수	수학 점수	영어 점수
N	유효	547	547	547
	결측	3	3	3
평균		52.68	51.94	59.57
표준편차		21.72	28.27	23.64
최빈값		68	100	94
범위		97	97	90
최소값		0	3	7
최대값		97	100	97
백분위수	10	21.80	17.00	27.80
	20	31.00	24.00	36.00
	25	36.00	26.00	40.00
	30	40.00	31.00	44.00
	40	47.00	39.20	53.00
	50	54.00	49.00	59.00
	60	61.80	61.00	69.00
	70	67.00	74.00	77.00
	75	69.00	79.00	80.00
	80	72.40	83.00	84.00
	90	81.00	91.00	91.00

상기 [통계량]은 국어, 수학, 영어 성적에 대한 빈도분석 결과이다. ① 유효수치는 547명이며 결측값은 3명으로 나타났다. ② 국어와 수학의 범위는 97로 같으나, 평균, 표준편차, 최대값과 최소값 등을 비교하면 서로 다른 분포를 가지는 것을 알 수 있다. ③ 백분위수 50의 점수는 국어의 경우 54점, 수학의 경우 49점, 영어의 경우 59점이다.

more 결측값

수거된 설문지의 숫자를 유효수치(N)에서 확인해야 한다. 결측값(Missing value)이 발생했다는 것은 수집된 데이터가 제대로 입력되지 않았다는 뜻이므로 반드시 데이터를 보면서 해당 결측의 위치를 확인해야 한다. 결측값이 데이터 입력 과정에서 발생한 것이 아니라, 응답자가 일부 질문에 응답하지 않은 항목 미응답(Item non-response)이나 패널 조사와 같은 종단 연구에서 일정 시점 이후 탈락(Drop out)하여 생기는 웨이브 무응답(Wave non-response) 등이라면, 결측값의 발생 원인에 따른 적절한 처리방법(완전제거법, 한쌍제거법, 평균대체법, 회귀대체법, 확률적 회귀대체법, 다중대체법, 재조사법 등)을 선택해야 한다.

(2) 묶음 빈도분포

➜ 빈도

[데이터세트1] C:₩Users₩home₩Desktop₩CH.2.Descriptive Statistics₩CH2.2.sav

통계량

연령_그룹

N	유효	397
	결측	3

연령_그룹

		빈도	퍼센트	유효 퍼센트	누적 퍼센트
유효	20대	28	7.0	7.1	7.1
	30대	82	20.5	20.7	27.7
	40대	116	29.0	29.2	56.9
	50대	163	40.8	41.1	98.0
	60대	8	2.0	2.0	100.0
	전체	397	99.3	100.0	
결측	시스템	3	.8		
전체		400	100.0		

'연령_그룹' 표는 교사의 연령을 10년 간격으로 묶어 빈도분석한 결과이다. 50대가 163명(40.8%)으로 가장 많았으며, 다음으로 40대가 116명(29.0%), 30대가 82명(20.5%)의 순으로 나타났다. 퍼센트는 조사대상자 400명 중 해당 항목에 응답 인원의 비율로 50대의 경우 163/400 × 100=40.75%(반올림하여 40.8%)인 반면, 유효 퍼센트는 결측을 제외한 대상 인원 397명 중 해당 항목의 인원 비율이다. 즉, 163/397 × 100=41.05%가 되는 것이다. 따라서 전체 조사대상자 400명을 기준으로 하여 기술하고, 3명을 결측(무응답) 처리하여 분석결과를 기술할 것인지(A), 결측(무응답)을 제외한 397명을 기준으로 하여 기술할 것인지(B)를 구분하여 퍼센트와 유효 퍼센트를 확인해야 한다.

(A) 결측 포함

	빈도	퍼센트
20대	28	7.0
30대	82	20.5
40대	116	29.0
50대	163	40.8
60대	8	2.0
무응답	3	0.8
전체	400	100.0

(B) 결측 제외

	빈도	퍼센트
20대	28	7.1
30대	82	20.7
40대	116	29.2
50대	163	41.1
60대	8	2.0
전체	397	100.0

4 논문 양식

1) 기술통계

논문에 기술통계량을 제시하는 경우는 자료가 어떻게 조사 · 수집되었는지를 설명할 경우이다. 따라서 여러 가지 통계값을 모두 제시하지 않는다. 〈표 2-1〉처럼 연속형 척도로 되어 있는 자료는 평균, 표준편차, 왜도, 첨도 정도를 제시하는 것이 일반적이다.

〈표 2-1〉 국어, 수학, 영어에 대한 평균과 표준편차

	N	평균	표준편차	왜도	첨도
국어	547	52.68	21.72	−.21	−.838
수학	547	54.94	28.22	−.11	−1.28
영어	547	59.57	23.26	−.15	−1.11
유효 수(목록 수)	547				

총 550개의 응답 가운데, 불성실 응답 3명을 제외하고 총 547명이 유효표본으로 확정되었다. 확정된 유효표본 수 현황을 제시하면 〈표 2-1〉과 같다. 국어의 평균점수는 52.68이고 수학의 평균점수는 54.94점이다. 영어의 평균점수는 59.57로 나타났다. 왜도는 −.11에서 −.21 사이였고, 첨도는 −.838에서 −1.28 사이였다. |첨도(kurtosis)|≤3.0, |왜도(skewness)|≤2.0이므로 해당 데이터는 정규성을 만족하는 것으로 나타났다.

2) 빈도분석

빈도분석의 기술통계는 다른 분석을 하기 위한 준비과정이므로 연구자의 연구목적에 따라 논문에는 필요한 부분만 제시한다.

〈표 2-2〉 교사의 연령에 대한 빈도와 퍼센트(N=400)

	빈도	유효 퍼센트
20대	28	7.1
30대	82	20.7
40대	116	29.2
50대	163	41.1
60대	8	2.0
전체	397	100.0

총 400개의 응답 가운데, 불성실 응답 3명을 제외하고 총 397명이 유효표본으로 확정되었다. 확정된 유효표본 수 현황을 제시하면 〈표 2-2〉와 같다. 연령대별 분포는 50대가 163명으로 가장 많았으며, 40대(n=116)>30대(n=82)>20대(n=28)>60대(n=8) 순으로 나타났다.

연습문제

1

먼저, 해당 연도에서 '현재직급 근무시기(년)'를 빼서 새로운 경력변수를 생성하시오. 둘째, 새로운 경력변수를 5년 간격으로 유목화(범주화)하여 빈도분석하시오.

	빈도(사례 수)	퍼센트	유효 퍼센트
5년 미만	***	**.**%	**.**%
5년 이상 10년 미만			
10년 이상			
전체			

※ 새로운 경력변수 생성: 변환 → 변수계산

※ 유목화: 변환 → 다른 변수로 코딩변경

2

출생연도를 '연령(new_age)'으로 변환하고, 1번 문항에서 생성한 경력변수와 산포를 비교하고자 한다. 기술통계 분석 결과를 기재하고 변동계수를 산출하시오.

구분	최대값	평균	표준편차	평균의 표준오차
연령				
경력				

제 3 장

다중반응분석

1 개념 및 목적

1) 개념

다중반응분석은 하나의 설문 문항에 복수 응답한 것을 처리하고 분석하는 것이다. 복수 응답을 입력하는 방법은 범주형, 이분형, 순위형이 있다. 범주형은 설문지 문항의 응답지 중 우선순위 없이 정해진 수만큼 선택하도록 하는 것이다. 범주형 입력 방법은 변수의 이름을 '선택기준 1' '선택기준 2'와 같이 범주로 변수를 입력하는 방법이다. 이분형은 문항의 응답지 중 해당하는 모든 것을 선택하도록 하는 것이다. 이분형 입력 방법은 항목에 대해 선택한 경우에는 1을, 선택하지 않았을 때 0을 입력하고, 응답값의 최대값만큼 변수를 생성하는 것이다. 그리고 순위형은 문항의 응답지 중 정해진 수만큼 선택하고 응답자 스스로 중요도에 따라 순위를 매기는 것이다.

〈표 3-1〉 다중(복수)반응 입력 방법

범주형 입력	이분형 입력	순서형
예시로 제시된 번호로 입력 (예: 2개의 선택기준, 6개의 예시가 있는 경우, 2개의 변수 생성, 1~6 사이의 해당 숫자로 코딩)	1: 선택함 0: 선택 안 함 (예: 5개의 예시가 있는 경우, 응답 1, 응답 2, …응답 5로 생성)	순위에 따라 변수 입력 (예: 우선순위 2가지, 6개의 예시가 있는 경우, 2개의 변수 생성, 1~6 사이의 해당 숫자로 코딩)

범주형 입력:

	선택기준 1	선택기준 2
응답자 1	2	6
응답자 2	1	5
응답자 3	3	5

이분형 입력:

	응답 1	응답 2	응답 3	응답 4	응답 5
응답자 1	0	1	1	1	0
응답자 2	0	1	0	1	0
응답자 3	1	1	1	1	1

순서형:

	1순위	2순위
응답자 1	1	6
응답자 2	5	2
응답자 3	6	1

2) 목적

다중반응분석은 1개의 응답값만으로 설명이 부족할 때 사용된다. 다중반응분석은 변수가 1개일 때보다 좀 더 심화된 결과를 제시할 수 있다는 장점이 있다.

3) 분석 방법

범주형, 이분형, 순위형은 일반적으로 빈도분석 혹은 교차분석을 한다. 다만, '분석 → 다중반응 → 교차분석' 메뉴에서는 카이제곱(χ^2)과 같은 통계량은 제공되지 않는다. '기술통계 → 빈도분석' 메뉴를 사용하여 분석할 수 없고, '분석 → 다중반응 → 빈도분석' 메뉴를 선택해야 한다.

2 분석 실행

1) 범주형

1. 대학생을 위한 취 · 창업 지원 서비스 중 가장 만족스러웠다고 생각하는 것 2개만 고르시오.

① 기업 및 채용 정보 제공
② 진로 · 직업 멘토링
③ 현장실습 및 인턴 프로그램
④ 취업 및 창업 관련 동아리
⑤ 학과(전공)교수와의 진로 · 취업상담
⑥ 경력개발센터 등의 진로상담
⑦ 취업 준비 프로그램

적용 절차(3장 다중반응분석 연구문제.sav)는 다음과 같다.

I

[자료입력]_[범주형 문항 변수 설정 및 데이터 코딩]

변수 보기를 클릭한다. 응답자는 보기 중 2개를 선택해야 하므로, 변수명(이름)에 '문항1_선택1'과 '문항1_선택2'(선택할 보기 개수)를 입력한다. **값**을 클릭한 후 각 변수값에 대한 설명을 입력한다.

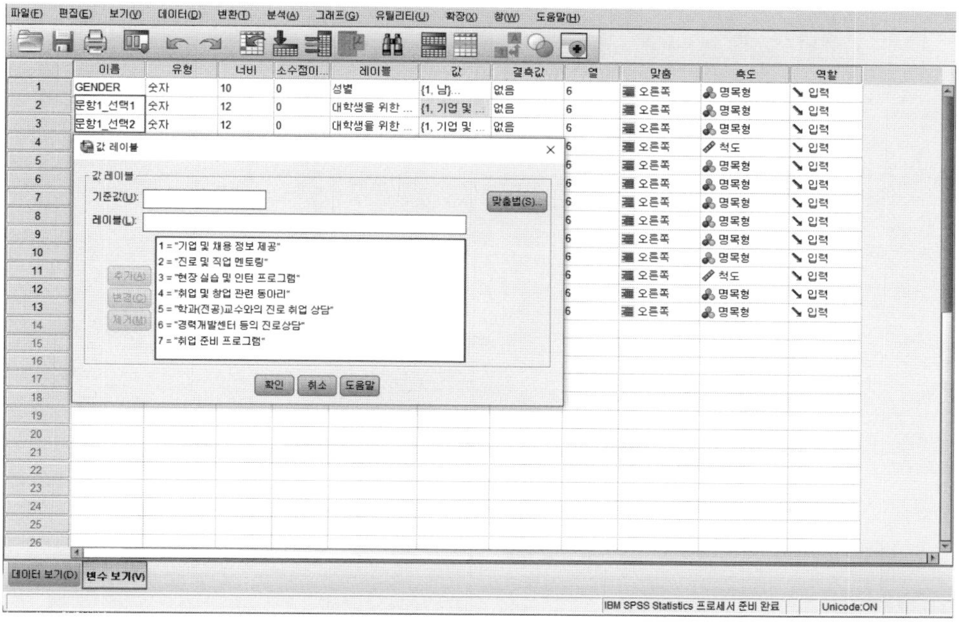

변수명(이름)을 입력하는 열에 공란(space-bar)이 있으면 오류가 발생한다. 변수명은 모두 붙여 쓰거나 '문항1_선택1'과 같이 밑줄(_)로 공란을 대체한다.

2

[변수군 정의]

'문항1_선택1'과 '문항1_선택2'(선택할 보기 개수)에 입력된 값이 한 개의 문항으로부터 얻은 값임을 설정해야 한다. SPSS 메뉴에서 **분석 → 다중반응 → 변수군 정의**를 클릭한다.

3

다중반응 변수군 정의 창에서 'Shift + 클릭'으로 '문항1_선택1'과 '문항1_선택2'를 선택한다. ➡를 클릭하여 **변수군에 포함된 변수** 칸으로 옮긴다.

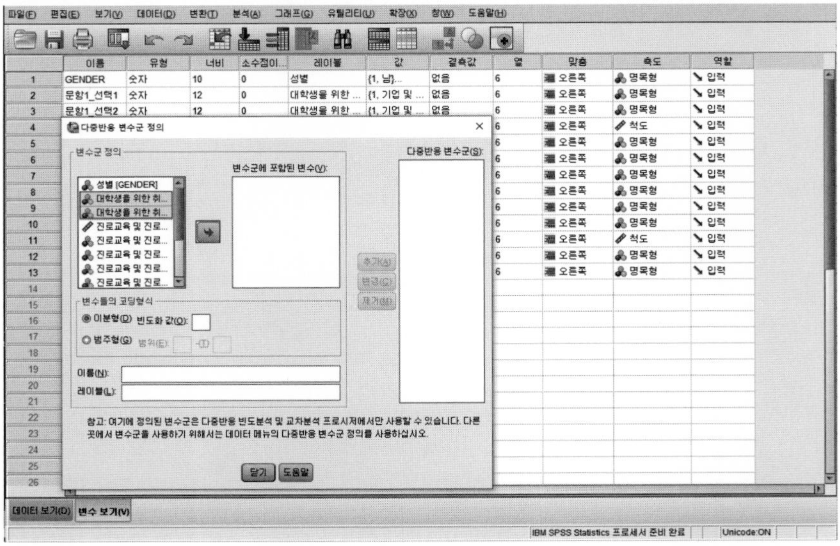

4

이동시킨 후 **변수들의 코딩 형식**은 **범주형**으로 체크한다. **범위** 칸에는 응답지 번호에 해당하는 1과 7을 입력한다. **이름**에는 대표할 만한 변수명을 기록해 준다. 여기서는 '문항1'로 기록하였다. **레이블**에는 '대학생을 위한 취·창업 지원 서비스'로 입력하고, **추가**를 클릭한다.

5

추가 버튼을 클릭하면 **다중반응 변수군** 항목에 '$문항1'이라는 새로운 변수가 생성되어 있다. '$문항1'이 오른쪽의 **다중반응 변수군**으로 이동된 것을 확인한 뒤 **닫기**를 클릭하면 [변수군 정의]가 끝난 것이다.

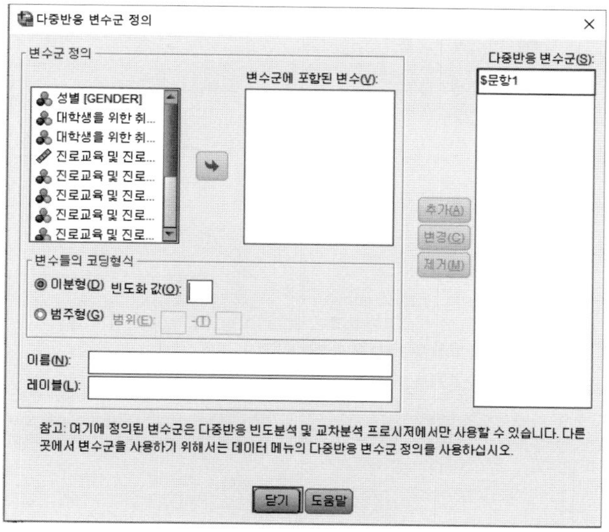

6

[자료 분석]

복수 응답에 대한 빈도분석을 한다.

메뉴에서 **분석 → 다중반응 → 빈도분석**을 클릭한다.

7

다중반응 변수군의 '$문항1'을 선택하고 ➡를 클릭하여 **표작성 반응군**으로 옮긴다.

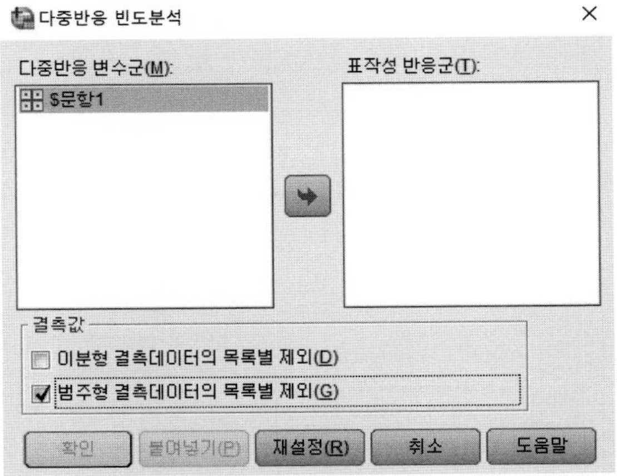

8

마지막으로 **확인**을 클릭하면 출력 결과 창에 출력 결과가 나타난다.

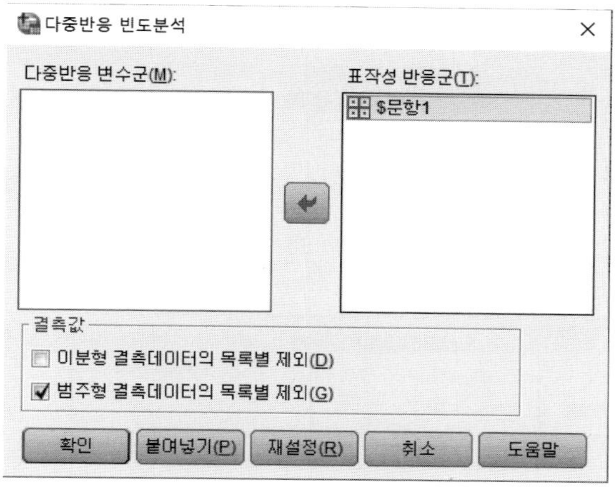

2) 이분형

2. 진로교육 및 진로체험 중 진학과 관련하여 도움이 되었다고 생각되는 프로그램을 모두 고르시오.

① 학교 담임교사와의 상담　② 학교 진로 · 진학전담교사와의 상담
③ 진로 관련 적성 검사　④ 사교육 종사자와의 상담
⑤ 부모님과의 대화　⑥ 대학생 멘토링
⑦ 대중 매체를 통한 정보 수집　⑧ 온라인 커뮤니티를 통한 정보 수집

적용 절차(3장 다중반응분석 연구문제.sav)는 다음과 같다.

1

[자료입력]

응답자는 총 1~8개의 선택안 중에서 자유롭게 선택할 수 있다. 답안을 코딩할 때는 8개의 열을 구성하여 선택안을 각각 배열한 후 선택한 경우에는 1, 선택하지 않은 경우에는 0으로 입력한다. 응답지 ①은 '문항2_선택1'로, 응답지 ②는 '문항2_선택2'로, 응답지 ⑧은 '문항2_선택8'로 변수명을 정한다.

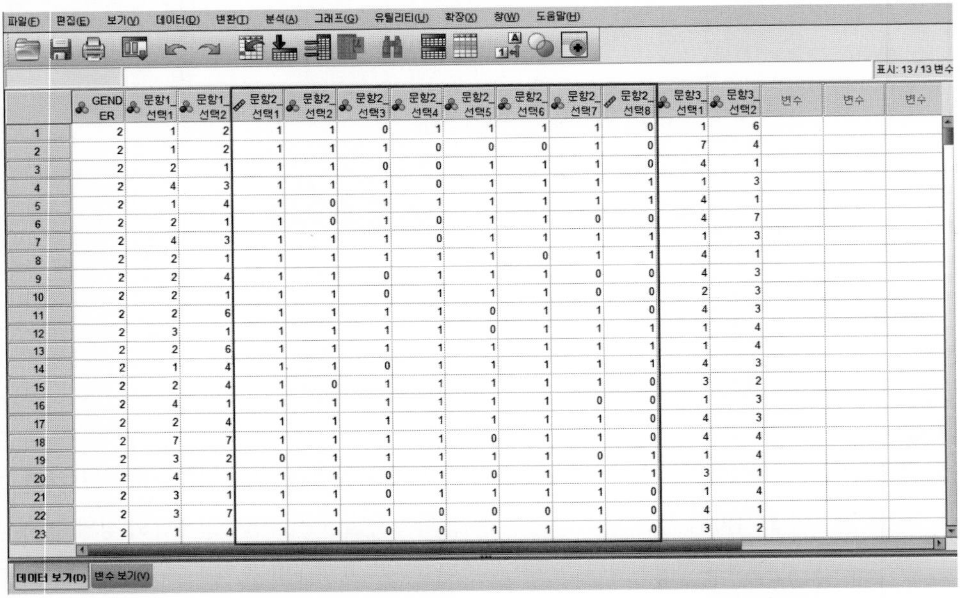

	GENDER	문항1_선택1	문항1_선택2	문항2_선택1	문항2_선택2	문항2_선택3	문항2_선택4	문항2_선택5	문항2_선택6	문항2_선택7	문항2_선택8	문항3_선택1	문항3_선택2	변수	변수	변수
1	2	1	2	1	1	0	1	1	1	1	0	1	6			
2	2	1	2	1	1	1	0	0	0	1	0	7	4			
3	2	2	1	1	1	0	0	1	1	1	0	4	1			
4	2	4	3	1	1	1	0	1	1	1	1	1	3			
5	2	1	4	1	0	1	1	1	1	1	1	4	1			
6	2	2	1	1	0	1	0	1	1	0	0	4	7			
7	2	4	3	1	1	1	0	1	1	1	1	1	3			
8	2	2	1	1	1	1	1	1	0	1	1	4	1			
9	2	2	4	1	1	0	1	1	1	0	0	4	3			
10	2	2	1	1	1	0	1	1	1	0	0	2	3			
11	2	2	6	1	1	1	1	0	1	1	0	4	3			
12	2	3	1	1	1	1	1	0	1	1	1	1	4			
13	2	2	6	1	1	1	1	1	1	1	1	1	4			
14	2	1	4	1	1	0	1	1	1	1	1	4	3			
15	2	2	4	1	0	1	1	1	1	1	0	3	2			
16	2	4	1	1	1	1	1	1	1	0	0	1	3			
17	2	2	4	1	1	1	1	1	1	1	0	4	3			
18	2	7	7	1	1	1	1	0	1	1	0	4	4			
19	2	3	2	0	1	1	1	1	1	0	1	1	4			
20	2	4	1	1	1	0	1	0	1	1	1	3	1			
21	2	3	1	1	1	0	1	1	1	1	0	1	4			
22	2	3	7	1	1	1	0	0	0	1	0	4	1			
23	2	1	4	1	1	0	0	1	1	1	0	3	2			

SPSS 메뉴에서 '분석 → 다중반응 → 변수군 정의'를 클릭한다.

2

[변수군 정의]

변수군 정의에서 Ctrl + 변수명으로 분석하고자 하는 변수를 선택하여 **변수군에 포함된 변수**로 이동시킨다. 즉, '문항2_선택1'에서 '문항2_선택8'까지 모두 이동시킨다.

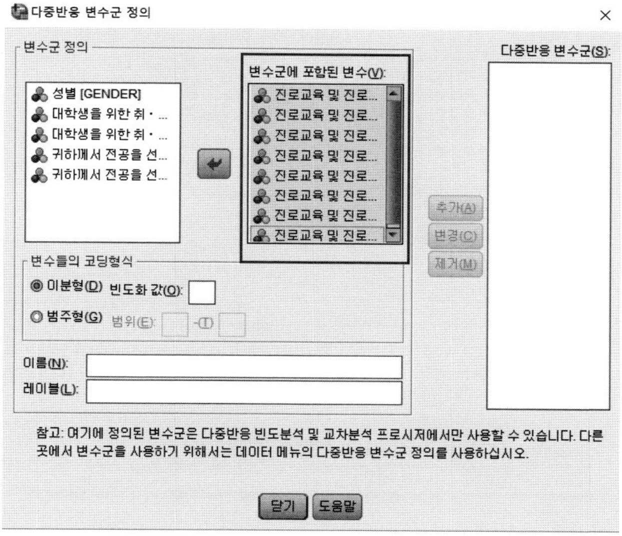

3

변수들의 코딩 형식에서 **이분형**을 체크하고, **빈도화 값**에는 답지가 선택된 경우의 값 1을 입력한다. **이름**은 '문항2'로, **레이블**은 '진로교육 및 진로체험'으로 문항을 나타내도록 기록하고 **추가**를 클릭한다.

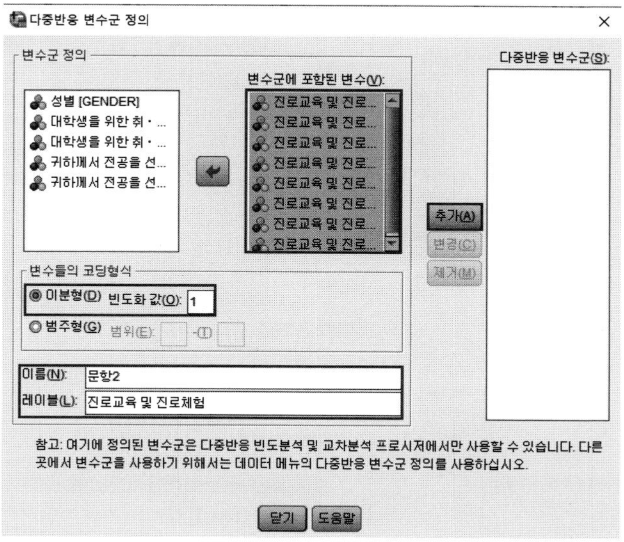

4

변수 이름 앞에는 $가 붙어 있고, 데이터 보기나 변수 보기 화면에는 확인되지 않는다. 다중반응 변수군으로 '$문항2'가 옮겨 간다. 모든 과정을 마쳤으면 닫기를 클릭한다.

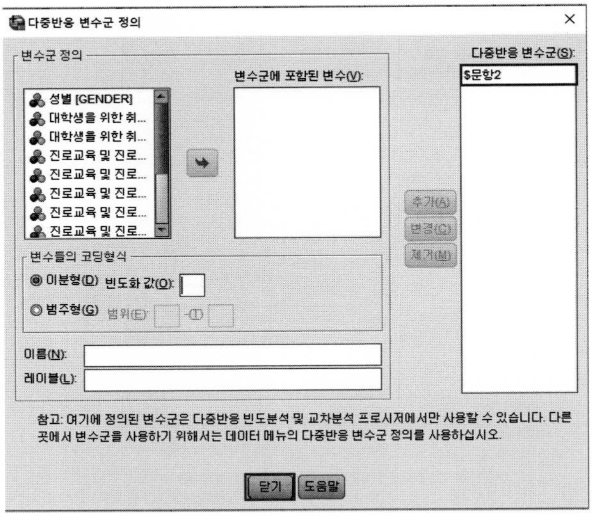

5

[자료 분석]

메뉴의 분석 → 다중반응 → 빈도분석을 클릭한다.

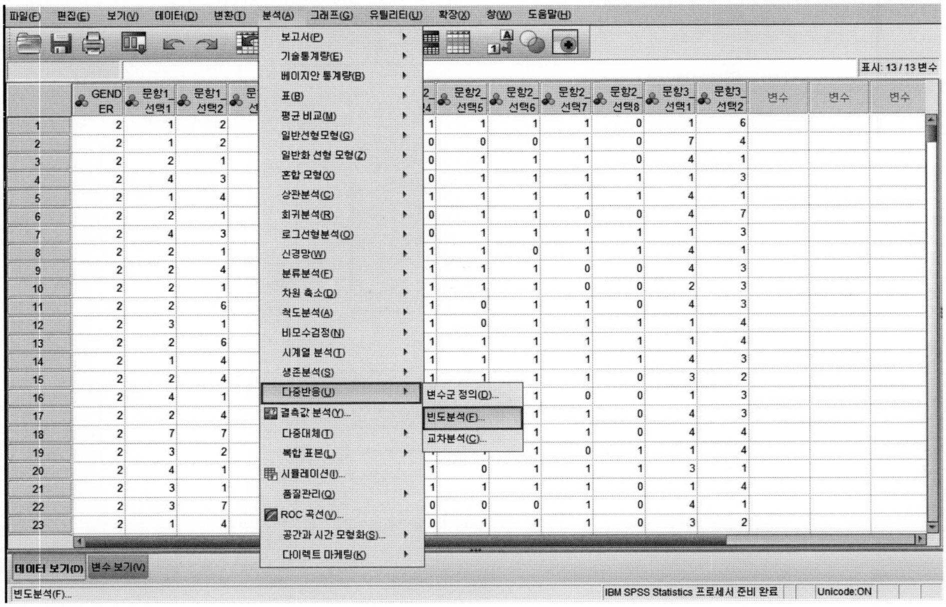

6

'$문항2'를 다중반응 변수군에서 오른쪽의 표작성 반응군으로 이동시킨다. 확인을 클릭하면 출력 결과 창에 출력 결과가 나타난다.

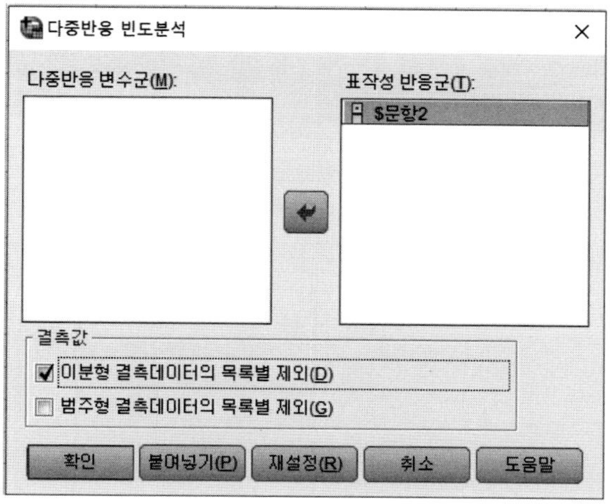

3) 순위형

3. 학과(계열, 학부, 전공)을 선택할 때 가장 크게 영향을 준 요인을 순서대로 선택해 주세요. (1순위: ______, 2순위: ______)

① 성적(합격가능성)
② 본인의 적성과 희망
③ 취업전망
④ 가정형편
⑤ 원하는 직업과의 관련성
⑥ 전공에 대한 사회적 평판
⑦ 기타

적용 절차(3장 다중반응분석 연구문제.sav)는 다음과 같다.

1

[자료입력]

문항3의 1순위는 '문항3_1순위'로, 2순위는 '문항3_2순위'로 변수명을 정하고 순위대로 각각 코딩한다. 결측값은 -999로 입력한다.

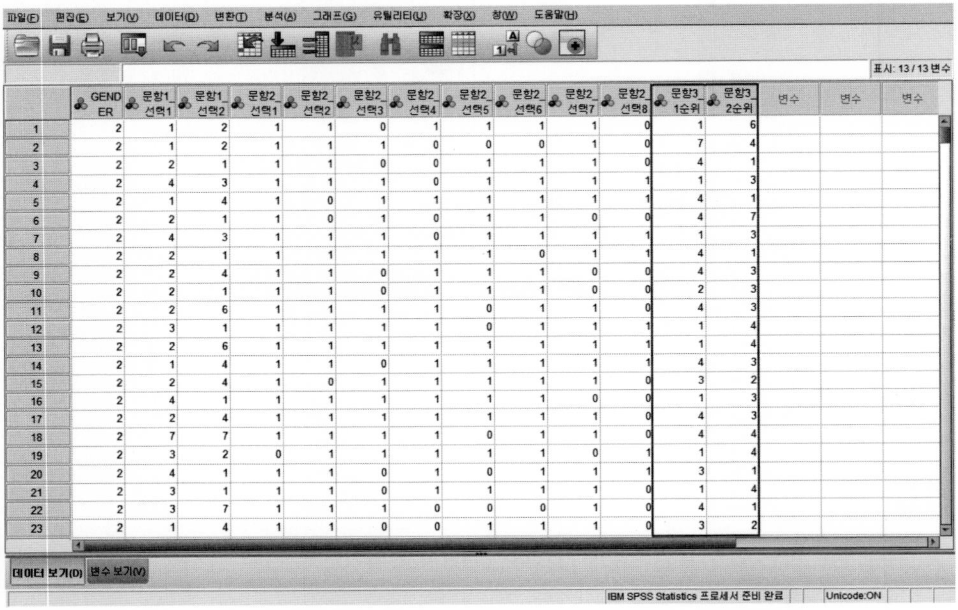

	GENDER	문항1_선택1	문항1_선택2	문항2_선택1	문항2_선택2	문항2_선택3	문항2_선택4	문항2_선택5	문항2_선택6	문항2_선택7	문항2_선택8	문항3_1순위	문항3_2순위	변수	변수	변수
1	2	1	2	1	1	0	1	1	1	1	0	1	6			
2	2	1	2	1	1	1	0	0	0	1	0	7	4			
3	2	2	1	1	1	0	0	1	1	1	0	4	1			
4	2	4	3	1	1	1	0	1	1	1	1	1	3			
5	2	1	4	1	0	1	1	1	1	1	1	4	1			
6	2	2	1	1	0	1	0	1	1	0	0	4	7			
7	2	4	3	1	1	1	0	1	1	1	1	1	3			
8	2	2	1	1	1	1	1	1	0	1	1	4	1			
9	2	2	4	1	1	0	1	1	1	0	0	4	3			
10	2	2	1	1	1	0	1	1	1	0	0	2	3			
11	2	2	6	1	1	1	1	0	1	1	0	4	3			
12	2	3	1	1	1	1	1	0	1	1	1	1	4			
13	2	2	6	1	1	1	1	1	1	1	1	1	4			
14	2	1	4	1	1	0	1	1	1	1	1	4	3			
15	2	2	4	1	0	1	1	1	1	1	0	3	2			
16	2	4	1	1	1	1	1	1	1	0	0	1	3			
17	2	2	4	1	1	1	1	1	1	1	0	4	3			
18	2	7	7	1	1	1	1	0	1	1	0	4	4			
19	2	3	2	0	1	1	1	1	1	0	1	1	4			
20	2	4	1	1	1	0	1	0	1	1	1	3	1			
21	2	3	1	1	1	0	1	1	1	1	0	1	4			
22	2	3	7	1	1	1	0	0	0	1	0	4	1			
23	2	1	4	1	1	0	0	1	1	1	0	3	2			

2

[자료 분석]

메뉴에서 **분석 → 기술통계량 → 빈도분석**을 클릭한다.

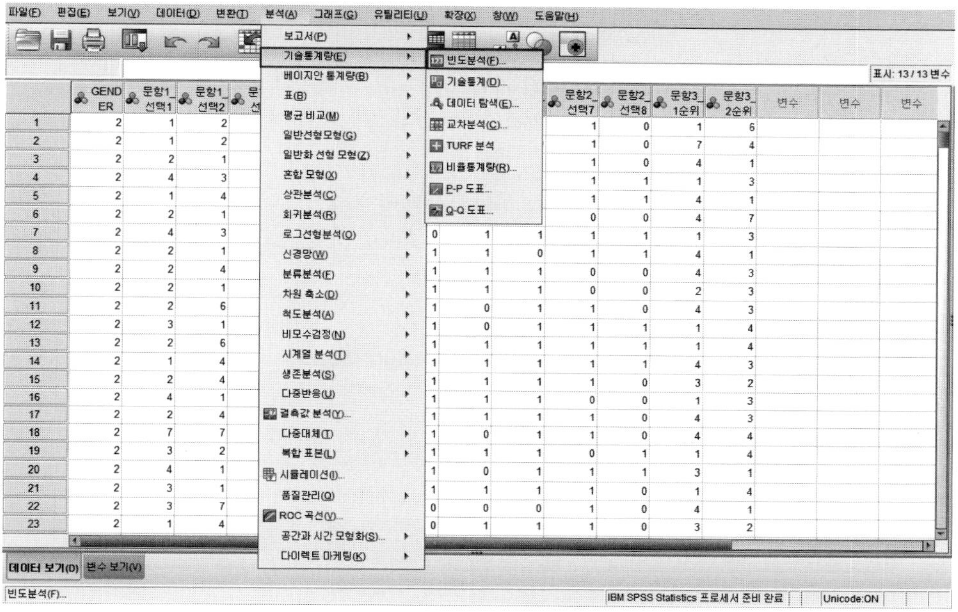

3

빈도분석 창이 뜨면 중요도 순으로 각각 입력한 변수 '문항3_1순위' '문항3_2순위'를 빈도분석을 할 변수로 이동시킨다. **확인**을 클릭하면 출력 결과 창에 출력 결과가 나타난다.

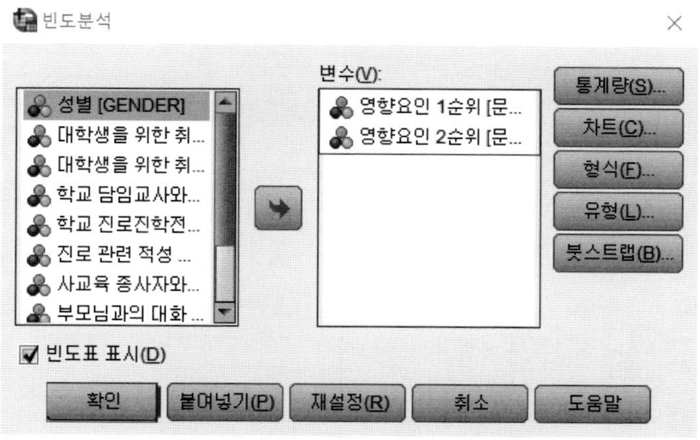

3 분석 결과

1) 범주형

범주형의 다중반응분석 결과는 다음과 같다.

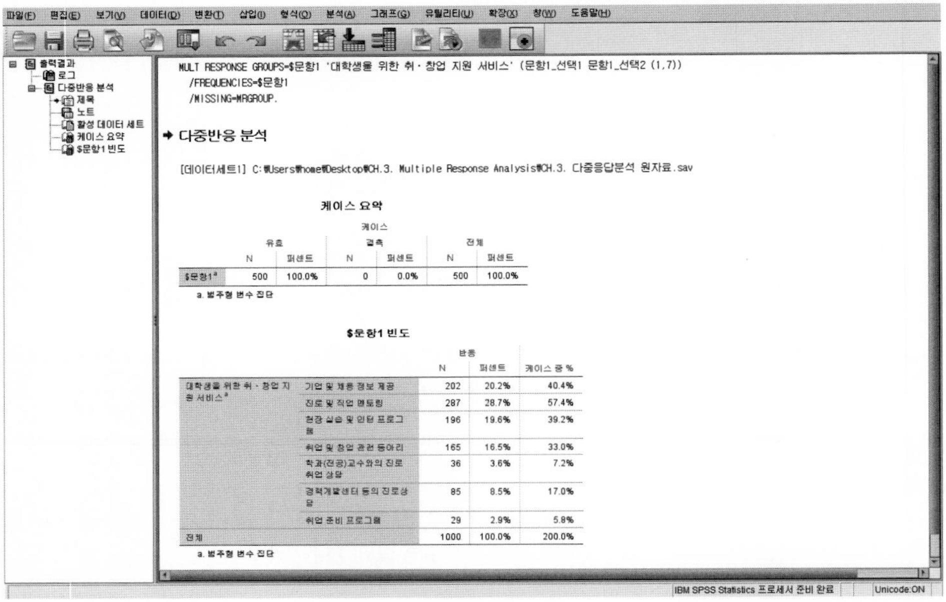


```
MULT RESPONSE GROUPS=$문항1 '대학생을 위한 취·창업 지원 서비스' (문항1_선택1 문항1_선택2 (1,7))
  /FREQUENCIES=$문항1
  /MISSING=MRGROUP.
```

→ 다중반응 분석

[데이터세트1] C:₩Users₩home₩Desktop₩CH.3. Multiple Response Analysis₩CH.3. 다중응답분석 원자료.sav

케이스 요약

	케이스					
	유효		결측		전체	
	N	퍼센트	N	퍼센트	N	퍼센트
$문항1[a]	500	100.0%	0	0.0%	500	100.0%

a. 범주형 변수 집단

$문항1 빈도

		반응		케이스 중 %
		N	퍼센트	
대학생을 위한 취·창업 지원 서비스[a]	기업 및 채용 정보 제공	202	20.2%	40.4%
	진로 및 직업 멘토링	287	28.7%	57.4%
	현장 실습 및 인턴 프로그램	196	19.6%	39.2%
	취업 및 창업 관련 동아리	165	16.5%	33.0%
	학과(전공)교수와의 진로 취업 상담	36	3.6%	7.2%
	경력개발센터 등의 진로상담	85	8.5%	17.0%
	취업 준비 프로그램	29	2.9%	5.8%
전체		1000	100.0%	200.0%

a. 범주형 변수 집단

a. 집단 설정

more 용어 정리

- 케이스 요약: 전체 응답자 수는 500명이며, 결측값은 없음을 알 수 있다.
- 1(기업 및 채용정보 제공) …… 7(취업준비 프로그램): 문항 1에서 선택할 수 있는 응답지가 1~7개 있다는 것을 나타낸다.
- 반응 N: 각 응답지가 선택된 빈도를 나타낸다. 응답한 500명이 각각 2개씩 선택했으므로 N의 합계는 500(명)×2(회)=1000(회)이다.
- 퍼센트: 전체 반응 빈도 중에서 각 응답지가 선택된 퍼센트를 나타낸다. 전체 반응 빈도가 1000(회)이고 응답지 1이 선택된 빈도는 202개이므로, 응답지 1의 응답 퍼센트는 (202÷1000)×100=20.2%가 된다. 응답지 1과 응답지 2를 합한 전체 빈도(1000)는 100%가 된다.
- 케이스 중 %: 전체 응답자 중 각 응답지를 선택한 사람의 비율을 나타낸다. 전체 응답자는 500명이고 그중 응답지 1을 선택한 사람이 202명이므로, 응답 퍼센트는 (202÷500)×100=40.4%가 된다. 한 사람이 2개씩 선택하였으므로 사례 퍼센트의 합은 200%가 된다.

2) 이분형

이분형의 다중반응분석 결과는 다음과 같다.

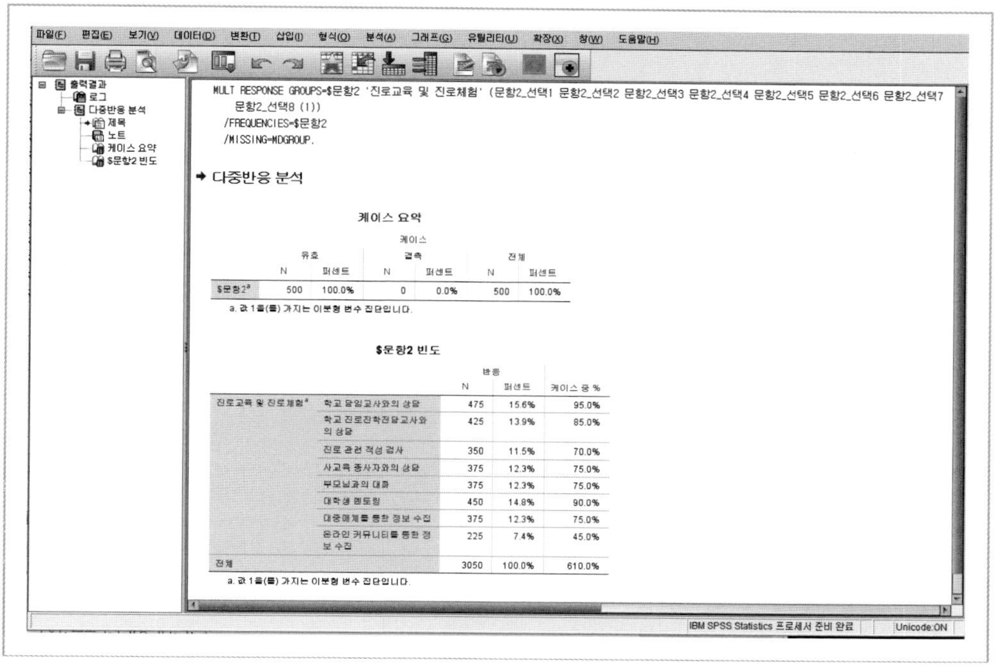

```
MULT RESPONSE GROUPS=$문항2 '진로교육 및 진로체험' (문항2_선택1 문항2_선택2 문항2_선택3 문항2_선택4 문항2_선택5 문항2_선택6 문항2_선택7
    문항2_선택8 (1))
  /FREQUENCIES=$문항2
  /MISSING=MDGROUP.
```

➡ 다중반응 분석

케이스 요약

	케이스					
	유효		결측		전체	
	N	퍼센트	N	퍼센트	N	퍼센트
$문항2[a]	500	100.0%	0	0.0%	500	100.0%

a. 값 1을(를) 가지는 이분형 변수 집단입니다.

$문항2 빈도

		반응		케이스 중 %
		N	퍼센트	
진로교육 및 진로체험[a]	학교 담임교사와의 상담	475	15.6%	95.0%
	학교 진로진학전담교사와의 상담	425	13.9%	85.0%
	진로 관련 적성 검사	350	11.5%	70.0%
	사교육 종사자와의 상담	375	12.3%	75.0%
	부모님과의 대화	375	12.3%	75.0%
	대학생 멘토링	450	14.8%	90.0%
	대중매체를 통한 정보 수집	375	12.3%	75.0%
	온라인 커뮤니티를 통한 정보 수집	225	7.4%	45.0%
전체		3050	100.0%	610.0%

a. 값 1을(를) 가지는 이분형 변수 집단입니다.

more 용어 정리

- 케이스 요약: 전체 응답자 수는 500명이며, 결측값은 없다는 것을 나타낸다.
- '문항2_선택1(학교 담임교사와의 상담)' '문항2_선택2(학교 진로진학전담교사와의 상담)' …… '문항2_선택8(온라인 커뮤니티를 통한 정보 수집)': 문항2에서 선택할 수 있는 응답지가 1~8개 있다는 것을 나타낸다.
- 반응 N: 각 응답지가 선택된 빈도를 나타낸다. '① 학교 담임교사와의 상담'이 선택된 빈도는 475회이다.
- 퍼센트: 전체 반응 빈도 중에서 각 응답지가 선택된 퍼센트를 나타낸다. 전체 반응 빈도는 3050(회)이고, '① 학교 담임교사와의 상담'이 선택된 빈도는 475개이므로 응답지 1의 응답 퍼센트는 (475÷3050)×100=15.6%가 된다. 반응 빈도의 합계인 3050은 100%가 된다.
- 케이스 중 %: 전체 응답자 중 각 응답지를 선택한 사람의 비율을 나타낸다. 전체 응답자는 500명이고 응답지 1을 선택한 사람은 19명이므로, 응답 퍼센트는 (475÷500)×100=95%가 된다. 한 사람이 여러 개 선택했기 때문에 케이스 중 %의 합은 응답지별 퍼센트를 합한 것이 된다.

3) 순위형

순위형의 다중반응분석 결과는 다음과 같다.

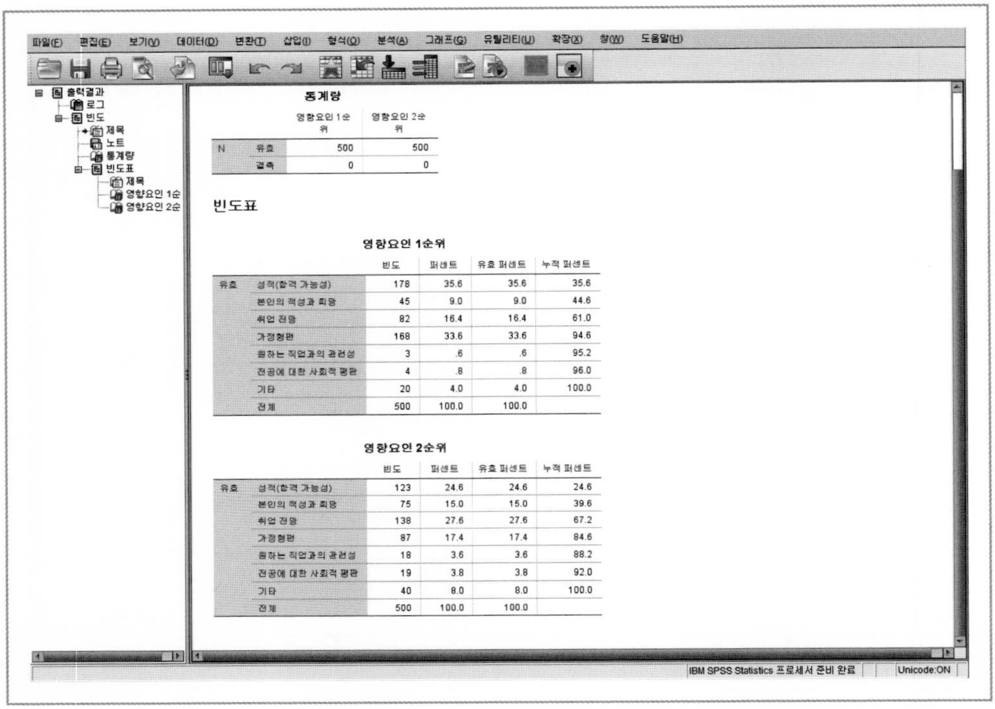

통계량

		영향요인 1순위	영향요인 2순위
N	유효	500	500
	결측	0	0

빈도표

영향요인 1순위

		빈도	퍼센트	유효 퍼센트	누적 퍼센트
유효	성적(합격 가능성)	178	35.6	35.6	35.6
	본인의 적성과 희망	45	9.0	9.0	44.6
	취업 전망	82	16.4	16.4	61.0
	가정형편	168	33.6	33.6	94.6
	원하는 직업과의 관련성	3	.6	.6	95.2
	전공에 대한 사회적 평판	4	.8	.8	96.0
	기타	20	4.0	4.0	100.0
	전체	500	100.0	100.0	

영향요인 2순위

		빈도	퍼센트	유효 퍼센트	누적 퍼센트
유효	성적(합격 가능성)	123	24.6	24.6	24.6
	본인의 적성과 희망	75	15.0	15.0	39.6
	취업 전망	138	27.6	27.6	67.2
	가정형편	87	17.4	17.4	84.6
	원하는 직업과의 관련성	18	3.6	3.6	88.2
	전공에 대한 사회적 평판	19	3.8	3.8	92.0
	기타	40	8.0	8.0	100.0
	전체	500	100.0	100.0	

(1) 통계량

이 표는 문항3의 1순위, 2순위에 응답한 사례 수를 나타내 준다. 각 순위에 대하여 500명씩 응답을 하였고 결측값은 없음을 나타낸다.

(2) 빈도표

빈도분석을 실행하면 각 응답지에 대한 반응 빈도와 퍼센트, 유효 퍼센트, 누적 퍼센트가 산출된다. 학생들이 학과(계열, 학부, 전공)을 선택할 때 가장 크게 영향을 준 요인으로 선택한 것을 보면, 1순위(문항3의 1순위)에 1번[성적(합격가능성)]을 선택한 사람은 178명이며 전체 응답자의 35.6%이다. 1순위에 2번(본인의 적성과 희망)을 선택한 사람은 45명(9%), 3번(취업 전망)을 선택한 사람은 82명(16.4%), 4번(가정형편)을 선택한 사람은 168명

(33.6%), 5번(원하는 직업과의 관련성)을 선택한 사람은 3명(0.6%), 6번(전공에 대한 사회적 평판)을 선택한 사람은 4명(0.8%)으로 나타났다. 더불어 2순위에 대한 응답(문항3의 2순위)도 같은 방식으로 산출되어 있다. 이상의 결과는 다음과 같이 하나의 표로 정리할 수 있다.

응답지 번호	1순위	2순위
1. 성적(합격가능성)	178 (35.6%)	123 (24.6%)
2. 본인의 적성과 희망	45 (9.0%)	75 (15.0%)
3. 취업 전망	82 (16.4%)	138 (27.6%)
4. 가정형편	168 (33.6%)	87 (17.4%)
5. 원하는 직업과의 관련성	3 (0.6%)	18 (3.6%)
6. 전공에 대한 사회적 평판	4 (0.8%)	19 (3.8%)
7. 기타	20 (4.0%)	40 (8.0%)
합계	500 (100.0%)	500 (100.0%)

앞의 빈도분석 결과, 1순위, 2순위에 대하여 중요도순으로 가중치를 주어서 해석해야 한다. 가중치를 부여하는 비율은 연구자의 이론적 · 경험적 근거에 입각하여 부여하며, 또 순위의 중요도에 기초하여 다르게 부여할 수 있다. 이 경우 1순위에 200%, 2순위에 100%의 가중치를 부여하였을 때 다음과 같이 계산할 수 있다.

응답지 번호	1순위	2순위	전체
1. 성적(합격가능성)	178 × 200=35600	123 × 100=12300	47900
2. 본인의 적성과 희망	45 × 200=9000	75 × 100=7500	16500
3. 취업 전망	82 × 200=16400	138 × 100=13800	30200
4. 가정형편	168 × 200=33600	87 × 100=8700	42300
5. 원하는 직업과의 관련성	3 × 200=600	18 × 100=1800	2400
6. 전공에 대한 사회적 평판	4 × 200=800	19 × 100=1900	2700
7. 기타	20 × 200=4000	40 × 100=4000	8000
빈도	500	500	

가중치를 부여하여 계산한 결과, 응답지 ① [성적(합격가능성)]이 47900으로 가장 높게 나타났고, 응답지 ⑤(원하는 직업과의 관련성)가 2400으로 가장 낮게 나타났다. 즉, 학과

(계열, 학부, 전공)를 선택할 때 가장 크게 영향을 준 것은 '성적(합격가능성)'이며, 반대로 가장 적게 고려한 것은 '원하는 직업과의 관련성'임을 알 수 있다.

4 논문 양식

1) 범주형

범주형의 논문 양식은 다음과 같다.

〈표 3-2〉 진로 및 취·창업 서비스 만족도(복수응답: N=500)

프로그램명	빈도	케이스 중 %
① 기업 및 채용 정보 제공	202	40.4%
② 진로·직업 멘토링	287	57.4%
③ 현장실습 및 인턴 프로그램	196	39.2%
④ 취업 및 창업 관련 동아리	165	33.0%
⑤ 학과(전공)교수와의 진로·취업상담	36	7.2%
⑥ 경력개발센터 등의 진로상담	85	17.0%
⑦ 취업 준비 프로그램	29	5.8%
전체	1,000	200.0%

진로 및 취·창업 서비스 중 가장 만족스러웠다고 생각하는 프로그램 2개를 선택하는 문항의 결과이다. 전체 반응자 500명 중 287명(57.4%)이 진로·직업 멘토링을 선택하여 가장 높게 나타났다. 그다음은 기업 및 채용 정보 제공(202명, 40.4%), 현장실습 및 인턴 프로그램(196명, 39.2%), 취업 및 창업 관련 동아리(165명, 33.0%)의 순으로 나타났다.

2) 이분형

이분형의 논문 양식은 다음과 같다.

〈표 3-3〉 진로교육 및 진로체험 중 진학과 관련하여 도움이 된 프로그램(복수응답: N = 500)

방법	빈도	케이스 중 %
① 학교 담임교사와의 상담	475	95.0%
② 학교 진로 · 진학 전담교사와의 상담	425	85.0%
③ 진로 관련 적성 검사	350	70.0%
④ 사교육 종사자와의 상담	375	75.0%
⑤ 부모님과의 대화	375	75.0%
⑥ 대학생 멘토링	450	90.0%
⑦ 대중 매체를 통한 정보 수집	375	75.0%
⑧ 온라인 커뮤니티를 통한 정보 수집	225	45.0%
	3,050	610.0%

진로교육 및 진로체험 중 진학과 관련하여 도움이 된 프로그램을 모두 고르도록 한 결과이다. 가장 도움이 된 프로그램은 학교 담임교사와의 상담(95.0%, n =475)이었다. 그 다음은 대학생 멘토링(90.0%, n =450), 학교 진로 · 진학 전담교사와의 상담(85.0%, n = 425) 순으로 나타났다. 온라인 커뮤니티를 통한 정보 수집은 45%(n =225)가 응답하여 진학에 도움을 가장 적게 준 프로그램으로 나타났다.

3) 순위형

순위형의 논문 양식은 다음과 같다.

〈표 3-4〉 학과(계열, 학부, 전공)를 선택할 때 가장 크게 영향을 준 요인(N = 500)

영향 요인	빈도	퍼센트
① 성적(합격가능성)	178	35.6%
② 본인의 적성과 희망	45	9.0%
③ 취업 전망	82	16.4%
④ 가정형편	168	33.6%
⑤ 원하는 직업과의 관련성	3	0.6%
⑥ 전공에 대한 사회적 평판	4	0.8%
⑦ 기타	20	4.0%
합계	500	100.0%

이 표를 보면 학과(계열, 학부, 전공)을 선택할 때 가장 크게 영향을 준 요인에 응답자의 35.6%인 178명이 '성적(합격가능성)'을 선택하였다. 두 번째로 영향을 준 요인은 '가정형편'으로 168명(33.6%)이 응답하였다.

연습문제

● 다음의 설문지를 가지고 30명의 학생을 대상으로 직접 조사를 실시한 후 그 결과를 다중반응분석으로 해석하고 논문 양식으로 제시하시오.

1

도덕과의 단원 중에서 자신에게 가장 도움이 되었던 단원을 2개 고르시오.

① 개인생활 단원	② 가정생활 단원	③ 학교생활 단원
④ 전통문화생활 단원	⑤ 경제생활 단원	⑥ 민주생활 단원

2

모둠활동으로 협동학습을 하였을 때 어떤 특성이 있었는지 모두 고르시오.

① 학습 내용을 잘 이해하게 되었다.
② 학급 전체 분위기가 좋아졌다.
③ 친구를 사귀게 되었다.
④ 조사활동을 많이 하게 되었다.
⑤ 발표력이 길러졌다.
⑥ 서로 돕는 협동성이 길러졌다.
⑦ 가장 재미있는 수업 방법이었다.
⑧ 노력하지 않아도 드러나지 않았다.
⑨ 각자 맡은 역할을 하는 동안 책임감이 길러졌다.
⑩ 노력하지 않고도 점수를 받는 학생이 있었다.

3

도덕과 수업 방법 중에서 가장 마음에 드는 수업을 순서대로 3개 고르시오.

① 모둠별 협동학습	② 도서관 활용수업	③ 개인별 발표수업
④ 토의토론 수업	⑤ 역할극 수업	⑥ ICT 활용수업
⑦ 강의식 수업	⑧ 초빙교사 수업	⑨ 영상매체 수업
⑩ 선택과제 수행평가		

제4장

교차분석과 χ^2 검정

1 개념 및 목적

교차분석(Crosstabulation analysis)은 모집단 간의 차이 또는 변수 간의 관계를 알아보기 위해 사용되는 연관성 분석의 일종이다. 차이 검정을 하고자 할 때, 종속변수가 등간척도이거나 비율척도로 측정되었을 때는 t검정을 사용하지만, 종속변수가 명명척도나 서열척도로 측정된 경우에는 교차분석을 사용해야 한다. 교차분석의 기본 가정은 다음과 같다.

- 변수의 제한: 종속변수가 명명척도에 의해 측정된 질적 변수이거나 최소한 범주형 변수여야 한다.
- 무선표집: 표본은 모집단에서 무선으로 추출되었음을 가정한다.
- 기대빈도의 크기: 최소 기대빈도치가 5보다 작은 셀이 전체 셀의 20% 이하이면 이상적이다. 카이제곱(χ^2) 검정은 빈도의 연속성과 정규성을 가정한다. 그러나 기대빈도의 수가 5 이하인 경우, 이 연속성과 정규성의 가정이 성립되지 않는다. 연속적인 χ^2분포에 접근하기 위하여 표본 크기인 n을 증가시키거나, 인접 유목을 결합하여야 한다.
- 관찰의 독립: χ^2검정에서 각 셀에 떨어져 있는 도수는 각각 독립적이어야 한다.

교차분석에서는 단순히 교차분석표(Contingency table 또는 Cross table)를 검토함으로써 차이나 관계를 밝힐 수도 있지만, 일반적으로 χ^2분포를 이용하여 검정한다.

χ^2검정이란 영가설이 옳다는 가정을 근간으로 검정통계량의 분포가 χ^2분포를 따르는 모든 통계적 가설을 가리킨다. χ^2분포는 정규분포의 표본분산분포를 이끌어 내는 과정에서 Friedrich Robert Helmett(1986; Wikipedia, 2019)에 의해서 발견되었다. 처음 이 분포를 이용한 검정이 Pearson[1]의 χ^2 적합도 검정(Goodness-of-fit test)이다(Pearson, 1900). Pearson은 이후 χ^2검정을 확장하여 독립성 검정을 개발하였는데(Pearson, 1904), 이 독립성 검정은 Fisher의 자유도 수정으로 완성된다(Fisher, 1922).[2] 이후 교육학, 심리학, 의학

---

1) K. Pearson은 영국의 응용수학자이자 통계학자이다. 회귀분석의 창시자이며 인류학자이던 Francis Galton의 protégé로서 경력을 쌓고 1911년 University College London에 세계 최초의 통계학과를 설립한 인물이다. 주성분 분석(1901)도 개발하였다.

2) Ronald A. Fisher는 유전학자이자 통계학자이다. 분산분석을 개발하였으며, 판별분석의 기초 및 최대우

등에서 광범위하게 사용되는 독립성 검정은, Yates(1934)가 근사 과정(Approximation)에 오류가 있다고 지적하며 연속성을 보정하는 방법을 제안하였고, Fisher도 정확검정이라는 새로운 개념을 통해 독립성을 검정하였다(Fisher, 1934). Wilks(1935)는 최대우도방법(Maximum likelihood)을 이용한 G검정을 개발하였고, 여러 학자에 의해 G분포는 근사적으로 χ^2분포와 다르지 않고 표본 크기가 클 때, 우도비 검정이 우수하다는 보고도 있다(Harremoës & Tusnády, 2012; Wilks, 1935). 최근에는 재표집 방법과 여러 다른 자료 상황(예: 순서형)에서 사용할 수 있는 부스트래핑 방법을 이용하여 독립성을 검정한다. 독립성 검정의 종류와 검정통계량식을 요약하면 〈표 4-1〉과 같다.[3)]

〈표 4-1〉 독립성 검정의 종류

<table>
<tr><th>독립성 검정</th><th>학자</th><th>기본 가정 및 특징</th><th>검정통계량식</th></tr>
<tr><td>χ^2검정</td><td>Pearson
(1904)</td><td>교차표에 나타나는 빈도의 비연속형 확률분포가 연속형 분포인 χ^2분포를 근사적으로 따른다.</td><td>$X^2 = \sum_{i=1}^{I}\sum_{j=1}^{J}\frac{(O_{ij}-E_{ij})^2}{E_{ij}}$
I × J: 교차표, O_{ij}: 관찰빈도, E_{ij}: 기대빈도</td></tr>
<tr><td>정확검정
(Fisher's
Exact Test)</td><td>Fisher
(1934)</td><td>주변 빈도가 고정된 상태에서 발생 가능한 모든 관찰값의 세트를 순열 배치했을 때 얻을 수 있는 통계량의 분포를 이용하여 검정하는 방법</td><td>(예시) 성별 × 전공 교차표
<table><tr><th></th><th colspan="3">계열</th></tr><tr><th></th><th>인문</th><th>자연</th><th>합계</th></tr><tr><td>남</td><td>n_1</td><td>n_2</td><td>n_1+n_2</td></tr><tr><td>여</td><td>n_3</td><td>n_4</td><td>n_3+n_4</td></tr><tr><td></td><td>n_1+n_3</td><td>n_2+n_4</td><td>N</td></tr></table>초기하분포 확률식
$p = \frac{\binom{n_1+n_2}{n_1}\binom{n_3+n_4}{n_3}}{\binom{N}{n_1+n_3}}$</td></tr>
</table>

도 추정에도 기여한 통계학의 아버지로 불리는 학자이다.

3) 독립성 검정의 종류 및 검정통계량식은 '서영숙(2020). 독립성 검정의 역사적 고찰: 검정부터 부스트래핑 방법까지. 교육평가연구, 33(2), 323-351'을 참고하여 수정한 내용이다.

연속성 보정	Yates (1934)	• χ^2분포의 연속성 보정: 셀의 빈도가 5보다 작은 경우 사용 권장(Lewis & Burke, 1949) • SPSS에서 2×2의 경우 Yates의 보정을 적용한 값 제시, R은 2×2의 경우 디폴트(default)	$X^2_{Yates} = \sum_{i=1}^{I}\sum_{j=1}^{J}\frac{(\lvert O_{ij}-E_{ij}\rvert-\frac{1}{2})^2}{E_{ij}}$ I × J: 교차표, O_{ij}: 관찰빈도, E_{ij}: 기대빈도
G검정	McDonald (2014)	G^2검정, L^2검정, 로그우도비검정(loglikelihood-ratio test)	$G=-2\ln(L_{H_0}/L_{H_1})$ L_{H_0}: 영가설하에서의 빈도(기대빈도)를 획득할 우도함수 L_{H_1}: 대립가설하에서의 빈도(관측빈도)를 획득할 우도함수 (참고) 다음과 같이 수리적으로, 관찰빈도와 기대빈도의 식으로 나타낼 수 있음 $G=2\sum_{i=1}^{I}\sum_{j=1}^{J}O_{ij}\ln\left(\frac{O_{ij}}{E_{ij}}\right)$
부스트래핑 방법	Hope (1968)	영가설이 옳다는 가정하에 수많은 교차표를 무선표집하고 이를 통해 계산된 수많은 χ^2검정통계량과 관찰된 자료에 대한 Pearson의 χ^2검정통계량을 비교하여 p값을 추정	

여러 선행연구를 종합하면, 표본 크기가 클 때는 G검정이 추천되고, 표본 크기가 작다면 Pearson의 χ^2검정 사용이 적합하다(Fienberg, 1979). 어떤 셀의 빈도가 5보다 작은 경우 Yates의 보정을 실시할 것을 권하며, 10보다 작은 경우 Fisher의 정확검정을 실시해야 한다고 제안한다(Howell, 2009; Lewis & Burke, 1949; McDonald, 2014). 표본크기가 커도 Fisher의 정확검정(Fisher's Exact Test)을 사용해도 되지만, 계산을 수행하는 것 자체가 복잡하여 추천되지 않는다.

이 밖에도 χ^2검정은 동질성 검정(Homogeneity)이 있다. 동질성 검정은 두 개의 모집단에 대한 단일변수를 분석하는 것이고, 독립성 검정은 하나의 모집단에 대한 두 변수 간에 관계가 있는지를 알아보는 데 목적이 있다. 동질성 검정에서 가설은 '변수의 분포가 이항분포나 정규분포와 동일하다'로 설정된다. 어떤 모집단의 표본이 그 모집단을 대표하는지를 검정하는 데 사용하는 것이 동질성 검정이다. 독립성 검정에서는 기대빈도는 '두 (유목)변수가 서로 상관이 없고 독립적'이라고 기대하는 것을 함축하며, 관찰빈도와의 차이에 의해 기대빈도의 진위를 밝힌다(김석우, 2016). 이들 통계량의 계산 절차는 동일하다. 단지 연구목적이 다르기 때문에 가설과 해석에 있어 구별된다.

〈표 4-2〉 동질성 검정과 독립성 검정의 통계적 가설

구분	통계적 가설	
동질성 검정 (두 개의 모집단, 하나의 범주형 변수)	H_0	집단 간 차이가 없다.
	H_1	집단 간 차이가 있다.
독립성 검정 (하나의 모집단, 두 개의 범주형 변수)	H_0	두 변수는 서로 독립적으로 상관이 없다.
	H_1	두 변수는 서로 독립적이 아니고 상관이 있다.

2 분석 실행

연구문제

(독립성 검정) 대학생의 전공계열과 성별 간에는 관계가 있는가?

대학생을 대상으로 성별과 전공계열 간의 관계를 알아보기 위하여 교차분석을 실시하였다.

적용 절차(4장 교차분석 연구문제.sav)는 다음과 같다.

I

데이터 편집창에서 데이터를 불러온 후 **분석 → 기술통계량 → 교차분석**을 클릭한다.

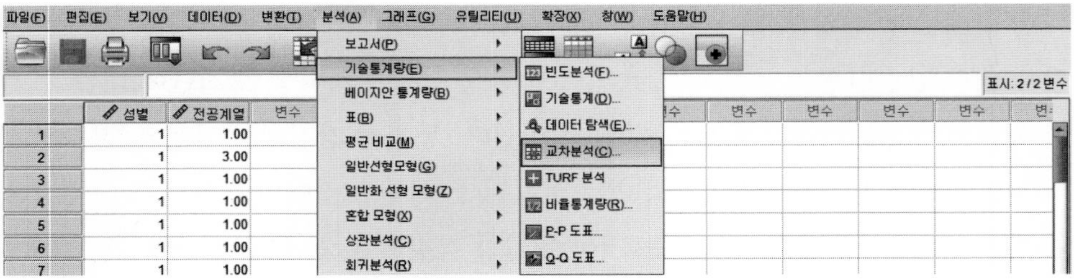

2

왼쪽의 변수 선택란에서 '성별'과 '전공계열'을 선택하여 **행**과 **열**로 옮긴다. 카이제곱 통계치를 구하기 위하여 **통계량** 버튼을 클릭한다.

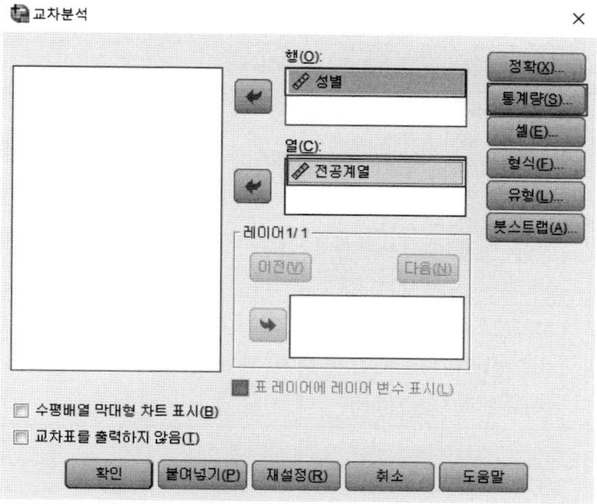

more 레이어(Layer)

레이어(Layer)는 세 가지 이상의 변수에 대한 교차분석표를 보고자 할 때 사용한다. 예를 들어, 교과 그리고 학교급별에 따라 학습 방법에 차이가 있는지를 알고자 할 때는 레이어를 사용해야 한다.

3

'교차분석: 통계량' 창에서 **카이제곱**과 **파이 및 크레이머의 V**를 체크한 후 **계속**을 클릭한다.

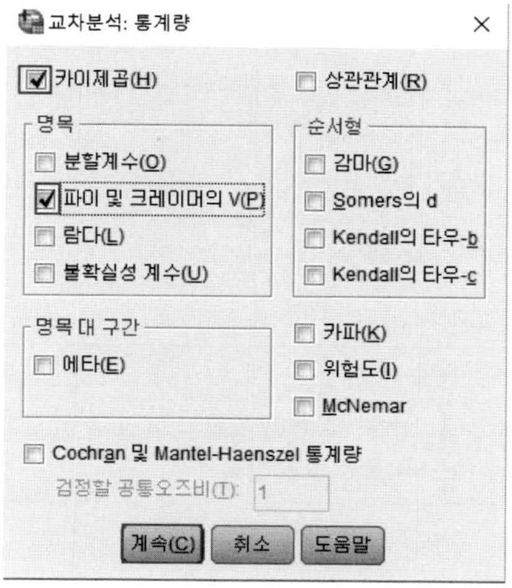

통계량(Statistics)	
카이제곱(Chi-square)	전체 빈도분포 형태의 가설을 카이제곱 통계값으로 검정함
상관관계(Correlations)	Pearson과 Spearman 상관계수를 구함
카파(Kappa)	Cohen의 Kappa계수를 구함
위험도(Risk)	상대적인 위험률을 계산함
McNemar 검정	McNemar 검정은 이분법적(dichotomous) 변수의 비모수 검정 방법으로서 시간의 경과에 따른 유목자료(혹은 서열자료)상에서 변화가 발생하는가를 검정해 준다. 이 검정은 사전-사후 설계에서 실험적 간섭에 기인하는 반응의 변화를 밝히는 데 유용함
Cochran과 Mantel-Heanszel 검정	McNemar 검정의 논리적 확장으로서 Cochran과 Mantel-Heanszel 검정은 이분변수 간의 독립성 검정, 또는 하나나 둘 이상의 통제변수에 의해 규정된 공변수 형태를 밝히는 데 이용됨

서열(Ordinal) 데이터	
감마(Gamma)	이원 χ^2검정에서는 0순위 감마로 계산, 삼원에서 십원 χ^2검정에서는 조건적 감마로 계산
Somers의 d	세로 목록으로부터 가로 목록을 예측
Kendall의 타우-b	Kendall의 타우-b 계산
Kendall의 타우-c	Kendall의 타우-c 계산

명목(Nominal) 데이터	
분할계수(Contingency coefficient)	변수 간의 관련성을 나타내는 것으로서, 범주의 수에 따라서 상한값이 달라짐
파이(Phi) 및 크레이머(Cramer)의 V	변수 간의 관련성을 나타내는 것으로서, 파이계수는 두 변수가 이분변수, Cramer의 V(상관추정치, mean square contingency coefficient)는 질적 변수의 범주가 2개 이상일 때의 상관관계를 검정하며 0과 1 사이의 값을 가짐 $Cramer\ V = \sqrt{\dfrac{\chi^2}{mn}}$ n은 사례수, m은 자유도($r-1$, $c-1$) 중 작은 수를 의미함
람다(Lambda)	두 변수를 행렬변수로 나누고 그 상관관계를 0과 1 사이의 값으로 나타냄
불확실성 계수(Uncertainty coefficient)	독립변수의 주어진 정보로서 종속변수의 불확실성을 어느 정도 감소시킬 수 있는가를 확인함

명목 대 등간 척도	
에타(Eta)	한 변수가 질적 변수이고, 다른 한 변수가 양적 변수일 때 선택함. 이때 유목변수는 숫자로 코딩함

more 셀 출력 선택

χ^2값을 이용하지 않고 교차분석표만 보고 싶을 때는 통계량을 선택할 필요가 없으며, 셀 출력을 선택하면 된다.

4

'교차분석' 창에서 셀을 선택하면 '교차분석: 셀 표시' 창이 나타난다. **빈도**에서 **관측빈도**와 **기대빈도**를 체크한다. 표본에 대한 비율을 확인하기 위해 **퍼센트**의 **행, 열, 전체**에 체크한 후 **계속**을 클릭한다.

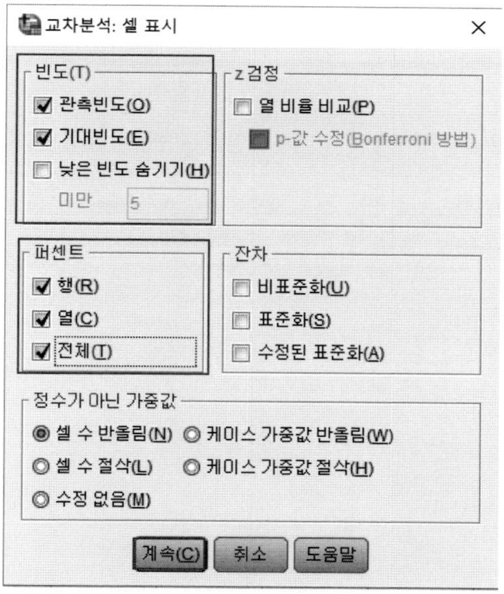

셀 출력 창에 대한 설명은 다음과 같다.

빈도(Count)	설명
관측빈도(Observed)	관찰빈도를 계산
기대빈도(Expected)	기대빈도를 계산

퍼센트(Percentages)	설명
행(Row)	가로의 백분율 계산
열(Column)	세로의 백분율 계산
전체(Total)	전체의 백분율 계산

잔차(Residuals)	설명
표준화되지 않음 (Unstandardized)	비표준화된 잔차 계산
표준화(Standardized)	표준화된 잔차 계산
수정된 표준화 (Adj. standardized)	교정 표준화된 잔차 계산

5 모두 설정되었으면 다시 '교차분석' 창에서 **확인**을 클릭한다. 출력 결과가 나타나면 저장해 둔다.

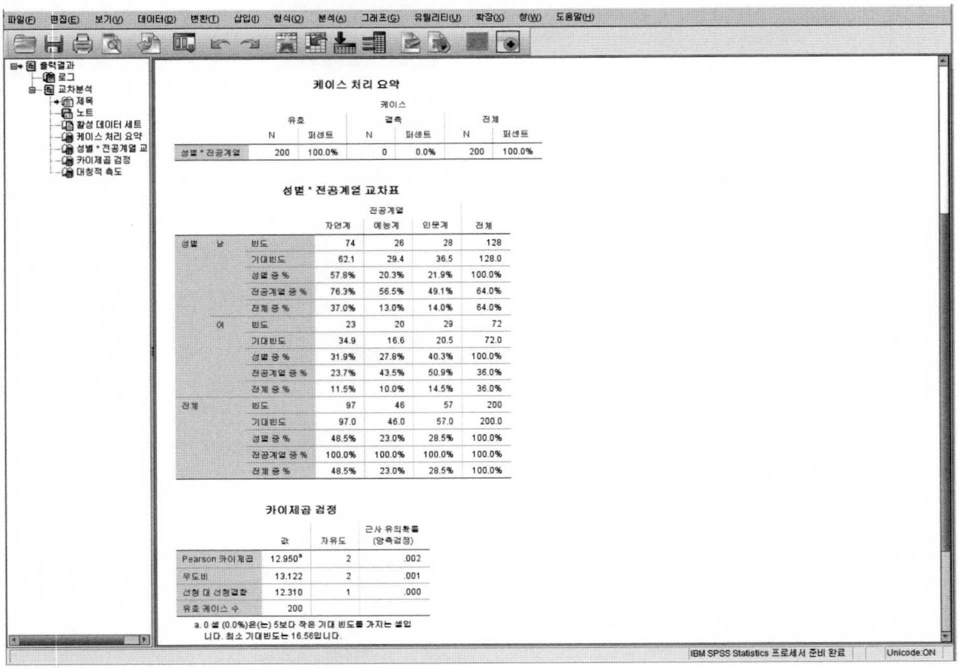

케이스 처리 요약

	케이스					
	유효		결측		전체	
	N	퍼센트	N	퍼센트	N	퍼센트
성별 * 전공계열	200	100.0%	0	0.0%	200	100.0%

성별 * 전공계열 교차표

			전공계열			
			자연계	예능계	인문계	전체
성별	남	빈도	74	26	28	128
		기대빈도	62.1	29.4	36.5	128.0
		성별 중 %	57.8%	20.3%	21.9%	100.0%
		전공계열 중 %	76.3%	56.5%	49.1%	64.0%
		전체 중 %	37.0%	13.0%	14.0%	64.0%
	여	빈도	23	20	29	72
		기대빈도	34.9	16.6	20.5	72.0
		성별 중 %	31.9%	27.8%	40.3%	100.0%
		전공계열 중 %	23.7%	43.5%	50.9%	36.0%
		전체 중 %	11.5%	10.0%	14.5%	36.0%
전체		빈도	97	46	57	200
		기대빈도	97.0	46.0	57.0	200.0
		성별 중 %	48.5%	23.0%	28.5%	100.0%
		전공계열 중 %	100.0%	100.0%	100.0%	100.0%
		전체 중 %	48.5%	23.0%	28.5%	100.0%

카이제곱 검정

	값	자유도	근사 유의확률 (양측검정)
Pearson 카이제곱	12.950a	2	.002
우도비	13.122	2	.001
선형 대 선형결합	12.310	1	.000
유효 케이스 수	200		

a. 0 셀 (0.0%)은(는) 5보다 작은 기대 빈도를 가지는 셀입니다. 최소 기대빈도는 16.56입니다.

3 분석 결과

1) 케이스 처리 요약

	케이스					
	유효		결측		전체	
	N	%	N	%	N	%
전공계열 × 성별	200	100%	0	0	200	100%

[케이스 처리 요약]: 유효표본, 결측값에 대한 정보를 요약하여 보여 준다.

2) 전공계열 × 성별 교차표

			전공계열			전체
			자연계	예능계	인문계	
성별	남	빈도	74	26	28	128
		기대빈도	62.1	29.4	36.5	128.0
		성별의 %	57.8%	20.3%	21.9%	100.0%
	여	빈도	23	20	29	72
		기대빈도	34.9	16.6	20.5	72.0
		성별의 %	31.9%	27.8%	40.3%	100.0%
전체		빈도	97	46	57	200
		기대빈도	97.0	46.0	57.0	200.0
		성별의 %	48.5%	23.0%	28.5%	100.0%

이 표는 전공계열 × 성별의 관측빈도와 기대빈도를 보여 준다. 관측빈도, 기대빈도를 토대로 χ^2분석의 전제("기대빈도가 5 미만인 셀이 전체의 20%를 넘지 않아야 한다.")를 만족하는지 살펴본다. 2개의 행과 3개의 열이 있으므로, 셀의 개수는 총 6개[성별(2)×전공계열(3)=6]이다. 1개 셀은 전체 셀의 16.6%를 차지한다. 만약 기대빈도가 5 미만의 셀이 2개 존재하면, 전체 셀의 33.3%이다. 5보다 작은 기대빈도를 가지는 셀이 전체의 20%를

넘게 되면 사실상 교차분석의 결과는 신뢰를 잃게 된다. 만약 기본 가정을 만족하지 않는 경우, 표본 수가 작은 경우, 점근 유의확률이 유의수준 경계에 걸릴 경우에는 Fisher의 정확검정으로 추가 분석을 해야 한다. 이 결과에서는 기대빈도가 χ^2분포를 벗어나는 경우가 없다.

3) χ^2검정

	값	자유도	점근 유의확률(양측검정)
Pearson χ^2	12.950[a]	2	.002
우도비	13.122	2	.001
선형 대 선형결합	12.310	1	.000
유효 사례 수	200		

a. 0셀(.0%)은 5보다 작은 기대빈도를 가지는 셀이다. 최소 기대빈도는 16.56이다.

이 표는 교차분석 후 집단 간 차이에 대한 χ^2검정 결과이다. χ^2값은 12.950이고 자유도는 2이며, 유의확률은 .002로서, 이 연구문제의 검정 결과는 유의수준 0.05에서 통계적으로 유의한 것으로 볼 수 있다. 따라서 성별과 전공계열은 서로 독립적이라는 귀무가설을 기각하고 서로 상관이 있다고 결론 내릴 수 있다.

4 논문 양식

〈표 4-3〉 전공계열과 성별의 차이

		전공계열			전체	
		자연계	예능계	인문계		
성별	남	74(57.8%)	26(20.3%)	28(21.9%)	128(100.0%)	χ^2 =12.950* df =2
	여	23(31.9%)	20(27.8%)	29(40.3%)	72(100.0%)	
전체		97(48.5%)	46(23.0%)	57(28.5%)	200(100.0%)	

* $p < .05$

χ^2값은 12.950, 자유도(df)는 2, 유의확률은 .002로서 유의도 .05 수준에서 통계적으로 유의미한 결과를 보이고 있다. 따라서 성별과 전공계열 간에는 상관이 있다고 할 수 있다.

연습문제

현재 직급과 최종 학력 간에 서로 관련이 있는지에 대해 알아보려고 한다. 다음 교차표의 빈칸을 채우고, 검정하고자 하는 가설을 쓰시오 .

구분			최종 학력			전체
			전문대 졸	4년제 대졸	석사 졸업 이상	
현재 직급	사원/주임/대리	빈도				
		기대빈도				
	과장/차장	빈도				
		기대빈도				
	부장	빈도				
		기대빈도				
	임원	빈도				
		기대빈도				

– 귀무가설:

– 대립가설:

– 가설검정을 위해 표를 작성하고 유의수준 0.05에서 결과를 설명하시오.

Pearson χ^2	자유도(df)	유의확률(2-sided)

결과 해석: 현재 직급과 최종 학력의 교차분석 실시 결과, 검정통계량 값은 ＿＿＿＿＿, 자유도는 ＿＿＿, 유의확률(p값)은 ＿＿＿로 유의수준 0.05 범위에서 귀무가설을 ＿＿＿. 따라서 현재 직급과 최종 학력은 서로 ＿＿＿라고 할 수 있다.

제5장

신뢰도분석

1 개념 및 목적

신뢰도(Reliability)란 한 검사가 측정하고자 하는 내용을 얼마나 안정성을 가지고 일관성 있게 측정하고 있느냐의 문제이다. 따라서 신뢰도분석(Reliability analysis)은 측정한 자료가 신뢰할 수 있는가를 알아보기 위해서 사용하는 통계적 분석 방법이라고 할 수 있다.

신뢰도를 알아보기 위한 방법은 여러 가지가 있다. 재검사신뢰도는 동일한 질문지를 일정 시간 후에 같은 응답자에게 2회 실시하여 한 응답자가 일관된 답을 하고 있는지를 검사하는 방법이다. 동형검사신뢰도는 형식이 같은 A형과 B형의 질문지를 통해 신뢰도를 검사하는 방법이다. 반분검사신뢰도는 설문 문항을 양분하여 두 부분의 상관계수로부터 신뢰도를 추정하는 방법이다.

이러한 방법이 가지는 실행상의 어려움 때문에 질문지가 내적인 일관성을 가지고 있는가를 통계학적으로 증명하는 문항내적 일관성 신뢰도인 Cronbach's α계수(Cronbach's coefficient alpha)를 일반적으로 이용한다. Cronbach's α계수는 동일하게 척도화된 자료들에 대해서만 사용할 수 있는데, 여기서 척도화란 체계적인 법칙과 의미 있는 측정의 단위를 개발하여 경험적으로 관측한 것을 적절히 수량화하는 것을 의미한다.

척도화의 방법으로는 Thurstone 척도법, Likert 척도법, Guttman 척도법 등이 있다. 이 중 제작이 용이하고 경제적인 Likert 척도법이 가장 널리 사용되고 있다.

신뢰도분석의 기본 가정은 다음과 같다.

- 데이터는 서열척도 또는 등간척도일 수 있으나 숫자로 코딩되어야 한다.
- 관측값은 독립적이어야 하며 문항 간의 오차는 상관되지 않아야 한다.

2 분석 실행

SPSS 프로그램에서 신뢰도분석의 방법은 알파모형, 반분계수모형, Guttman 모형, 동형모형, 절대동형 등이 있다. 여기서는 가장 많이 활용되는 알파모형으로 교사들의 성취평가제에 대한 실행 정도에 대한 설문 문항의 신뢰도분석을 해 보고자 한다.

연구문제

고등학교 교사들의 성취평가제에 대한 실행도는 어떠한가?

설문지 내용

다음은 성취평가제에 대한 실행 정도를 알아보기 위한 문항입니다.

변수명	설문 내용	전혀 그렇지 않다	매우 그렇지 않다	많이 그렇지 않다	다소 그렇지 않다	그저 그렇다	다소 그렇다	많이 그렇다	매우 그렇다
p01	나는 성취평가제 실행을 위해 연수를 받았다.	0	1	2	3	4	5	6	7
p02	나는 성취평가제를 실행하기 위한 어떤 조치를 취하고 있다.	0	1	2	3	4	5	6	7
p03	나는 성취평가제에 대해 전혀 알고 있지 못하다.	0	1	2	3	4	5	6	7
p04	나는 성취평가제에 관한 정보를 찾고 있다.	0	1	2	3	4	5	6	7
p05	나는 성취평가제를 실행하는 데 필요한 조건들을 가지고 있지 못하다.	0	1	2	3	4	5	6	7
p06	나는 성취평가제를 실행하려고 준비하고 있다.	0	1	2	3	4	5	6	7
p07	나는 성취평가제에 대한 실행계획을 갖고 있지 않다.	0	1	2	3	4	5	6	7
p08	나는 성취평가제와 관련된 일을 한 적이 있다.	0	1	2	3	4	5	6	7
p09	나는 성취평가제의 단점을 해결하기 위해 노력한다.	0	1	2	3	4	5	6	7
p10	나는 성취평가제의 실행에 관한 정보를 찾고 있다.	0	1	2	3	4	5	6	7

'5장 (신뢰도 분석) 성취평가제 실행도.sav' 파일을 사용하여 SPSS에서 신뢰도를 분석하는 절차는 다음과 같다.

1

데이터 편집기 창에서 데이터를 불러온 후 **분석 → 척도분석 → 신뢰도 분석**을 클릭한다.

2

분석하고자 하는 변수들(성취평가제 실행도 문항 p01~p10)을 선택하여 오른쪽의 **항목**으로 이동시킨다.

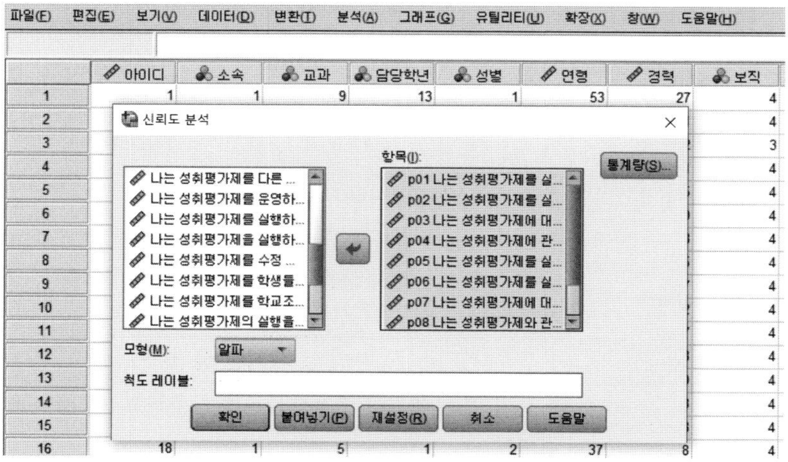

3

통계량 버튼을 클릭한 후 항목, 척도, 항목제거시 척도를 체크하고 계속 버튼을 클릭한다.

키워드	설명
기술통계량 (Descriptives for)	여러 사례의 척도나 문항에 대한 기술통계량(평균, 표준편차, 사례 수 등)을 보여 줌. 사용할 수 있는 옵션에는 문항, 척도가 있으며 문항이 삭제된 경우에는 척도만 사용할 수 있음
항목(Item)	항목의 평균과 표준편차를 보여 줌
척도(Scale)	척도의 평균과 표준편차 및 분산을 보여 줌
항목제거시 척도 (Scale if item deleted)	다른 항목으로 구성된 척도에 각 항목을 비교하여 요약통계량을 제시함
요약값(Summaries)	척도 내 모든 항목에서의 항목분포의 기술통계량을 제공함. 사용할 수 있는 옵션은 평균, 분산, 공분산, 상관관계임
항목 내(Inter-Item)	항목 간 상관행렬이나 공분산행렬을 생성함
분산분석표 (ANOVA table)	동일한 평균에 대한 분산분석 검정을 생성하여 보여 줌. 선택할 수 있는 옵션은 지정하지 않음. F검정, Friedman 카이제곱, Cochran 카이제곱임
지정 않음(None)	분산분석표를 산출하지 않음(기본 설정)
F검정(F-test)	반복이 있는 데이터 분산분석표를 산출하고 F검정으로써 유의성을 검정함

Friedman 카이제곱 (Friedman chi-square)	Friedman의 카이제곱 및 Kendall의 일치상관계수를 표시함. 이 옵션은 순위 형식이 데이터에 적합함. 카이제곱검정은 분산분석표에서 일반적인 F통계량을 대체함
Cochran 카이제곱 (Cochran chi-square)	Cochran의 Q를 표시함. 이 옵션은 이분형 데이터에 적합함. Q통계량은 분산분석표에서 일반적인 F통계량을 대체함
Hotelling의 T제곱 (Hotelling's T-square)	변수 간 평균의 동일 여부를 검정하기 위한 것으로 척도의 모든 문항의 평균이 0이라는 영가설에 대해 다변량 검정을 함
Tukey의 가법성 검정 (Tukey's test of additivity)	항목 간에 다변량 반복계산을 하지 않는 가정에 대한 검정을 생성함
급내 상관계수(Intraclass correlation coefficient)	사례 내에서 측도의 일치도나 값의 일치도를 보여 줌

4

모형의 콤보 버튼을 클릭하고, 기본적으로 설정된 알파를 선택한다. **척도 레이블**에 '성취평가제 실행도'를 입력한다.

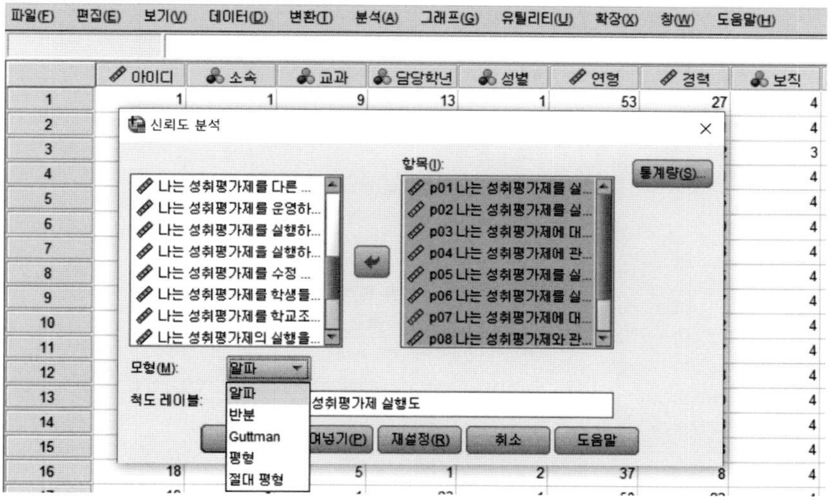

모형(M): 신뢰도를 검사하는 방법	
알파	내적 일관성(internal consistency) 모형으로 평균 항목 간 상관관계를 기준으로 함
반분계수	해당 척도를 두 부분으로 분리하고 부분 간 상관관계를 검사함
Guttman	실제 신뢰도에 대한 Guttman의 하한값을 계산함
평형	여러 복사본의 모든 문항에는 등분산과 동일한 오차분산이 있는 것으로 가정하고 신뢰도를 추정하는 방법
절대 평형	동형모형을 가정하며 여러 항목에서 평균이 동일한 것으로 가정함

5

모두 설정되었으면 확인 버튼을 클릭한다. SPSS 뷰어 창에 신뢰도 분석에 대한 결과가 나오면 저장한다.

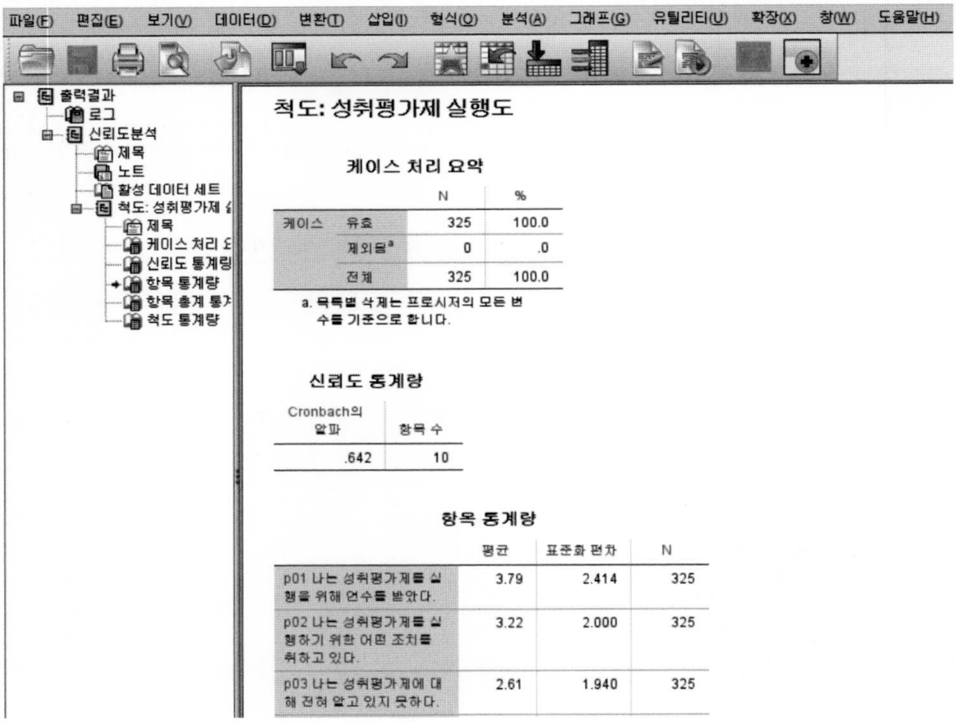

3 분석 결과

1) 케이스 처리 요약

		N	%
사례	유효	325	100.0
	제외됨[a]	0	.0
	합계	325	100.0

a. 목록별 삭제는 프로시저의 모든 변수를 기준으로 한다.

2) 신뢰도 통계량

Cronbach's α	항목 수
.642	10

이 표에서는 항목은 10개이고, 검사도구의 Cronbach's α계수는 .642임을 보여 준다. 따라서 '교사들의 성취평가제에 대한 실행도'에 대한 신뢰도는 양호하다. Cronbach's α 계수의 해석 기준은 〈표 5-1〉과 같다.

〈표 5-1〉 Cronbach's α계수의 해석 기준

Cronbach's α계수 범위	Cronbach's α계수 해석
.50 이하	내적 일관성 결여
.50 ~ .60	내적 일관성 있음
.60 ~ .70	내적 일관성 양호
.70 ~ .80	내적 일관성 강함
.80 ~ 1.0	내적 일관성 매우 강함

3) 항목 통계량

문항	평균	표준화 편차	N
p01	3.79	2.414	325
p02	3.22	2.000	325
p03	2.61	1.940	325
p04	3.25	1.715	325
p05	3.69	1.755	325
p06	3.38	1.775	325
p07	3.72	1.914	325
p08	3.08	2.186	325
p09	3.06	1.818	325
p10	3.24	1.741	325

이 표에는 각 항목별 기술통계량이 제시되어 있다. 분석 대상이 되는 10개의 문항과 각 문항의 평균, 표준화 편차, 사례 수를 보여 준다.

4) 항목 총계 통계량

문항	항목이 삭제된 경우 척도 평균	항목이 삭제된 경우 척도 분산	수정된 항목-전체 상관계수	항목이 삭제된 경우 Cronbach's α
p01	29.26	65.576	.448	.581
p02	29.82	65.411	.603	.548
p03	30.44	93.859	-.232	.720
p04	29.80	68.434	.618	.556
p05	29.36	90.646	-.144	.697
p06	29.67	68.371	.592	.559
p07	29.33	96.498	-.299	.730
p08	29.97	66.669	.489	.572
p09	29.99	66.648	.639	.547
p10	29.81	66.725	.674	.543

〈표 5-2〉 상관계수의 해석 기준

상관계수의 범위	상관계수의 해석
±.00 ~ .20	상관이 매우 낮다.
±.20~ .40	상관이 낮다.
±.40 ~ .60	상관이 있다.
±.60 ~ .80	상관이 높다.
±.80 ~ 1.0	상관이 매우 높다.

5) 척도 통계량

평균	분산	표준화 편차	항목 수
33.05	88.911	9.429	10

SPSS 25에서 신뢰도를 분석하고 그 결과를 출력하면 '항목 총계 통계량'이 앞에 나오고 그 뒤에 '척도 통계량'이 나온다. 두 표를 비교하여 설명하면, 전체 '척도 통계량'은 평균이 33.05이고 분산이 88.911이다. 앞의 '4) 항목 총계 통계량'에서 변수 p01 문항을 삭제하고 신뢰도를 분석할 경우, 전체 척도의 평균은 33.05에서 '항목이 삭제된 경우 척도 평균'인 29.26으로 변한다. 분산 또한 88.911에서 '항목이 삭제된 경우 척도 분산'인 65.576으로 변한다.

'4) 항목 총계 통계량'에서 '수정된 항목–전체 상관계수'는 해당되는 하나의 항목과 이를 제외한 나머지 모든 항목 간의 상관계수를 나타낸다. 예를 들어, 'p01' 문항의 경우에는 그 문항과 그 나머지 문항 간의 상관계수가 .488임을 의미한다. 따라서 'p01' 문항과 나머지 문항 간에는 정적 상관관계가 있다는 것을 알 수 있다.

'항목이 삭제된 경우 Cronbach's α'는 해당되는 하나의 문항을 삭제했을 경우의 α계수를 의미한다. 'p01'을 예로 들면, 이 분석 결과에 의해 전체 신뢰도 Cronbach's α는 앞의 '2) 신뢰도 통계량'에서 알 수 있듯이 .642인데 'p01' 문항을 삭제하고 Cronbach's α를 구하면 .581이 된다는 것을 의미한다.

'항목이 삭제된 경우 Cronbach's α'에 의해서 척도의 α값을 비교해 보면, 항목을 삭제하는 경우에 α값이 줄어든다면 그 항목이 중요한 항목임을 나타낸다. 반대로 α값이 증가한다면, 즉 해당 항목을 삭제한 후 α값이 현저하게 커진다면 그 항목과 다른 항목 간에는 관련성이 낮으므로 그것이 중요하지 않은 항목임을 나타낸다. 이러한 항목이 있을 경우 그것을 제거하거나 검토하여 항목을 재구성해야 한다. 앞의 '4) 항목 총계 통계량'에서 해당 문항의 '수정된 항목−전체 상관계수'가 부적으로 작용하여 '항목이 삭제된 경우 Cronbach's α'가 증가하는 경우, 그 문항을 삭제하고 신뢰도를 다시 분석하는 것을 고려해야 한다.

예를 들면, p03, p05, p07는 수정된 항목−전체 상관계수가 각각 −.232, −.144, −.299로 부적이고 수정된 항목−전체 상관계수, 항목이 삭제된 경우 Cronbach's α는 각각 .720, .697, 730으로 전체 Cronbach's α .642보다 상당히 높다. 그러나 문항 제거를 통하여 Cronbach's α를 높이면 신뢰도에 문제가 생길 수 있다. 따라서 문항을 제거할 때에는 통계적 근거에 더하여 이론적 근거와 문항에 대한 구체적 검토를 해야 한다(Nunnally, 1967).

앞의 예에서 p03, p05, p07을 삭제하기보다는 이 세 문항의 내용을 검토하여 삭제 또는 역코딩을 하여 전체 신뢰도를 분석하거나, 하위 요인별 신뢰도를 분석하는 것이 좋을 것이다. 부적 상관계수를 보이는 문항을 '부적 요인'으로 하는 하위 요인별 신뢰도 분석을 보면 '항목 총계 통계량'은 〈표 5−3〉과 같다.

〈표 5-3〉 부적 요인의 '항목 총계 통계량'

문항	항목이 삭제된 경우 척도 평균	항목이 삭제된 경우 척도 분산	수정된 항목-전체 상관계수	항목이 삭제된 경우 Cronbach's α
p03	7.41	10.249	.572	.684
p05	6.33	11.215	.581	.675
p07	6.29	10.164	.597	.653

4 논문 양식

보고서나 논문에는 단순히 Cronbach's α계수만을 제시하거나 〈표 5−4〉와 같이 제시하기도 한다.

〈표 5-4〉 전체 신뢰도 분석 결과(N=325)

문항	평균	표준편차	항목 삭제 Cronbach's α	Cronbach's α
p01	3.79	2.414	.581	.642
p02	3.22	2.000	.548	
p03	2.61	1.940	.720	
p04	3.25	1.715	.556	
p05	3.69	1.755	.697	
p06	3.38	1.775	.559	
p07	3.72	1.914	.730	
p08	3.08	2.186	.572	
p09	3.06	1.818	.547	
p10	3.24	1.741	.543	

10문항으로 이루어진 검사도구의 신뢰도는 Cronbach's α 계수=.642로 나타나 문항 간의 내적 일관성이 양호하다고 할 수 있다.

하위 요인별 신뢰도를 제시하는 경우에는 〈표 5-5〉와 같이 하위 요인 수와 요인별 Cronbach's α값을 제시한다.

〈표 5-5〉 하위 요인별 신뢰도 분석 결과(N=325)

하위 요인 (요인 수)	문항	평균	표준편차	항목 삭제 Cronbach's α	요인별 Cronbach's α
정적 요인 (7)	p01	3.79	2.414	.890	.889
	p02	3.22	2.000	.860	
	p04	3.25	1.715	.872	
	p06	3.38	1.775	.866	
	p08	3.08	2.186	.890	
	p09	3.06	1.818	.869	
	p10	3.24	1.741	.866	
부적 요인 (3)	p03	2.61	1.940	.684	.754
	p05	3.69	1.755	.675	
	p07	3.72	1.914	.653	

more 신뢰도에 영향을 주는 요인

① 다수의 문항으로 검사를 실시할 때 측정의 오차를 줄일 수 있다.
② 문항 난이도가 적절할 때 검사의 신뢰도가 증가한다.
③ 문항 변별도가 높을 때 검사의 신뢰도는 증가한다. 문항이 피험자를 능력에 따라 구분할 수 있는 문항 변별력이 있어야 검사의 신뢰도가 높아진다.
④ 검사도구의 측정 내용이 보다 좁은 범위의 내용일 때 검사의 신뢰도는 증가한다. 검사 내용의 범위를 좁힐 때 문항 간의 동질성을 유지하기가 용이하기 때문이다.
⑤ 검사시간이 충분하여야 한다. 속도검사보다는 역량검사가 신뢰도 측면에서 바람직하다.

연습문제

1

다음은 9명의 교사가 실행도에 대한 설문에 반응한 내용을 코딩한 표이다. 세 문항의 문항 내적 일관성 Cronbach's α 계수를 계산하시오.

(참고: Cronbach's $\alpha = \left(\frac{n}{n-1}\right)\left(1-\frac{\sum_{i=1}^{n} vi}{vt}\right) = \frac{n\bar{r}}{1+\bar{r}(n-1)}$; n은 문항 수, vi는 문항 i의 분산, vt는 문항 전체의 분산; $\bar{r}$는 문항 간 평균상관계수)

ID	p03	p05	p07
01	4	3	4
02	3	5	4
03	2	2	2
04	2	4	2
05	0	3	3
06	3	3	4
07	1	2	6
08	0	7	4
09	1	4	1

2

성취평가제 관심도 파일을 사용하여 중등학교 교사의 성취평가제에 대한 관심도에 대하여 설문 문항 p01~p15까지의 신뢰도를 분석하시오.

설문지 내용									
다음은 성취평가제에 대한 관심 정도를 알아보기 위한 문항입니다.									
변수명	설문 내용	전혀 그렇지 않다	매우 그렇지 않다	많이 그렇지 않다	다소 그렇지 않다	그저 그렇다	다소 그렇다	많이 그렇다	매우 그렇다
p01	나는 성취평가제에 대해 학생들이 어떤 태도를 갖는지에 관해 관심이 있다.	0	1	2	3	4	5	6	7
p02	나는 성취평가제를 보다 효율적으로 적용하는 방법을 알고 있다.	0	1	2	3	4	5	6	7
p03	나는 성취평가제가 아닌 다른 혁신에 더 많은 관심이 있다.	0	1	2	3	4	5	6	7
p04	나는 성취평가제를 준비하는 데 걸리는 시간이 부족하다고 생각한다.	0	1	2	3	4	5	6	7
p05	나는 성취평가제를 실행하고 있는 동료교사를 돕고 싶다.	0	1	2	3	4	5	6	7
p06	나는 성취평가제에 대해 한정된 지식을 가지고 있다.	0	1	2	3	4	5	6	7
p07	나는 성취평가제가 현재 나의 전문성에 미치는 영향을 알고 싶다.	0	1	2	3	4	5	6	7
p08	나는 가르치고 싶은 내용과 성취평가제에서 요구하는 내용이 달라 갈등을 느낀다.	0	1	2	3	4	5	6	7
p09	나는 성취평가제를 수정하여 적용하는 데 관심이 있다.	0	1	2	3	4	5	6	7
p10	나는 성취평가제의 적용을 위해 동료교사들과 서로 협력하는 관계를 만들고 싶다.	0	1	2	3	4	5	6	7
p11	나는 성취평가제가 학생들에게 결과를 가져오는지에 대해 관심을 갖고 있다.	0	1	2	3	4	5	6	7
p12	나는 성취평가제에 대해 관심을 갖고 있지 않다.	0	1	2	3	4	5	6	7
p13	나는 성취평가제의 결정을 주도하는 사람(집단)을 알고 싶다.	0	1	2	3	4	5	6	7
p14	나는 성취평가제가 실행되는 것에 대해 논의하고 싶다.	0	1	2	3	4	5	6	7
p15	나는 성취평가제가 활용될 수 있는 여러 상황이 무엇인지 알고 싶다.	0	1	2	3	4	5	6	7

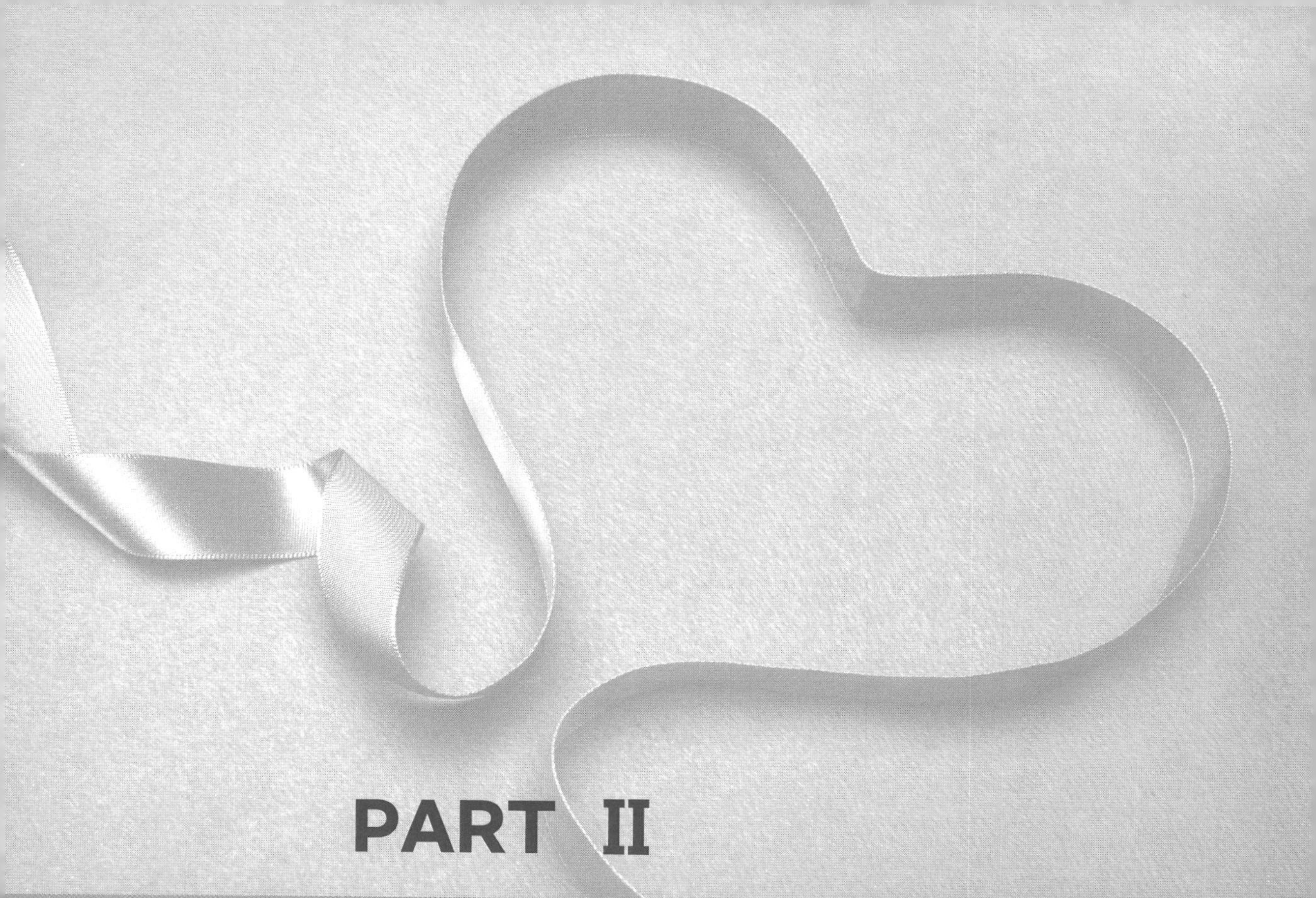

PART Ⅱ

차이 분석

제 6 장

t검정(t-test)

1. 개념 및 목적
2. 분석 실행
3. 분석 결과
4. 논문 양식

1 개념 및 목적

1) 개념 및 목적

t검정은 종속변수가 연속형 변수(등간 또는 비율 척도)일 때 집단 간 평균 비교를 위해 사용하는 통계적 방법이다. Z검정이 모집단의 표준편차를 아는 경우 집단 간 평균 비교를 위해 사용하는 통계적 방법이라면, t검정은 연구자가 모집단의 평균(μ), 표준편차(σ) 등의 모집단 관련 정보를 갖고 있지 않을 때, 모집단을 대표하는 표본에서 추정된 평균과 표준편차를 가지고 검정하는 방법이다. 정규분포가 아닌 t분포를 근거로 통계적 추리를 하는 방법으로 사회과학 연구에서 자주 쓰인다. t분포와 검정 절차에 대한 자세한 내용은 김석우(2016: 186)를 참고하기 바란다.

2) 종류

① 일표본 t검정(One-Sample t Tests): t 분포도를 사용하여 연구자가 추출한 표본의 평균($\overline{X}$)이 모집단의 평균(μ)과 차이가 있는지 검정한다.

② 대응표본 t검정(Paired-Samples t Tests): 동일한 모집단(혹은 두 표본 사이의 상관성이 존재하는 모집단)으로부터 추출된 두 표본의 평균값을 비교 분석한다. 대응표본 t검정은 상관표본(Correlated sample), 결합표본(Matched sample), 반복측정(Repeated measure) 등의 유형으로 나누어 볼 수 있다.

③ 독립표본 t검정(Independent-Samples t Tests): 다른 모집단에서 추출된 두 표본의 평균 차이가 통계적으로 유의미한지를 검정하는 방법이다. 분석 방법에 따른 표본의 개수, 통계적 가설, t검정 통계량 공식을 정리하면 〈표 6-1〉과 같다.

〈표 6-1〉 평균의 차이 검증

표본의 개수	측정 횟수	검정 방법	통계적 가설	
1개	1회	일표본 t검정 (One-Sample t Tests)	H_0	표본의 평균($\overline{X}$)=모집단 평균(μ)
			H_1	표본의 평균($\overline{X}$) ≠ 모집단 평균(μ)

	2회	대응표본 t 검정 (Paired-Samples t Tests)	H_0	$\mu_\alpha = 0$ (짝지어진 두 모집단의 평균은 같다)
			H_1	$\mu_\alpha \neq 0$ (짝지어진 두 모집단의 평균은 같지 않다)
2개	1회	독립표본 t 검정 (Independent-Samples t Tests)	H_0	$\mu_1 = \mu_2$ $(\mu_1 - \mu_2 = 0)$ (두 모집단의 평균은 같다)
			H_1	$\mu_1 \neq \mu_2$ $(\mu_1 - \mu_2 \neq 0)$ (두 모집단의 평균은 다르다)

3) 기본 가정(김석우, 2016)

- 종속변수의 측정치가 적어도 등간척도, 비율척도로 측정된 값이어야 한다.
- 모집단이 정규분포를 이루어야 한다. 일반적으로 두 모집단이 정규분포이거나 두 표본을 비교적 크게, 30개 이상(중심극한정리)으로 한다면 이 분포들이 정규분포라고 가정한다.
- 평균 간의 차이를 검정할 경우에는 이 두 모집단이 서로 동질적, 즉 동일한 변량(Homogeneity of variance: 동변량성)을 지녀야 한다. 변량의 동질성이 만족되었는지는 대부분 간단한 분포 모양을 눈으로 살펴봄으로써 확인한다. 혹은 한 표본변량이 다른 표본변량의 4배 이상으로 크면 변량의 동질성 조건이 위배된 것으로 보고, 그렇지 않으면 두 모집단의 변량에 대한 가설을 진행할 수 있을 정도로 비슷한 것이라고 본다.
- 독립변수는 명목척도 혹은 서열척도로 측정된 값이어야 한다.

2 분석 실행

1) 일표본 t검정

연구문제 1

P 대학교 학생 전체를 대상으로 역량평가를 실시하였다. 역량평가 결과, 학생의 평균(μ)은 90점, 표준편차(δ)는 3이다. 연구자가 무작위로 추출한 교육학과 학생 30명의 평균($\overline{X}$)은 88.03, 표준편차(S)는 5.314로 나타났다. 유의수준 0.05에서 교육학과 학생의 역량점수가 P 대학교 학생 전체 역량점수와 차이가 있는가?

앞의 예제를 가설로 설정하면 다음과 같다.

H_0: P 대학교 교육학과 30명의 역량점수 평균($\overline{X}$)
=P 대학교 전체 대학생의 역량평가 점수(μ)

H_1: P 대학교 교육학과 30명의 역량점수 평균($\overline{X}$)
≠P 대학교 전체 대학생의 역량평가 점수(μ)

앞의 예제를 일표본 t검정 계산식에 대입하면 다음과 같다.

$$t = \frac{\overline{X} - \mu}{s/\sqrt{N}} = \frac{88.03 - 90}{5.314/\sqrt{30}}$$
$$= -2.027$$

자유도가 29일 때($df=n-1$), $\alpha=0.05$수준에서 t의 임계값은 ± 2.045이므로 t검정 통계량 -2.027은 수용역에 속한다. 따라서 귀무가설을 채택한다. 일표본 t검정은 SPSS에서 분석이 가능하다. 실행 절차(6장 일표본 t-test 연구문제.sav)는 다음과 같다.

1

데이터 편집기 창에서 데이터를 불러온 후 **분석 → 평균 비교 → 일표본 T 검정**을 클릭한다.

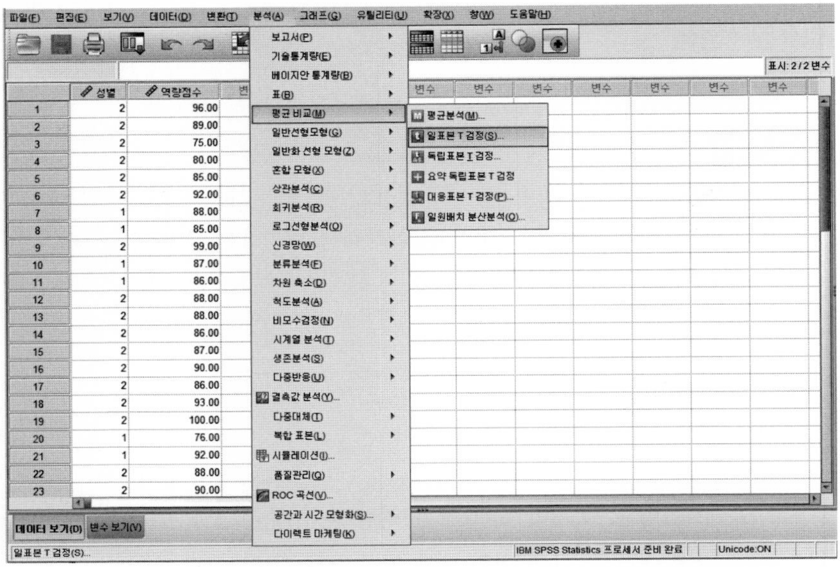

2

왼쪽 창에서 변수를 선택하고 **검정 변수**로 이동한다. **검정값**에 역량점수 평균점수인 90점을 입력하고 **확인**을 클릭한다. SPSS 뷰어 창에 그림과 같은 결과가 나오면 저장해 둔다.

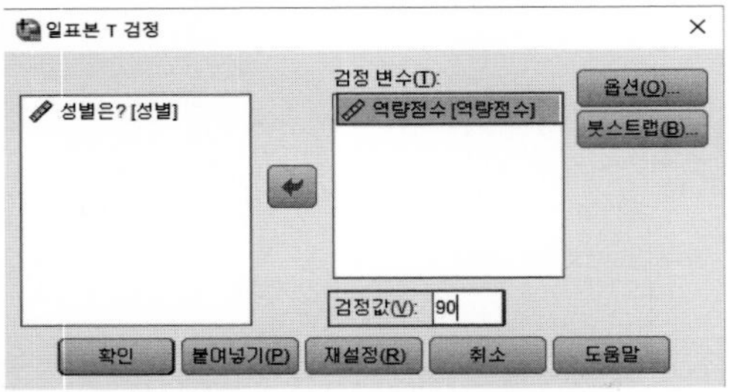

➜ **T 검정**

일표본 통계량

	N	평균	표준화 편차	표준오차 평균
역량점수	30	88.0333	5.31415	.97023

일표본 검정

	검정값 = 90					
					차이의 95% 신뢰구간	
	t	자유도	유의확률 (양측)	평균차이	하한	상한
역량점수	-2.027	29	.052	-1.96667	-3.9510	.0177

2) 대응표본 t검정

연구문제 2

P 대학교는 메이커스 프로그램을 개발하였다. 메이커스 프로그램이 창의적 사고역량을 향상하는 데 효과가 있는지 확인하기 위해 대학생 585명을 표본으로 하여 '프로그램 전/후'의 창의적 사고역량의 변화를 조사했다. 창의적 사고역량은 프로그램 적용 전후 차이가 있는가?

앞의 예제를 가설로 설정하면 다음과 같다.

H_0: 메이커스 프로그램은 창의적 사고역량 향상에 효과가 없다.
H_1: 메이커스 프로그램은 창의적 사고역량 향상에 효과가 있다.

SPSS 실행 절차(6장 대응표본 t-test 연구문제.sav)는 다음과 같다.

1

데이터 편집기 창에서 데이터를 불러온 후 **분석 → 평균 비교 → 대응표본 T 검정**을 클릭한다.

2

종속변수로 선정된 사전검사와 사후검사를 각각 체크하면 현재 변수 1, 2가 설정된다.

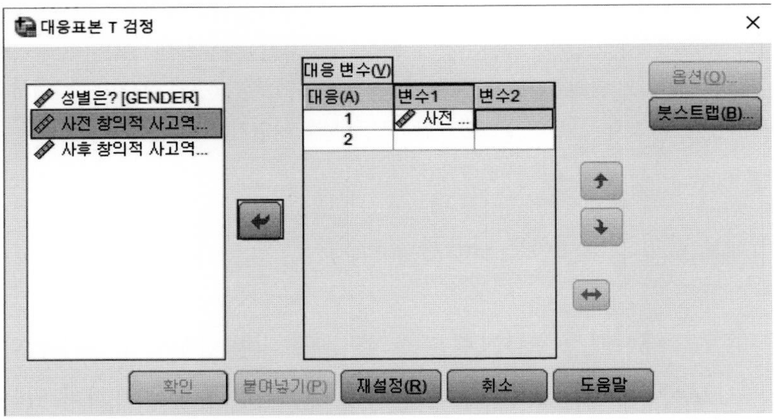

3

화살표 버튼을 클릭하여 종속변수인 사전검사와 사후검사를 대응 변수로 이동시킨다.

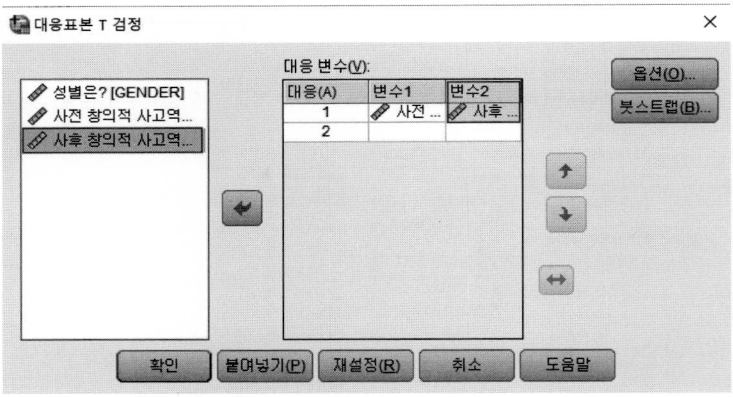

4

옵션 버튼을 클릭하여 신뢰구간을 변경하거나 무응답을 제외하도록 하는 결측값을 체크한 후 계속 버튼을 클릭한다.

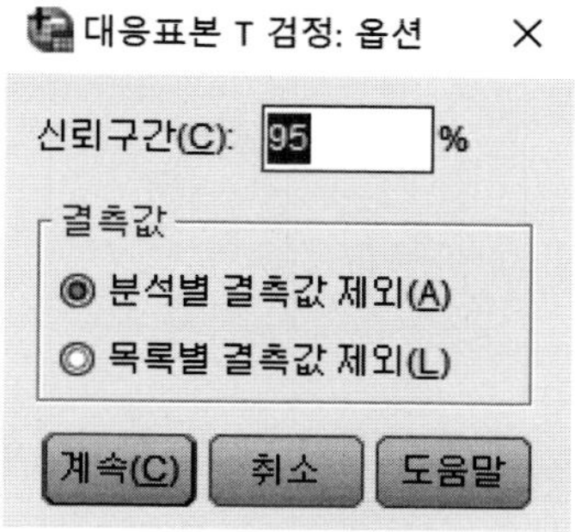

5

모두 설정되었으면 확인 버튼을 클릭한다. SPSS 뷰어 창에 그림과 같은 결과가 나오면 저장해 둔다.

➔ T 검정

[데이터세트1] C:₩Users₩home₩Desktop₩CH.6. T-TEST₩ch.6. 대응표본 t-test.sav

대응표본 통계량

		평균	N	표준화 편차	표준오차 평균
대응 1	사전 창의적 사고역량	17.7573	585	2.94805	.12189
	사후 창의적 사고역량	58.2735	585	30.91106	1.27801

대응표본 상관계수

		N	상관관계	유의확률
대응 1	사전 창의적 사고역량 & 사후 창의적 사고역량	585	.177	.000

대응표본 검정

		대응차					t	자유도	유의확률 (양측)
		평균	표준화 편차	표준오차 평균	차이의 95% 신뢰구간 하한	차이의 95% 신뢰구간 상한			
대응 1	사전 창의적 사고역량 - 사후 창의적 사고역량	-40.51624	30.52778	1.26217	-42.99518	-38.03730	-32.101	584	.000

3) 독립표본 t검정

연구문제 3

남학생과 여학생의 영어회화능력을 비교해 보고자 한다. 검정을 위해 남학생 358명, 여학생 256명을 표본으로 하여 영어회화능력검사를 1회 실시하였다. 남녀 학생의 영어회화능력은 차이가 있는가?

앞의 예제를 가설로 설정하면 다음과 같다.

H_0: 남학생 집단과 여학생 집단 간 영어회화능력에는 차이가 없다.

H_1: 남학생 집단과 여학생 집단 간 영어회화능력에는 차이가 있다.

SPSS 실행 절차(6장 독립표본 t-test 연구문제.sav)는 다음과 같다.

I

데이터 열기 창에서 데이터를 불러온 후 **분석 → 평균 비교 → 독립표본 T 검정**을 클릭한다.

2

'독립표본 T 검정' 창에서 종속변수인 '영어 점수'를 선택하여 검정 변수로 이동시킨다.

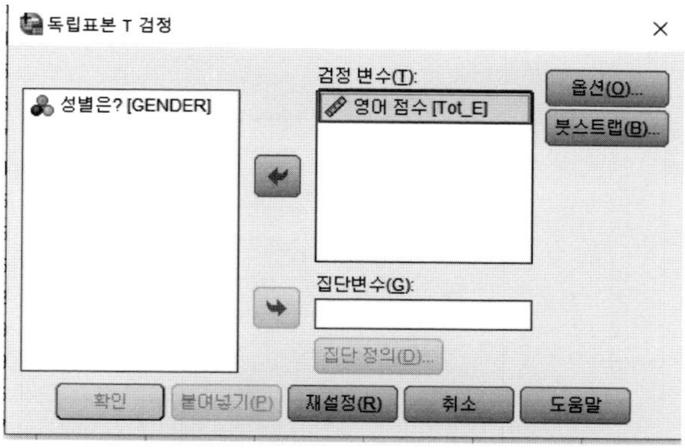

3

독립변수인 '성별'을 선택하여 집단변수로 이동시킨다.

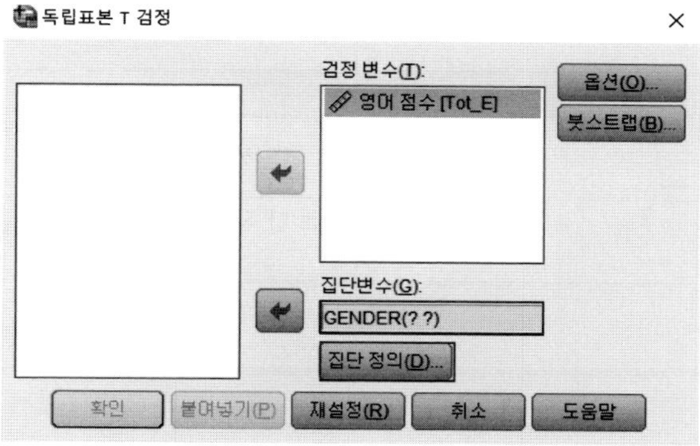

4

비교해야 할 집단을 정의하기 위해 **집단 정의** 버튼을 클릭한 후 **집단 1**에는 1(남학생)을, **집단 2**에는 2(여학생)를 입력한다. **계속** 버튼을 클릭한다.

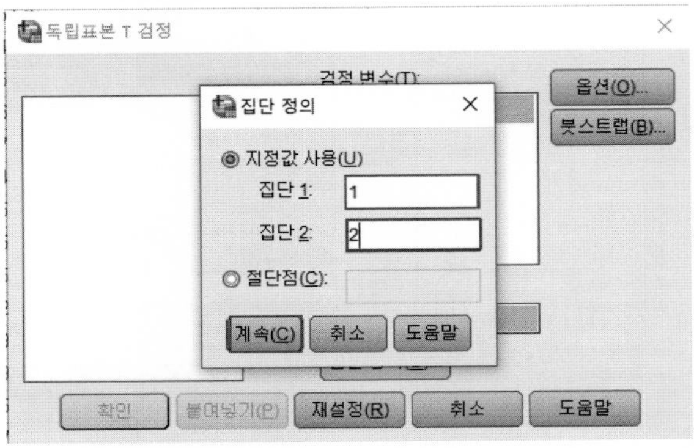

more 집단 정의

독립표본 t검정은 독립변수의 집단이 2개의 집단으로 한정되어 있으므로 집단 정의를 해 주어야 한다. 한편, 분리점을 이용하여 기준점 이상을 하나의 집단으로, 기준점 미만을 다른 집단으로 나눌 수도 있다. 집단 정의에 관한 자세한 설명은 다음과 같다.

키워드	설명
지정값 사용 (Use specified values)	사용자 정의 기본 설정으로 집단화한 변수 집단 1과 집단 2의 값을 입력함
분리점(Cut point)	분리값을 지정하면 분리값보다 작은 코드가 한 집단에, 분리값보다 크거나 같은 코드는 다른 집단에 속하게 됨

5

다시 '독립표본 T 검정' 창을 확인하면, 집단변수가 GENDER(1,2)로 설정된 것을 볼 수 있다.

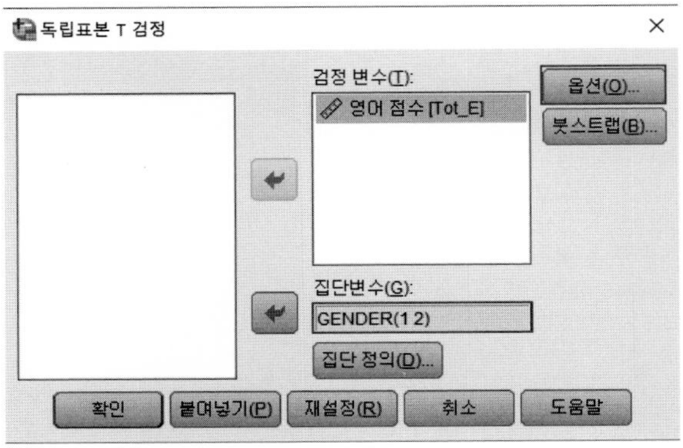

옵션	설명
신뢰구간 (Confidence interval)	95%의 신뢰구간이 기본으로 설정되어 있으나 연구자가 임의로 신뢰수준을 입력할 수 있음(99%의 신뢰수준을 설정하려면 99라고 입력하면 됨)
결측값(Missing values)	1개 이상의 변수에 대한 데이터가 없을 경우 어떤 사례를 포함할 것인지(또는 제외할 것인지) 절차에 알려 줌
분석별 결측값 제외 (Exclude cases analysis by analysis)	검정할 변수 중에서 결측값을 가진 사례는 해당 변수의 분석에서 제외됨(기본 설정)
목록별 결측값 제외 (Exclude cases listwise)	검정할 변수 중에서 무응답치를 가진 경우 그 사례는 모든 분석에서 제외됨

6

옵션 버튼을 클릭한 후 **신뢰구간**을 변경하거나 **결측값**을 체크한 후 **계속** 버튼을 클릭한다. 모두 설정되었으면 **확인** 버튼을 클릭한다. 프로그램이 실행되어 그림과 같은 결과가 나오면 저장해 둔다.

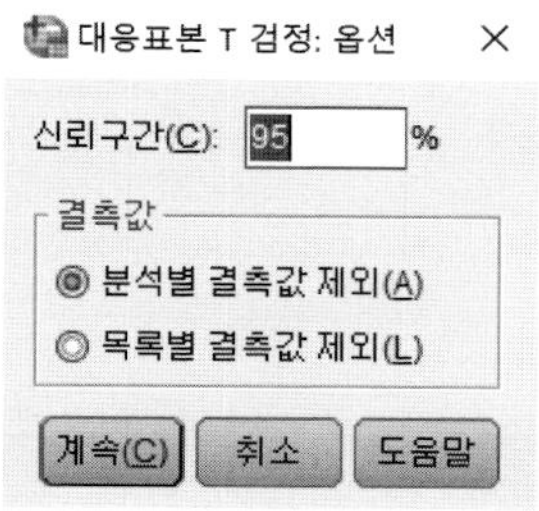

➜ T 검정

[데이터세트2] C:₩Users₩home₩Desktop₩CH.6. T-TEST₩ch.6. 독립표본 t-test.sav

집단통계량

	성별은?	N	평균	표준화 편차	표준오차 평균
영어 점수	남	358	60.606	26.5120	1.4012
	여	256	65.086	25.3971	1.5873

독립표본 검정

		Levene의 등분산 검정		평균의 동일성에 대한 T 검정						
									차이의 95% 신뢰구간	
		F	유의확률	t	자유도	유의확률 (양측)	평균차이	표준오차 차이	하한	상한
영어 점수	등분산을 가정함	2.159	.142	-2.101	612	.036	-4.4798	2.1325	-8.6677	-.2919
	등분산을 가정하지 않음			-2.116	563.046	.035	-4.4798	2.1173	-8.6386	-.3210

3 분석 결과

1) 일표본 t검정

	검정값=90					
	t	자유도	유의확률 (양쪽)	평균차	차이의 95% 신뢰구간	
					하한	상한
역량점수	−2.027	29	.052	−1.9667	−3.9510	.0177

이 표는 일표본 통계량을 제시하고 있다. 교육학과 학생 30명의 역량점수 평균은 88.03이고 표준편차는 5.314로 나타났다. 자유도가 29일 때, 유의수준 0.05에서 t의 임계값은 ±2.045이므로 t검정 통계량 −2.027은 수용역에 속한다. 따라서 귀무가설인 "교육학과 학생의 역량점수는 P 대학교 전체 대학생의 평균과 통계적으로 차이가 없다."를 채택한다.

2) 대응표본 t검정

(1) 대응표본 통계량

	평균	N	표준편차	평균의 표준오차
사전 창의적 사고역량	17.7573	585	2.9480	.121
사후 창의적 사고역량	58.2735	585	30.9110	1.27

이 표는 대응표본 통계량을 제시하고 있다. 응답자 수(N), 두 변수에 대한 평균, 표준편차, 표준오차의 값이 제시되어 있다. 평균을 살펴보면 프로그램 적용 전의 창의적 사고역량은 17.75이고, 프로그램 적용 후의 창의적 사고역량은 58.27이다. 평균의 표준오차를 비교하면 사전검사 점수는 .121이고, 사후검사 점수는 1.27로 나타났다.

(2) 대응표본 상관계수

	N	상관계수	유의확률
사전-사후점수	585	.177	.000

이 표는 대응표본 상관계수를 제시하고 있다. 프로그램 전과 후의 상관관계는 .177이고 유의확률 p값이 .000으로 유의수준 5% 내에서 유의하나, 상관관계가 낮다고 할 수 있다.

(3) 대응표본 검정

	대응차					t	자유도	유의확률(양쪽)
	평균	표준편차	평균의 표준오차	차이의 95% 신뢰구간				
				하한	상한			
사전-사후점수	−40.51	30.52	1.26	−42.99	−38.03	−32.10	584	.000

이 표에는 대응차가 나타나 있는데, t값은 두 집단 간의 평균에 대한 차이를 표준오차의 차이로 나눈 비율이다. 자유도가 584이고 t값이 −32.10로 양측검정을 한 결과, 유의확률 p값이 .000으로 유의수준 5% 내에서 유의하다. 따라서 귀무가설을 기각하고 대립가설을 채택한다.

3) 독립표본 t검정

(1) 집단통계량

	학교	N	평균	표준편차	평균 표준오차
영어회화능력	남학생	358	60.60	26.51	1.40
	여학생	256	65.08	25.39	1.58

이 표는 남학생과 여학생 집단 간 평균 차이에 대한 기술통계량이다. 남학생의 평균은 60.60이고, 여학생의 평균은 65.08이다. 그리고 표준편차는 각각 26.51과 25.39로 나타났다.

(2) 독립표본 검정

		Levene의 등분산 검정		평균의 동일성에 대한 t검정						
		F	유의확률	t	자유도	유의확률(양쪽)	평균차	차이의 표준오차	차이의 95% 신뢰구간	
									하한	상한
영어회화점수	등분산이 가정됨	2.159	.142	−2.101	612	.036	−4.4798	2.1325	−8.6677	−.2919
	등분산이 가정되지 않음			−2.116	563.046	.035	−4.4798	2.1173	−8.6386	−.3210

독립표본 t검정은 등분산 여부에 따라 검정통계량을 계산하는 방법이 다르다. 먼저, Levene의 등분산 검정 결과를 확인한다. Levene의 분산의 동질성 검정 가설은 다음과 같다.

귀무가설(H_0): 등분산이 성립한다.
대립가설(H_1): 등분산이 성립하지 않는다.

Levene의 등분산 검정 결과, 검정통계량 F=2.159이고, 유의확률은 .142로 유의수준 .05보다 크므로 귀무가설을 채택한다. 따라서 등분산이 가정됨에 해당하는 분산 결과를 확인해야 한다. 만약 F값에 대한 유의확률이 .05보다 작으면 '등분산이 가정되지 않음'에 해당하는 결과값을 확인하면 된다. SPSS 프로그램은 등분산이 가정되지 않을 때, Welch-Aspin 검정 결과가 제시된다. '등분산이 가정됨'에서 t값과 유의확률을 확인하면, t값은 −2.101이며, 유의확률이 .036으로 유의수준 .05 범위 내에 있다. 따라서 남학생의 영어회화 점수(M=60.60)는 여학생의 영어회화 점수(M=65.08)보다 통계적으로 유의하게 낮다고 판단할 수 있다.

4 논문 양식

1) 일표본 t검정

〈표 6-2〉 일표본 t검정 결과

	평균	N	표준편차	평균차	t	자유도
P 대학교 전교생 역량점수	90.00	–	3.00	-1.9667	-2.027	29
교육학과 역량점수	88.03	30	5.47			

〈표 6-2〉는 연구자가 무작위로 추출한 P 대학교 교육학과 학생 30명의 평균($\overline{X}$)이 P 대학교 전교생의 역량점수 평균과 다른지 검정한 결과이다. 교육학과 학생 30명의 역량점수 평균은 88.03이고 표준편차는 5.314로 나타났다. 자유도가 29일 때, $\alpha=0.05$ 수준에서 t값은 -2.045이므로 절대치 기준으로 -2.027은 2.045보다 작은 값이다. 따라서 "교육학과 학생의 역량점수는 P 대학교 전체 대학생의 평균과 통계적으로 차이가 없다."는 결론을 내릴 수 있다.

2) 대응표본 t검정

〈표 6-3〉 두 종속표본 t검정 결과

	평균	N	표준편차	t
사전점수	17.75	585	2.94	-32.10*
사후점수	58.27	585	30.91	

* $p<.05$

〈표 6-3〉은 사전점수와 사후점수의 평균 차이를 분석한 결과이다. 자유도 584에서 t값은 -32.10, 유의확률(p)은 .000이다. 따라서 두 변수 간 평균 차이는 유의수준 .05에서 유의미한 차이가 있으므로 "메이커스 프로그램은 대학생의 창의적 사고역량에 효과

가 있다."는 결론을 내릴 수 있다.

3) 독립표본 t검정

〈표 6-4〉 남학생과 여학생의 영어회화점수 t검정 결과

성별	N	평균	표준오차	t
남학생	358	60.60	26.51	−2.101*
여학생	256	65.08	25.39	

* $p < .05$

〈표 6-4〉은 남학생과 여학생 두 집단 간의 영어회화점수를 비교하기 위해 남학생 표본 358명, 여학생 표본 256명을 추출하여 독립표본 t검정을 실시한 결과이다. 남학생의 영어회화점수(M=60.60)는 여학생의 영어회화점수(M=65.08)보다 통계적으로 유의하게 낮았다($t=-2.101$, $p<0.05$).

연습문제

1

직장 생활 만족도 항목 Q1, Q2, Q3에 가중치를 각각 0.3, 0.5, 0.2로 하여 전체 직장 생활 만족도라는 변수를 만들고, 성별에 따른 전체 직장생활 만족도 평균이 차이가 있는지 판단하시오.

※ 새로운 변수 생성: 변환 → 변수계산

A. 검정하고자 하는 가설을 쓰시오.

– H_0:

– H_1:

B. A의 가설검정을 위해 표를 작성하고, 유의수준 0.05에서 결과를 해석하시오.

	Levene의 등분산 검정		평균의 동일성에 대한 t검정			
	F	p	t	자유도	p	평균차
등분산이 가정됨						
등분산이 가정되지 않음						

– 결과해석:

2

학생의 맥박 수에 관한 자료이다. 시험 전과 시험을 마친 후 맥박 수를 조사하였다. 학생들의 맥박 수가 시험 전과 후에 어떤 차이를 보이는지를 분석하고자 한다.

A. 검정하고자 하는 가설을 쓰시오.

- H_0:

- H_1:

B. A의 가설검정을 위해 표를 작성하고, 유의수준 0.05에서 결과를 해석하시오.

	대응차					t	자유도	p (양쪽)
	평균	표준편차	평균의 표준오차	차이의 95% 신뢰구간				
				하한	상한			
대응표								

제 7 장

변량분석 (ANOVA)

1. 개념 및 목적
2. 분석 실행
3. 분석 결과
4. 논문 양식

1 개념 및 목적

R. A. Fisher가 개발한 변량분석(Analysis of Variance: ANOVA)은 종속변수를 2개 이상의 수준 또는 범주로 나누어 각 수준에 따라 나뉜 집단 간의 평균 차이를 검정하는 것이다. 이는 t검정의 한계, 즉 임의의 두 집단 간의 평균이 통계적으로 유의미한 차이가 있는지에 대한 개별적인 정보만을 줄 뿐, 독립변수와 종속변수 간의 관계에 대한 전반적이고 포괄적인 정보는 주지 못하는 문제점을 극복하기 위해 고안된 방법으로 t검정의 확대형이라고 할 수 있다. 변량분석은 분산분석, ANOVA, F검정, F분석 등으로 불리며, 2개 이상의 독립변수(집단, 수준, 처치 유무 등)에 따른 종속변수의 평균 차이가 유의미한지를 비교할 때 사용한다. 따라서 종속변수는 등간척도 또는 비율척도로 측정된 변수여야 한다. 종속변수의 총분산(Sum of Square for Total: SST; 전체 제곱합)을 집단 간 분산(Sum of Square Between factor: SSB; 집단 간 제곱합)과 집단 내 분산(Sum of Square Within factor: SSW; 집단 내 제곱합)으로 분할한 후 자유도로 나눈 평균제곱들의 비인 F값을 이용하여 가설을 검정하는 방법이다. 변량분석은 독립변수의 수에 따라 일원, 이원 그리고 삼원 변량분석으로 구분된다. 변량분석의 목적은 표본 간의 차이가 단지 우연(표집오차, Sampling error)에 의한 것인지, 아니면 연구자의 처치로 인한 구조적 처치 효과(Systematic effect)에 의한 것인지를 결정하는 것이다. 이러한 변량분석의 장점은 수많은 집단의 값을 한꺼번에 검정해 보고, 그 값의 차이가 통계적으로 의의가 있는 것인지 아닌지를 종합적으로 판정해 볼 수 있다는 것이다.

변량분석의 기본 가정은 다음과 같다.

- 변량분석에서 사용되는 종속변수의 자료는 등간척도 혹은 비율척도여야 한다.
- 각 집단에 해당되는 모집단의 분포가 정규분포여야 한다.
- 각 집단에 해당되는 모집단의 변량이 같아야 한다.
- 각 모집단 내의 오차나 모집단 간 오차는 서로 독립적이어야 한다.

단, 세 번째 기본 가정인 등분산성을 충족하지 못하는 경우라도 각 집단별 사례 수가 동일하다면 사용해도 무방하다. 만약 집단별 사례 수도 같지 않은 경우에는 비모수통계를 실행하도록 한다.

2 분석 실행

1) 일원변량분석

연구문제 1

학년에 따라 중학교 학생의 국어과 글쓰기 수행평가 점수에 차이가 있는가?

독립변수의 집단이 2개 이상이며 종속변수가 등간척도 이상으로 되어 있을 경우 변량분석을 사용하는데, 일원변량분석은 독립변수와 종속변수가 각각 하나씩이다.

적용 절차(7장 변량분석 원자료.sav)는 다음과 같다.

1

데이터 편집기 창에서 데이터를 불러온 후 분석 → 평균 비교 → 일원배치 분산분석을 클릭한다.

2

'글쓰기'를 종속변수로 이동시키고, '학년'은 요인으로 이동시킨 후 대비 버튼을 클릭한다.

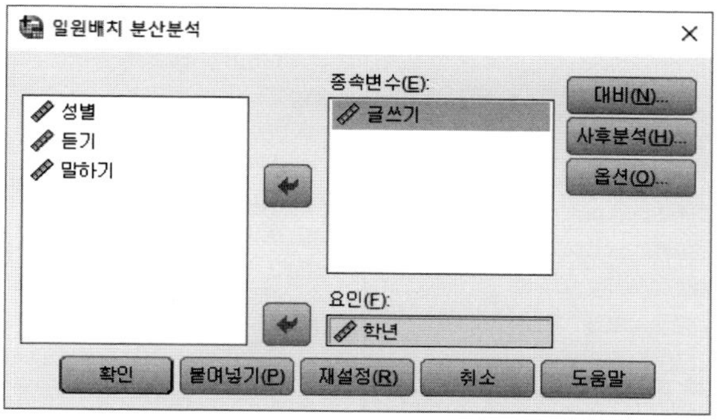

3

아무것도 선택하지 않고 계속 버튼을 클릭한다.

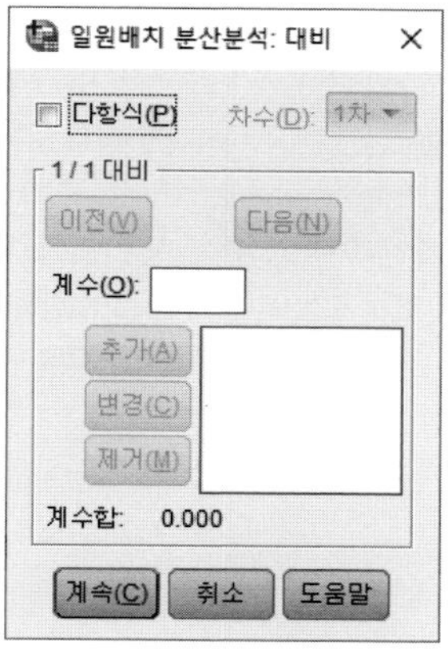

more 대비(Contrast)

두 집단의 평균 차이를 비교하는 것이다. 이것은 일종의 사후검정(Post hoc test)과 유사한 방법이나, 대비는 전체 분석을 행하면서 특정 평균치에 대하여 사전에 계획한 비교를 실행한다는 점에서 다르다.

대비(Contrast)	설명
다항식(Polynomial)	집단 간 제곱합을 다항식 성분으로 분할할 수 있게 해 주는데, 다항식을 선택한 후 모형화할 다항식의 최고 차수를 5차까지 선택할 수 있음
이전(Previous), 대비(Contrast), 1/1(1 for 1), 다음(Next)	대비변수를 10개까지 지정할 수 있는데, 다음 버튼을 이용하여 대비변수를 이동함
계수(Coefficients)	요인변수의 각 집단에 대해 숫자 계수값을 입력하고 'add'를 선택함. 단, 여기에서 계수의 수는 집단의 수와 같아야 함
전체(Total)	전체의 백분율 계산

4

사후분석을 클릭한 후 Tukey 방법과 Duncan을 체크하고, 계속 버튼을 클릭한다.

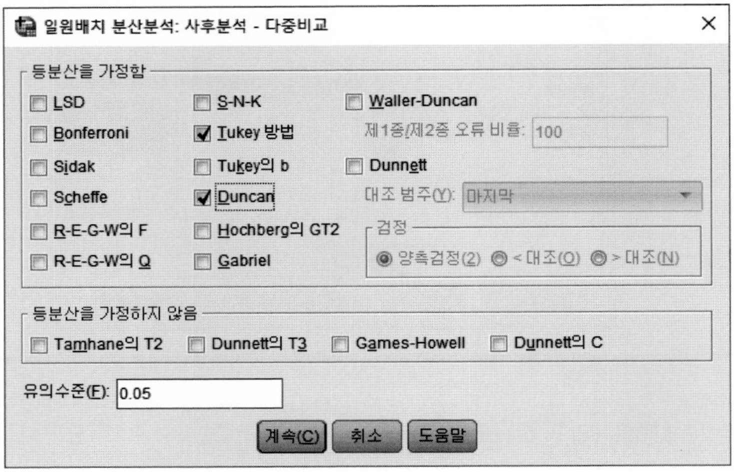

more 사후검정을 하는 이유는?

변량분석표만 보았을 때는 구체적으로 어떤 집단 간에 차이가 있는지 알 수 없다. 이러한 구체적 차이를 밝히기 위해서는 사후분석(Post hoc) 또는 다중비교(Multiple comparisons)라는 추가 분석이 필요하다.

다중 t검정은 사후분석의 Duncan, Tukey 등이 주로 사용된다. Tukey의 다중 t검정은 피험자 수가 같을 때 독립변수의 집단별로 2개의 집단끼리 t검정을 반복해서 모든 경우의 수로 시행한다. 예를 들어, 독립변수의 각 집단이 1번부터 4번까지 4개가 있다면 1–2, 1–3, 1–4, 2–3, 2–4, 3–4 간의 t검정을 반복해서 시행한다.

5

옵션 버튼을 클릭한다. 통계량으로는 **기술통계**를 체크한 후 **계속** 버튼을 클릭한다.

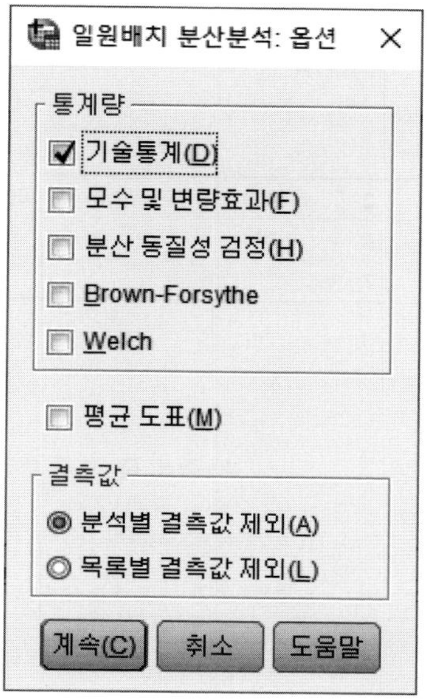

옵션		설명
통계량	기술통계(Descriptive)	사례 수, 평균, 표준편차, 표준오차, 최소값, 최대값, 집단별 각 변수의 95% 신뢰구간을 보여 줌
	모수 및 변량효과 (Fixed and random effects)	고정 효과 모형에 대한 표준편차, 표준오차 및 95% 신뢰 구간과 랜덤 효과 모형에 대한 표준오차, 95% 신뢰 구간 및 그룹-간 성분분산 추정값을 표시함
	분산 동질성 검정 (Homogeneity-of-variance)	분산의 동일성 여부를 판단해 주는 Levene 통계값을 보여 줌
	Brown-Forsythe	Brown-Forsythe 통계를 계산하여 그룹 평균의 등식을 검정함
	Welch	Welch 통계를 계산하여 그룹 평균의 등식을 검정함
평균 도표(Mean plot)		평균을 그래프로 보여 줌
결측값 (Missing value)	분석별 결측값 제외 (Exclude cases analysis by analysis)	선택된 변수의 결측값이 있는 사례를 제외시킴
	목록별 결측값 제외 (Exclude cases listwise)	분석 시 변수에 대한 결측값이 있는 사례를 제외시킴

6

모두 설정되었으면 **확인** 버튼을 클릭한다.
프로그램이 실행되어 그림과 같은 결과가 나오면 저장해 둔다.

ANOVA

글쓰기

	제곱합	자유도	평균제곱	F	유의확률
집단-간	14.841	2	7.421	7.416	.006
집단-내	15.008	15	1.001		
전체	29.849	17			

사후검정

다중비교

종속변수: 글쓰기

	(I) 학년	(J) 학년	평균차이(I-J)	표준화 오류	유의확률	95% 신뢰구간 하한	95% 신뢰구간 상한
Tukey HSD	1학년	2학년	-1.26667	.57751	.105	-2.7667	.2334
		3학년	-2.21667*	.57751	.004	-3.7167	-.7166
	2학년	1학년	1.26667	.57751	.105	-.2334	2.7667
		3학년	-.95000	.57751	.258	-2.4501	.5501
	3학년	1학년	2.21667*	.57751	.004	.7166	3.7167
		2학년	.95000	.57751	.258	-.5501	2.4501

*. 평균차이는 0.05 수준에서 유의합니다.

동질적 부분집합

글쓰기

	학년	N	유의수준 = 0.05에 대한 부분집합 1	유의수준 = 0.05에 대한 부분집합 2
Tukey HSD[a]	1학년	6	3.3333	
	2학년	6	4.6000	4.6000
	3학년	6		5.5500
	유의확률		.105	.258
Duncan[a]	1학년	6	3.3333	
	2학년	6		4.6000
	3학년	6		5.5500
	유의확률		1.000	.121

동질적 부분집합에 있는 집단에 대한 평균이 표시됩니다.

a. 조화평균 표본크기 6.000을(를) 사용합니다.

2) 이원변량분석의 주효과 검정

일원변량분석에서는 하나의 독립변수를 가지지만, 이원변량분석에서는 2개의 독립변수를 갖는다. 독립변수가 2개 이상인 다차원 변량분석의 경우 일반선형모형(General Linear Model: GLM)을 자주 사용한다. 이원변량분석은 일원변량분석(일원배치 분산분석)보다 다양하고 정확한 분석을 할 수 있다.

연구문제2

학년과 성별에 따라 중학교 학생의 국어과 글쓰기 수행평가 점수에 차이가 있는가?

고등학생을 대상으로 학년과 성별로 동시에 국어 과목의 글쓰기 수행평가에 차이가 있는지 알아보고자 한다.

적용 절차(7장 변량분석 원자료.sav)는 다음과 같다.

I

데이터 편집기 창에서 데이터를 불러온 후 **분석 → 일반선형모형 → 일변량**을 클릭한다.

2

'글쓰기'를 **종속변수**로 이동시키고 '학년'과 '성별'을 **변량요인**으로 이동시킨 후 **모형** 버튼을 클릭한다.

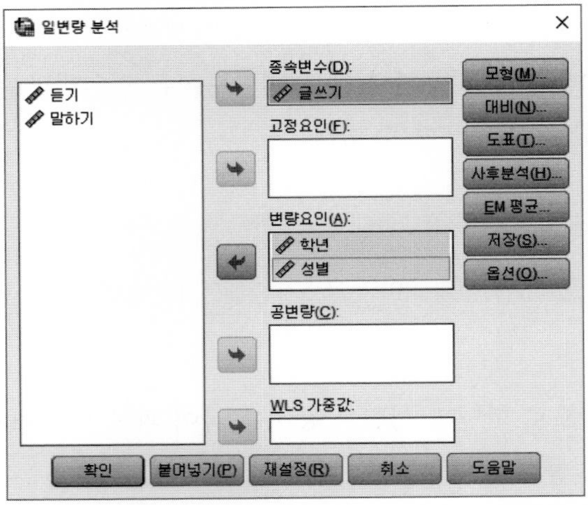

3

모형설정에서 **항 설정**을 체크하고 유형에서 **주효과**를 체크한다. 그리고 요인에 있는 '학년'과 '성별'을 모형으로 이동시킨다. **계속** 버튼을 클릭한다.

모형설정(Specify Model)	
완전요인모형 (Full factorial model)	완전요인모형을 지정하면 주효과, 공변량 효과와 요인 대 요인의 상호작용을 검정할 수 있음
사용자 정의(Custom)	사용자 정의를 지정하면 사용자가 원하는 상호작용의 효과를 검정할 수 있으며, 각 요인과 공변수 간의 상호작용을 구하기 위해서는 사용자 정의를 선택함
요인(Factors)	분석에 포함되는 독립변수들이 지정됨
분석항목 지정	사용자 정의를 선택하면 연구목적에 맞는 주효과와 상호작용 옵션을 선택할 수 있음

제곱합	사용되는 경우
제I유형	균형 분산분석 모형, 다항 회귀모형, 순수 지분 모형 등
제II유형	균형 분산분석 모형, 주요인 효과만 있는 모형, 모든 회귀모형, 순수 지분 계획
제III유형	제I유형과 제II유형으로 나열된 모든 모형, 비균형 모형이나 비어 있는 셀이 없는 균형 모형
제IV유형	제I유형과 제II유형으로 나열된 모든 모형, 비균형 모형이나 비어 있는 셀이 있는 균형 모형(결측 셀이 있는 경우 사용)

4

옵션 버튼을 클릭한 후 **기술통계량**을 체크하고 **계속** 버튼을 클릭한다.

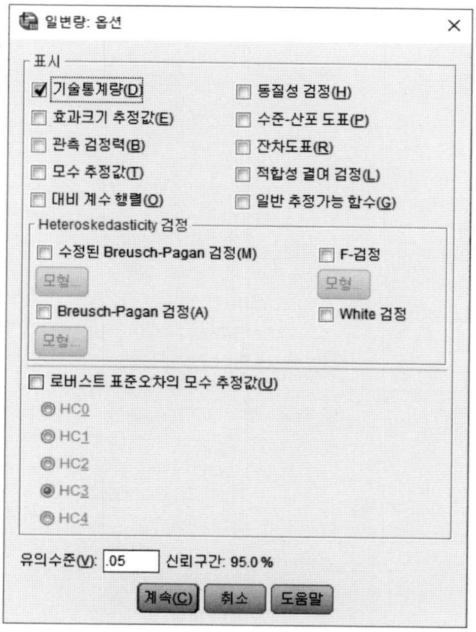

키워드	설명
기술통계량 (Descriptive statistics)	모든 종속변수의 평균, 표준편차, 사례 수를 계산함
효과크기의 추정 (Estimates of effect size)	효과크기의 추정치는 각 효과와 모수 추정치의 부분 η^2값임. η^2은 한 요인에 대한 전체 변량 추정치의 비율임
관찰력 (Observed power)	관찰치를 바탕으로 하여 대립가설이 긍정될 때의 검정력임
모수치의 추정 (Parameter estimates)	모수치 추정치, 표준오차, t검정, 신뢰구간, 각 검정에 대한 관찰력을 산출함
동질성 검정 (Homogeneity tests)	집단 간 요인의 모든 수준의 결합에 따른 각 독립변수와 단일 집단 간 요인의 변량의 동질성에 대한 Levene 검정임
확산 대 수준 도표 (Spread-versus-level plots)	자료에 관한 가정을 검토하는 데 도움이 되는 도표를 제시함
잔차도표(Residual plots)	이것을 선택하면 각 종속변수에 대한 관찰-예측-표준화된 잔차 도표를 나타내 줌. 이 도표는 동변량성 가정을 검토하는 데 유용함
적합도 확인(Lack of fit)	이것을 선택하면 독립변수와 종속변수 간의 관계 모형에 의하여 적절하게 기술할 수 있는가를 확인할 수 있음
일반적인 추정가능 함수 (General estimable function)	이것은 일반적인 추정가능 기능에 바탕을 둔 가설검정을 할 수 있게 함. 어떤 비교계수행렬에서의 열은 일반적인 추정가능 함수의 선형결합임
유의수준(Significance level)	사후검정에서 사용할 유의도 수준을 지정함

5

모두 설정되었으면 **확인** 버튼을 클릭한다. 프로그램이 실행되어 그림과 같은 결과가 나오면 저장해 둔다.

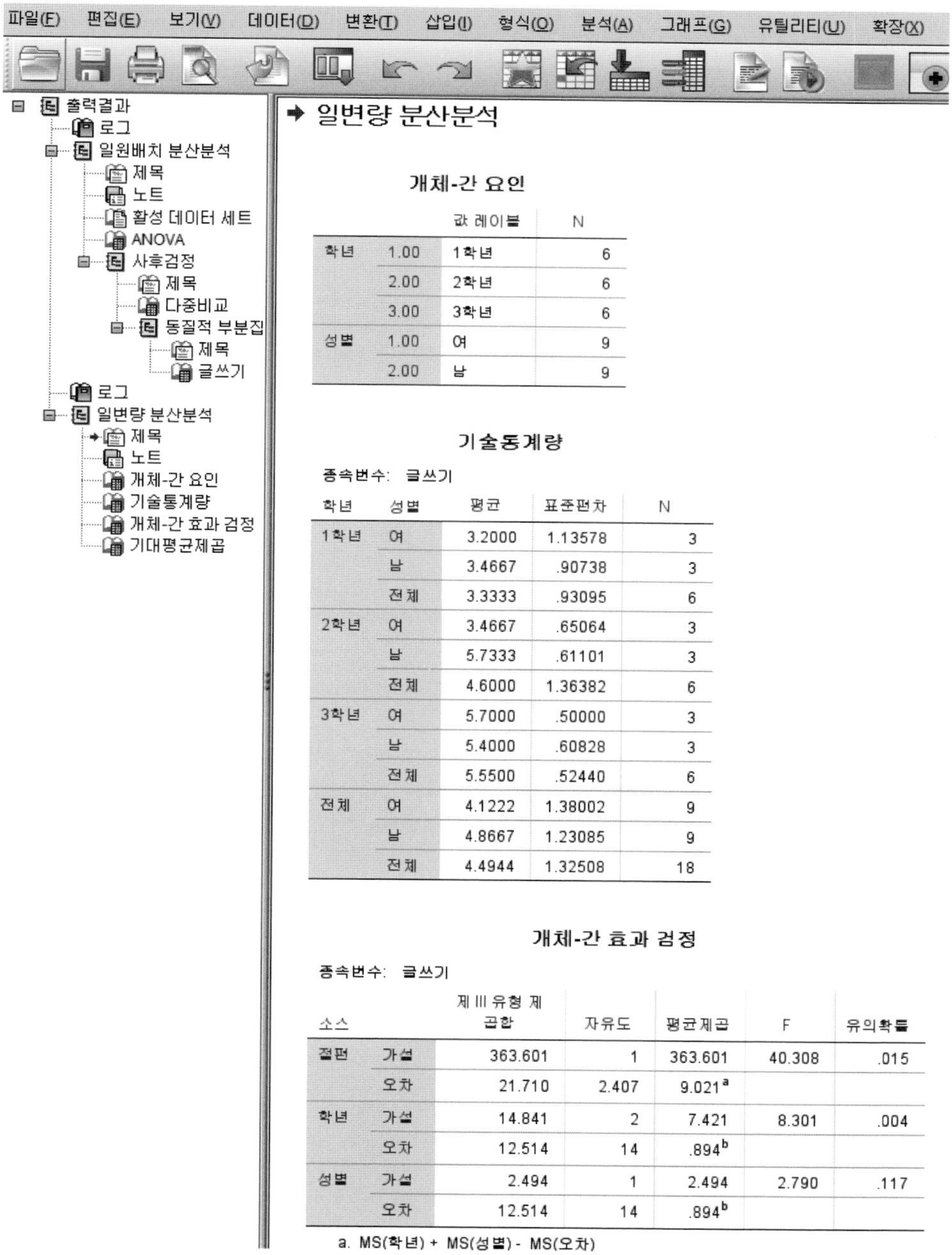

개체-간 요인

		값 레이블	N
학년	1.00	1학년	6
	2.00	2학년	6
	3.00	3학년	6
성별	1.00	여	9
	2.00	남	9

기술통계량

종속변수: 글쓰기

학년	성별	평균	표준편차	N
1학년	여	3.2000	1.13578	3
	남	3.4667	.90738	3
	전체	3.3333	.93095	6
2학년	여	3.4667	.65064	3
	남	5.7333	.61101	3
	전체	4.6000	1.36382	6
3학년	여	5.7000	.50000	3
	남	5.4000	.60828	3
	전체	5.5500	.52440	6
전체	여	4.1222	1.38002	9
	남	4.8667	1.23085	9
	전체	4.4944	1.32508	18

개체-간 효과 검정

종속변수: 글쓰기

소스		제 III 유형 제곱합	자유도	평균제곱	F	유의확률
절편	가설	363.601	1	363.601	40.308	.015
	오차	21.710	2.407	9.021[a]		
학년	가설	14.841	2	7.421	8.301	.004
	오차	12.514	14	.894[b]		
성별	가설	2.494	1	2.494	2.790	.117
	오차	12.514	14	.894[b]		

a. MS(학년) + MS(성별) - MS(오차)

3) 이원변량분석의 주효과와 상호작용 효과 동시검정

이원변량분석에서의 가설검정은 변수 간의 상호작용(interaction) 여부를 검정해야 한다. 변수 A의 변수 효과와 변수 B의 변수 효과에 대하여 별도로 검정하였을 때, 변수 A와 변수 B의 차이가 검정된다면 상호작용은 반드시 존재하게 된다. 만약 상호작용이 존재한다면 학년과 성별의 효과를 따로 검정하는 것은 의미가 없게 되며, 처리의 수가 'a · b'인 일원변량분석으로 간주하여 'a · b'개의 처리 간 평균의 동일성을 검정하거나 차이를 추정하면 된다. 그러나 상호작용이 존재하지 않는다면 변수 A의 효과와 변수 B의 효과에 대하여 별도로 검정한다.

연구문제3

중학교 학생의 국어과 글쓰기 수행평가 점수는 학년과 성별 간에 상호작용 효과가 있는가?

적용 절차(7장 변량분석 원자료.sav)는 다음과 같다.

1

데이터 편집기 창에서 데이터를 불러온 후 **분석 → 일반선형모형 → 일변량**을 클릭한다.

2

'글쓰기'를 **종속변수**로 이동시키고 '학년'과 '성별'을 **고정요인**으로 이동시킨 후 **모형** 버튼을 클릭한다.

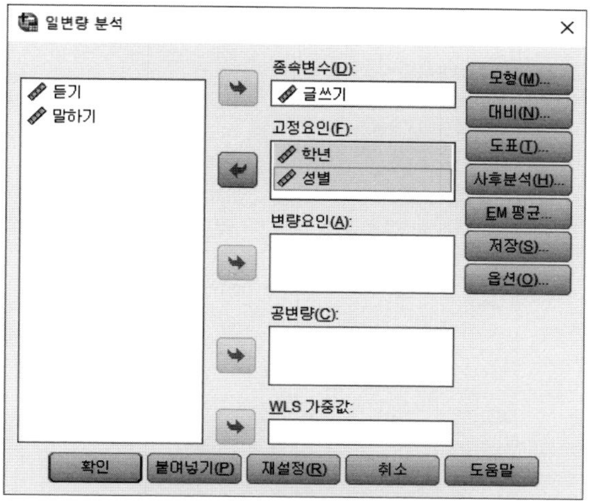

3

완전요인모형을 체크한 후 **계속** 버튼을 클릭한다.

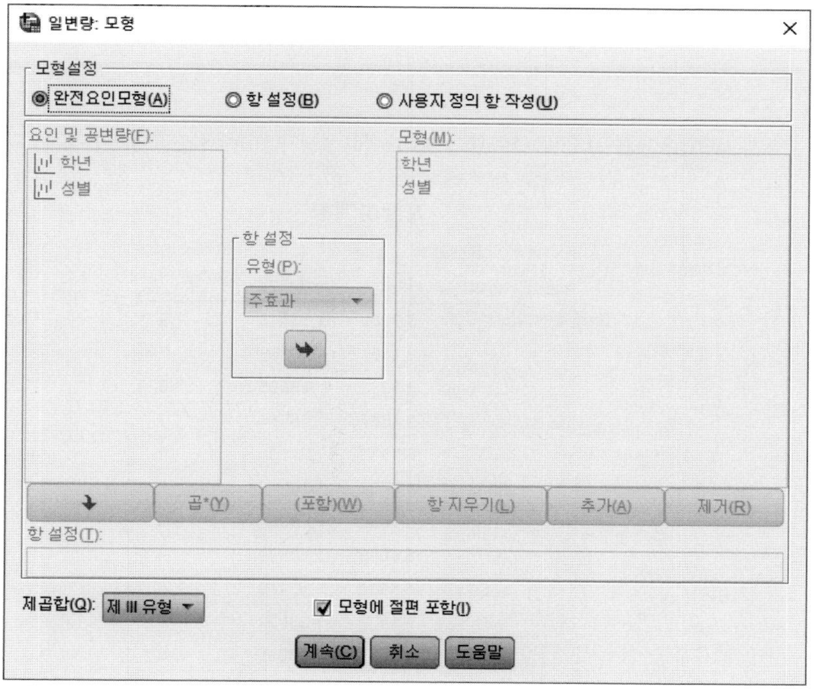

4

옵션 버튼을 클릭한 후 기술통계량을 체크하고 계속 버튼을 클릭한다.

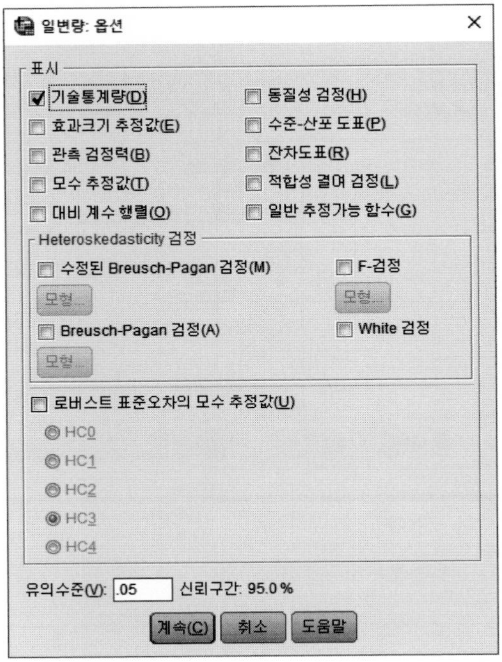

5

모두 설정되었으면 확인 버튼을 클릭한다. 프로그램이 실행되어 그림과 같은 결과가 나오면 저장해 둔다.

기술통계량

종속변수: 글쓰기

학년	성별	평균	표준편차	N
1학년	여	3.2000	1.13578	3
	남	3.4667	.90738	3
	전체	3.3333	.93095	6
2학년	여	3.4667	.65064	3
	남	5.7333	.61101	3
	전체	4.6000	1.36382	6
3학년	여	5.7000	.50000	3
	남	5.4000	.60828	3
	전체	5.5500	.52440	6
전체	여	4.1222	1.38002	9
	남	4.8667	1.23085	9
	전체	4.4944	1.32508	18

개체-간 효과 검정

종속변수: 글쓰기

소스	제 III 유형 제곱합	자유도	평균제곱	F	유의확률
수정된 모형	22.789[a]	5	4.558	7.747	.002
절편	363.601	1	363.601	618.018	.000
학년	14.841	2	7.421	12.613	.001
성별	2.494	1	2.494	4.239	.062
학년 * 성별	5.454	2	2.727	4.636	.032
오차	7.060	12	.588		
전체	393.450	18			
수정된 합계	29.849	17			

a. R 제곱 = .763 (수정된 R 제곱 = .665)

3 분석 결과

1) 일원변량분석

(1) 기술통계

학년	N	평균	표준편차	표준오차	평균에 대한 95% 신뢰구간		최소값	최대값
					하한값	상한값		
1	6	3.3333	.9310	.3801	2.3564	4.3103	2.40	4.50
2	6	4.6000	1.3638	.5568	3.1688	6.0312	2.80	6.40
3	6	5.5500	.5244	.2141	4.9997	6.1003	5.00	6.20
합계	18	4.4944	1.3251	.3123	3.8355	5.1534	2.40	6.40

이것은 독립변수에 대한 기술통계로서 사례 수(N), 평균, 표준편차, 표준오차, 평균에 대한 95% 신뢰구간, 최소값, 최대값을 나타낸다.

(2) 분산분석[a]

	제곱합	자유도	평균제곱	*F*	유의확률
집단 간	14.841	2	7.421	7.416	.006
집단 내	15.008	15	1.001		
합계	29.849	17			

a. 종속변수: 글쓰기

이 표에서는 종속변수가 글쓰기이며, 집단 간 및 집단 내 제곱합, 자유도, 평균제곱, F값, 유의확률을 보여 준다. '집단 간' 분석은 각 집단 간 분산으로, 체계적 분산을 의미한다. '집단 내' 분석은 각 집단 내의 분산으로, 오차분산을 뺀 나머지 분산이다. 합계는 전체분산을 의미한다. 결과적으로 F값은 7.416이고 유의확률은 .006, $p < .01$이므로 학년별로 글쓰기 점수에 유의미한 차이가 있는 것으로 나타났다.

(3) 사후검정

	(I)학년	(J)학년	평균차 (I-J)	표준오차	유의확률	95% 신뢰구간	
						하한값	상한값
Tukey HSD	1	2	−1.2667	.5775	.105	−2.7667	.2334
		3	−2.2167*	.5775	.004	−3.7167	−.7166
	2	1	1.2667	.5775	.105	−.2334	2.7667
		3	−.9500	.5775	.258	−2.4501	.5501
	3	1	2.2167*	.5775	.004	.7166	3.7167
		2	.9500	.5775	.258	−.5501	2.4501

* .05 수준에서 평균차가 크다.

이 표에는 집단별로 평균의 차이를 검정하는 t검정을 경우의 수만큼 실행한 값과 표준편차, 유의확률, 95% 신뢰구간을 검정하는 Tukey 검정의 결과가 제시되어 있다. 평균차(I−J)는 두 집단의 평균 차이로, I는 좌측에 있는 집단을, J는 우측에 있는 집단을 의미한다. 그중 1학년과 3학년의 글쓰기 점수의 평균 차이는 −2.2167로 1학년이 더 낮은 것을 알 수 있다. 두 집단의 평균 차이에 대한 t검정의 유의확률은 .004로 $p < .05$이다. 즉, 1학년의 경우 2학년과는 별다른 차이가 나타나지 않지만, 3학년과의 글쓰기에서의 평균 차이는 유의미한 것으로 나타났다.

(4) 동일 집단군

학년		N	유의수준=.05에 대한 부집단	
			1	2
Tukey HSD[a]	1학년	6	3.3333	
	2학년	6	4.6000	4.6000
	3학년	6		5.5500
	유의확률		.105	.258
Duncan[a]	1학년	6	3.3333	
	2학년	6		4.6000
	3학년	6		5.5500
	유의확률		1.000	.121
동일 집단군에 있는 집단에 대한 평균이 표시된다.				

a. 조화평균 표본 크기=6.000을 사용한다.

이것은 사후검정의 Tukey와 Duncan 표이다. 그 구성을 보면 왼쪽에는 집단별 분류가 제시되어 있고, 오른쪽 1, 2 부분은 동일한 성향을 보이는 집단을 보면 하나의 묶음으로 제시되어 있다.

2) 이원변량분석의 주효과 검정

(1) 개체 간 요인

		변수값 설명	N
학년	1	1학년	6
	2	2학년	6
	3	3학년	6
성별	1	여	9
	2	남	9

이 표에는 학년과 성별의 집단별 사례 수가 나타나 있다.

(2) 기술통계량[a]

학년	성별	평균	표준편차	N
1학년	여	3.2000	1.1358	3
	남	3.4667	.9074	3
	합계	3.3333	.9309	6
2학년	여	3.4667	.6506	3
	남	5.7333	.6110	3
	합계	4.6000	1.3638	6
3학년	여	5.7000	.5000	3
	남	5.4000	.6083	3
	합계	5.5500	.5244	6
합계	여	4.1222	1.3800	9
	남	4.8667	1.2309	9
	합계	4.4944	1.3251	18

a. 종속변수: 글쓰기

이것은 기술통계량으로서 학년과 성별로 평균, 표준편차, 집단별 사례 수가 제시되어 있다.

(3) 개체 간 효과 검정[b]

소스	제Ⅲ유형 제곱합	자유도	평균제곱	F	유의확률
수정모형	17.335[a]	3	5.778	6.464	.006
절편	363.601	1	363.601	406.763	.000
학년	14.841	2	7.421	8.301	.004
성별	2.494	1	2.494	2.790	.117
오차	12.514	14	.894		
합계	393.450	18			
수정 합계	29.849	17			

a. R^2=.581(수정된 R^2=.491)
b. 종속변수: 글쓰기

수정모형(Corrected model)은 수정된 변량분석의 모형을 나타낸다. 이 모형은 평균을 수정한 독립변수의 효과에 의하여 영향을 받는 변수에 내재하는 변화에 대한 모형이다. 제곱합(Sum of squares)은 17.335, 자유도는 3, 평균제곱(Mean square), 즉 분산의 추정치는 5.778이다. 이것은 변량분석모형에 대한 타당성을 보는 것이다. F값이 6.464이며 유의확률이 .006($p<.05$)이므로 이 모형은 타당함을 알 수 있고, 설명력(결정계수)은 .581임을 알 수 있다.

절편(Intercept)은 전평균(Overall mean)을 의미한다. 제곱합과 평균제곱은 각각 363.601, 363.601, F값은 406.763이며, 유의확률은 $p<.05$로 유의미하게 나타났다.

이 결과표에 따르면 학년에 따라 글쓰기에는 차이가 있지만(F=8.301, $p<.01$), 성별에 따른 글쓰기의 분석에서는 차이가 없는 것으로 나타났다(F=2.790, $p>.05$).

3) 이원변량분석의 주효과와 상호작용 효과 동시검정

(1) 개체 간 요인

		변수값 설명	N
학년	1	1학년	6
	2	2학년	6
	3	3학년	6
성별	1	여	9
	2	남	9

이 표에는 학년과 성별의 집단별 사례 수가 제시되어 있다.

(2) 기술통계량[a]

학년	성별	평균	표준편차	N
1	여	3.2000	1.1358	3
	남	3.4667	.9074	3
	합계	3.3333	.9309	6
2	여	3.4667	.6506	3
	남	5.7333	.6110	3
	합계	4.6000	1.3638	6

3	여	5.7000	.5000	3
	남	5.4000	.6083	3
	합계	5.5500	.5244	6
합계	여	4.1222	1.3800	9
	남	4.8667	1.2309	9
	합계	4.4944	1.3251	18

a. 종속변수: 글쓰기

이것은 기술통계량으로서 학년별, 성별에 따른 평균, 표준편차, 집단별 사례 수가 제시되어 있다.

(3) 개체 간 효과 검정[b]

소스	제Ⅲ유형 제곱합	자유도	평균제곱	F	유의확률
수정모형	22.789[a]	5	4.558	7.747	.002
절편	363.601	1	363.601	618.018	.000
학년	14.841	2	7.421	12.613	.001
성별	2.494	1	2.494	4.239	.062
학년×성별	5.454	2	2.727	4.636	.032
오차	7.060	12	.588		
합계	393.450	18			
수정 합계	29.849	17			

a. R^2=.763(수정된 R^2=.665)
b. 종속변수: 글쓰기

이 표는 학년과 성별이 각각 종속변수 글쓰기에 미치는 영향이 유의미한지 알려 준다. 학년은 유의확률 .001($p<.01$)로 유의미한 영향을 미치는 것으로 나타났고, 성별은 유의확률 .062($p>.05$)로 유의미한 영향을 미치지 못하는 것으로 나타났다. 학년과 성별의 상호작용이 종속변수인 글쓰기에 미치는 영향은 유의확률 .032($p<.05$)로 유의미한 영향을 미치는 것으로 나타났다.

4 논문 양식

1) 일원변량분석

논문에서는 평균과 표준편차, 분산분석표, 사후검정 결과를 제시한다.

〈표 7-1〉 학년에 따른 글쓰기 수행평가의 평균과 표준편차

변수	N	평균	표준편차
1학년	6	3.3333	.9309
2학년	6	4.6000	1.3638
3학년	6	5.5500	.5244
합계	18	4.4944	1.3251

〈표 7-2〉 학년에 따른 글쓰기 수행평가에 대한 일원변량분석

변수	변량원	제곱합	자유도	평균제곱	*F*값
학년	집단 간	14.841	2	7.421	7.416*
	집단 내	15.008	15	1.001	
	합계	29.849	17		

* $p < .05$

〈표 7-3〉 Tukey 사후검정 결과

	1학년	2학년	3학년
1학년			
2학년			
3학년	**		

** $p < .01$

〈표 7-2〉의 변량분석표를 보면 학년별 글쓰기 수행평가 점수에 대한 검정에서 *F*값은 7.416으로 $p < .01$이다. 즉, '학년에 따라 글쓰기 수행평가에 차이를 보인다.'고 결론 내릴 수 있다.

또한 사후검정 결과, 1학년과 3학년 간에 $p < .01$ 수준에서 글쓰기 수행평가 점수에

유의미한 차이가 있는 것으로 나타났다.

2) 이원변량분석의 주효과 검정

〈표 7-4〉 글쓰기에 대한 학년과 성별 변량분석

변량원	제곱합	자유도	평균제곱	F
학년	14.841	2	7.421	8.301**
성별	2.494	1	2.494	2.790
전체	17.335	3		

** $p<.01$

변량분석표의 성별에 따른 글쓰기에 대한 검정에서는 F값이 2.790($p>.05$)으로 글쓰기 수행평가 점수의 성별에 따른 차이는 없는 것으로 나타났다. 학년별로는 F값이 8.301($p<.01$)로 글쓰기에 대한 검정에서 유의미한 차이를 볼 수 있다. 즉, 글쓰기 수행평가 점수의 학년별 차이는 있는 것으로 나타났다.

3) 이원변량분석의 주효과와 상호작용 효과 동시검정

〈표 7-5〉 학년과 성별에 따른 글쓰기 수행평가에 대한 이원변량분석

변량원	제곱합	자유도	평균제곱	F
학년	14.841	2	7.421	12.613**
성별	2.494	1	2.494	4.239
학년×성별	5.454	2	2.727	4.636*
오차	7.060	12		
합계	29.818	17		

* $p<.05$, ** $p<.01$

이 결과표에 따르면 학년에 따른 글쓰기 수행평가 점수에서 F값은 12.613($p<.01$)으로 유의미한 차이가 있는 것으로 나타났다. 또한 학년과 성별의 상호작용은 F값이 4.636($p<.05$) 수준에서 유의미한 것으로 나타났다. 즉, 학년과 성별의 상호작용은 글쓰기 수행평가에 유의미한 영향을 미친다.

연습문제

1

고등학교 학생의 학업성취는 교수방법에 따라 차이가 나타나는가?

2

고등학교 학생의 학업성취에 대하여 교수방법과 학생의 성별 간에 상호작용 효과가 나타나는가?

제 8 장

공변량분석 (ANCOVA)

1. 개념 및 목적
2. 분석 실행
3. 분석 결과
4. 논문 양식

1 개념 및 목적

공변량분석(Analysis of Covariance: ANCOVA)은 회귀분석과 분산분석이 혼합된 모형이라고 볼 수 있다. 독립변수에 대한 조작 요소 외에 종속변수에 미치는 요소가 작용할 경우 종속변수에 미치는 효과를 통계적인 방법으로 통제하는 분석이다. 즉, 연구자는 실험집단에서 독립변수의 조건이 동일하도록 하기 위하여 무선표집과 무선배치, 짝지은 표집 등의 방법을 사용하지만, 실험집단의 조건이 동일하지 않거나 독립변수에 대한 조작 요소 외에 종속변수에 영향을 미치는 요소가 작용할 수도 있다. 공변량분석은 이와 같이 통제하지 않았거나 통제하지 못한 변수가 종속변수에 미친 효과를 통계적인 방법으로 통제(또는 조정)하는 것이다.

여기서 공변수(covariate)는 독립변수와 긴밀한 관계를 갖는 변수여야 한다. 따라서 공변량분석은 실험집단의 조건이 동일하지 않은 경우나 제3의 변수를 통제하려는 경우에 적용되는 변량분석법이다. 이러한 공변량분석은 집단 차이의 검정에서 검정력을 높이거나 실험 전에 이미 존재하는 집단 차이를 통계적으로 통제하고자 할 때 유용한 분석 방법이다. 공변량분석에서의 관심은 처치변수인 회귀계수가 통계적으로 유의미한가에 있다.

공변량분석의 기본 가정은 다음과 같다.

- 공변량의 수준별 종속변수의 조건분포는 정규분포를 이루어야 한다.
- 공변량과 종속변수 간에 선형적인 상관관계가 있어야 한다.
- 공변량의 측정에 처치변수의 영향과 측정의 오차가 없어야 한다.
- 집단 내에서의 종속변수에 대한 공변수의 회귀계수가 집단 간에 동일해야 한다.
- 등분산성의 가정이 충족되어야 하고, 피험자들은 실험처치 조건에 무선 배치되어야 한다.

2 분석 실행

1) 종속변수의 측정치를 사전에 지정하는 경우

실험설계의 경우 실험집단과 통제집단이 완전무선 배치되지 않은 경우 집단 간의 차이가 처치의 효과로 기인한 것인지 판단할 수가 없다. 이 경우 종속변수의 측정치를 사전에 조정하여 두 집단을 비교하게 된다.

연구문제1

과학성취의 사전검사 점수를 통제한 상태에서 세 가지 과학교수법(실험실습, 전통적, 멀티미디어)에 따라 초등학생의 과학성취는 다른가?

이 연구문제를 해결하기 위해서는 먼저 세 집단 간의 사전 과학성취 점수를 비교하여 집단 간에 차이가 있는지를 알아보아야 한다. 그런 다음, 세 집단 간 차이가 있다면 그것을 공변수로 통제한 후 변량분석을 통해 차이 검정을 실시한다.

적용 절차(8장 공변량 과학성취 원자료.sav)는 다음과 같다.

(1) 사전 과학성취 점수의 평균비교 검정

1

데이터 편집기 창에서 데이터를 불러온 후 분석 → 평균 비교 → 일원배치 분산분석을 클릭한다.

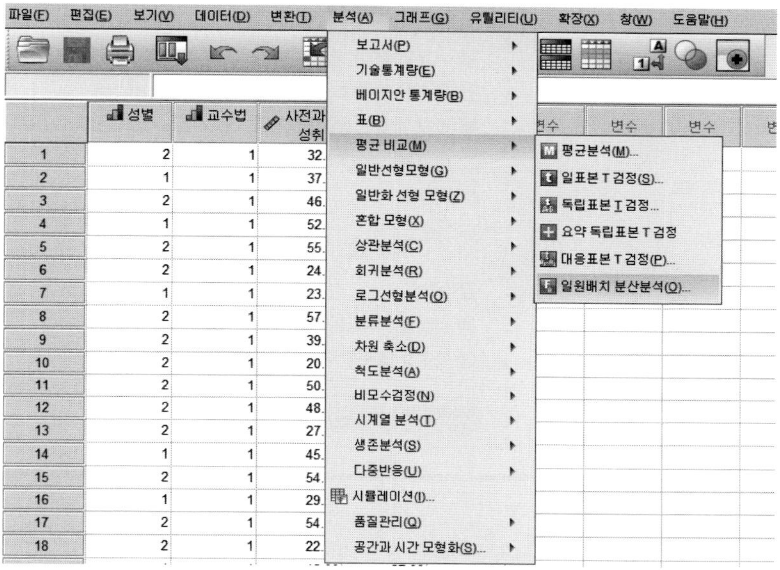

2

분석하고자 하는 변수 '사전과학성취'와 '교수법'을 선택하여 각각 종속변수와 요인으로 이동시킨 후 옵션을 클릭한다.

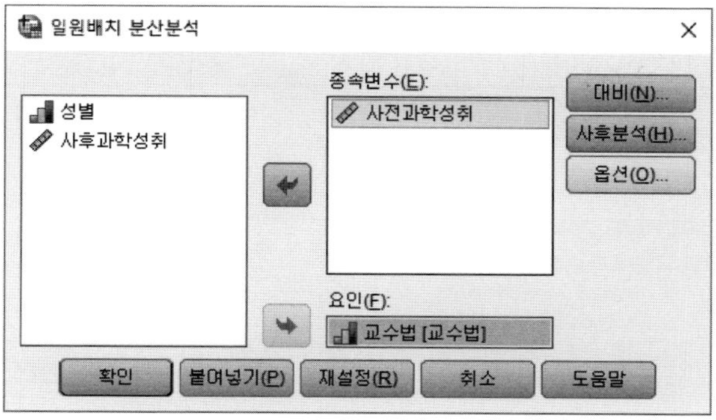

3

통계량의 기술통계와 분산 동질성 검정을 체크한 후 계속 버튼을 클릭한다.

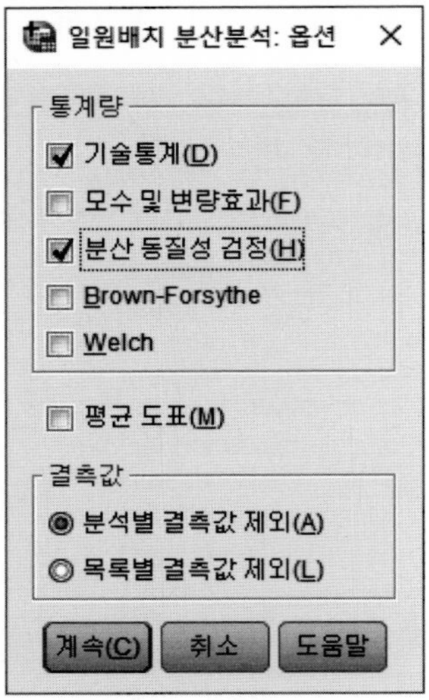

4

모두 설정되었으면 확인 버튼을 클릭한다. 프로그램이 실행되어 그림과 같은 결과가 나오면 저장해 둔다.

기술통계

사전과학성취

	N	평균	표준화 편차	표준화 오류	평균에 대한 95% 신뢰구간 하한	평균에 대한 95% 신뢰구간 상한	최소값	최대값
실험실습	76	37.0197	10.69468	1.22676	34.5759	39.4636	16.00	57.50
전통적	76	40.9605	11.08144	1.27113	38.4283	43.4927	20.00	57.50
멀티미디어	76	40.7697	8.47759	.97245	38.8325	42.7070	22.50	56.50
전체	228	39.5833	10.26712	.67996	38.2435	40.9232	16.00	57.50

분산의 동질성 검정

		Levene 통계량	자유도1	자유도2	유의확률
사전과학성취	평균을 기준으로 합니다.	5.109	2	225	.007
	중위수를 기준으로 합니다.	4.793	2	225	.009
	자유도를 수정한 상태에서 중위수를 기준으로 합니다.	4.793	2	218.799	.009
	절삭평균을 기준으로 합니다.	4.994	2	225	.008

ANOVA

사전과학성취

	제곱합	자유도	평균제곱	F	유의확률
집단-간	750.594	2	375.297	3.643	.028
집단-내	23178.322	225	103.015		
전체	23928.917	227			

(2) 공변량분석

세 집단 간 사전 과학성취 점수에서 유의미한 차이가 있었으므로, 사전 과학성취 점수를 공변수로 하고 사후 과학성취 검사점수를 종속변수로 한 공변량분석을 실행한다.

1

데이터 편집기 창에서 데이터를 불러온 후 **분석 → 일반선형모형 → 일변량**을 클릭한다.

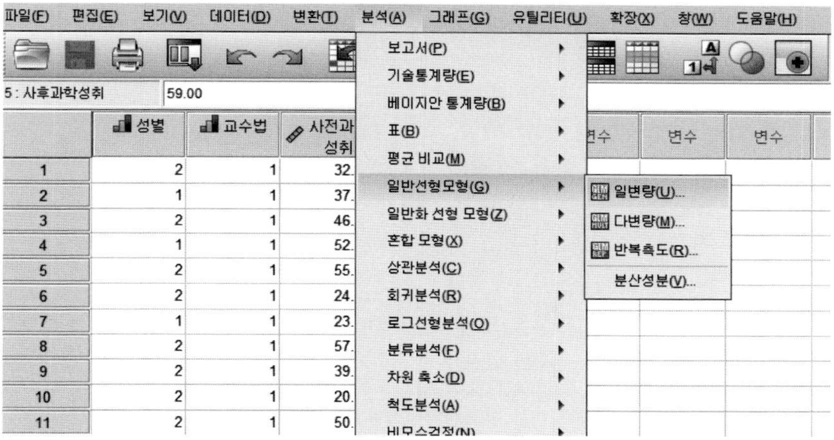

2

'사후과학성취'는 **종속변수**, '교수법'은 **고정요인**, '사전과학성취'는 **공변량**으로 이동시키고 **모형**을 클릭한다.

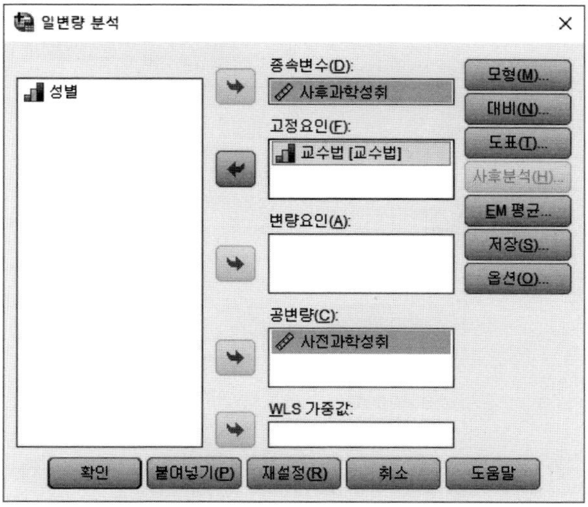

3

모형 버튼을 클릭한다. 여기서는 기본적으로 설정된 완전요인모형과 제곱합의 제Ⅲ유형 상태를 그대로 두고 계속 버튼을 클릭한다.

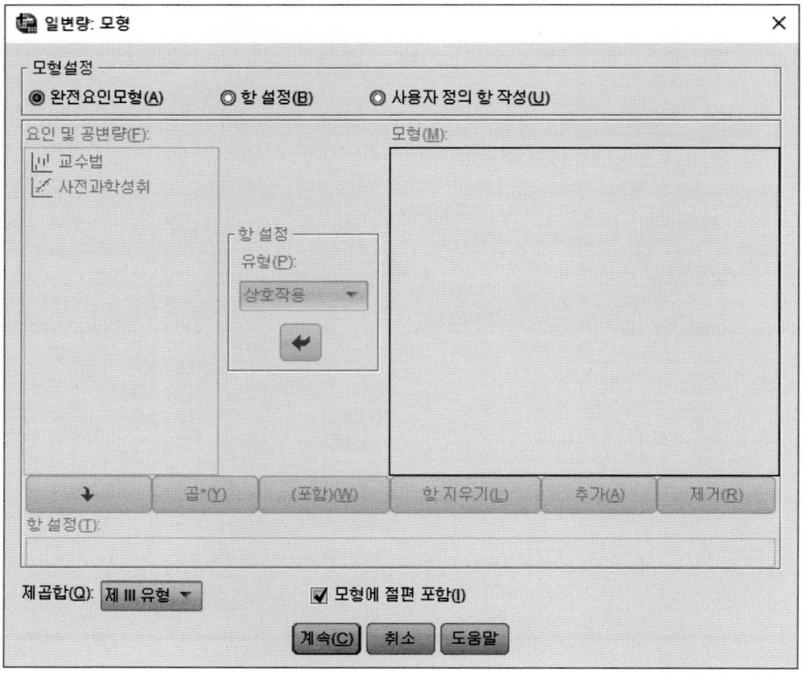

4

옵션 버튼을 클릭하여 표시에서 기술통계량과 동질성 검정을 체크하고 계속 버튼을 클릭한다.

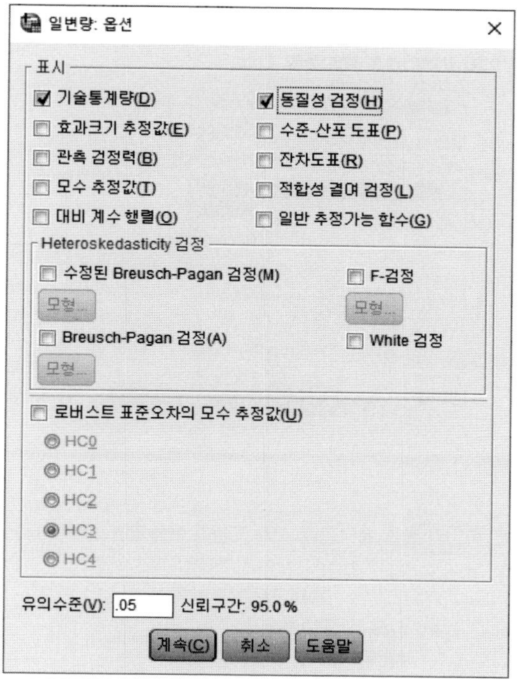

옵션에 관한 자세한 설명은 '제7장 변량분석(ANOVA)'을 참조하라.

5

그림 2의 상태에서 **EM 평균** 버튼을 클릭하여 추정 주변 평균에서 '교수법'을 **평균 표시 기준**으로 옮기고 **계속** 버튼을 클릭한다.

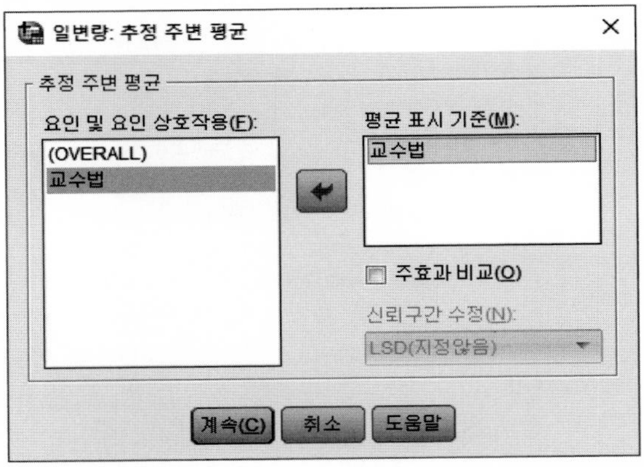

6

모두 설정되었으면 **확인** 버튼을 클릭한다. 프로그램이 실행되어 그림과 같은 결과가 나오면 저장해 둔다.

개체-간 효과 검정

종속변수: 사후과학성취

소스	제 III 유형 제곱합	자유도	평균제곱	F	유의확률
수정된 모형	13075.518[a]	3	4358.506	140.609	.000
절편	2315.815	1	2315.815	74.710	.000
사전과학성취	12966.430	1	12966.430	418.307	.000
교수법	217.644	2	108.822	3.511	.032
오차	6943.412	224	30.997		
전체	432184.000	228			
수정된 합계	20018.930	227			

a. R 제곱 = .653 (수정된 R 제곱 = .649)

추정 주변 평균

교수법

종속변수: 사후과학성취

교수법	평균	표준오차	95% 신뢰구간 하한	95% 신뢰구간 상한
실험실습	43.707[a]	.645	42.435	44.979
전통적	41.286[a]	.641	40.023	42.548
멀티미디어	42.560[a]	.640	41.299	43.821

a. 모형에 나타나는 공변량은 다음 값에 대해 계산됩니다.: 사전과학성취 = 39.5833.

2) 오차변수의 효과를 간접적인 방법으로 통제하는 경우

이 유형으로는 연구자가 독립변수의 처치 효과 외에 종속변수에 미치는 체계적인 오차를 통제하는 방법으로서, 분석을 통해 공변수의 영향을 제외한 독립변수의 효과를 구할 수 있다. 예를 들어, 부모의 양육태도에 따른 아동의 자율성 차이를 알아보고자 하는 경우, 부모의 양육태도 외에 아동과 함께하는 시간이 아동의 자율성에 체계적으로 영향을 미친다고 가정할 수 있을 것이다. 이때 연구자는 아동과 함께하는 시간을 공변수로 한 공변량분석을 함으로써 체계적인 오차를 통제할 수 있다.

연구문제 2

부모의 양육태도(통제형, 절충형, 방임형)에 따라 아동의 자율성에는 차이가 있는가? (공변수: 아동과 함께하는 시간)

공변량분석을 실시하되, 연구문제에서 독립변수가 세 집단 이상이므로 종속변수의 예측값을 이용하여 사후분석을 실시하여야 한다.

적용 절차(8장 공변량 부모양육 원자료.sav)는 다음과 같다.

1

데이터 편집기 창에서 데이터를 불러온 후 **분석 → 일반선형모형 → 일변량**을 클릭한다.

2

'일변량 분석' 대화상자에서 분석하고자 하는 변수들을 선택하여 종속변수, 고정요인, 공변량으로 이동시키고 옵션 버튼을 클릭한다.

3

기술통계량을 체크하고 계속 버튼을 클릭한다.

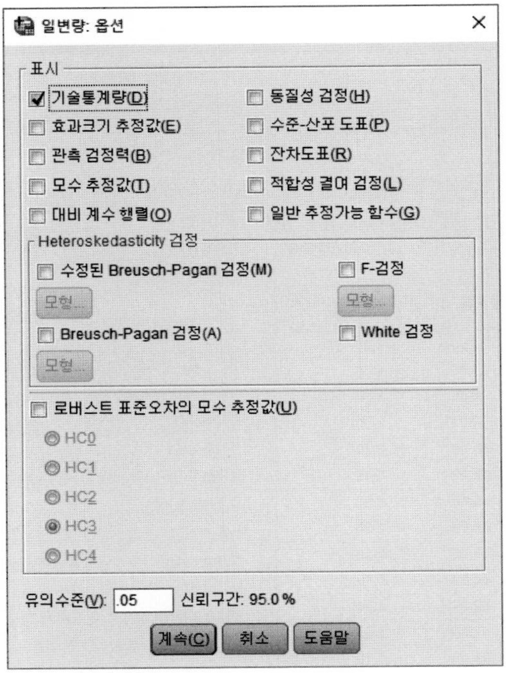

4

그림 2의 상태에서 **EM 평균** 버튼을 클릭하여 요인 및 요인 상호작용에서 '양육태도'를 **평균 표시 기준**으로 옮기고 **계속** 버튼을 선택한다.

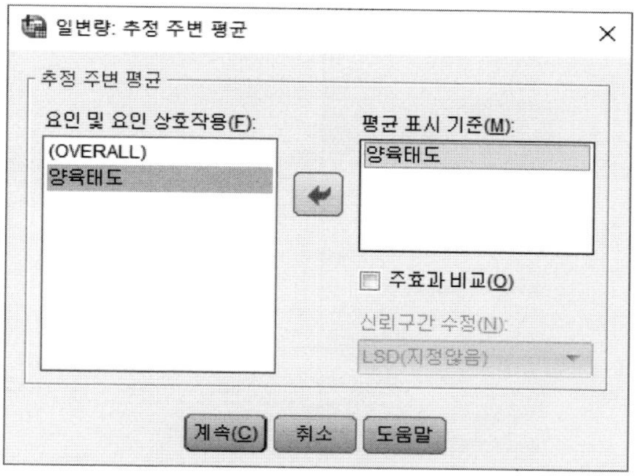

5

독립변수의 집단이 세 집단 이상일 경우는 조정된 평균을 이용하여 사후검정을 해야 한다. 따라서 **저장** 버튼을 클릭하여 조정된 종속변수의 값을 저장해 둔다. 여기서는 예측값의 **비표준화**를 체크하고 **계속** 버튼을 클릭한 후 저장한다.

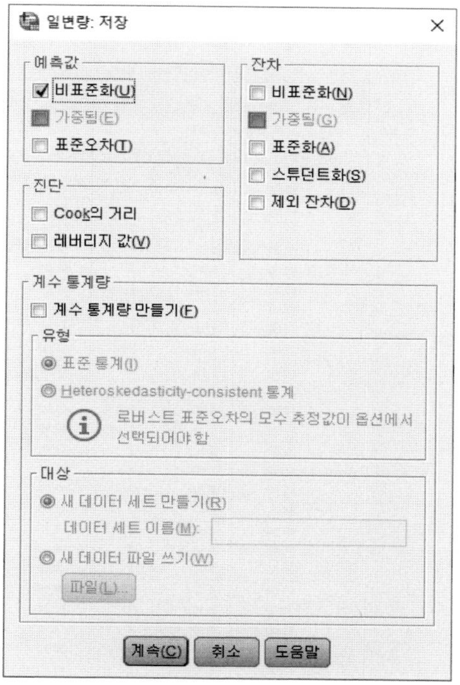

6

모두 설정되었으면 **확인** 버튼을 클릭한다. SPSS 뷰어 창에 공변량분석에 대한 결과가 나오면 저장해 둔다.

기술통계량

종속변수: 자율성

양육태도	평균	표준편차	N
방임형	36.9118	5.05945	34
통제형	46.5313	5.30359	32
절충형	54.8824	4.87271	34
전체	46.1000	8.98877	100

개체-간 효과 검정

종속변수: 자율성

소스	제 III 유형 제곱합	자유도	평균제곱	F	유의확률
수정된 모형	5735.033[a]	3	1911.678	81.062	.000
절편	1614.749	1	1614.749	68.471	.000
함께시간	236.267	1	236.267	10.019	.002
양육태도	1694.810	2	847.405	35.933	.000
오차	2263.967	96	23.583		
전체	220520.000	100			
수정된 합계	7999.000	99			

a. R 제곱 = .717 (수정된 R 제곱 = .708)

7

데이터 편집기 창을 보면 새로운 변수가 생성된 것을 알 수 있다. 즉, 세 집단 이상이므로 사후검정은 새로운 변수, 즉 종속변수에 대한 예측값(PRE_1)으로 공변수를 통제한 상태에서 실시하여야 한다.

파일(F) 편집(E) 보기(V) 데이터(D) 변환(T) 분석(A) 그래프(G) 유틸리

1 : PRE_1 37.630804617203

	자율성	함께시간	양육태도	PRE_1	변수
1	32.00	4.20	1	37.63	
2	43.00	4.30	1	37.90	
3	48.00	5.20	2	47.05	
4	32.00	3.90	1	36.83	
5	58.00	6.80	3	58.62	
6	45.00	4.40	2	44.93	
7	46.00	5.80	1	41.88	
8	44.00	4.30	2	44.66	
9	63.00	5.40	3	54.90	
10	54.00	5.40	2	47.59	
11	32.00	4.30	1	37.90	
12	47.00	5.00	2	46.52	
13	39.00	4.40	1	38.16	
14	38.00	5.00	1	39.76	
15	54.00	5.90	3	56.23	
16	49.00	4.70	3	53.04	
17	38.00	4.40	2	44.93	
18	40.00	5.60	2	48.12	
19	54.00	5.90	3	56.23	
20	55.00	6.00	3	56.49	
21	41.00	4.50	2	45.19	
22	35.00	3.30	1	35.24	
23	55.00	5.20	3	54.37	
24	36.00	3.70	1	36.30	
25	49.00	4.90	2	46.26	

8

분석 → 일반선형모형 → 일변량을 클릭한다.

9

'자율성'과 '함께시간'을 왼쪽 창으로 이동시켜 분석에서 제외한다. '자율성의 예측값'을 **종속변수**로, '양육태도'를 **고정요인**으로 지정하고 **사후분석** 버튼을 클릭한다.

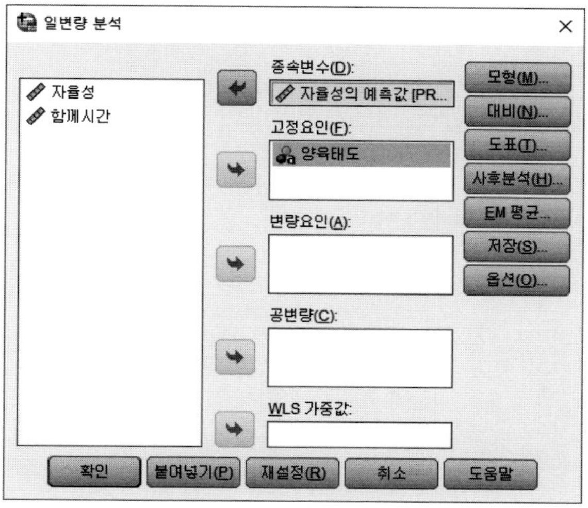

10

사후분석을 선택한 후 요인의 '양육태도'를 **사후검정변수**로 이동시킨다. 집단표본의 크기가 다르기 때문에 Scheffe를 체크하고 **계속** 버튼을 클릭한다.

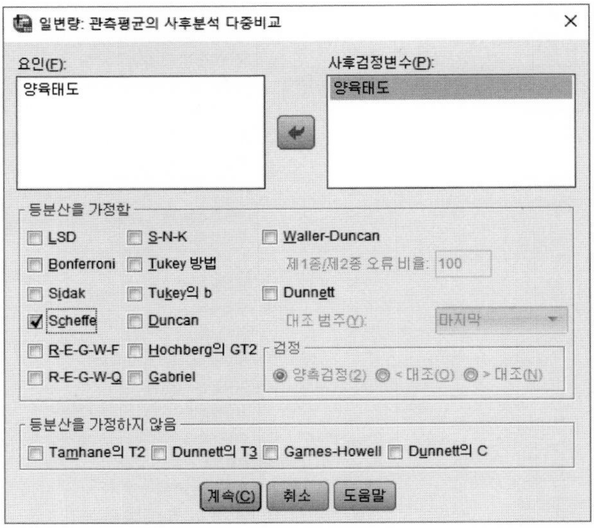

11

모두 설정되었으면 **확인** 버튼을 클릭한다. SPSS 뷰어 결과 창에 그림과 같이 공변량분석에 대한 결과가 나오면 저장해 둔다.

기술통계량

종속변수: 자율성의 예측값

양육태도	평균	표준편차	N
방임형	36.9118	1.41148	34
통제형	46.5313	1.29389	32
절충형	54.8824	1.89595	34
전체	46.1000	7.61115	100

개체-간 효과 검정

종속변수: 자율성의 예측값

소스	제 III 유형 제곱합	자유도	평균제곱	F	유의확률
수정된 모형	5498.767[a]	2	2749.383	1128.768	.000
절편	212425.420	1	212425.420	87211.911	.000
양육태도	5498.767	2	2749.383	1128.768	.000
오차	236.267	97	2.436		
전체	218256.033	100			
수정된 합계	5735.033	99			

a. R 제곱 = .959 (수정된 R 제곱 = .958)

3 분석 결과

1) 종속변수의 측정치를 사전에 지정하는 경우

(1) 개체 간 요인

		N
과학교수법	1(실험실습)	6
	2(전통적)	6
	3(멀티미디어)	6

이 표에는 세 가지 과학교수법 집단별 사례 수가 제시되어 있다.

(2) 기술통계량[a]

기술통계(사전 과학성취)

	N	평균	표준편차	표준오차	평균에 대한 95% 신뢰구간		최소값	최대값
					하한값	상한값		
1	6	3.33	1.03	.42	2.25	4.42	2	5
2	6	1.50	.55	.22	.93	2.07	1	2
3	6	2.50	.84	.34	1.62	3.38	2	4
합계	18	2.44	1.10	.26	1.90	2.99	1	5

과학교수법	평균	표준편차	N
1	3.50	1.05	6
2	2.00	.63	6
3	2.83	.75	6
합계	2.78	1.00	18

a. 종속변인: 사후 과학성취

이것은 기술통계량으로서, 세 가지 과학교수법에 따른 집단별 사후 과학성취 점수의 평균, 표준편차, 집단별 사례 수가 제시되어 있다.

(3) 오차분산의 동일성에 대한 Levene의 검정[a, b]

분산의 동질성에 대한 검정(사전 과학성취)

Levene 통계량	자유도 1	자유도 2	유의확률
.693	2	15	.515

F	자유도 1	자유도 2	유의확률
1.115	2	15	.354

여러 집단에서 종속변인의 오차분산이 동일한 영가설을 검정한다.

a. 계획: 절편+V3+V2
b. 종속변인: 사후 과학성취

이 표에는 세 가지 과학교수법에 따른 집단의 분산 동질성 가정에 대한 검정 결과가 제시되어 있다. Levene의 통계량에 대한 유의확률이 .354로 $p > .05$이므로 집단 간 등분산 가정을 만족한다.

(4) 개체 간 효과 검정[b]

분산분석(사전 과학성취)

	제곱합	자유도	평균제곱	*F*	유의확률
집단 간	10.111	2	5.056	7.339	.006
집단 내	10.333	15	.689		
합계	20.444	17			

소스	제Ⅲ유형 제곱합	자유도	평균제곱	*F*	유의확률
수정모형	13.770[a]	3	4.590	19.231	.000
절편	.928	1	.928	3.889	.069
사전 과학성취	6.992	1	6.992	29.295	.000
과학교수법	.001	2	.000	.002	.998
오차	3.341	14	.239		
합계	156.000	18			
수정 합계	17.111	17			

a. R^2=.805(수정된 R^2=.763)
b. 종속변인: 사후 과학성취

사전 과학성취 점수를 공변수로 통제한 경우, 과학교수법의 F값이 .002이고 유의확률이 .998로 $p > .05$이므로 과학교수법에 따른 세 집단 간 차이가 없다는 것을 나타낸다.

(5) 추정된 주변 평균[b]

교수법	평균	표준오차	95% 신뢰구간	
			하한값	상한값
1	2.769[a]	.241	2.252	3.285
2	2.777[a]	.246	2.250	3.304
3	2.788[a]	.200	2.359	3.216

a. 모형에 나타나는 공변량은 다음 값에 대해 계산된다. 사전 과학성취=2.44
b. 종속변인: 사후 과학성취

이것은 회귀 방정식을 이용하여 세 집단 간 사전 과학성취 점수(217쪽 기술통계량 참조)의 평균을 공통평균(2.44)으로 조정하여, 그에 따라 변화된 사후검사 점수의 평균값을 집단에 따라 산출한 값이다. 그런데 교수법에 따른 사후 과학성취 점수의 집단 간 평균은 각각 2.769, 2.777, 2.788로 앞의 개체 간 효과 검정에서의 결과와 마찬가지로 과학교수법에 따른 집단 간 차이를 보이지 않았다.

2) 오차변수의 효과를 간접적인 방법으로 통제하는 경우

(1) 개체 간 요인

		변수 값 설명	N
양육태도	1	통제형	34
	2	절충형	32
	3	방임형	34

이 표에는 집단별 사례가 제시되어 있다.

(2) 기술통계량[a]

양육태도	평균	표준편차	N
통제형	36.9118	5.0595	34
절충형	46.5312	5.3036	32
방임형	54.8824	4.8727	34
합계	46.1000	8.9888	100

a. 종속변인: 자율성

양육태도에 따른 자율성의 평균과 표준편차를 나타낸다.

(3) 개체 간 효과 검정[b]

소스	제Ⅲ유형 제곱합	자유도	평균제곱	F	유의확률
수정모형	5735.033[a]	3	1911.678	81.062	.000
절편	1614.749	1	1614.749	68.471	.000
함께하는 시간	236.267	1	236.267	10.019	.002
양육태도	1694.810	2	847.405	35.933	.000
오차	2263.967	96	23.583	–	–
합계	220520.000	100			
수정 합계	7999.000	99			

a. R^2=.717(수정된 R^2=.708)
b. 종속변인: 자율성

이것은 공변수인 '함께하는 시간'이 미치는 영향을 통제한 상황에서 독립변수인 양육태도가 종속변수에 미치는 영향을 나타낸다. F값이 35.933이고 유의확률이 .000으로 $p < .001$이므로 통계적으로 유의미한 차이가 있다. 즉, '함께하는 시간'을 공변량으로 통제하였을 때 부모의 양육태도에 따라 아동의 자율성에는 유의미한 차이가 있는 것으로 나타났다.

(4) 추정된 주변 평균[b]

양육태도	평균	표준오차	95% 신뢰구간	
			하한값	상한값
통제형	39.148[a]	1.092	36.980	41.316
절충형	45.914[a]	.880	44.167	47.662
방임형	53.227[a]	.984	51.274	55.179

a. 공변량에서 평가된 가치가 모형: 함께하는 시간=4.7710에서 나타났다.
b. 종속변인: 자율성

이 표에서는 집단별로 공변수인 '함께하는 시간'을 각 집단의 공통 평균값 4.77로 통일시킨 후(여기서 집단별로 '함께하는 시간'의 평균값은 3.93, 5.00, 5.39로 나타났다. 적용 절차에는 제외되었음) 집단별로 자율성의 조정된 값을 제시하였다.

(5) 다중 비교[a]

(I) 양육태도	(J) 양육태도	평균차(I-J)	표준오차	유의확률	95% 신뢰구간	
					하한값	상한값
통제형	절충형	−9.6195*	.3844	.000	−10.5751	−8.6639
	방임형	−17.9706*	.3785	.000	−18.9116	−17.0296
절충형	통제형	9.6195*	.3844	.000	8.6639	10.5751
	방임형	−8.3511*	.3844	.000	−9.3067	−7.3955
방임형	통제형	17.9706*	.3785	.000	17.0296	18.9116
	절충형	8.3511*	.3844	.000	7.3955	9.3067
관측된 평균에 기초한다.						

* $p < .05$ 수준에서 평균차는 유의하다.
a. 종속변인: 자율성의 예측값

양육태도의 차이가 어떤 집단 간(통제형, 절충형, 방임형)에 기인한 것인지 알아보기 위해 Scheffe 사후검정을 실시한 결과, 양육태도의 통제형과 절충형, 통제형과 방임형, 절충형과 방임형 간 유의확률은 각각 .000으로 $p < .001$이므로 모두 유의미한 차이가 있는 것으로 나타났다.

4 논문 양식

1) 종속변수의 측정치를 사전에 지정하는 경우

〈표 8-1〉 사전 과학성취 점수의 차이 검정

	1(실험실습)		2(전통적)		3(멀티미디어)		F
	평균	표준편차	평균	표준편차	평균	표준편차	
사전 과학성취	3.33	1.03	1.50	.55	2.50	.84	7.339**

** $p<.01$

사전 과학성취 점수의 집단별 평균은 각각 3.33, 1.50, 2.50으로 나타났으며, 집단 간 차이가 유의미한 것으로 나타났다(F=7.339, $p<.01$). 이러한 결과는 실험처치 후에 실시할 사후검사 결과를 분석하기 위해서 공변량분석을 실시해야 함을 보여 준다.

〈표 8-2〉 사전-사후 과학성취 점수와 조정된 사후 과학성취의 평균과 표준편차

	사전 과학성취		사후 과학성취		조정된 사후 과학성취	
	평균	표준편차	평균	표준편차	평균	표준오차
집단 1	3.33	1.03	3.50	1.05	2.77	.241
집단 2	1.50	.55	2.00	.63	2.78	.246
집단 3	2.50	.84	2.83	.75	2.79	.200

〈표 8-3〉 과학교수법에 따른 과학성취 점수의 공변량분석

변량원	제곱합	자유도	평균제곱	F
사전 과학성취	6.992	1	6.992	29.295***
과학교수법	9.935	2	.000	.002
오차	3.341	14	.239	
합계	20.268	17		

*** $p<.001$

공변량분석 결과에 의하면 사전 과학성취를 공변수로 처리하였을 때는 과학교수법에 따른 사후 과학성취 점수의 차이가 없었다(F=.002, $p>.05$).

2) 오차변수의 효과를 간접적인 방법으로 통제하는 경우

〈표 8-4〉 함께하는 시간, 자율성 및 조정된 자율성의 평균과 표준편차

	함께하는 시간		자율성		조정된 자율성	
	평균	표준편차	평균	표준편차	평균	표준오차
통제형	3.93	.53	36.91	5.06	39.15	1.09
절충형	5.00	.49	46.53	5.30	45.91	.88
방임형	4.77	.71	54.88	4.87	53.23	.98

부모의 세 가지 양육태도에 따라 '함께하는 시간'의 평균은 집단별로 통제형은 3.93시간, 절충형은 5.00시간, 방임형은 4.77시간이었다. 또한 자율성의 평균은 각각 36.91, 46.53, 54.88이었으며, 조정된 자율성의 평균은 각각 39.15, 45.91, 53.23이었다.

〈표 8-5〉 자율성에 대한 변량분석

변량원	제곱합	자유도	평균제곱	F
함께하는 시간	236.27	1	236.27	10.02**
양육태도	1694.81	2	847.41	35.93***
오차	2263.97	96	23.58	
합계	4195.05	99		

** $p < .01$, *** $p < .001$

'함께하는 시간'을 통제한 후 세 가지 양육태도에 따른 아동의 자율성에 대해 변량분석을 실시한 결과, F=10.02($p < .01$)로 양육태도에 따른 자율성에 유의미한 결과가 있는 것으로 나타났다.

〈표 8-6〉 사후검정 결과

평균	통제형	절충형	방임형
통제형		−9.62***	−17.97***
절충형			−8.35***
방임형			

*** $p < .001$

이러한 양육태도의 차이가 어떤 집단 간(통제형, 절충형, 방임형)의 차이에 기인한 것인지를 알아보기 위해 Scheffe 사후검정을 실시한 결과, 양육태도의 통제형과 절충형, 통제형과 방임형, 절충형과 방임형 간에 유의미한 차이가 있는 것으로 나타났다.

연습문제

1

교수법에 따른 영어 어휘력 성취수준의 차이를 비교하기 위해 새로운 교수법을 적용하기 전에 사전검사를 실시하였다. 학생들의 영어 어휘력에 대한 사전 능력의 영향이 배제된 교수법에 따른 사후 영어 어휘력 성취수준에 차이가 있는지 분석하시오.

2

실험집단과 통제집단 간의 창의성 점수에 차이가 있는지 분석하시오.

제9장

중다변량분석 (MANOVA)

1. 개념 및 목적
2. 분석 실행
3. 분석 결과
4. 논문 양식

1 개념 및 목적

중다변량분석(Multivariate Analysis of Variance: MANOVA)은 다변량 자료분석의 한 방법으로서, 다변량 분산분석은 일반선형모형의 일종이며 변수들 사이의 영향을 양적으로 처리하는 데 사용하는 통계적 처리절차로서 위계적 구조를 이루고 있다. 특히 다변량 분산분석은 2개 이상의 종속변수가 있는 분산분석(Fish, 1988)으로 실험적 연구와 비실험적 연구에 모두 적합하다. 인간의 행동은 한 요인으로부터만 나오는 것이 아니라 여러 요인이 복합적으로 영향을 끼친 결과이다. 이러한 인간의 행동을 연구하기 위해서는 여러 종속변수를 동시에 함께 고려하는 중다변량분석의 분석법이 효과적이다. 중다변량분석은 하나 이상의 종속변수와 복잡한 관계성을 갖고 있는 다수의 종속변수의 효과를 동시에 고려하여 분석하기 때문이다. 중다변량분석은 종속변수가 2개 이상이고 상관되어 있는 경우 종속변수의 평균값(평균 벡터)의 차이를 검정하거나 독립변수에 따른 종속변수의 조합된 값의 차이를 검정하기 때문이다. 중다변량분석의 일반적 형태(종속변수 Y는 연속형 척도, 독립변수 X는 범주형 척도)와 기본 가정은 다음과 같다.

기본 형태:

$$Y_1 + Y_2 + Y_3 + \ \ldots \ + Y_n = X_1 + X_2 + X_3 + \ \ldots \ + X_n$$

- 관찰값이 독립적이어야 한다. 표본은 반드시 무선표집으로 구성되어야 한다.
- 종속변수들의 관계가 선형적이어야 한다. SPSS 통계 프로그램에서 산포도(Scatter plot)를 이용한다.
- 집단의 변량–공변량행렬이 동일해야 한다. Levene의 검증과 BOX의 M은 변량–공변량행렬의 동질성(Homogeneity of variance)의 가정을 만족하는지 알아본다. $p > .05$이면 동질적인 것으로 가정한다.
- 종속변수는 다변량 정상성과 종속변수 간의 상관 정도가 적절해야 한다. 표집된 종속변수 간의 상관관계는 상관계수와 Bartlett의 구형성 검증을 통해서 알 수 있다. $p > .05$이면 종속변수 간의 상관이 0이어서 독립적임을 의미한다.

2 분석 실행

1) 일원 중다변량분석

2개 이상의 수준(level) 혹은 범주를 가지는 독립변수가 하나이고 종속변수는 2개 이상일 경우 일원 중다변량분석을 한다.

연구문제 1

학교유형(특성화고, 일반계고, 특목고)에 따라서 교사의 성취평가제 실행도 단계에 어떤 차이가 있는가?

적용 절차(9장 중다변량분석 실행도 데이터.sav)는 다음과 같다.

1

데이터 편집기 창에서 데이터를 불러온 후 **분석 → 일반선형모형 → 다변량**을 클릭한다.

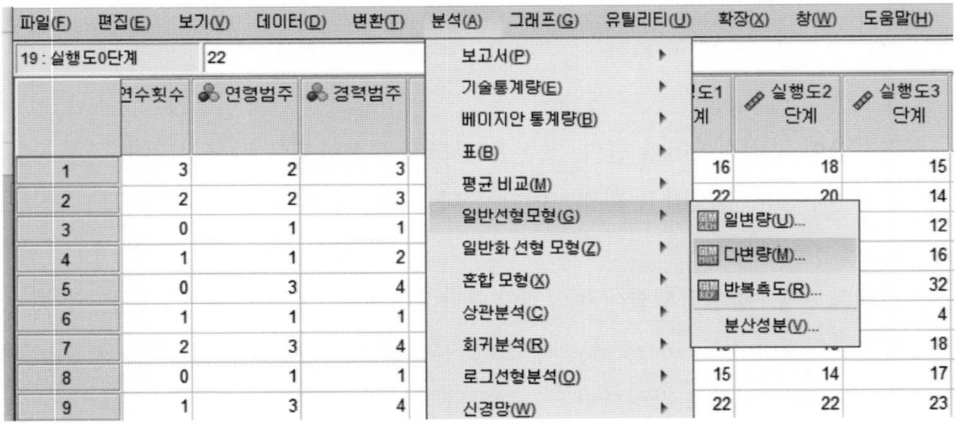

2

'실행도0단계~실행도4단계'를 선택한 후 **종속변수**로 이동시킨다. '학교3유형'은 독립변수인 **고정요인**으로 이동시킨다.

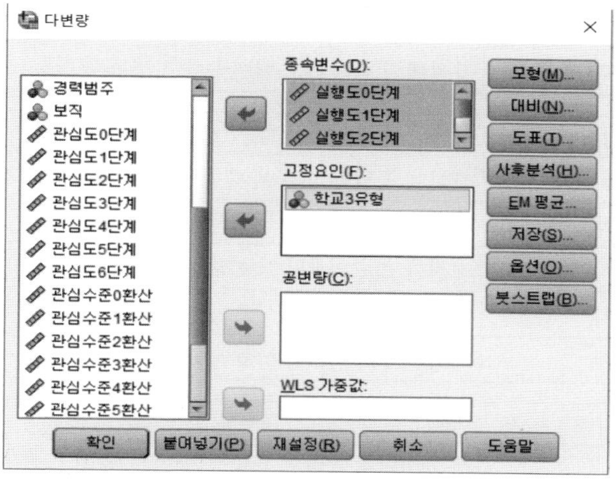

3

모형 버튼을 클릭한 후 **완전요인모형**을 체크한다. 완전요인모형으로는 모든 요인의 주효과, 공변수 효과, 요인 간 상호작용을 구할 수 있다. 그러나 공변량과의 상호작용은 구하지 않는다. 선택이 끝나면 **계속** 버튼을 클릭한다.

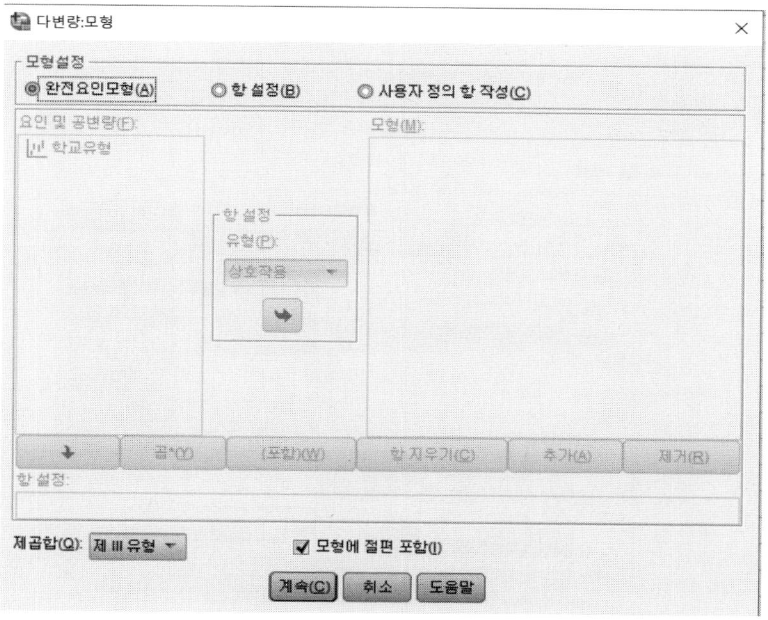

모형설정	설명
완전요인모형	완전요인모형을 지정하면 주효과, 공변량 효과와 요인 간의 상호작용을 검정할 수 있음
항 설정	항 설정을 지정하면 사용자가 원하는 상호작용의 효과를 검정할 수 있음
사용자 정의 항 작성	분석에 포함되는 독립변수가 지정됨

항 설정	설명
주효과	분석에 포함된 변수에 대한 상호작용 효과를 검정함
2원 배치	지정한 변수의 2원 상호작용을 검정함
3원 배치	지정한 변수의 3원 상호작용을 검정함
4원 배치	지정한 변수의 4원 상호작용을 검정함
5원 배치	지정한 변수의 5원 상호작용을 검정함

키워드	설명
제곱합(Sum of squares)	가장 일반적으로 사용되는 방법은 유형 III이며, 그 외 유형 I, 유형 II, 유형 IV에 따라 각각의 모형을 산출함
모형에 기울기 포함 (Include intercept in model)	모형에 기울기를 포함하여 계산함

4

모형을 지정한 후 각 요인의 수준을 비교하기 위해서 **대비** 버튼을 클릭한다. 여기서는 '없음'을 체크하고 **계속** 버튼을 클릭한다.

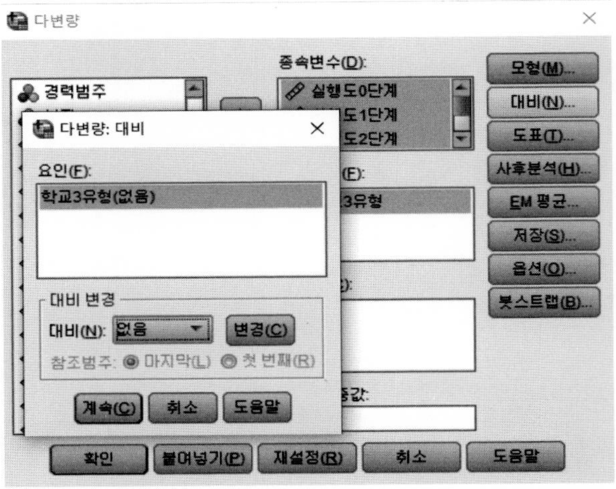

대비	설명
편차(Deviation)	집단의 전체 평균과 각 요인의 평균을 비교함
단순(Simple)	지정된 요인의 평균과 각 요인의 평균을 비교함. 통제집단이 있는 경우 유용한 대비 방법임
차분(역 Helmert)	독립변수의 범주와 변수의 이전 범주의 평균을 비교함
Helmert	독립변수의 범주와 후속 범주의 평균을 비교함
반복(Repeated)	나중 요인의 평균과 각 요인의 평균을 비교함
다항(Polynomial)	1차 효과, 2차 효과, 3차 효과 등을 비교함

5

변수들의 도표를 나타내기 위해 **도표** 버튼을 클릭하면 그림과 같은 창이 나타난다. 여기서는 설정하지 않고 **계속** 버튼을 클릭한다.

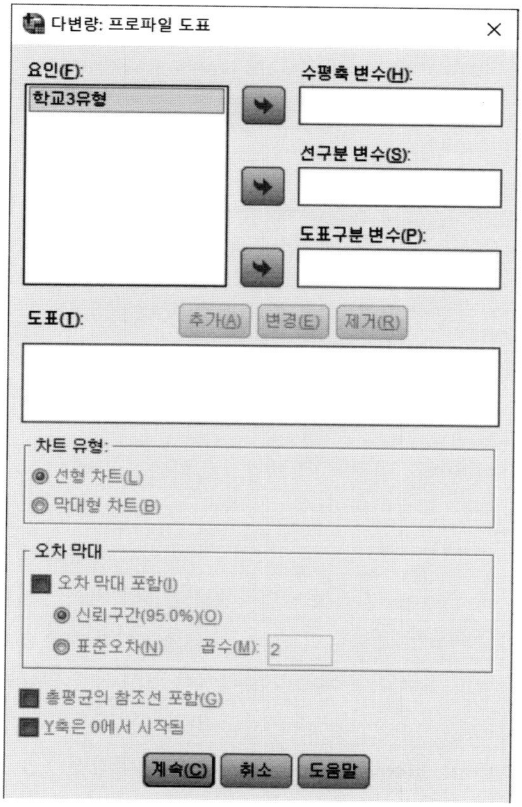

6

학교유형이 세 집단으로 나뉘므로 그림 4의 **사후분석** 버튼을 클릭한다. 등분산을 가정함에서 Scheffe, Duncan을 체크한 후 **계속** 버튼을 클릭한다.

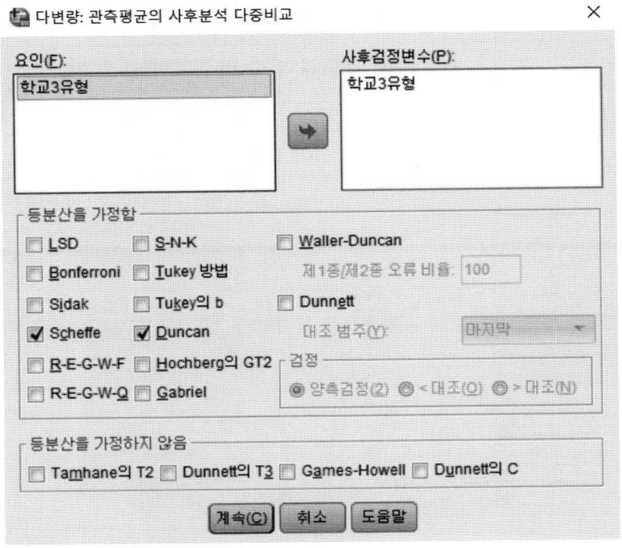

키워드	설명
등분산을 가정함	집단 간의 평균 차이를 검정한 후 집단 중 어느 집단에서 평균 차이가 발생하는지를 점검해야 함. 집단 간 쌍별 다중비교는 각 집단의 평균 차이를 검정함. 하나 이상을 지정할 수 있으며, 일반적으로 사용되는 사후검정 방법은 Duncan의 통계량을 이용함. 여기서는 모수요인에 대해서만 사후검정을 실시함
LSD	이 방법은 일종의 t통계량으로 다른 방법에 비해 1종오류를 통제하는 데 유용한 검정 방법임
Bonferroni(B)	스튜던트 t통계량을 이용함. 다중비교 요인에 대한 유의수준을 조정함
Sidak(I)	Bonferroni의 검정 방법과 유사한 다중비교 방법
Scheffe(C)	모든 비교에 하나의 범위값을 사용. 이 방법은 집단 간 평균이 모든 선형조합을 점검할 수 있는 방법이지만 집단 상호 비교를 위한 것은 아님
R−E−G−W의 F(R)	Ryan−Einot−Gabriel−Welsch의 F검정
R−E−G−W의 Q(Q)	Ryan−Einot−Gabriel−Welsch의 범위검정
S−N−K(S)	Tukey의 HSD와는 달리 표본의 부분 집합들의 귀무가설을 검정할 때 사용하며 표본 범위가 작아지기 때문에 임계치도 작아짐

Tukey(T)	Tukey의 HSD 검정은 쌍별 사후 다중비교 방법 중 보수적인 1종오류를 통제하는 방법이며 기각력은 다른 방법에 비해 다소 떨어짐
Tukey(k)의 b	Tukey(k)의 b검정 방법
Duncan(D)	Duncan의 검정통계량은 집단 간의 표본 크기가 서로 다른 경우 Tukey의 통계량의 복잡함을 피하기 위해 서로 다른 값을 사용함
Hochberg의 GT2(H)	Tukey의 HSD 검정과 유사하지만 표준화된 최대계수를 사용함
Gabriel(G)	표준화된 최대계수를 사용하며 셀의 크기가 다른 경우 Hochberg의 GT2보다 뛰어난 검정 방법임
Waller-Duncan(W)	베이지안 접근법을 이용하며 표본 크기가 다를 때는 표본의 조화평균을 사용함
Dunnett(E)	Dunnett의 등분산

7

그림 2의 상태에서 **EM 평균** 버튼을 클릭하면 '다변량: 추정 주변 평균' 창이 열린다. 왼쪽의 **요인 및 요인 상호작용**에 있는 '학교3유형'을 오른쪽의 **평균 표시 기준**으로 옮긴다. **주효과 비교**를 체크하고 **신뢰구간 수정** 콤보에서 **LSD(지정않음)**를 선택하고 **계속** 버튼을 클릭한다.

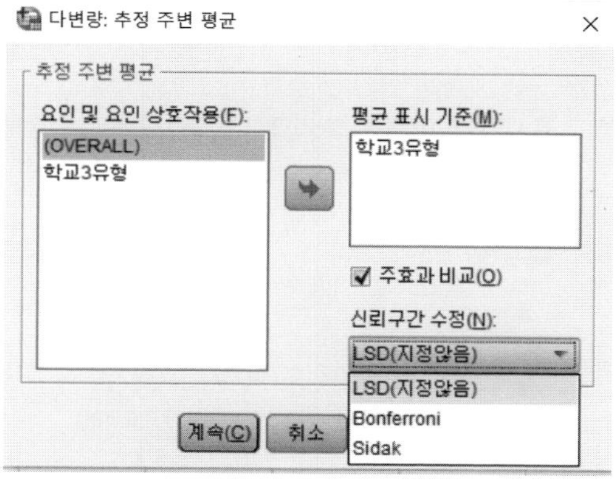

추정 주변 평균 (Estimates marginal means)	설명
요인 및 요인 상호작용(F)	셀 내 모집단의 주변 평균의 추정치를 구할 경우 요인과 상호작용을 선택함
평균 표시 기준(M)	셀 내의 해당 요인에 대한 평균을 출력함
주효과 비교(O)	LSD(지정않음), Bonferroni, Sidak-유의수준 조정

8

저장 버튼을 클릭하면 데이터 창에 저장하고자 하는 값을 선택하는 창이 뜬다. 여기서는 체크하지 않고 **계속** 버튼을 클릭한다.

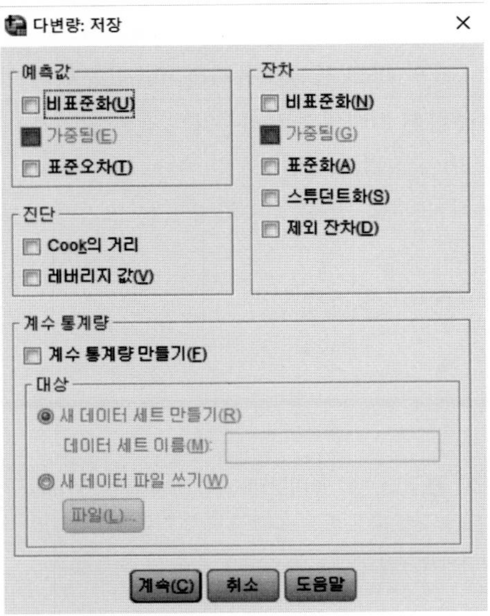

9

옵션 버튼을 클릭하고 표시의 **기술통계량, 효과크기 추정값, 동질성 검정**을 체크하고 **계속** 버튼을 클릭한다.

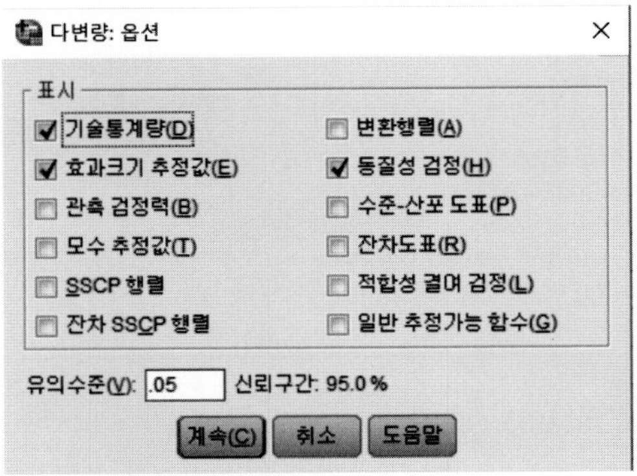

표시(Display)	설명
기술통계량(D) (Descriptive statistics)	모든 셀 내에 종속변수의 관측된 평균, 표준편차, 빈도수를 출력함
효과크기 추정치(E) (Estimates of effect size)	각각의 모수 추정치에 대한 η^2(eta−square)을 출력함
관측 검증력(B) (Observed power)	관측치에 근거해 대립가설을 검정할 경우 검정력(power of test)을 얻고자 할 때 지정함
모수 추정값(T) (Parameter estimates)	각 검정에 대한 모수 추정치, 표준오차, t검정, 신뢰구간 등을 출력함
SSCP 행렬(SSCP matrices)	제곱합 및 교차곱 행렬을 산출함
잔차 SSCP 행렬 (Residual SSCP matrix)	제곱합 및 교차곱의 잔차 행렬을 산출함
변환 행렬(A) (Transformation matrix)	변형행렬을 산출함
동질성 검정(H) (Homogeneity tests)	종속변수에 대한 분산의 동질성 검정에 대한 Levene 통계량이 산출됨. 종속변수의 공분산행렬의 동질성 검정에 대한 Box의 M 통계량이 산출됨
수준−산포 도표(P) (Spread vs level plots)	모든 수준−산포 도표에서 분산의 동질성에 대한 회귀선의 기울기와 Levene 검정이 표시됨
잔차도표(R) (Residual plots)	종속변수에 대한 관측−예측−표준화 잔차도표를 출력함. 동분산성을 검정하는 데 유용한 도표
적합도 결여 검정(L) (Lack of fit test)	모형에서 종속변수와 독립변수 간의 관계가 잘 설명되고 있는지를 알고자 할 때 지정함
일반 추정기능 함수(G)	일반 추정기능 함수에 근거해서 사용자 가설을 검정할 수 있음. 대비계수행렬의 행은 일반 추정함수의 선형결합
유의수준(V)	사후검정의 유의수준을 조정함

10

모두 설정되었으면 확인 버튼을 클릭한다. SPSS 뷰어 결과 창에 실행도의 중다변량분석에 대한 결과가 나오면 저장해 둔다.

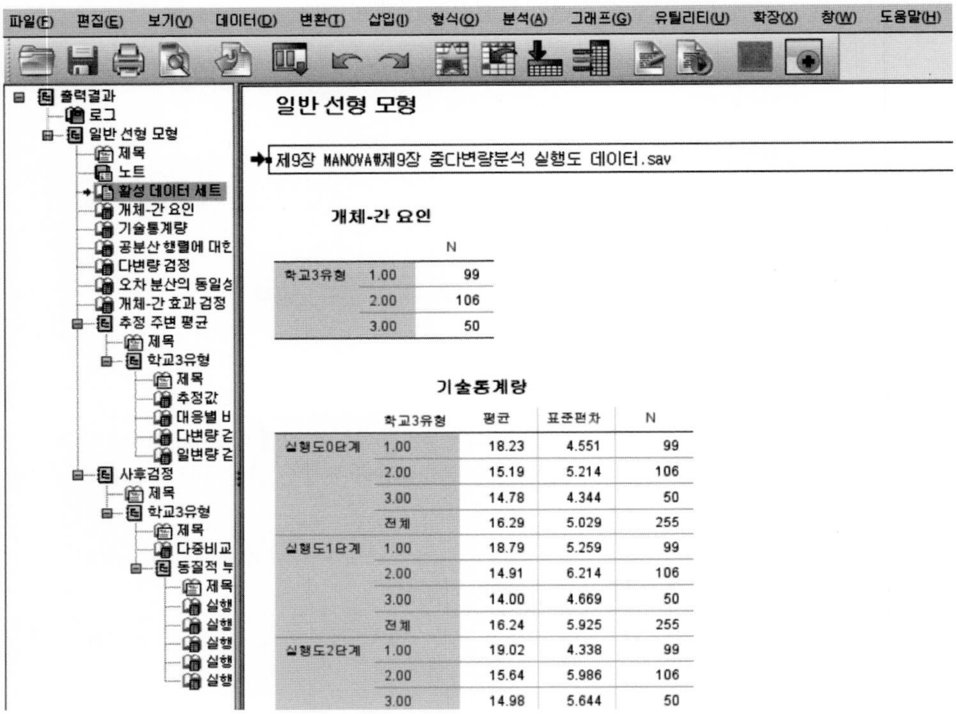

개체-간 요인

		N
학교3유형	1.00	99
	2.00	106
	3.00	50

기술통계량

	학교3유형	평균	표준편차	N
실행도0단계	1.00	18.23	4.551	99
	2.00	15.19	5.214	106
	3.00	14.78	4.344	50
	전체	16.29	5.029	255
실행도1단계	1.00	18.79	5.259	99
	2.00	14.91	6.214	106
	3.00	14.00	4.669	50
	전체	16.24	5.925	255
실행도2단계	1.00	19.02	4.338	99
	2.00	15.64	5.986	106
	3.00	14.98	5.644	50

2) 이원 중다변량분석

이원 중다변량분석은 범주변수인 독립변수가 2개 이상이며 연속변수인 종속변수가 2개 이상으로 요인이 서로 교차하는 요인설계의 상황이 된다. 여기서는 각 요인이 종속변수에 미치는 영향이 서로 교차되므로 상호작용까지 분석해야 한다.

more 상호작용 효과

상호작용 효과란 종속변수에 대한 한 독립변수의 효과가 다른 독립변수의 범주에 따라 달라지는 것을 말한다. 상호작용 효과는 각 독립변수의 주효과와 독립적인 효과이므로 상호작용 효과의 존재 여부와 주효과의 존재 여부는 무관하다. 즉, 각 독립변수가 모두 종속변수에 대하여 독자적인 주효과를 가지지 않더라도 상호작용 효과를 가질 수 있고, 각 독립변수가 모두 종속변수에 대하여 강한 주효과를 가지더라도 상호작용 효과를 가지지 않을 수 있다.

연구문제2

교사의 담당학년과 연수유무에 따라서 성취평가제 실행도에 차이가 있는가?

적용 절차[9장 중다변량분석 실행도(상호작용) 데이터.sav]는 다음과 같다.

1

데이터 편집기 창에서 데이터를 불러온 후 분석 → 일반선형모형 → 다변량을 클릭한다.

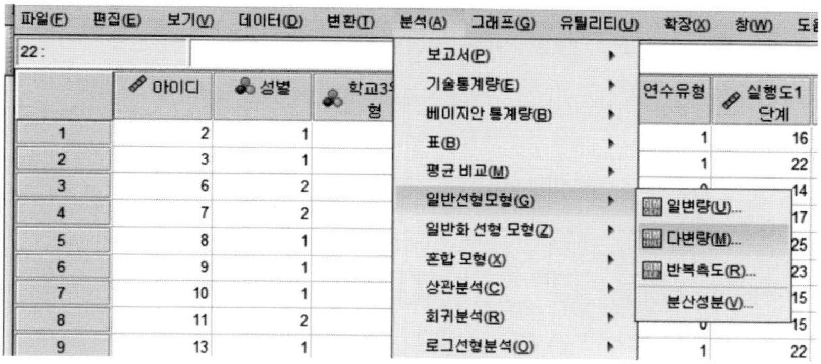

2

종속변수로 '실행도1단계'와 '실행도2단계'를 이동시키고, 고정요인으로 '담당학년'과 '연수유무'를 이동시킨다. 모형 버튼을 클릭한다.

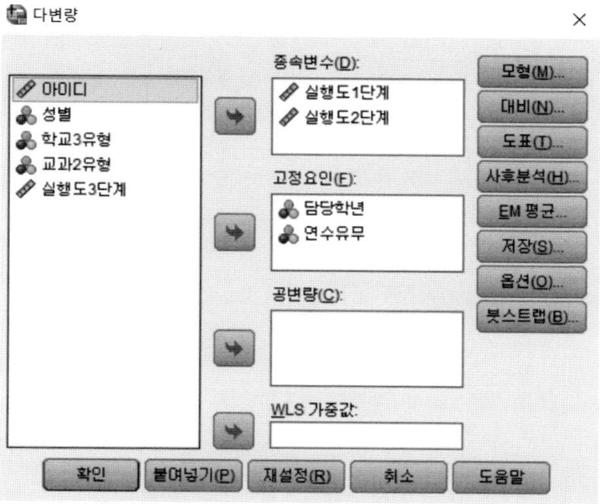

3

모형설정에서 완전요인모형을 체크한다. 계속 버튼을 클릭한다.

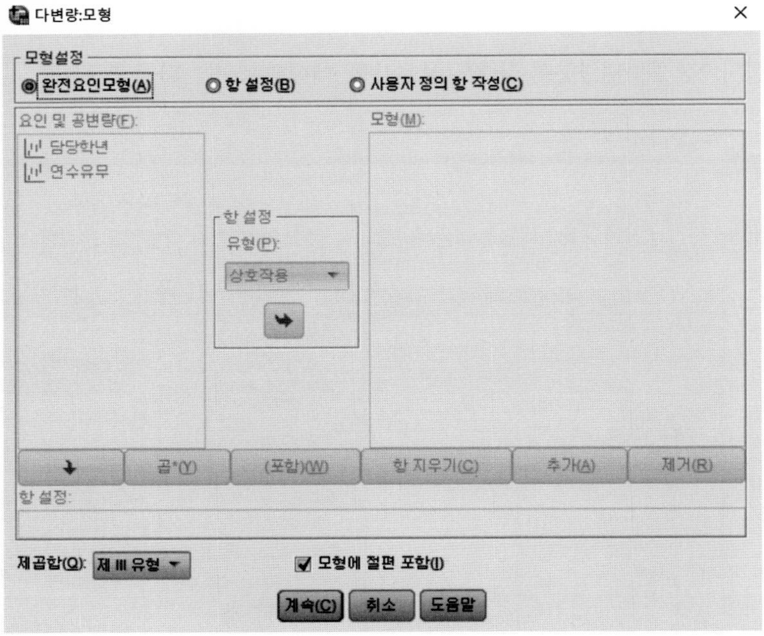

4

옵션 버튼을 클릭한다. 기술통계량, 효과크기 추정값, 동질성 검정을 체크한 후 계속 버튼을 클릭한다.

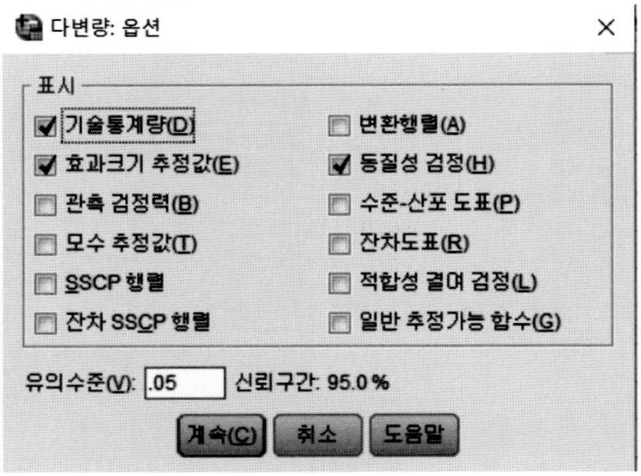

5

모두 설정되었으면 확인 버튼을 클릭한다. SPSS 뷰어 결과 창에 다변량분석에 대한 결과가 나오면 저장해 둔다.

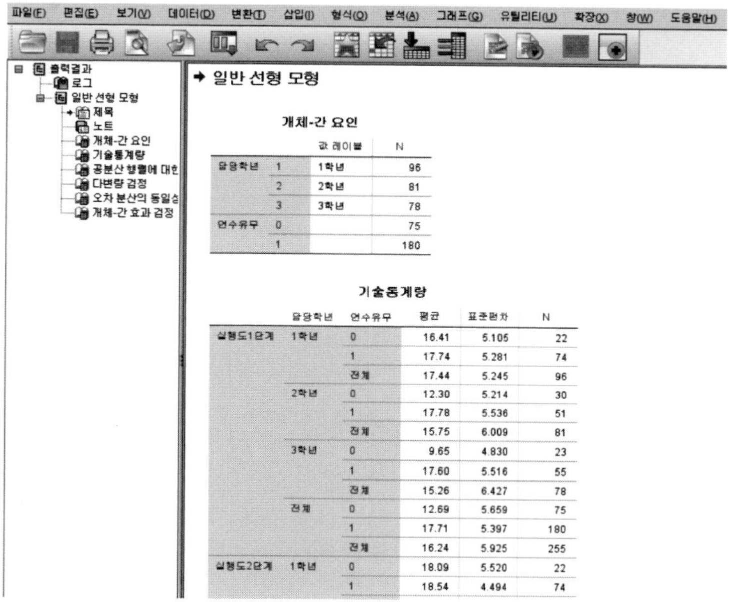

개체-간 요인

		값 레이블	N
담당학년	1	1학년	96
	2	2학년	81
	3	3학년	78
연수유무	0		75
	1		180

기술통계량

	담당학년	연수유무	평균	표준편차	N
실행도1단계	1학년	0	16.41	5.105	22
		1	17.74	5.281	74
		전체	17.44	5.245	96
	2학년	0	12.30	5.214	30
		1	17.78	5.536	51
		전체	15.75	6.009	81
	3학년	0	9.65	4.830	23
		1	17.60	5.516	55
		전체	15.26	6.427	78
	전체	0	12.69	5.659	75
		1	17.71	5.397	180
		전체	16.24	5.925	255
실행도2단계	1학년	0	18.09	5.520	22
		1	18.54	4.494	74

3) 반복측정 변량분석

종속변수가 한 가지라 해도 여러 번 반복해서 측정하는 분석이라면 다변량분석이고, 이를 변량분산의 방법으로 연구한다면 반복측정 변량분석이라 한다. 이는 모든 표본이 다른 상황이나 조건에서 동일한 속성을 반복해서 측정할 때 사용하는 통계기법이다. 예를 들어, 일정한 간격으로 검사를 하여 그 변화의 추이를 보는 경우, 또는 하나 이상의 변수에 대하여 응답자가 여러 가지 응답을 보인 경우이다.

연구문제3

교사들의 소속 학교유형에 따라서 성취평가제의 실행 단계에 따른 차이가 있을 것인가?

여기에서 종속변수는 실행 단계에 따른 0수준에서 4수준에 이르는 실행수준이다. 독립변수는 교사들이 소속한 전문고, 일반고, 특목고 3개의 학교유형이다. 적용 절차[9장 중다변량분석(반복측정) 데이터.sav]는 다음과 같다.

1

데이터 편집기 창에서 데이터를 불러온 후 분석 → 일반선형모형 → 반복측도를 클릭한다.

more 반복측정 변량분석과 중다변량분석의 비교

반복측정 변량분석은 동일한 속성을 여러 번 측정하는 것이고, 중다변량분석은 상이한 속성을 한번에 측정하는 것이다. 예를 들어, 반복측정 변량분석은 동일한 표본으로부터 10, 12, 14세에 지능을 반복측정하는 것이고, 중다변량분석은 지능과 창의성, 동기 등을 어느 한 시기에 측정하여 분석하는 것이다.

2

'반복측정 요인 정의' 창에서 개체-내 요인이름을 '단계'라고 입력하고 수준 수를 지정한 후 추가 버튼을 클릭한다. 그리고 아래의 측도 이름에 '실행수준'이라고 입력하고 추가 버튼을 클릭한 후 정의 버튼을 클릭한다.

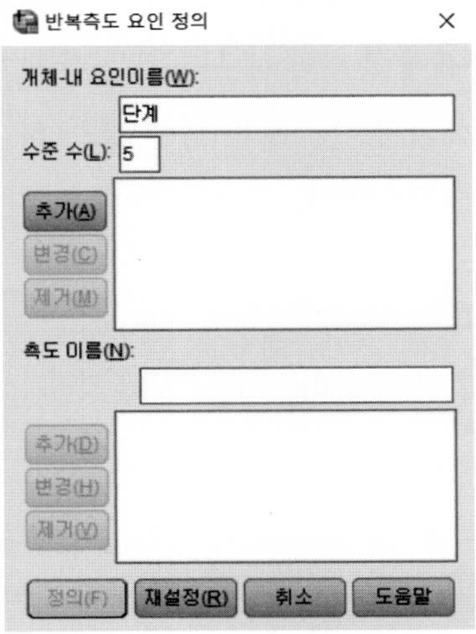

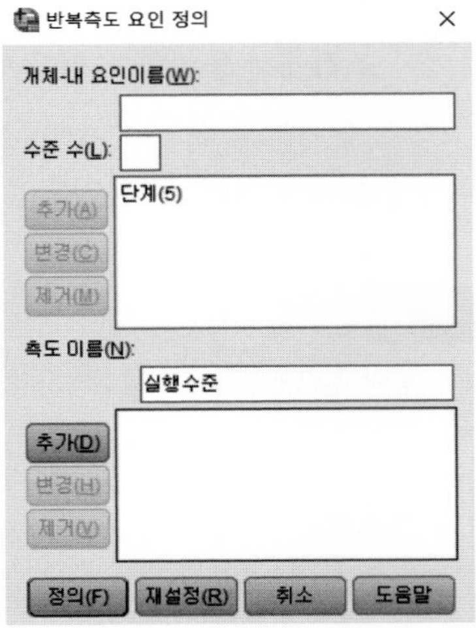

more 수준 수(L)

여기서 '5'는 단계가 다섯 가지(실행수준0~실행수준4)라는 것을 의미한다.

more 반복측정 중다변량분석 모형

종속변수를 하나로 하여 처치 방법을 셋 이상 하거나 처치 횟수를 3회 이상 반복하여 측정한 자료를 분석하는 것이 반복측정 다변량분석이다. 그리고 종속변수를 둘 이상으로 하여 반복측정한 것을 분석하는 방법을 반복측정 중다변량분석이라 한다. 종속변수를 둘 이상 정의하려면 측도 이름 난에 종속변수의 이름을 입력하여 추가하면 된다. 예를 들어, 앞의 창에서 실행수준을 추가한 후에 그 창에 '관심수준'이라고 명명하고 추가하면 종속변수가 하나 더 생성된다. 이와 같이 둘 이상의 측정(종속변수)을 포함하는 모형을 이중다변량 반복측정모형이라고 한다.

3

왼쪽 창에서 종속변수(실행수준0환산~ 실행수준4환산)를 개체-내 변수로 이동시키고 '학교3유형'을 개체-간 요인으로 이동시킨다.

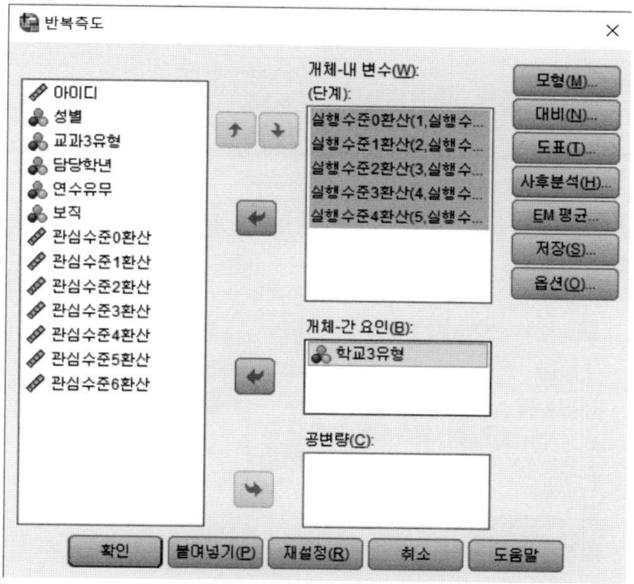

4

대비 버튼을 클릭하여 대비 변경 콤보 버튼에서 반복을 체크하여 변경을 클릭하고 계속 버튼을 클릭한다.

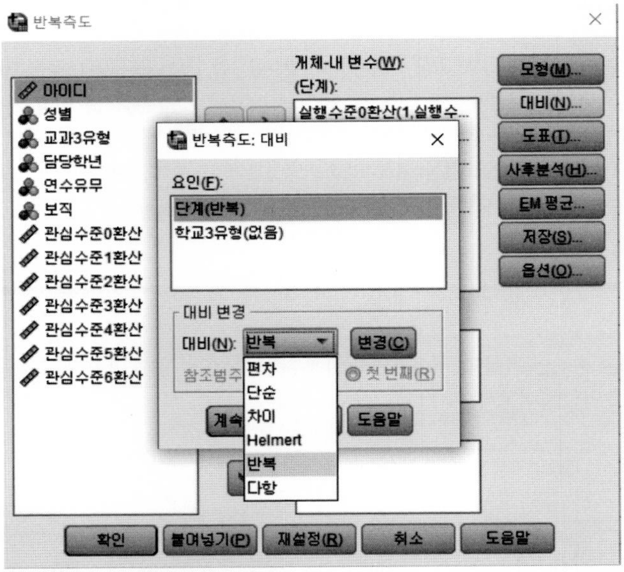

5

사후분석 버튼을 클릭한 후 요인의 '학교3유형'을 사후검정변수로 이동시키고 등분산을 가정함에서 Tukey 방법이나 Scheffe, Duncan을 체크하고 계속 버튼을 클릭한다.

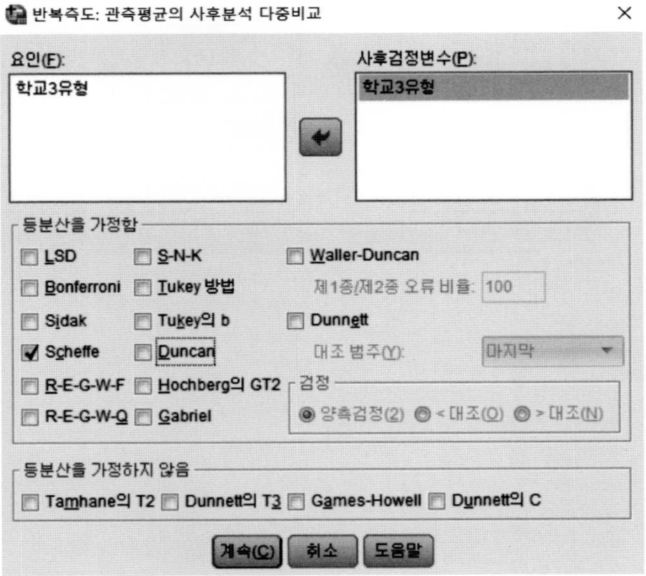

6

EM 평균 버튼을 클릭한 후 요인 및 요인 상호작용에서 '학교3유형*단계'를 **평균 표시 기준**으로 이동시키고 **계속** 버튼을 클릭한다.

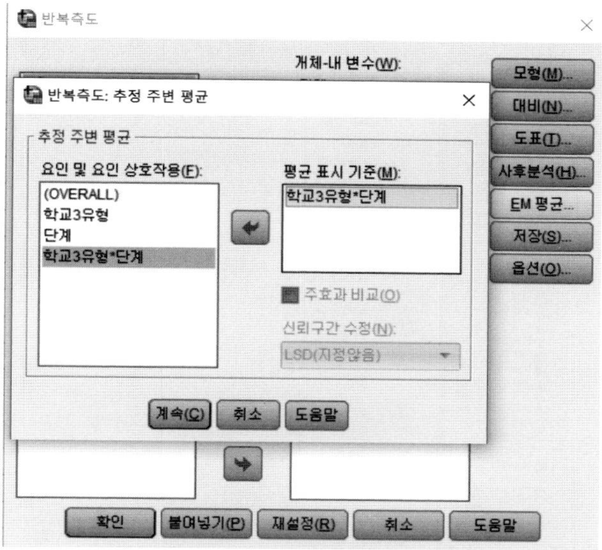

7

옵션 버튼을 클릭한 후 **기술통계량**과 **효과크기 추정값**을 체크하고 **계속** 버튼을 클릭한다.

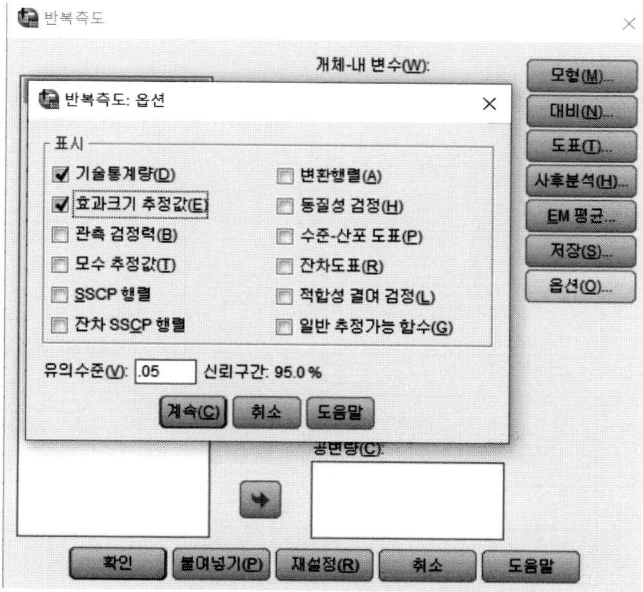

8

모두 설정되었으면 **확인** 버튼을 클릭한다. SPSS 뷰어 결과 창에 반복측정분석에 대한 결과가 나오면 저장해 둔다.

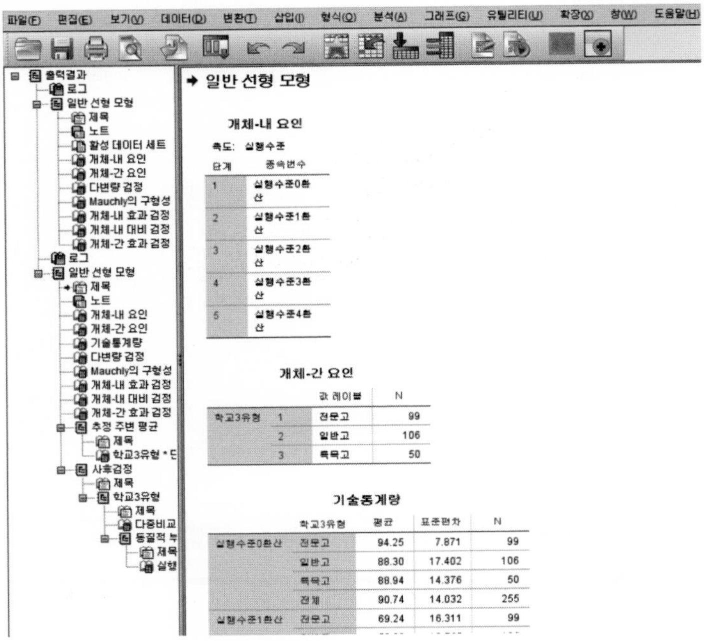

3 분석 결과

1) 일원 중다변량분석

(1) 개체 간 요인

		변수값 설명	N
학교유형	1	전문고	99
	2	일반고	106
	3	특목고	50

이 표에는 학교유형별로 사례 수(N)가 제시되어 있다.

(2) 기술통계량

단계	학교유형	평균	표준편차	N
실행도0	전문고	18.23	4.551	99
	일반고	15.19	5.214	106
	특목고	14.78	4.344	50
	전체	16.29	5.029	255
실행도1	전문고	18.79	5.259	99
	일반고	14.91	6.214	106
	특목고	14.00	4.669	50
	전체	16.24	5.925	255
실행도2	전문고	19.02	4.338	99
	일반고	15.64	5.986	106
	특목고	14.98	5.644	50
	전체	16.82	5.599	255
실행도3	전문고	18.43	5.410	99
	일반고	14.38	6.190	106
	특목고	13.88	6.524	50
	전체	15.85	6.294	255
실행도4	전문고	18.51	4.484	99
	일반고	16.33	5.813	106
	특목고	15.00	5.980	50
	전체	16.91	5.520	255

이 표에는 종속변수인 실행도에 대하여 학교유형별로 평균, 표준편차, 사례 수가 제시되어 있다.

(3) 공분산행렬에 대한 Box의 M 동일성 검정[a]

Box의 M	54.869
F	1.770
자유도1	30
자유도2	89862.269

유의확률	.006
여러 집단에서 종속변수의 관측 공분산행렬이 동일한 영가설을 검정합니다.	

a. Design: 절편+학교유형

공변량행렬의 동질성을 평가한다. 분산행렬의 동질성 검정에 제시된 Box의 M값은 54.869로, 이에 대한 F값은 1.770이고 유의확률은 .006으로 $p < .05$이므로 공분산행렬이 동일하다는 영가설을 기각한다. 따라서 공변량이 동질적임을 가정하기 어렵다.

(4) 오차 분산의 동일성에 대한 Levene의 검정[a]

단계	설명	Levene 통계량	자유도1	자유도2	유의확률
실행도 0단계	평균 기준	.536	2	252	.585
	중위수 기준	.551	2	252	.577
	자유도를 수정한 중위수 기준	.551	2	243.219	.577
	절삭평균 기준	.601	2	252	.549
실행도 1단계	평균 기준	2.569	2	252	.079
	중위수 기준	2.471	2	252	.087
	자유도를 수정한 중위수 기준	2.471	2	242.709	.087
	절삭평균 기준	2.589	2	252	.077
실행도 2단계	평균 기준	5.711	2	252	.004
	중위수 기준	4.828	2	252	.009
	자유도를 수정한 중위수 기준	4.828	2	238.182	.009
	절삭평균 기준	5.460	2	252	.005
실행도 3단계	평균 기준	2.321	2	252	.100
	중위수 기준	2.085	2	252	.126
	자유도를 수정한 중위수 기준	2.085	2	250.777	.127
	절삭평균 기준	2.269	2	252	.106
실행도 4단계	평균 기준	3.983	2	252	.020
	중위수 기준	4.087	2	252	.018
	자유도를 수정한 중위수 기준	4.087	2	245.201	.018
	절삭평균 기준	4.103	2	252	.018

a. Design: 절편+학교유형

오차 분산의 동일성에 대한 Levene의 검정은 여러 집단에서 종속변수의 오차 분산이 동일하다는 것을 영가설로 한다. 따라서 Levene의 검정은 공분산행렬에 대한 Box의 M 동일성 검정과 같이 종속변수의 등분산 가정을 검증한다.

(5) 다변량검정[a]

효과		값	F	가설 자유도	오차 자유도	유의확률	에타 제곱
절편	Pillai의 트레이스	.932	684.024[b]	5.000	248.000	.000	.932
	Wilks의 람다	.068	684.024[b]	5.000	248.000	.000	.932
	Hotelling의 트레이스	13.791	684.024[b]	5.000	248.000	.000	.932
	Roy의 최대근	13.791	684.024[b]	5.000	248.000	.000	.932
학교유형	Pillai의 트레이스	.173	4.715	10.000	498.000	.000	.086
	Wilks의 람다	.829	4.868[b]	10.000	496.000	.000	.089
	Hotelling의 트레이스	.203	5.020	10.000	494.000	.000	.092
	Roy의 최대근	.189	9.417[c]	5.000	249.000	.000	.159

a. Design: 절편+양육태도
b. 정확한 통계량
c. 해당 유의수준에서 하한값을 발생하는 통계량은 F에서 상한값이다.

'(5) 다변량검정'은 세 가지 학교유형에 따른 교사의 성취평가제 실행도에 대한 차이를 분석한 결과이다. 네 가지 다변량 통계치인 Pillai의 트레이스, Wilks의 람다, Hotelling의 트레이스, Roy의 최대근의 *F*값이 제시되어 있다. Hotelling의 트레이스, Roy의 최대근의 경우 *F*값이 클수록, Pillai의 트레이스값과 Wilks의 람다값은 작을수록 집단 간의 평균 차이를 나타내는 *F* 통계치는 커진다. Pillai의 트레이스는 집단의 크기가 다를 때, Wilks의 람다는 크기가 유사할 때 사용한다. 여기서 다변량 통계값의 유의확률이 .000으로 $p < .05$이므로 학교유형에 따라 실행도에 차이를 보인다. 따라서 사후분석에 의해서 집단 간의 차이가 어느 곳에서 발생하는지 밝혀야 한다.

다음의 '(6) 사후검증: 다중비교'를 보면 전 단계에 걸쳐서 전문고와 일반고 및 특목고가 평균 차이를 보이고, 일반고와 특목고는 차이가 없는 것을 알 수 있다.

(6) 사후검증: 다중비교

종속변수	(I) 학교유형	(J) 학교유형	평균차이(I-J)	표준오차	유의확률
실행도0단계	전문고	일반고	3.04*	.671	.000
		특목고	3.45*	.833	.000
	일반고	전문고	−3.04*	.671	.000
		특목고	.41	.824	.884
	특목고	전문고	−3.45*	.833	.000
		일반고	−.41	.824	.884
실행도1단계	전문고	일반고	3.88*	.779	.000
		특목고	4.79*	.967	.000
	일반고	전문고	−3.88*	.779	.000
		특목고	.91	.957	.639
	특목고	전문고	−4.79*	.967	.000
		일반고	−.91	.957	.639
실행도2단계	전문고	일반고	3.38*	.745	.000
		특목고	4.04*	.925	.000
	일반고	전문고	−3.38*	.745	.000
		특목고	.66	.915	.770
	특목고	전문고	−4.04*	.925	.000
		일반고	−.66	.915	.770
실행도3단계	전문고	일반고	4.06*	.834	.000
		특목고	4.55*	1.035	.000
	일반고	전문고	−4.06*	.834	.000
		특목고	.50	1.024	.889
	특목고	전문고	−4.55*	1.035	.000
		일반고	−.50	1.024	.889
실행도4단계	전문고	일반고	2.17*	.751	.016
		특목고	3.51*	.932	.001
	일반고	전문고	−2.17*	.751	.016
		특목고	1.33	.922	.354
	특목고	전문고	−3.51*	.932	.001
		일반고	−1.33	.922	.354

관측평균을 기준으로 합니다. 오차항은 평균제곱(오차)=28.850입니다.

* 평균 차이는 .05 수준에서 유의합니다.

2) 이원 중다변량분석

(1) 개체 간 요인

요인	집단	N
담당학년	1학년	96
	2학년	81
	3학년	78
연수유무	무	75
	유	180

이 표에는 담당학년과 연수유무의 하위 집단에 따라 사례 수(N)가 제시되어 있다.

(2) 기술통계량

종속변수	담당학년	연수유무	평균	표준편차	N
실행도1단계	1학년	0	16.41	5.105	22
		1	17.74	5.281	74
		전체	17.44	5.245	96
	2학년	0	12.30	5.214	30
		1	17.78	5.536	51
		전체	15.75	6.009	81
	3학년	0	9.65	4.830	23
		1	17.60	5.516	55
		전체	15.26	6.427	78
	전체	0	12.69	5.659	75
		1	17.71	5.397	180
		전체	16.24	5.925	255
실행도2단계	1학년	0	18.09	5.520	22
		1	18.54	4.494	74
		전체	18.44	4.721	96
	2학년	0	12.77	6.345	30
		1	18.04	3.965	51
		전체	16.09	5.566	81

3학년	0	10.43	5.442	23
	1	17.76	5.153	55
	전체	15.60	6.197	78
전체	0	13.61	6.528	75
	1	18.16	4.555	180
	전체	16.82	5.599	255

이 표에는 담당학년과 연수유무의 하위 집단에 따른 실행도1단계와 실행도2단계의 평균, 표준편차, 사례 수(N)가 나타나 있다.

(3) 공분산행렬에 대한 Box의 M 동일성 검정[a]

Box의 M	29.982
F	1.948
자유도1	15
자유도2	79518.996
유의확률	.015
여러 집단에서 종속변수의 관측 공분산행렬이 동일하다는 영가설을 검정합니다.	

a. Design: 절편+담당학년+연수유무+담당학년 × 연수유무

종속변수의 동변량성을 알아보기 위해 Box의 M 검정으로 공분산행렬의 동질성을 살펴본다. 이 표에 나타난 바와 같이 Box의 M값은 29.982이고 *F*값은 1.948이며 유의확률은 .015로 $p < .05$이므로 공분산행렬(변량-공변량)이 동질적이라는 가설을 기각한다.

(4) 오차 분산의 동일성에 대한 Levene의 검정[a]

단계	설명	Levene 통계량	자유도1	자유도2	유의확률
실행도1단계	평균 기준	.610	5	249	.693
	중위수 기준	.620	5	249	.685
	자유도를 수정한 중위수 기준	.620	5	245.589	.685
	절삭평균 기준	.619	5	249	.685
실행도2단계	평균 기준	2.228	5	249	.052
	중위수 기준	2.056	5	249	.072
	자유도를 수정한 중위수 기준	2.056	5	230.176	.072
	절삭평균 기준	2.168	5	249	.058

a. Design: 절편+담당학년+연수유무+담당학년×연수유무

Levene의 검정은 '여러 집단에서 종속변수의 오차 분산이 동일하다.'는 것을 영가설로 한다. (4)의 표에서 실행도1단계와 실행도2단계에 대하여 유의확률 .693과 .052가 모두 $p > .05$이므로, 영가설을 수용하여 오차 분산이 동일하다고 본다.

(5) 다변량검정[a]

효과		값	F	가설 자유도	오차 자유도	유의확률	에타 제곱
절편	Pillai의 트레이스	.903	1153.436[b]	2.000	248.000	.000	.903
	Wilks의 람다	.097	1153.436[b]	2.000	248.000	.000	.903
	Hotelling의 트레이스	9.302	1153.436[b]	2.000	248.000	.000	.903
	Roy의 최대근	9.302	1153.436[b]	2.000	248.000	.000	.903
담당학년	Pillai의 트레이스	.094	6.157	4.000	498.000	.000	.047
	Wilks의 람다	.906	6.282[b]	4.000	496.000	.000	.048
	Hotelling의 트레이스	.104	6.406	4.000	494.000	.000	.049
	Roy의 최대근	.102	12.737[c]	2.000	249.000	.000	.093

연수유무	Pillai의 트레이스	.168	25.026[b]	2.000	248.000	.000	.168
	Wilks의 람다	.832	25.026[b]	2.000	248.000	.000	.168
	Hotelling의 트레이스	.202	25.026[b]	2.000	248.000	.000	.168
	Roy의 최대근	.202	25.026[b]	2.000	248.000	.000	.168
담당학년×연수유무	Pillai의 트레이스	.069	4.431	4.000	498.000	.002	.034
	Wilks의 람다	.931	4.492[b]	4.000	496.000	.001	.035
	Hotelling의 트레이스	.074	4.552	4.000	494.000	.001	.036
	Roy의 최대근	.073	9.096[c]	2.000	249.000	.000	.068

a. Design: 절편+담당학년+연수유무+담당학년×연수유무
b. 정확한 통계량
c. 해당 유의수준에서 하한값을 나타내는 통계량은 *F*에서 상한값이다.

다변량검정에는 Pillai의 트레이스, Wilks의 람다, Hotelling의 트레이스, Roy의 최대근이 이용되는데, 주로 Pillai와 Wilks가 많이 활용된다. 여기서는 담당학년의 Pillai의 트레이스값이 .094, Wilks의 람다값이 .906이고 이에 대한 *F*값은 각각 6.157, 6.282이고 유의확률은 각각 .000($p<.05$)이므로 담당학년에 따라 실행도1단계와 실행도2단계에는 차이가 있다. 그리고 연수유무도 Pillai의 트레이스값이 .168, Wilks의 람다값이 .832로 유의확률이 각각 .000($p<.05$)이므로 차이가 있다. 마지막으로, 담당학년과 연수유무의 상호작용 효과도 Pillai의 트레이스값이 .069, Wilks의 람다값이 .931이고, 유의확률은 각각 .002, .001($p<.05$)이므로 실행도1단계와 실행도2단계에 대하여 담당학년과 연수유무는 상호작용 효과가 있다.

(6) 개체 간 효과 검정

소스	종속변수	제III유형 제곱합	자유도	평균제곱	*F*	유의확률	에타제곱
수정된 모형	실행도1단계	1855.098[a]	5	371.020	13.084	.000	.208
	실행도2단계	1809.995[b]	5	361.999	14.649	.000	.227
절편	실행도1단계	48223.988	1	48223.988	1700.629	.000	.872
	실행도2단계	52694.780	1	52694.780	2132.433	.000	.895
담당학년	실행도1단계	400.515	2	200.258	7.062	.001	.054
	실행도2단계	624.461	2	312.230	12.635	.000	.092

연수유무	실행도1단계	1256.232	1	1256.232	44.301	.000	.151
	실행도2단계	981.334	1	981.334	39.712	.000	.138
담당학년×연수유무	실행도1단계	372.731	2	186.366	6.572	.002	.050
	실행도2단계	417.969	2	208.985	8.457	.000	.064
오차	실행도1단계	7060.785	249	28.357			
	실행도2단계	6153.064	249	24.711			
전체	실행도1단계	76130.000	255				
	실행도2단계	80136.000	255				
수정된 합계	실행도1단계	8915.882	254				
	실행도2단계	7963.059	254				

a. R 제곱=.208 (수정된 R 제곱=.192)
b. R 제곱=.227 (수정된 R 제곱=.212)

개체 간 효과 검정에서 수정된 모형은 담당학년과 연수유무에 답한 사례가 적은 경우에 이를 수정하게 되는 것을 말한다. 담당학년과 연수유무에 따른 두 종속변수인 실행도 1단계와 2단계의 효과 검정 결과를 보면, 담당학년에 따른 효과 검정에서는 유의확률이 각각 .001, .000($p<.05$)이므로 차이가 있는 것으로 나타났다. 연수유무에 따른 효과 검정도 각각 .000($p<.05$)으로 유의하고, 또한 담당학년과 연수유무의 상호작용이 실행도 1단계와 2단계에 미치는 효과 검정에서는 유의확률이 각각 .002, .000($p<.05$)으로 모두 통계적으로 유의한 차이가 있다.

개체 간 효과 검정에서 에타제곱을 보면 연수유무가 담당학년보다 더 큰 영향을 준다. 연수유무가 1단계와 2단계에 각각 15.1%, 13.8%의 영향력을 가지는 데 반해서 담당학년은 5.4%, 9.2%의 효과크기를 가진다. 상호작용의 효과크기는 각각 5.0%, 6.4%에 이른다.

3) 반복측정 변량분석

(1) 개체 내 요인(측도: 실행수준)

개월	종속변수
1	실행수준0
2	실행수준1
3	실행수준2
4	실행수준3
5	실행수준4

이 표에서는 개체 내 요인으로 다섯 가지 실행 단계(수준0~수준4)가 측정되었음을 보여 준다.

(2) 개체 간 요인

요인	값	레이블	N
학교유형	1	전문계	99
	2	일반계	106
	3	특목고	50

이 표에는 학교유형(전문고, 일반고, 특목고)과 담당학년(1학년, 2학년, 3학년), 사례 수(N)가 제시되어 있다.

(3) 기술통계량

종속변수	학교유형	평균	표준편차	N
실행수준0	전문고	94.25	7.871	99
	일반고	88.30	17.402	106
	특목고	88.94	14.376	50
	전체	90.74	14.032	255
실행수준1	전문고	69.24	16.311	99
	일반고	56.98	18.765	106
	특목고	54.36	14.237	50
	전체	61.23	18.143	255

실행수준2	전문고	68.88	12.716	99
	일반고	58.40	18.336	106
	특목고	56.70	17.637	50
	전체	62.13	17.052	255
실행수준3	전문고	48.80	17.959	99
	일반고	35.83	18.183	106
	특목고	34.76	18.925	50
	전체	40.65	19.303	255
실행수준4	전문고	50.67	16.776	99
	일반고	42.49	20.372	106
	특목고	38.00	20.390	50
	전체	44.78	19.624	255

이 표에는 종속변수별 하위 유형(전문고, 일반고, 특목고)의 평균, 표준편차, 사례 수(N)가 제시되어 있다.

(4) 다변량검정[a]

효과		값	*F*	가설 자유도	오차 자유도	유의 확률	에타 제곱
단계	Pillai의 트레이스	.866	400.776[b]	4.000	249.000	.000	.866
	Wilks의 람다	.134	400.776[b]	4.000	249.000	.000	.866
	Hotelling의 트레이스	6.438	400.776[b]	4.000	249.000	.000	.866
	Roy의 최대근	6.438	400.776[b]	4.000	249.000	.000	.866
단계×학교유형	Pillai의 트레이스	.082	2.659	8.000	500.000	.007	.041
	Wilks의 람다	.919	2.669[b]	8.000	498.000	.007	.041
	Hotelling의 트레이스	.086	2.679	8.000	496.000	.007	.041
	Roy의 최대근	.070	4.345[c]	4.000	250.000	.002	.065

a. Design: 절편+학교유형, 개체 내 계획: 단계

b. 정확한 통계량

c. 해당 유의수준에서 하한값을 발생하는 통계량은 *F*에서 상한값이다.

이 표는 학교유형의 효과를 다변량 측정치 1, 2, 3, 4, 5의 선형 조합된 평균 벡터에 대한 차이(유의) 검정으로 실시한 결과이다. 개체 내 효과에서 '단계'의 유의확률인 .000(p <.05)이 의미하는 것은 단계에 따라서 실행도가 다르다는 것을 나타낸다. '단계×학교유형'의 유의확률인 .007(p <.05)이 의미하는 것은 단계에 따라서 전문고, 일반고, 특목고 사이의 변화가 다르다는 것을 의미한다.

(5) Mauchly의 구형성 검정[a](측도: 실행수준)

개체 내 효과	Mauchly의 W	근사 카이제곱	자유도	유의확률	엡실런[b]		
					Greenhouse-Geisser	Huynh-Feldt	하한
단계	.608	124.717	9	.000	.773	.790	.250
정규화된 변형 종속변수의 오차 공분산 행렬이 항등행렬에 비례한다는 영가설을 검정합니다.							

a. Design: 절편+학교유형, 개체 내 계획: 단계
b. 유의성 평균검정의 자유도를 조절할 때 사용. 수정된 검정은 개체 내 효과 검정 표에 표시.

이 표에서 공분산행렬이 구형성을 만족하는지를 알아보기 위한 검정의 결과, Mauchly의 W는 .608, 유의확률이 .000(p <.05)이므로 구형성을 만족하지 않는 것으로 보인다. 이런 경우에는 엡실런에서 Greenhouse-Geisser와 Huynh-Feldt 값이 .07을 초과하면 분산-공분산행렬의 비순환성을 나타내는 엡실런 수정법을 사용하여 개체 내 효과 검정에서 한다.

(6) 개체 내 효과 검정(측도: 실행수준)

소스		제III유형 제곱합	자유도	평균제곱	F	유의확률	에타 제곱
단계	구형성 가정	364509.123	4	91127.281	761.177	.000	.751
	Greenhouse-Geisser	364509.123	3.091	117934.147	761.177	.000	.751
	Huynh-Feldt	364509.123	3.158	115410.102	761.177	.000	.751
	하한	364509.123	1.000	364509.123	761.177	.000	.751
단계×학교유형	구형성 가정	2809.039	8	351.130	2.933	.003	.023
	Greenhouse-Geisser	2809.039	6.182	454.422	2.933	.007	.023

	Huynh-Feldt	2809.039	6.317	444.696	2.933	.007	.023
	하한	2809.039	2.000	1404.519	2.933	.055	.023
오차 (단계)	구형성 가정	120676.721	1008	119.719			
	Greenhouse-Geisser	120676.721	778.878	154.937			
	Huynh-Feldt	120676.721	795.912	151.621			
	하한	120676.721	252.000	478.876			

엡실런에 따라서 '단계'에서 *F*값은 761.177이고 유의확률이 .000($p<.05$)이므로 실행도에 있어서 단계별로 차이가 있다. '단계×학교유형'의 *F*값도 2.933이고 유의확률이 .007($p<.05$)이므로 실행도에 있어서 단계별로 상호작용의 효과로 인한 차이가 있다. '개체 내 대비 검정'을 통해서 개체 내 요인들 중 어디에 차이가 있는지를 확인한다.

(7) 개체 내 대비 검정(측도: 실행수준)

소스	단계	제III유형 제곱합	자유도	평균제곱	*F*	유의확률	에타제곱
단계	수준 1 및 수준 2	209049.942	1	209049.942	779.572	.000	.756
	수준 2 및 수준 3	290.932	1	290.932	1.738	.189	.007
	수준 3 및 수준 4	105513.180	1	105513.180	642.158	.000	.718
	수준 4 및 수준 5	3503.502	1	3503.502	23.974	.000	.087
단계×학교유형	수준 1 및 수준 2	3637.461	2	1818.731	6.782	.001	.051
	수준 2 및 수준 3	289.876	2	144.938	.866	.422	.007
	수준 3 및 수준 4	329.420	2	164.710	1.002	.368	.008
	수준 4 및 수준 5	1224.543	2	612.271	4.190	.016	.032
오차 (단계)	수준 1 및 수준 2	67576.264	252	268.160			
	수준 2 및 수준 3	42177.865	252	167.372			
	수준 3 및 수준 4	41406.211	252	164.310			
	수준 4 및 수준 5	36826.187	252	146.136			

어느 단계에서 차이가 발생하는지를 보면 '단계'에서는 수준 1 및 수준 2, 수준 3 및 수준 4, 수준 4 및 수준 5에서 유의확률이 .000으로 $p<.05$이어서 차이가 있음을 보여 준다. '단계×학교유형'에서는 수준 1 및 수준 2와 수준 4 및 수준 5에서 유의확률이 각각

.001, .016으로 $p < .05$이어서 학교유형별로 차이가 있음을 알 수 있다.

(8) 개체 간 효과 검정(측도: 실행수준)

변환된 변수: 평균

소스	제III유형 제곱합	자유도	평균제곱	F	유의확률	에타 제곱
절편	795302.637	1	795302.637	4139.298	.000	.943
학교유형	6869.794	2	3434.897	17.878	.000	.124
오차	48417.941	252	192.135			

학교유형별 실행도에 대한 차이를 볼 때 '개체 간 효과 검정'에서는 F값이 17.878이고 유의확률이 .000($p < .05$)이므로 학교유형 간 실행도에서 차이가 있다. 사후검증(H)의 다중비교를 수행함으로써 학교유형 간 차이를 확인한다.

(9) 다중비교(측도: 실행수준)

(I) 학교유형	(J) 학교유형	평균차이(I-J)	표준오차	유의확률
전문고	일반고	9.97*	1.937	.000
	특목고	11.82*	2.405	.000
일반고	전문고	−9.97*	1.937	.000
	특목고	1.85	2.378	.740
특목고	전문고	−11.82*	2.405	.000
	일반고	−1.85	2.378	.740

관측평균 기준. 오차항은 평균제곱(오차)=192.135

* 평균 차이는 .05 수준에서 유의하다.

이 표에 따르면 전문고와 일반고, 전문고와 특목고 간에는 평균 차이가 유의하나, 일반고와 특목고 사이에는 평균 차이가 유의하지 않다.

4 논문 양식

1) 일원 중다변량분석

〈표 9-1〉 부모 양육태도에 따른 아동의 사회성과 도덕성의 다변량 통계치

효과		값	F	가설 자유도	오차 자유도	유의확률
학교유형	Pillai의 트레이스	.173	4.715	10.000	498.000	.000
	Wilks의 람다	.829	4.868[a]	10.000	496.000	.000
	Hotelling의 트레이스	.203	5.020	10.000	494.000	.000
	Roy의 최대근	.189	9.417[b]	5.000	249.000	.000

a. 정확한 통계량
b. 해당 유의수준에서 하한값을 나타내는 통계량은 F에서 상한값이다.

분석 결과, Pillai의 트레이스와 Wilks의 람다의 F값이 각각 4.715, 4.868이고 유의확률이 .000($p<.05$)이므로 학교유형에 따라 실행도에 유의미한 차이가 있는 것으로 나타났다.

〈표 9-2〉 학교유형에 따른 단계별 실행도 비교분석

실행단계	학교유형	평균차	표준오차	유의확률
0단계	전문고 vs 일반고	3.04*	.671	.000
	전문고 vs 특목고	3.45*	.833	.000
	일반고 vs 특목고	.41	.824	.884
1단계	전문고 vs 일반고	3.88*	.779	.000
	전문고 vs 특목고	4.79*	.967	.000
	일반고 vs 특목고	.91	.957	.639
2단계	전문고 vs 일반고	3.38*	.745	.000
	전문고 vs 특목고	4.04*	.925	.000
	일반고 vs 특목고	.66	.915	.770
3단계	전문고 vs 일반고	4.06*	.834	.000
	전문고 vs 특목고	4.55*	1.035	.000
	일반고 vs 특목고	.50	1.024	.889
4단계	전문고 vs 일반고	2.17*	.751	.016

	전문고 vs 특목고	3.51*	.932	.001
	일반고 vs 특목고	1.33	.922	.354

* $p<.05$

〈표 9-2〉를 보면, 0단계에서 전문고와 일반고의 실행도 평균차는 3.04이고 유의확률은 .000, 전문고와 특목고의 실행도 평균차는 3.45이고 유의확률은 .000, 일반고와 특목고의 실행도 평균차는 .41이고 유의확률은 .884로, 실행도에서 유의한 차이가 있는 학교유형은 전문고와 일반고, 전문고와 특목고이다. 4단계에서 전문고와 일반고의 실행도 평균차는 2.17이고 유의확률은 .016, 전문고와 특목고의 실행도 평균차는 3.51이고 유의확률은 .001, 일반고와 특목고의 실행도 평균차는 1.33이고 유의확률은 .354로, 실행도에서 유의한 차이가 있는 학교유형은 전문고와 일반고, 전문고와 특목고이다.

2) 이원 중다변량분석

〈표 9-3〉 담당학년과 연수유무에 따른 단계별 실행도의 다변량 통계치

효과		값	F	가설 자유도	오차 자유도	유의확률	에타 제곱
담당학년	Pillai의 트레이스	.094	6.157	4.000	498.000	.000	.047
	Wilks의 람다	.906	6.282[b]	4.000	496.000	.000	.048
	Hotelling의 트레이스	.104	6.406	4.000	494.000	.000	.049
	Roy의 최대근	.102	12.737[c]	2.000	249.000	.000	.093
연수유무	Pillai의 트레이스	.168	25.026[b]	2.000	248.000	.000	.168
	Wilks의 람다	.832	25.026[b]	2.000	248.000	.000	.168
	Hotelling의 트레이스	.202	25.026[b]	2.000	248.000	.000	.168
	Roy의 최대근	.202	25.026[b]	2.000	248.000	.000	.168
담당학년×연수유무	Pillai의 트레이스	.069	4.431	4.000	498.000	.002	.034
	Wilks의 람다	.931	4.492[b]	4.000	496.000	.001	.035
	Hotelling의 트레이스	.074	4.552	4.000	494.000	.001	.036
	Roy의 최대근	.073	9.096[c]	2.000	249.000	.000	.068

a. Design: 절편+담당학년+연수유무
b. 정확한 통계량
c. F에서의 상한값

담당학년의 Pillai의 트레이스값이 .094이고 *F*값은 6.157이며 유의확률은 .000($p<.05$)이므로 담당학년에 따라서 실행도에 차이가 있다. 연수유무도 Pillai의 트레이스값이 .168이고 *F*값은 25.026이며 유의확률은 .000($p<.05$)이므로 실행도에 차이가 있다. 또한 담당학년과 연수유무의 상호작용 효과는 Pillai의 트레이스값이 .069이고, *F*값은 4.431이며 유의확률은 .002($p<.05$)이므로 실행도는 담당학년과 연수유무에 따라 상호작용 효과가 있다.

〈표 9-4〉 담당학년과 연수유무에 따른 실행도의 차이에 대한 다변량분석 결과

변량원	종속변수	Pillai의 트레이스	자유도	*F*	유의확률	에타제곱
담당학년	실행도1단계	.094	2	7.062	.001	.054
	실행도2단계	(p=.000)	2	12.635	.000	.092
연수유무	실행도1단계	.168	1	44.301	.000	.151
	실행도2단계	(p=.000)	1	39.712	.000	.138
담당학년×연수유무	실행도1단계	.069	2	6.572	.002	.050
	실행도2단계	(p=.002)	2	8.457	.000	.064

변량원(담당학년, 연수유무, 담당학년×연수유무)에 대한 Pillai의 트레이스값은 모두 $p<.05$로, 집단에 따라 실행도에 차이가 있는 것으로 분석되었다. 실행도1단계와 2단계에 대한 변량원의 효과를 분석한 결과에서는 연수유무가 담당학년보다 실행도에 더 큰 영향을 주는 것으로 나타났다. 연수유무가 1단계와 2단계에 각각 15.1%, 13.8%의 영향력을 가지는 데 반해서, 담당학년은 5.4%, 9.2%의 효과크기를 가진다. 상호작용의 영향은 5.0%, 6.4%에 이른다. 종속변수 중 연수유무가 실행도1단계와 2단계에 가장 큰 영향을 미쳤다.

3) 반복측정 변량분석

〈표 9-5〉 실행도 단계와 학교유형 간 반복측정 다변량분석

변량원		제곱합	자유도	평균제곱	F	유의확률
실행도 단계	0단계	364509.123	3.091	117934.147	761.177	.000
	1단계					
	2단계					
	3단계					
	4단계					
학교 유형	전문고	6869.794	2	3434.897	17.878	.000
	일반고					
	특목고					
단계×학교유형		2809.039	6.182	454.422	2.933	.007

실행도 단계별 효과는 F값이 761.177($p<.05$)이므로 유의미한 차이가 있다. 따라서 교사를 대상으로 실행도0단계에서 4단계에 이르는 변화에 차이가 있다. 학교유형의 효과는 F값이 17.878($p<.05$)이므로 학교유형에 따라서 실행도의 변화에도 차이가 있다. 단계와 학교유형의 상호작용 효과에서 F값이 2.933($p<.05$)이므로 실행도의 변화에 영향을 미치고 있음을 알 수 있다.

연습문제

1

교사가 담당하는 학년에 따라서 실행도에 차이가 있는가?

2

교사가 담당하는 학년과 교과가 실행도에 미치는 영향은 어떠한가?

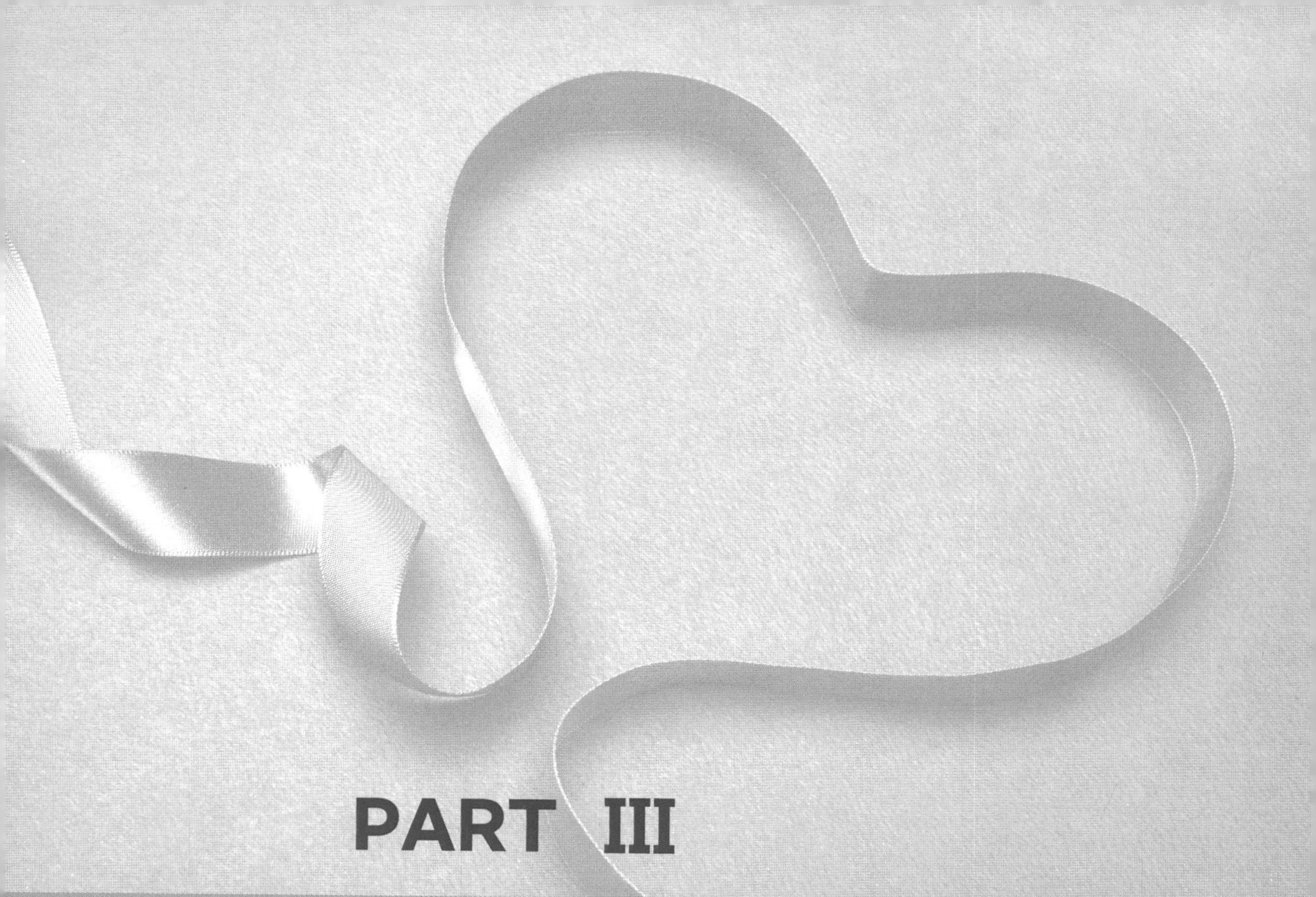

PART III

인과분석

제10장

상관분석

1. 개념 및 목적
2. 분석 실행
3. 분석 결과
4. 논문 양식

1 개념 및 목적

상관은 변수 간의 상호 관련성에 관여하는 개념이며, 상관분석(Correlation analysis)은 한 변수가 커지거나 작아질 때 다른 변수가 어떻게 변하는지 그 변화의 정도와 방향을 살펴보는 통계적 분석 방법이다. 상관연구는 변수들을 체계적으로 조작하기 어려운 경우에 시도된다. 사회과학 분야에서 상관연구의 예를 많이 볼 수 있는 것은 인간 유기체 변수나 사회 상황이 체계적으로 조작하기 힘들기 때문이다. 예컨대, '부모의 SES와 자녀의 학업성취도는 관계가 있는가?' '음주와 간암발생률은 관계가 있는가?'와 같은 문제들을 연구하는 데 상관분석의 방법이 사용된다.

상관계수에는 몇 가지가 있는데, 가장 보편적인 것은 Pearson의 적률상관계수이다. 보통 상관계수라고 하면 Pearson의 적률상관계수를 의미하므로, 이하에서는 이를 '상관계수'로 부른다. 2개 변수 간의 상관관계를 알아보는 것으로는 단순상관분석(Simple correlation analysis)과 편상관분석(Partial correlation analysis), 중다상관분석(Multiple correlation analysis) 등이 있다. 이 책에서는 SPSS를 이용하여 단순상관분석과 편상관분석의 절차를 다룬다.

상관분석을 위한 기본 요건들은 다음과 같다.

- 두 변수의 관계는 직선관계, 즉 일차함수관계여야 한다.
- 한 변수의 각 값에 대응하는 다른 변수의 값들이 이루는 분포의 분산은 동일해야 한다(등분산성).
- 한 변수의 각 값에 대응하는 다른 변수의 값들은 정규분포를 이루어야 한다.
- 극단치(outlier)의 유무를 확인하여 제거할 것인지를 고려해야 한다.

상관계수를 해석함에 있어 주의해야 할 점은 얻어진 상관계수는 연구집단에서의 두 변수 간의 상호관련성을 나타내는 기술통계치라는 점이다. 만약 상관계수를 연구집단에서의 기술통계치로 사용할 목적이 아니라면 상관계수 r은 확률표집에서 계산되어야 한다. 연구자가 관심 있는 집단에서 얻어진 상관계수 r은 확률표집에 근거한 것이 아니므로 추리적 목적에는 적합하지 않음에 유의해야 한다.

2 분석 실행

연구문제 1

학생들에 대한 진로체험과 진로성숙도 간의 상관은 어떠한가?

적용 절차(10장 상관분석 원자료.sav)는 다음과 같다.

1

분석 → 상관분석 → 이변량 상관을 클릭한다.

more 산포도 그리기

상관분석을 할 때에는 선형성, 등분산성, 극단치의 존재 여부를 알아보기 위해서 산포도(Scatter plot)를 먼저 그려 보는 것이 좋다. 산포도를 통해 두 변수 간의 관계가 직선적인지 아닌지를 알 수 있다. 즉, 자료가 상관분석에 적합한 자료인지를 알 수 있다. SPSS 프로그램에서는 메뉴의 '그래프 → 산점도/점도표'에서 '단순산점도'를 클릭하여 X축과 Y축을 정해 주면 된다.

2

'진로체험'과 '진로성숙도'를 선택하여 변수로 이동한다. 초기 지정값으로 Pearson이 체크되었고, 유의성 검정도 양측이 체크되어 있다.

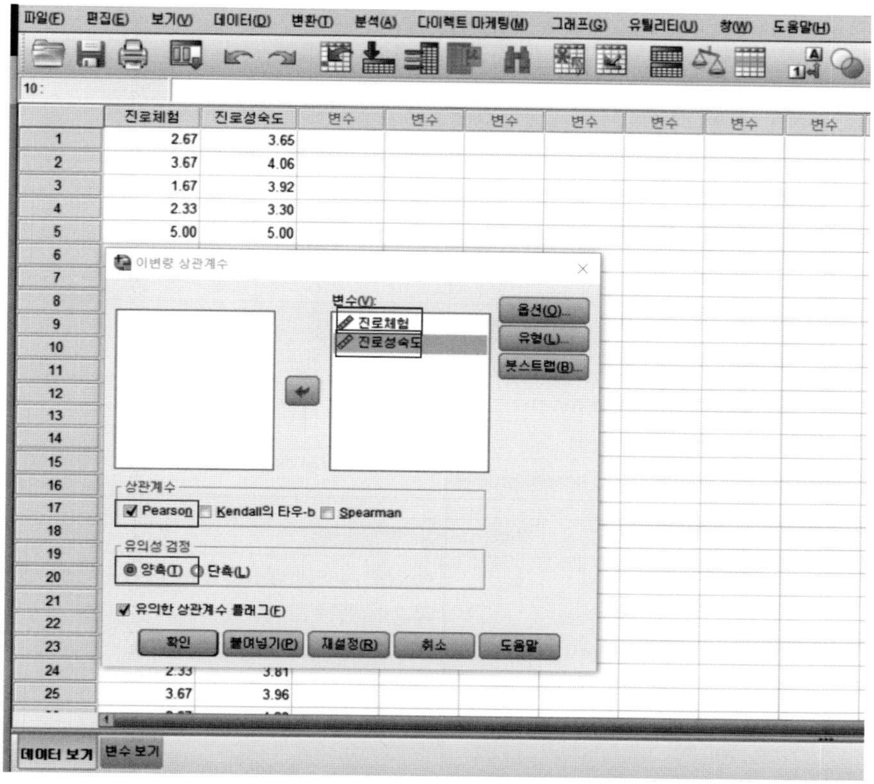

more 상관계수 및 유의성 검정의 선택

데이터가 등간척도 혹은 비율척도일 경우, 변수들이 정규분포를 따른다는 가정하에 적용하는 상관계수는 Pearson이다. 그러나 변수를 구성하는 데이터가 정규분포를 따르지 않거나 서열척도로 측정된 경우에는 Kendall의 타우-b, Spearman에 체크한다.

상관계수(Correlation coefficient)	
Pearson	두 변수가 양적 변수이며 등분산을 이룰 때 두 변수 간 관계를 나타내는 상관계수
Kendall의 타우-b	두 변수가 서열척도일 때 두 변수 간 등위 일치도 계수를 산출함
Spearman	두 변수가 서열척도일 때 두 변수 간 등위 상관계수를 산출함

유의성 검정(Test of significant)	
양측(Two-tailed)	모집단의 특성을 알 수 없을 때 사용함
단측(One-tailed)	모집단의 특성을 알 수 있을 때 사용함
유의한 상관계수 플래그 (Flag significant correlations)	변수 간의 유의확률로 유의수준 .05에서 유의할 경우 별표 1개, 유의수준 .01에서 유의할 경우 별표 2개를 표시함

3

옵션을 클릭한 후 필요한 통계량을 체크한다. 계속 버튼을 클릭한다.

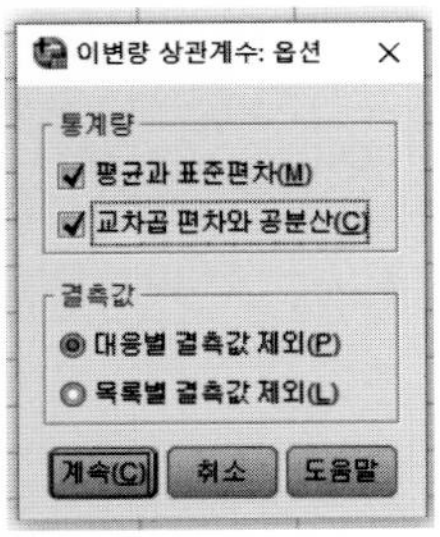

통계량(Statistics)	
평균과 표준편차 (Means and standard deviations)	각 변수에 대한 평균과 표준편차를 구함
교차곱 편차와 공분산 (Cross-product deviation and covariances)	편차의 교차곱은 수정된 평균 변수곱의 합과 같음

결측값(Missing values)	
대응별 결측값 제외 (Exclude cases pairwise)	한 상관계수의 대응변수 하나 또는 모두에 대한 결측값이 있는 사례는 분석에서 제외함
목록별 결측값 제외 (Exclude cases listwise)	변수에 대한 결측값을 포함하는 사례는 분석에서 제외함

4

모두 설정되었으면 확인 버튼을 클릭한다. SPSS 뷰어 창에 결과가 나오면 저장해 둔다.

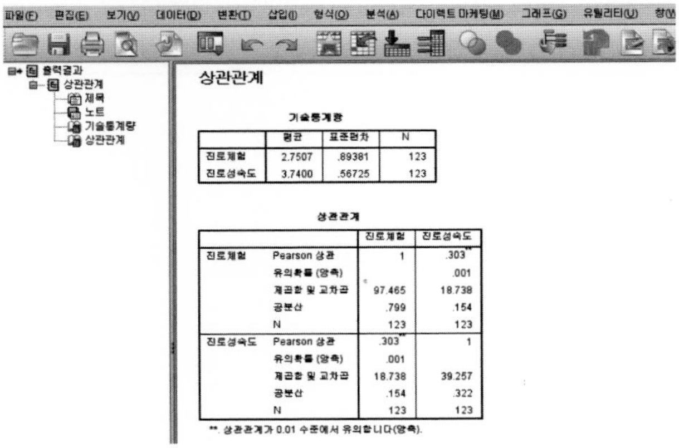

2) 편상관관계 분석

편상관관계 분석(Partial correlation analysis)은 제3의 변수를 통제한 상태에서 관심을 갖는 두 변수가 가지는 상관관계를 분석하는 것으로, '부분상관관계 분석'이라고도 한다.

연구문제2

고등학교 학생들의 사회적 지지를 통제하였을 때 진로체험과 진로성숙도 간의 상관은 어떠한가?

편상관관계 분석의 적용 절차(10장 편상관분석 원자료.sav)는 다음과 같다.

I

데이터 편집기에서 데이터를 불러온 후 분석 → 상관분석 → 편상관을 클릭한다.

2

'진로체험'과 '진로성숙도'를 변수로 이동하고, '사회적 지지'를 제어변수로 이동한다.

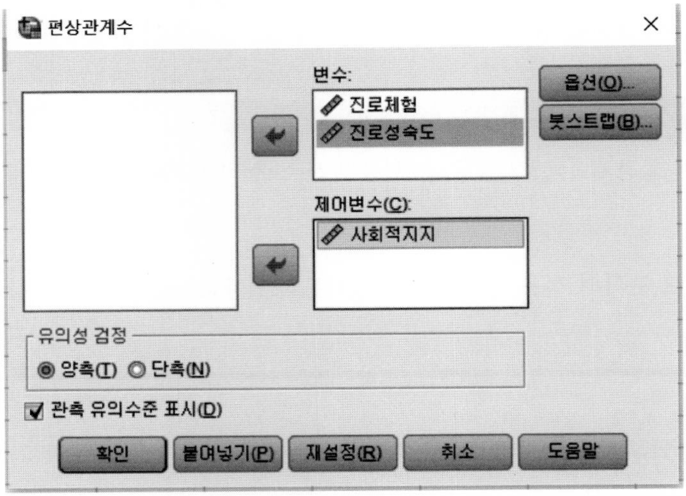

3

옵션 버튼을 클릭하여 평균과 표준편차와 0차 상관을 체크하고 계속 버튼을 클릭한다.

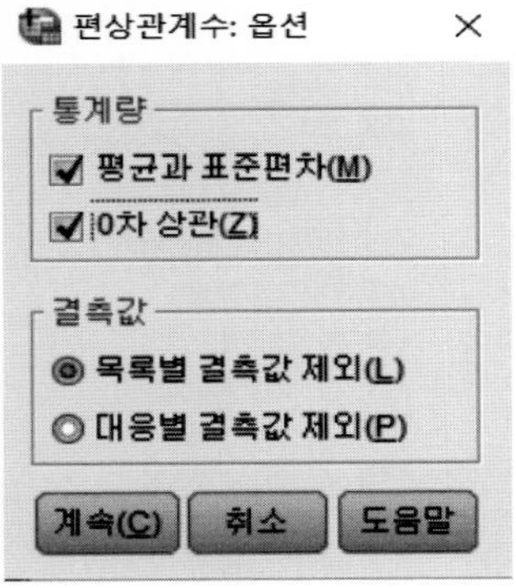

통계량(statistics)	
평균과 표준편차 (Means and standard deviations)	각 변수의 사례 수 평균 표준편차를 표시함
0차 상관 (Zero-order correlations)	통제변수를 비롯한 모든 변수 간에 단순상관행렬을 표시함

4

모두 설정되었으면 확인 버튼을 클릭한다. SPSS 뷰어 창에 결과가 나오면 저장해 둔다.

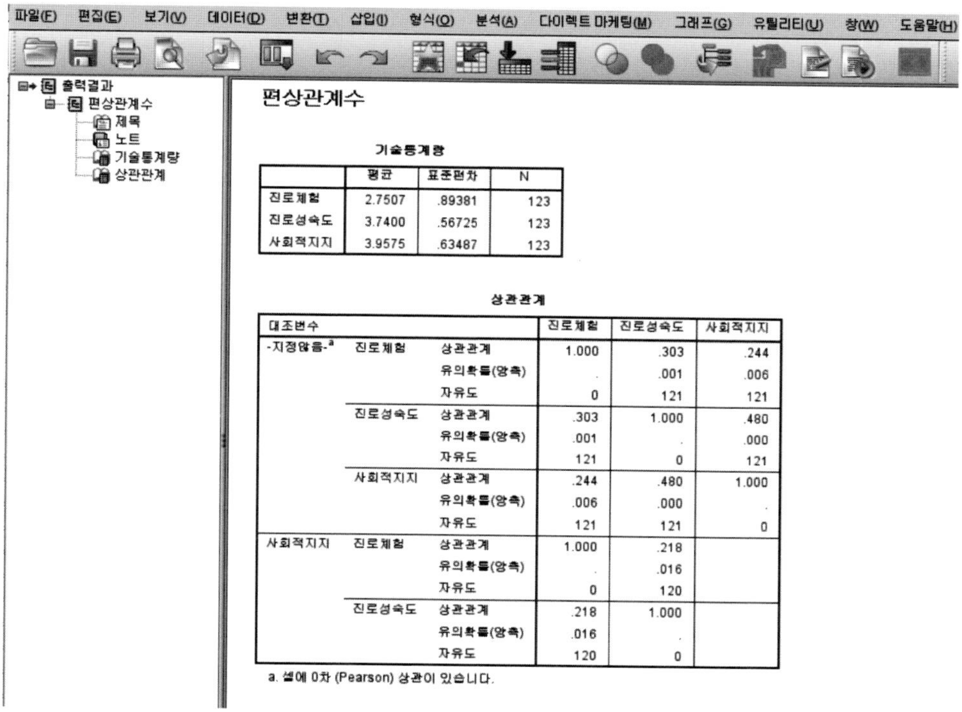

편상관계수

기술통계량

	평균	표준편차	N
진로체험	2.7507	.89381	123
진로성숙도	3.7400	.56725	123
사회적지지	3.9575	.63487	123

상관관계

대조변수			진로체험	진로성숙도	사회적지지
-지정않음-[a]	진로체험	상관관계	1.000	.303	.244
		유의확률(양측)	.	.001	.006
		자유도	0	121	121
	진로성숙도	상관관계	.303	1.000	.480
		유의확률(양측)	.001	.	.000
		자유도	121	0	121
	사회적지지	상관관계	.244	.480	1.000
		유의확률(양측)	.006	.000	.
		자유도	121	121	0
사회적지지	진로체험	상관관계	1.000	.218	
		유의확률(양측)	.	.016	
		자유도	0	120	
	진로성숙도	상관관계	.218	1.000	
		유의확률(양측)	.016	.	
		자유도	120	0	

a. 셀에 0차 (Pearson) 상관이 있습니다.

3 분석 결과

1) 단순상관분석

(1) 기술통계량

	평균	표준편차	N
진로체험	2.7507	.89381	123
진로성숙도	3.7400	.56725	123

이것은 두 변수에 관한 기술통계량으로, 평균은 진로체험이 2.7507이고 진로성숙도가 3.7400으로 나타났다.

(2) 상관계수

		진로체험	진로성숙도
진로체험	Pearson 상관계수	1	.303**
	유의확률(양측)		.001
	제곱합 및 교차곱	97.465	18.738
	공분산	.799	.154
	N	123	123
진로성숙도	Pearson 상관계수	.303**	1
	유의확률(양측)	.001	
	제곱합 및 교차곱	18.738	39.257
	공분산	.154	.322
	N	123	123

** 상관계수는 .01 수준에서 유의합니다(양측).

진로체험과 진로성숙도의 분석 결과, 둘의 상관관계는 Pearson 상관계수가 .303이고 $p < .01$이므로 통계적으로 유의미하다. 따라서 진로체험과 진로성숙도는 뚜렷한 정적 상관이 있는 것으로 나타났다.

more 상관계수의 해석기준

상관계수의 범위	상관계수의 해석
± .00~.10	상관이 거의 없다.
± .10~.30	상관이 낮다.
± .30~.70	상관이 뚜렷하다.
± .70~1.00	상관이 매우 높다.

2) 편상관분석

(1) 기술통계량

	평균	표준편차	N
진로체험	2.7507	.89381	123
진로성숙도	3.7400	.56725	123
사회적 지지	3.9575	.63487	123

각 변수에 관한 기술통계량으로 각 변수에 대한 평균, 표준편차, 사례 수(N)가 나타나 있다.

(2) 상관계수

대조변수			진로체험	진로성숙도	사회적 지지
지정않음[a]	진로체험	상관관계	1.000	.303	.244
		유의확률(양측)	.	.001	.006
		자유도	0	121	121
	진로성숙도	상관관계	.303	1.000	.480
		유의확률(양측)	.001	.	.000
		자유도	121	0	121
	사회적지지	상관관계	.244	.480	1.000
		유의확률(양측)	.006	.000	.
		자유도	121	121	0
사회적 지지	진로체험	상관관계	1.000	.218	
		유의확률(양측)	.	.016	
		자유도	0	120	
	진로성숙도	상관관계	.218	1.000	
		유의확률(양측)	.016	.	
		자유도	120	0	

a. 셀에 0차(Pearson) 상관이 있습니다.

이 표는 사회적 지지를 통제하지 않았을 경우와 사회적 지지를 통제했을 경우에 각 변수 간의 상관관계를 출력한 것이다. 사회적 지지를 통제하지 않았을 경우 진로체험과 진로성숙도와의 상관관계는 .303, 유의확률은 .001로 나타났으며, 사회적 지지를 통제할 경우 진로체험과 진로성숙도와의 상관관계는 .218, 유의확률은 .016으로 나타났다.

4 논문 양식

1) 단순상관분석

〈표 10-1〉 진로체험과 진로성숙도 간의 상관계수(N=123)

	진로성숙도
진로체험	.303**

** $p < .01$

학생들의 진로체험과 진로성숙도의 상관관계를 분석한 결과, 둘은 상관계수가 .303으로 유의수준 .01에서 유의한 것으로 나타나 뚜렷한 정적 상관을 이루고 있었다.

2) 편상관분석

〈표 10-2〉 사회적 지지 통제 후 진로체험과 진로성숙도 간의 상관계수(N=123)

	진로성숙도
진로체험	.218*

* $p < .05$

학생들의 사회적 지지를 통제하였을 때 진로체험과 진로성숙도의 상관계수는 .218 (p=.016)로 나타났다. 따라서 학생들의 진로체험과 진로성숙도의 상관계수는 사회적 지지를 통제하더라도 통계적으로 유의미한 상관이 있는 것으로 나타났다.

연습문제

1

기초통계학을 수강하는 학생들의 연습문제 풀이 횟수와 10개 문항으로 된 퀴즈 점수와는 어떤 관계가 있는가?

연번	연습문제 풀이 횟수	점수
1	1	3
2	2	5
3	3	7
4	3	8
5	5	9
6	4	7
7	3	6
8	4	5
9	1	4
10	2	7
11	3	7
12	5	6
13	4	9
14	3	8
15	5	8
16	2	4
17	1	2
18	1	1
19	5	7
20	0	3

1) 산포도를 그려 보시오.

2) 연습문제 풀이 횟수와 점수 간의 상관계수를 구하시오.

3) 논문 양식으로 표현하고 해석하여 보시오.

2

초등학교 교감의 지도성 유형인 목표지향을 통제하였을 때 또 다른 지도성 유형인 관료지향과 교사의 직무 수행인 전문성 간에는 어떤 상관관계가 있는가?

제11장

정준상관분석

1. 개념 및 목적
2. 분석 실행
3. 분석 결과
4. 논문 양식

1 개념 및 목적

정준상관분석(Canonical correlation analysis)은 다수의 두 변수군 간의 상호관계를 탐구하려는 다변량 통계모형이다. 단순상관분석에서 발전한 형태의 정준상관분석은 Hotelling (1935)에 의해서 탐색적 자료분석의 한 방법으로 개발된 것으로, 두 변수군 간의 연관관계나 독립성에 관해 동시적으로 분석하는 기법이다. 2개 이상의 준거변수(Multiple criterion variable)와 2개 이상의 예측변수(Multiple predictor variable) 사이의 상호관계를 연구한다. 변수는 모두 2개 이상이고 등간척도나 비율척도로 측정된 정량적 자료(Metric data)이거나 비정량적 자료(Non metric data)의 경우 모두에서 사용할 수 있다(비선형은 분석 → 차원 축소 → 최적화 척도법 참조). 그 목적은 변수군의 선형결합 간의 상관에 관심을 두고 변수군 간의 연관성 정도를 알고, 두 변수군 간의 관계에 영향을 미치는 각 개별 변수를 설명하고, 두 변수군 간의 선형결합 함수를 구하고, 두 변수군의 선형결합 함수의 정준교차부하량을 예측하는 데 있다.

표본의 크기는 변수당 최소한 10개의 관찰 결과를 유지할 필요가 있다. 표본 규모가 대단히 크면 실질적 유의성을 가지고 있지 않다 하더라도 모든 경우에 통계적 유의성이 있음을 보이는 경향이 나타나기 때문이다. 정준상관분석의 통계적 가정은 다음과 같다.

- 두 변수 간의 상관관계는 선형관계를 토대로 한다.
- 정준상관관계는 정준변량 간의 선형관계이다.
- 자료는 정규분포성이 바람직하다.
- 예측변수와 준거변수로 구성되는 집단 중 어느 것이든지 다중공선성이 존재하게 되면 해석의 신뢰도가 떨어진다.

더불어 정준상관분석의 분석과정은 다음과 같다.

① 각 변수군의 선형결합 간 상관을 가장 크게 하는 첫 번째 선형결합 짝(Pair of linear combinations)을 찾는다.

② 이 선형결합 짝과 상관관계가 없는 모든 짝 가운데 가장 큰 상관을 가지는 두 번째 선형결합 짝을 찾는다.

③ 이런 과정은 선형결합의 짝의 수가 크기가 가장 작은 변수군의 변수 수와 일치될 때까지 계속된다.

이상의 기본 가정과 분석과정에서 선형결합의 짝을 정준변량(Canonical variates)이라 하고 그들 간의 상관을 정준상관(Canonical correlations)이라 한다. 따라서 정준상관은 두 변수군 사이의 연관성 정도를 나타낸다.

2 분석 실행

정준상관분석을 하기 위해서는 단계적인 성격을 가진 절차를 거쳐야 한다. 각 단계에서 알아야 할 논리를 정준가중치(표준화된 계수), 정준적재량(구조상관관계), 정준교차량, 정준상관계수 및 중복지수 등으로 나누어 설명하고자 한다.

연구문제

교사의 행동 유형군(예측변수군)은 학생의 학업 만족도군(준거변수군)과 어떠한 상관이 있는가?

적용 절차(11장 정준상관 원자료.sav)는 다음과 같다.

1

데이터 편집기 창에서 데이터를 불러온 후 분석 → 상관분석 → 정준 상관을 클릭한다.

2

두 변수군 중 예측변수(통제적행동, 민주적행동, 권위적행동, 사회적지지, 긍정적피드백)을 변수군 1로 이동시키고 예측변수(자신감, 성취동기, 학습태도)를 변수군 2로 이동시킨다.

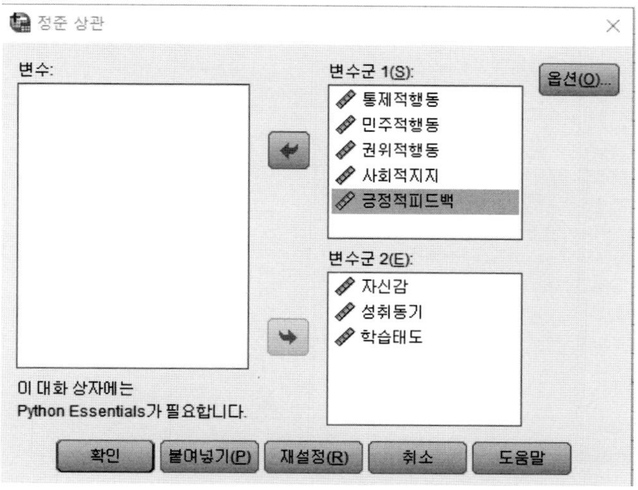

3

옵션 버튼을 클릭한다. 대응별 계수를 체크한 후 계속 버튼을 클릭한다.

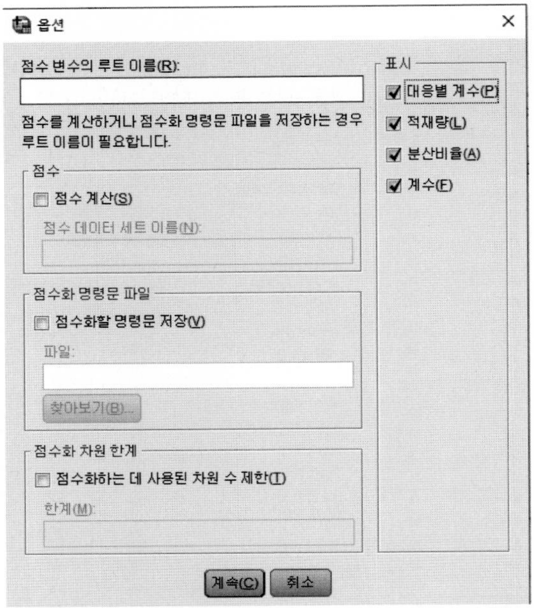

4

모두 설정되었으면 확인 버튼을 클릭한다. SPSS 뷰어 결과 창에 결과가 나오면 저장해 둔다.

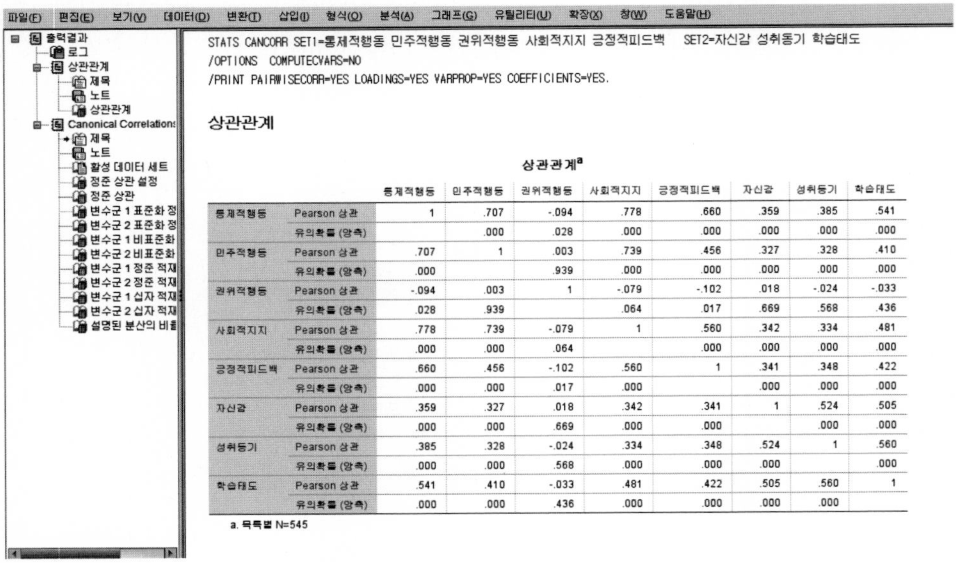

```
STATS CANCORR SET1=통제적행동 민주적행동 권위적행동 사회적지지 긍정적피드백   SET2=자신감 성취동기 학습태도
/OPTIONS  COMPUTECVARS=NO
/PRINT PAIRWISECORR=YES LOADINGS=YES VARPROP=YES COEFFICIENTS=YES.
```

상관관계

상관관계[a]

		통제적행동	민주적행동	권위적행동	사회적지지	긍정적피드백	자신감	성취동기	학습태도
통제적행동	Pearson 상관	1	.707	-.094	.778	.660	.359	.385	.541
	유의확률 (양측)		.000	.028	.000	.000	.000	.000	.000
민주적행동	Pearson 상관	.707	1	.003	.739	.456	.327	.328	.410
	유의확률 (양측)	.000		.939	.000	.000	.000	.000	.000
권위적행동	Pearson 상관	-.094	.003	1	-.079	-.102	.018	-.024	-.033
	유의확률 (양측)	.028	.939		.064	.017	.669	.568	.436
사회적지지	Pearson 상관	.778	.739	-.079	1	.560	.342	.334	.481
	유의확률 (양측)	.000	.000	.064		.000	.000	.000	.000
긍정적피드백	Pearson 상관	.660	.456	-.102	.560	1	.341	.348	.422
	유의확률 (양측)	.000	.000	.017	.000		.000	.000	.000
자신감	Pearson 상관	.359	.327	.018	.342	.341	1	.524	.505
	유의확률 (양측)	.000	.000	.669	.000	.000		.000	.000
성취동기	Pearson 상관	.385	.328	-.024	.334	.348	.524	1	.560
	유의확률 (양측)	.000	.000	.568	.000	.000	.000		.000
학습태도	Pearson 상관	.541	.410	-.033	.481	.422	.505	.560	1
	유의확률 (양측)	.000	.000	.436	.000	.000	.000	.000	

a. 목록별 N=545

명령문을 실행시키면 결과 창에는 예측변수군 내의 변수 간 상관(Correlations for Set-1)과 준거변수군 내의 변수 간 상관(Correlations for Set-2), 예측변수군 내의 변수와 준거변수군 내의 변수 상관(Correlations Between Set-1 and Set-2), 정준상관(Canonical Correlations), 표준화 정준상관계수(Standardized Canonical Coefficients for Set-1 & Set-2), 비표준화 정준상관계수(Raw Canonical Coefficients for Set-1 & Set-2), 정준적재량(Canonical Loadings for Set-1 & Set-2), 교차(십자)적재량(Cross Loadings for Set-1 & Set-2) 등이 출력된다. 계속해서 중복성 분석(Redundancy Analysis) 결과로서 예측변수군의 자체 정준변량에 의해 설명되는 변량비(Proportion of Variance of Set-1 Explained by Its Own Can. Var.)와 준거정준변량에 의해 설명되는 변량비(Proportion of Variance of Set-1 Explained by Opposire Can. Var.), 준거변수군의 자체 정준변량에 의해 설명되는 변량비(Proportion of Variance of Set-2 Explained by Its Own Can. Var.)와 예측정준변량에 의해 설명되는 변량비(Proportion of Variance of Set-2 Explained by Opposire Can. Var.) 등이 출력된다.

3 분석 결과

정준변량의 해석은 정준상관관계에 있어서 분석에 사용된 각 변수의 상대적인 중요도를 결정하기 위해 정준함수들을 조사하는 것을 말한다. 정준관계가 통계적으로 유의미하고 정준상관계수와 중복지수가 수용할 수 있는 정도에 이른다 하더라도 결과의 실질적 유의성의 관점에서 해석해야 한다. 여기에서 정준상관계수, 정준적재량(구조상관관계), 교차적재량, 정준상관 및 중복성 분산 등의 결과를 설명한다.

1) 정준상관계수

정준함수 해석의 목적은 정준상관계수(Standardized canonical coefficients)에 있는 각 변수에 부과된 정준상관계수의 부호(+, −)와 크기를 파악하는 데 있다. 상관분석에서 나온 것과 같이, 변수는 상관계수의 값이 같은 부호를 가지면 직접적인 관계를 가지고 반대 부호를 가지면 역의 관계를 가지게 된다. 상관계수가 작다는 것은 그에 상응하는 변수가 하나의 관계를 결정하는 데 부적절하다거나 다중공선성의 정도가 높아서 그러한 관계에서 변수가 미치는 영향이 제거된다는 것을 의미한다. 정준상관계수를 사용한 결과의 해석은 사용되는 표본에 따라 상당한 불안정성을 보이므로 상당한 주의가 요구된다. 예를 들어, 교사의 행동 유형군(5개의 변수)의 학생의 학업 만족도군(3개 변수)에 대한 정준상관 결과에서 정준가중치는 다음과 같다.

표준화 정준상관계수(Standardized canonical coeffcients)

Set 1의 표준화 정준상관계수

	1	2	3
통제적 행동	- .572	- 1.237	- .754
민주적 행동	- .075	1.025	- .437
권위적 행동	- .053	.195	.618
사회적 지지	- .222	- .401	1.415
긍정적 피드백	- .257	.971	- .171

Set 2의 표준화 정준상관계수

	1	2	3
자신감	- 0.213	0.841	0.873
성취 동기	- 0.171	0.525	- 1.157
학습태도	- 0.760	- 0.985	0.229

표준화 정준상관계수는 각 정준변량을 구성하는 계수를 나타내는 것으로 표준화된 정준계수를 말한다. 표준화된 정준계수로 예측변수군을 요약하는 정준변량은 다음과 같은 선형결합(Linear combination) 형태를 가지게 된다.

set1_cv1(제1정준함수에 의한 예측정준변량)

= −.572(통제적 행동) + −.075(민주적 행동) + −.053(권위적 행동)

 + −.222(사회적 지지) + −.257(긍정적 피드백)

또한 준거변수군의 측정 방법을 요약하는 정준변량은 다음과 같은 선형결합 형태를 가지게 된다.

set2_cv1(제1정준함수에 의한 준거정준변량)
=−.213(자신감) + −.171(성취 동기) + −.760(학습태도)

2) 정준적재량

정준적재량(Canonical loadings)은 변수군 내의 각 변수와 그 변수가 속해 있는 정준변량 사이의 단순선형 상관관계이다. 정준적재량을 통해서는 어떤 변수가 정준변량과 가장 높은 상관을 가지며 또 정준변량에 영향을 미치는가를 예측할 수 있다. 관찰된 변수가 정준변량과 함께 공유하는 분산을 반영하며, 각 정준함수에 미치는 각 변수의 상대적 기여도를 파악하는 데 있어서 요인적재량처럼 해석될 수 있다. 값이 크면 클수록 정준변량을 구하는 데 중요한데, 그 값이 절대값 .30 혹은 .40 이상이면 정준변량을 설명하는 중요 변수로 간주되어 정준함수의 해석에 포함된다.

교사의 행동 유형군(5개 변수)의 학생의 학업 만족도군(3개 변수)에 대한 정준상관 결과에서 정준적재량은 다음과 같다. 첫 번째 정준함수의 예측변량을 보면 통제적 행동이 정준변량과 −.963의 높은 부적상관을 보여 준다. 그다음으로는 사회적 지지(−.863), 긍정적 피드백(−.788), 민주적 행동(−.761) 순으로 정준변량과 높은 부적상관관계를 보여준다. 각 변수의 정준적재량 제곱은 그 변수가 속한 정준변량에 의해 설명되는 분산의 정도를 의미한다.

정준적재량(Canonical loadings)

Set 1의 정준적재량

	1	2	3
통제적 행동	-.963	-.202	-.132
민주적 행동	-.761	.297	.000
권위적 행동	.045	.246	.592
사회적 지지	-.863	-.077	.361
긍정적 피드백	-.788	.378	-.138

Set 2의 정준적재량

	1	2	3
자신감	-.686	.619	.382
성취 동기	-.708	.414	-.572
학습태도	-.964	-.266	.022

3) 교차적재량

교차적재량(Cross loadings)을 구하는 목적은 두 변수군에서 한 변수군의 정준변량과 다른 변수군에 속해 있는 각 변수 간의 상관을 알아보기 위해서이다. 한 변수군의 정준변량이 다른 변수군의 어떤 변수와 가장 높은 상관을 가지고 있으며 서로 영향을 미치는지를 예측할 수 있게 만드는 것이다. 교차적재량은 정준가중치와 정준적재량보다 우선적으로 사용되어야 한다.

교사의 행동 유형(5개 변수)의 학생의 학업 만족도(3개 변수)에 대한 정준상관 결과에서 교차적재량은 다음과 같다. 첫 번째 정준함수에서 보면 예측변수군의 통제적 행동이 준거변량과 −.554의 가장 높은 부적상관을 보여 준다. 그다음으로는 사회적 지지(−.496), 긍정적 피드백(−.453), 민주적 행동(−.438) 순으로 부적상관관계를 보여 준다. 즉, 교사의 통제적 행동, 사회적 지지, 긍정적 피드백, 민주적 행동 순으로 학생의 학업 만족도 정준변량과 부적상관이 있는 것으로 나타났다. 그리고 학생의 학업 만족도에서 학습태도(−.554), 성취 동기(−.407), 자신감(−.395)이 교사의 행동 유형 정준변량과 부적상관관계를 가지고 있음을 보여 준다.

정준 교차적재량(Canonical cross-loadings)

Set 1의 교차적재량

	1	2	3
통제적 행동	-.554	-.029	-.008
민주적 행동	-.438	.043	.000
권위적 행동	.026	.035	.037
사회적 지지	-.496	-.011	.022
긍정적 피드백	-.453	.054	-.009

Set 2의 교차적재량

	1	2	3
자신감	-.395	.089	.024
성취 동기	-.407	.060	-.035
학습태도	-.554	-.038	.001

4) 정준상관 및 중복성 분석

어떤 함수를 해석할 것인가를 결정할 경우 정준함수의 실질적 유의성도 고려해야 하는데, 이러한 유의성은 정준상관관계의 크기로 나타낸다. SPSS에서는 유의성을 평가하기 위한 측정치로 Wilks의 람다값과 유의수준이 도출된다.

정준상관계수를 제곱한 것은 두 정준변량 간의 공유분산(Shared variance)에 대한 추정치를 제공한다. 이 값은 종속변수군과 독립변수군의 선형결합에 의하여 공유되는 분산을 나타내고 있기 때문에 잘못 해석될 소지가 있다. 이를 극복하기 위하여 중복지수(Redundency index)가 창안되었다. 이것은 전체 예측변수군과 준거변수군에 들어 있는 각 변수 간의 다중상관계수를 제곱한 다음, 제곱한 계수들의 평균을 내어 R^2을 도출한 것이다. 이 지수는 준거변수의 분산을 한꺼번에 설명할 수 있는 예측변수군의 능력을 하나의 측정치로 요약한 것이다.

중복성 분석(Redundancy analysis)은 예측변수군의 자체 정준변량에 의해 설명되는 변량비(Proportion of Variance of Set-1 Explained by Its Own Can. Var.), 준거정준변량에 의해 설명되는 변량비(Proportion of Variance of Set-1 Explained by Opposire Can. Var.), 준거변수군의 자체 정준변량에 의해 설명되는 변량비(Proportion of Variance of Set-2 Explained by Its Own Can. Var.), 예측정준변량에 의해 설명되는 변량비(Proportion of Variance of Set-2 Explained by Opposire Can. Var.)로 구성되며, 그 결과 값은 다음과 같이 출력된다.

중복성 분석(Redundancy analysis)

	예측변수 자체 변량비	준거변수에 의해 설명된 예측변수 변량비	준거변수 자체 변량비	예측변수에 의해 설명된 준거변수 변량비
1	0.575	0.190	0.634	0.210
2	0.068	0.001	0.208	0.004
3	0.103	0.000	0.158	0.001

중복성 분석 표는 첫 번째 함수에 들어 있는 예측변수로 구성된 변량과 준거변수로 구성된 변량에 대하여 중복지수(변량비)를 계산한 것이다. 표에서 알 수 있듯이, 예측변수로 구성된 변량에 대한 중복지수(변량비)는 .210, 준거변수로 구성된 변량에 대한 중복지수(변량비)는 .190으로 나타났다.

4 논문 양식

〈표 11-1〉 교사의 행동 유형과 학생의 학업 만족도 간 정준상관분석

	표준 정준함수계수	정준적재량	교차적재량
	함수 1	함수 1	함수 1
교사 행동 유형			
– 통제적 행동	−.572	−.963	−.554
– 민주적 행동	−.075	−.761	−.438
– 권위적 행동	−.053	.045	.026
– 사회적 지지	−.222	−.863	−.496
– 긍정적 피드백	−.257	−.788	−.453
분산	.575		
중복지수	.190		
학생 학업 만족도 유형			
– 자신감	−.213	−.686	−.395
– 성취 동기	−.171	−.708	−.407
– 학습태도	−.760	−.964	−.554
분산	.634		
중복지수	.210		

〈표 11-2〉 교사의 행동 유형과 학생의 학업 만족도 간 교차적재량

	함수 1	함수 2	함수 3
정준상관계수	.575	.144	.062
Wilks의 람다	.653	.975	.996
F	16.51	1.68	.69
분자 자유도	1482.82	1076.00	539.00
유의수준	.000	.099	.556

교사의 행동 유형과 학생의 학업 만족도 간의 관계 유무 및 그 정도를 분석하고, 각 변수 간의 표준화된 값을 토대로 각 변수가 소속 변수군을 설명하는 데 얼마나 기여하는지와 비소속군을 설명하는 데 얼마나 기여하는지를 알아보며, 그 기여도를 비교하기 위하

여 정준상관분석을 실시하였다.

먼저, 정준상관을 분석하기 위하여 교사의 행동 유형군과 학생의 학업 만족도군을 선정하였다. 두 변수군 간의 관계 유무를 파악하기 위하여 두 변수군 간의 상관을 극대화하는 가중치를 갖는 정준함수를 찾아서 통계적 유의도를 검정하였다. 〈표 11-1〉에서 나타내듯이 교사의 행동 유형과 학생의 학업 만족도 유형의 정준상관분석 결과, 3개의 정준함수가 도출되었으며, 이 중 2개를 제외한 나머지 1개가 유의적인 결과를 보이는 것으로 나타났다(유의미한 결과를 보이지 않는 정준함수 2와 정준함수 3은 논문의 분석 결과에는 주로 제시하지 않는다). 첫 번째 정준함수 분석 결과, 정준상관계수는 .575(Wilk's λ=.653, F=16.51, p < .001)로 나타나 교사의 행동 유형 정준변량이 학생의 학업 만족도 정준변량과 통계적으로 유의미한 상관관계가 있었다. 중복지수의 값에 대한 일반적인 하한선은 정해져 있지 않으며, 다른 적합도 지수에 대한 고려와 이론적인 측면을 고려함으로써 그 유의성을 논할 수 있다. 또한 중복지수는 학생의 학업 만족도군과 교사의 행동 유형군에서 모두 계산되지만, 연구자들의 관심은 주로 학생의 학업 만족도군으로부터 도출된 중복지수에 주어진다. 정준함수 1의 중복지수는 학생의 학업 만족도 변량 21.0%의 분산이 교사 행동 정준변량에 의해서 설명되는데 전체적으로는 19.0%가 설명되고 있다. 구체적으로 교사의 통제적 행동, 사회적 지지, 긍정적 피드백, 민주적 행동, 권위적 행동 순으로 학습태도, 자신감, 성취 동기에 영향관계를 보이는 것으로 나타났다.

종합해 보면, 교사의 행동 유형군과 학생의 학업 만족도군에는 유의한 상관이 있고, 그것은 학생의 학업 만족도군을 21.0% 정도 설명하고 있다. 이러한 결과로 볼 때 학생의 학업 만족도를 위해서는 교사의 적합한 행동 유형이 필요하다. 구체적으로 통제적 행동, 사회적 지지, 긍정적 피드백, 민주적 행동 등이 필요하며, 이러한 교사의 행동 유형은 학생의 학업 만족도를 높이는 데 중요한 요인이 된다.

연습문제

1

부부관계(부부의 관계 만족도와 애정 표현)와 부모-자녀의 관계 만족도(자녀 스트레스와 부모-자녀 관계 만족도)의 상관은 어떠한가?

2

아동의 특성 및 학습 방법과 아동의 언어능력 및 수리능력의 상관은 어떠한가?

제12장

다중회귀분석

1. 개념 및 목적
2. 분석 실행
3. 분석 결과
4. 논문 양식

1 개념 및 목적

1) 단순회귀분석의 개념 및 목적

회귀분석은 독립변수(원인변수)가 종속변수(결과변수)에 어떠한 영향을 미치는지를 살펴보기 위해 실시하는 분석이다. 즉, 독립변수 하나가 종속변수에 미치는 영향, 독립변수 2개 이상이 종속변수에 미치는 영향 등의 인과관계를 알아볼 수 있으므로 교육학, 심리학, 사회복지 등 사회과학 분야에서 전반적으로 쓰이는 분석기법이다. 서로 인과관계를 가지고 있는 변수들 중 종속변수에 영향을 주는 변수를 독립변수(Independent variable)라고 하며, 독립변수에 의해 영향을 받는 변수를 종속변수(Dependent variable)라고 한다.

회귀분석을 실시한다면 반드시 독립변수와 종속변수가 등간척도나 비율척도로 구성되어야만 한다. 만약에 변수가 명목척도일 시 더미변수를 이용하여 회귀분석을 할 수 있으며, 이에 대한 부분은 뒤에서 설명하겠다. 앞서 설명한 상관분석이 단순히 두 변수 사이의 상관을 살펴보는 것이라면, 회귀분석은 두 변수 사이의 인과관계를 알 수 있고 이를 통해 독립변수로부터 종속변수의 변화를 예측할 수 있다. 그러나 이러한 예측을 하기 전에 회귀분석의 기본 가정이 지켜져야만 분석결과를 해석할 수 있는데, 회귀분석의 기본 가정은 다음과 같다.

- 정규성(Normality): 독립변수의 값에 관계없이 오차의 분포가 정상분포를 지녀야 한다는 것이다. 즉, 오차의 평균이 0이며 일정한 변량을 지닌 정규분포를 나타내야, 변수가 정규분포를 따르는 모집단을 잘 반영하였는지를 가정한다. 정규성 가정에 대한 충족 여부는 변수의 왜도와 첨도를 통해 확인할 수 있다.
- 선형성(Linearity): 독립변수와 종속변수의 관계가 선형적 관계를 지녀야 한다는 것이다. 이 가정은 상관분석을 통해서 확인할 수 있다.
- 독립성(Independence): 종속변수 측정치의 오차 간에는 서로 영향을 미치지 않아야 한다. 또 각 독립변수와의 오차 간에 상관이 없이 독립적인지를 살펴보아야 하기 때문에 독립성 가정을 충족해야 한다. 이 가정은 Durbin-Watson을 통해 확인할 수 있다.
- 등분산성(Homoscedasticity): 독립변수의 값에 관계없이 종속변수의 흩어진 정도가 일정해야 한다. 이 가정은 산포도(Scatter plot)를 통해 확인할 수 있다.

앞에서 논의된 회귀분석의 기본 가정은 뒤에 나올 비선형회귀분석인 로지스틱 회귀분석을 제외하고 단순회귀분석, 다중회귀분석, 통제회귀분석, 매개효과, 조절효과에도 그대로 적용된다. 다만, 다중회귀분석, 매개효과, 조절효과 같은 경우 단순회귀분석보다 독립변수의 수가 늘어남에 따라 새로이 추가되어야 할 가정은 독립변수 간에 다중공선성(Multicollinearity)이 없어야 한다는 것이다. 단순선형회귀 같은 경우 독립변수가 하나이기 때문에 독립변수 간 상관이 없이 독립적이나, 다중회귀분석 같은 경우 독립변수가 2개 이상 존재하므로 여러 독립변수 간 다중공선성이 없어야만 독립적으로 종속변수에 미치는 영향을 볼 수 있을 것이다. 이에 따라 다중공선성을 확인할 수 있는 방법으로는 공차한계(Tolerance), 분산팽창지수(Variance Inflation Factor: VIF), Durbin-Watson이 있으며, 분석 방법과 해석 방법은 다중회귀분석에서 설명하도록 하겠다.

2) 다중회귀분석의 개념 및 목적

다중회귀분석은 단순회귀분석과 다르게 독립변수가 2개 이상이다. 즉, 단순회귀분석은 독립변수 1개와 종속변수 1개의 인과관계를 살펴본다면, 다중회귀분석은 2개 이상의 독립변수와 종속변수 1개의 인과관계를 살펴보고자 할 때 활용하는 분석이다. 가정 같은 경우는 단순회귀분석에서 언급하였던 정규성, 독립성, 선형성, 등분산성을 가정해야 하지만, 다중회귀분석 같은 경우 독립변수가 단순회귀분석보다 많기 때문에 독립성에서 다중공선성을 추가하여 살펴보아야 한다. 이후에 더 설명하겠지만, 다중공선성을 진단하는 방법은 독립변수 간 상관계수(r)가 ±.85 이상, 공차한계가 .1 이하, 분산팽창지수(VIF)가 10 이상일 때 다중공선성이 발생했다고 판단하는 것이다. 반대로 상관계수(r)가 ±.85 이하, 공차한계가 .1 이상, 분산팽창지수가 10 미만이라면 다중공선성이 없다고 하며 독립성 가정이 충족되었다고 한다.

여기서 다중공선성이란 여러 독립변수가 투입 시 일부 독립변수가 타 독립변수와 상관이 높아 데이터 분석 시 분석 결과를 오염시킬 수 있는 현상을 의미한다. 즉, 각각의 독립변수가 독립적으로 종속변수에 영향을 미쳐야 하는데, 독립변수 간 유사하여 상관이 있을 시에 다중공선성이 발생하여 분석 결과를 왜곡시킬 수 있다. 예를 들면, 자아존중감의 측정도구와 자아효능감의 측정도구는 측정 문항은 다르나 유사한 개념을 측정하기에 다중공선성이 있을 확률이 다분하며, 이를 함께 회귀분석에 투입한다면 다중공선성이 발생해 분석 결과가 오염될 수 있다.

또한 다중회귀분석 같은 경우 독립변수가 2개 이상이므로 표준화 베타(β)를 통해서 상대적 영향력 크기를 비교할 수 있다. 구체적으로 말하자면, 다중회귀분석에서 여러 독립변수가 투입되며 표준화 베타(β)의 크기를 통하여 한 변수가 여타 독립변수보다 정적(+)인 부적(−)인 영향을 더 주는 것을 확인할 수 있어 높은 베타값 독립변수 순으로 논의를 할 수 있다.

3) 더미/통제 회귀분석의 개념 및 목적

일반적으로 단순회귀분석과 다중회귀분석의 척도는 모두 연속형 변수이어야만 한다. 그러나 독립변수가 범주형 변수(명목 및 서열 척도)인 경우에는 더미변수를 활용한 회귀분석을 실시해야 한다. 여기서 더미변수(Dummy variable)란 범주형 변수를 연속형 변수로 변환한 변수를 의미한다. 즉, 학생의 성별인 경우 일반적으로 1을 남학생, 2를 여학생으로 코딩하는데, 더미변수로, 다시 말해 0을 여학생, 1을 남학생으로 변환한다면 범주형 변수였던 학생 성별을 연속형 변수처럼 활용하는 것이 가능하다. 만약 명목형 변수의 선택지가 3개 이상인 어머니의 학력 같은 경우 대체로 1을 고졸, 2는 대졸, 3은 대학원 졸로 하지만, 더미변수로 전환을 원할 경우 고졸은 준거변수 0으로 두고 1을 대졸더미, 또 다른 변수를 생성하여 0을 어머니 고졸을 준거로 1은 어머니의 대학원졸로 총 2개의 더미변수로 변환이 필요하다. 이 부분에 대해서는 어떻게 생성하는지 뒤에서 예시를 제시할 테니, 지금 당장 이해가 되지 않더라도 넘어가기를 바란다.

사실 더미변수만으로 회귀분석에 투입하는 경우는 드물다. 하지만 통제 회귀분석을 하겠다면 이야기가 달라진다. 통제 회귀분석이란 통제변수를 독립변수와 함께 투입하는 회귀분석이다. 통제변수가 연속형 변수이면 독립변수와 함께 투입하여 분석하면 되고, 비연속형 변수이면 더미변수로 변환한 후 독립변수와 함께 변수로 투입하고 다중회귀분석을 실시한다. 예를 들어, 학생의 성별을 통제한 상황에서 교과효능감의 자아효능감에 유의한 영향을 살펴보고 싶다면 통제 회귀분석을 활용해야 한다. 또한 통제 회귀분석과 다중회귀분석의 분석 방법은 같으나, 분석 결과를 해석할 때에는 차이가 있음을 유념해야 한다. 사실 대부분의 통제변수는 연속형 변수이기보다 연구대상의 일반적 배경변수(성별, 교육경력, 연령, 사는 지역, 학력)가 많다. 따라서 이러한 범주형(명목, 순위형) 척도는 더미변수로 변환 후 분석을 실시하기 바란다.

2 분석 실행

1) 단순회귀분석 실행

연구문제1

고등학생의 교과효능감이 자아효능감에 미치는 영향은 어떠한가?

단순회귀분석을 활용하여 고등학생의 교과효능감이라는 독립변수가 자아효능감이라는 종속변수에 미치는 영향력을 검정해 보자.

1

분석 → 회귀분석 → 선형을 클릭한다.

2

종속변수에 '자아효능감'을 투입하고, 독립변수에 '교과효능감'을 투입한 후 통계량을 클릭한다.

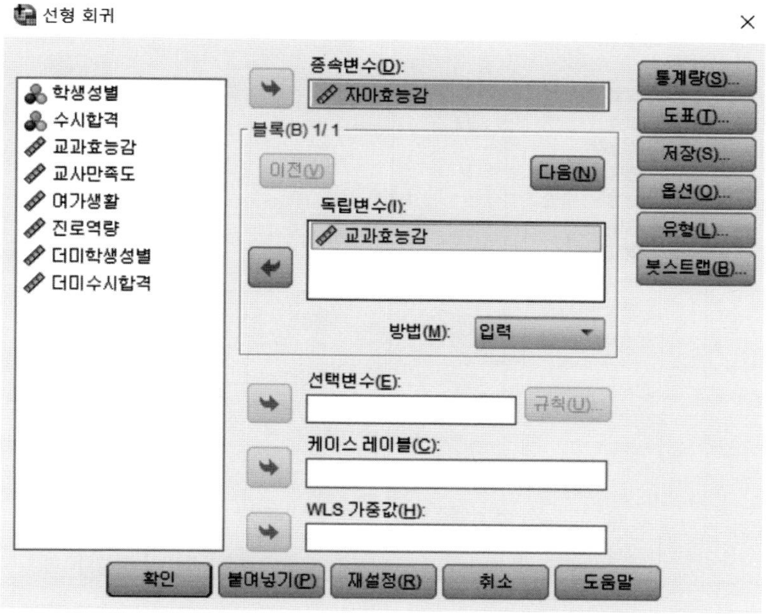

3

단순선형회귀식이 통계적으로 유의한지 살펴보기 위해 모형 적합을 체크하고, 종속변수의 잔차 간 독립성을 살펴보기 위해 Durbin-Watson을 체크한 후 계속을 클릭한다.

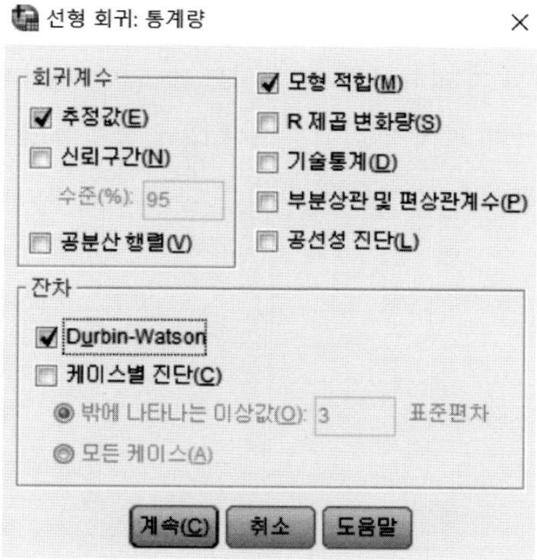

4

확인을 클릭한다.

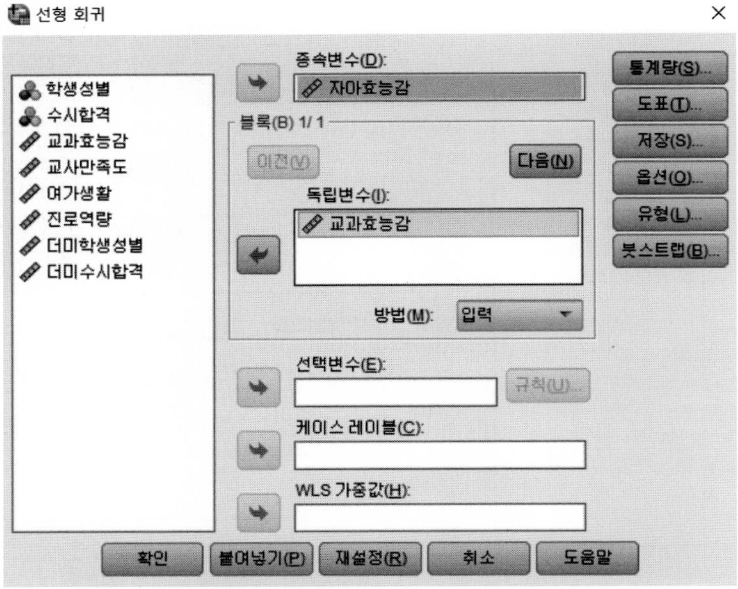

2) 다중회귀분석 실행

다중회귀분석은 단계적 회귀분석(Stepwise regression), 위계적 회귀분석(Hierarchical regression), 로지스틱 회귀분석(Logistic regression) 등 종류가 다양하다. 로지스틱 회귀분석 같은 경우 제15장에서 자세히 소개할 것이므로, 일단 여기서는 대표적인 다중회귀분석으로 단계적 회귀분석과 위계적 회귀분석에 대해 설명하려 한다. SPSS에서 단계적 회귀분석과 위계적 회귀분석을 추정하는 방법은 다음과 같다.

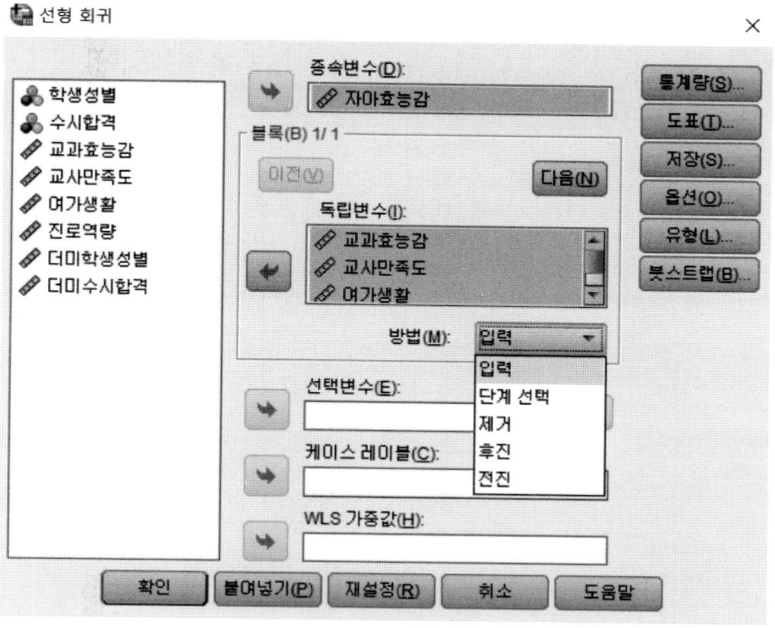

그림에서 다중회귀분석을 추정하는 방법으로는 입력(Enter), 단계 선택(Stepwise), 제거(Elimination), 후진(Backward), 전진(Forward)이 있다. 결론적으로 이야기하자면, 대부분의 회귀분석을 활용한 논문은 선행연구를 기반으로 독립변수가 종속변수에 미치는 영향을 보고자 하여 주로 '입력'을 가장 많이 사용하고, '단계 선택'은 필요할 시에 활용하고, '제거' '후진' '전진'은 많이 활용되지는 않는다. 그에 따라 가장 많이 쓰이는 입력과 단계 선택을 조금 설명하자면, 입력은 연구자가 고려하는 독립변수들을 강제로 지정하여 분석하는 방법이며, 연구자가 고려하는 모든 독립변수가 동시에 종속변수를 설명하는 정도로 주로 활용된다. 단계 선택은 다른 변수들이 존재할 때 종속변수에 영향력이 있는 변수들만을 회귀식에 포함하는 방법이다. 즉, 입력은 연구자가 선행연구에 기반하여 독립변수를 선정해서 분석이 가능하며, 단계 선택은 여러 변수 중 SPSS 프로그램이 영향력이 있는 변수만을 골라서 투입하므로 연구자의 의사가 아닌 프로그램의 의사로 투입되는 방식으로 보면 된다. 뒤의 다중회귀분석 실행에서는 자주 쓰이는 입력을 중점으로 설명하였다.

다중회귀분석을 활용하여 고등학생의 교과효능감, 교사만족도, 여가생활, 진로역량이 자아효능감에 미치는 영향은 어떠한지 검정해 보자.

연구문제 2

고등학생의 교과효능감, 교사만족도, 여가생활, 진로역량이 자아효능감에 미치는 영향은 어떠한가?

활용할 데이터는 '12장 단순, 다중, 더미, 통제 회귀분석.sav'로, 이를 더블클릭한다.

1

분석 → 회귀분석 → 선형을 클릭한다.

2

종속변수에 '자아효능감'을 투입하고, 독립변수에 '교과효능감' '교사만족도' '여가생활' '진로역량'을 투입한 후 통계량을 클릭한다.

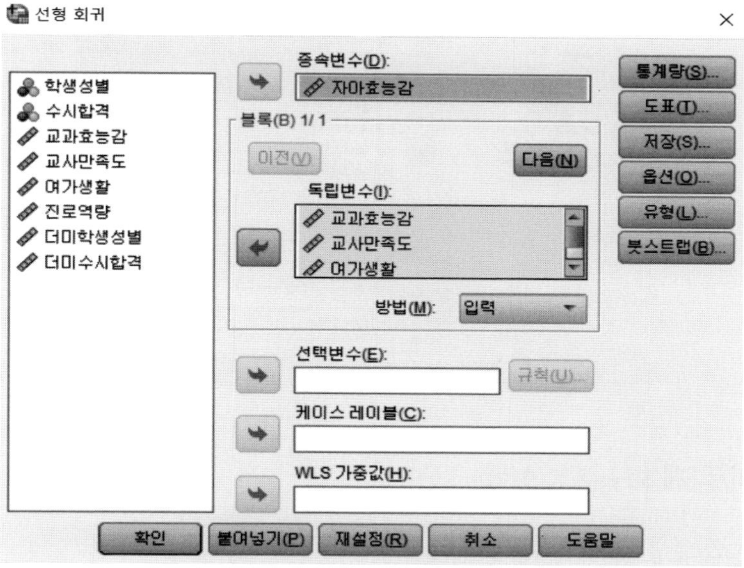

3

회귀식의 모형 적합도를 살펴보기 위해 모형 적합을 체크하고, 독립변수 간 다중공선성을 확인하기 위해 공선성 진단(공차한계, VIF 값 산출)을 체크한다. 그리고 종속변수의 잔차가 독립적인지 살펴보기 위해 Durbin-Watson을 체크한 후 계속을 클릭한다.

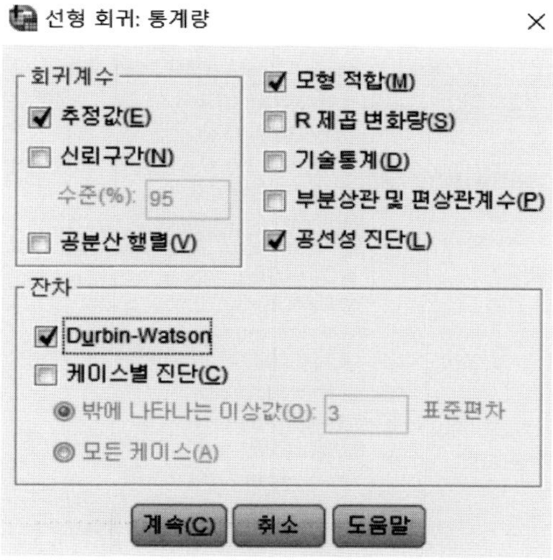

4

확인을 클릭한다.

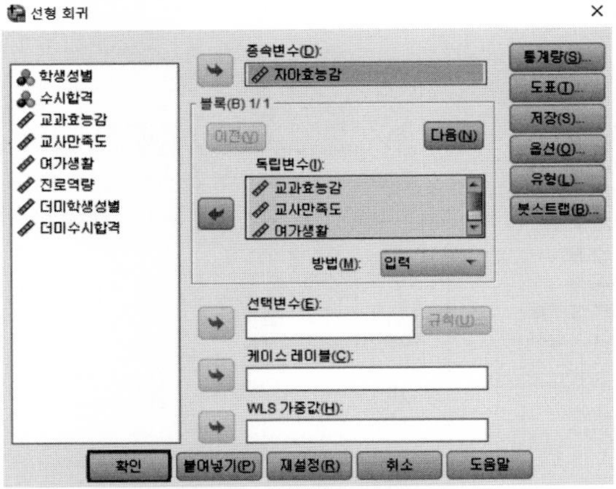

3) 더미/통제 회귀분석 실행

(1) 더미변수 변환

활용할 데이터는 '12장 단순, 다중, 더미, 통제 회귀분석.sav'로, 이를 더블클릭한다.

1

범주형 변수를 더미변수로 변환하기 위해 변환 → 다른 변수로 코딩변경을 클릭한다.

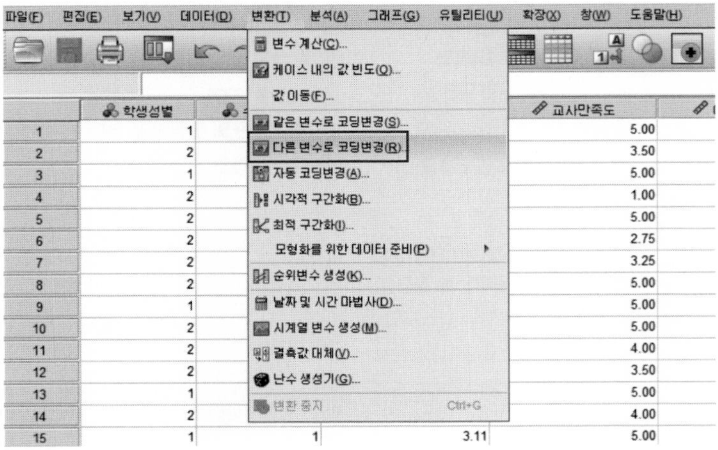

2

학생 성별을 출력변수로 이동시킨다. 출력변수 이름에 '더미학생의 성별'로 입력하고 **변경**을 클릭한다. 그리고 **기존값 및 새로운 값**을 클릭한다.

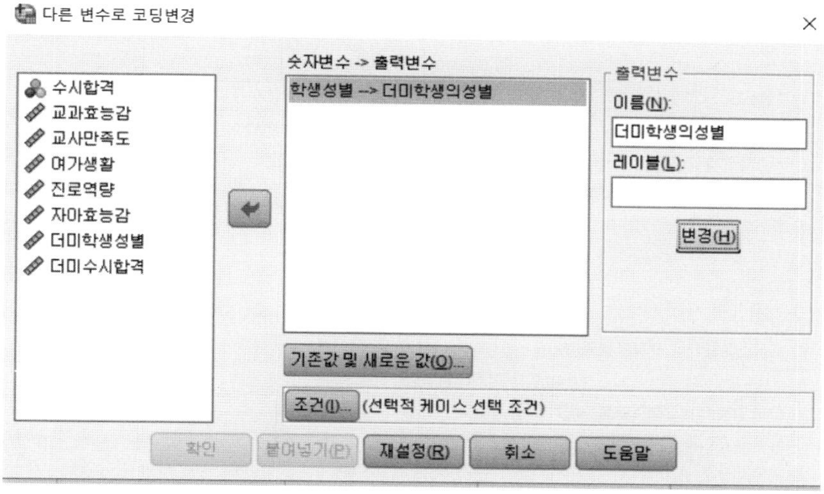

3

기존의 범주형 값인 1은 남학생, 2는 여학생이다. 만약 여학생을 기준으로 두고 싶다면 기존값을 2, 새로운 값을 1로 두고 하면 된다. 여기서는 남학생 1을 준거로 두고 진행하겠다.

기존값을 1, 새로운 값을 1로 입력하고 **추가**를 클릭한다.

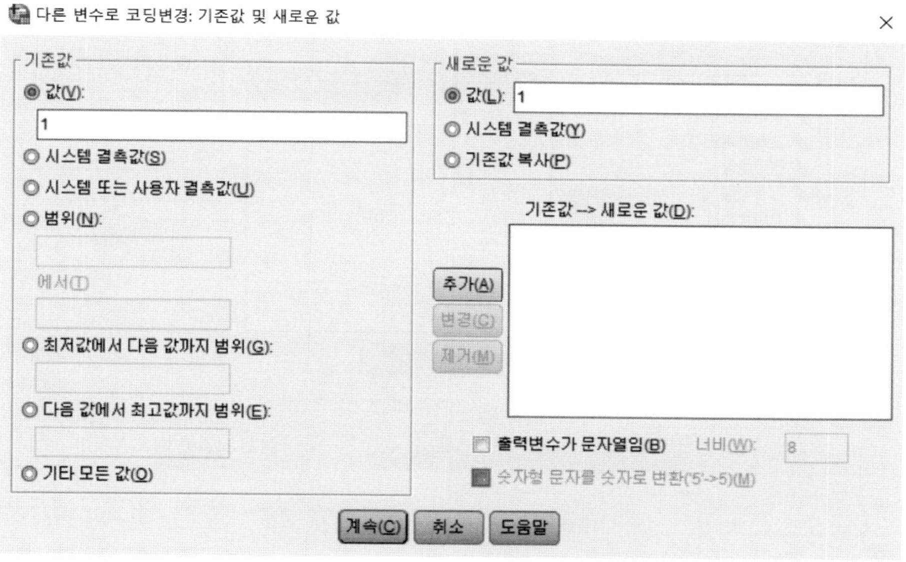

4

남학생 1을 제외하고 더미변수를 형성하기 위해 기타 모든 값을 클릭하고, 새로운 값은 0으로 입력한다. 추가를 클릭하고, 계속을 클릭한다.

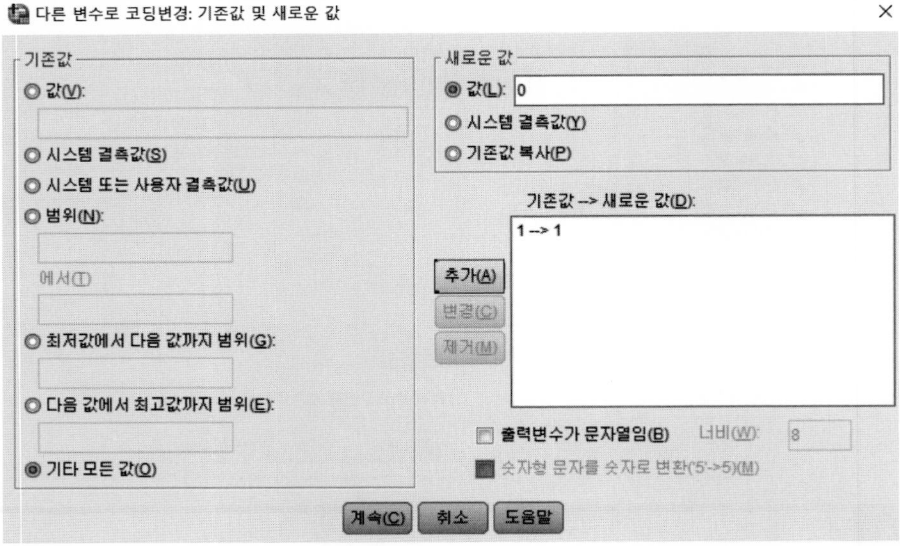

5

확인을 클릭한다.

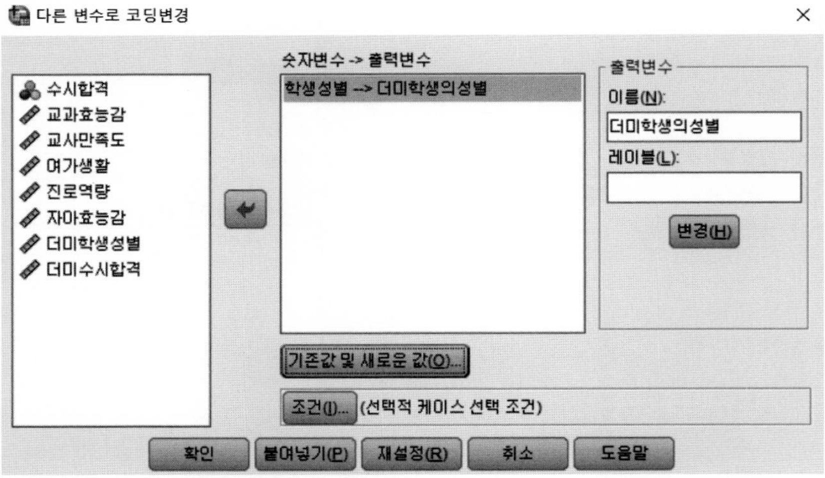

6

1은 남학생, 0은 여학생인 학생의 성별 더미변수가 생성된다. 그러나 더미변수는 더 이상 명목형 변수가 아니므로 척도로 변환해 준다. 이를 해 주지 않으면 회귀분석 시 투입이 되더라도 회귀분석 결과표인 계수에서 더미변수가 투입이 되지 않은 것으로 되므로 꼭 변환하고 분석하기를 바란다.

(2) 더미/통제 회귀분석 실행

연구문제3

고등학생들의 성별과 수시합격을 통제한 상황에서 교과효능감, 교사만족도, 여가생활, 진로역량이 자아효능감에 미치는 영향은 어떠한가?

'12장 단순, 다중, 더미, 통제 회귀분석.sav'를 더블클릭한다.

1

분석 → 회귀분석 → 선형을 클릭한다.

2

종속변수에 '자아효능감'을 투입하고, **독립변수**에 '더미학생성별' '더미수시합격' '교과효능감' '교사만족도' '여가생활' '진로역량'을 투입한다. **통계량**에서 **모형 적합**, **공선성 진단**, **Durbin-Watson**을 체크한 후 **확인**을 클릭한다.

사실 더미/통제 회귀분석은 다중회귀분석과 분석 방법은 동일하다. 통계량 부분은 여러 독립변수가 투입되었으니 모형 적합, 공선성 진단(독립변수 간 독립성), Durbin-Watson(종속변수의 잔차 간 독립성)을 체크한다.

3 분석 결과

1) 단순회귀분석 결과

(1) 단순회귀분석 결과표

분석이 완료된 부분을 나타내면 다음과 같다.

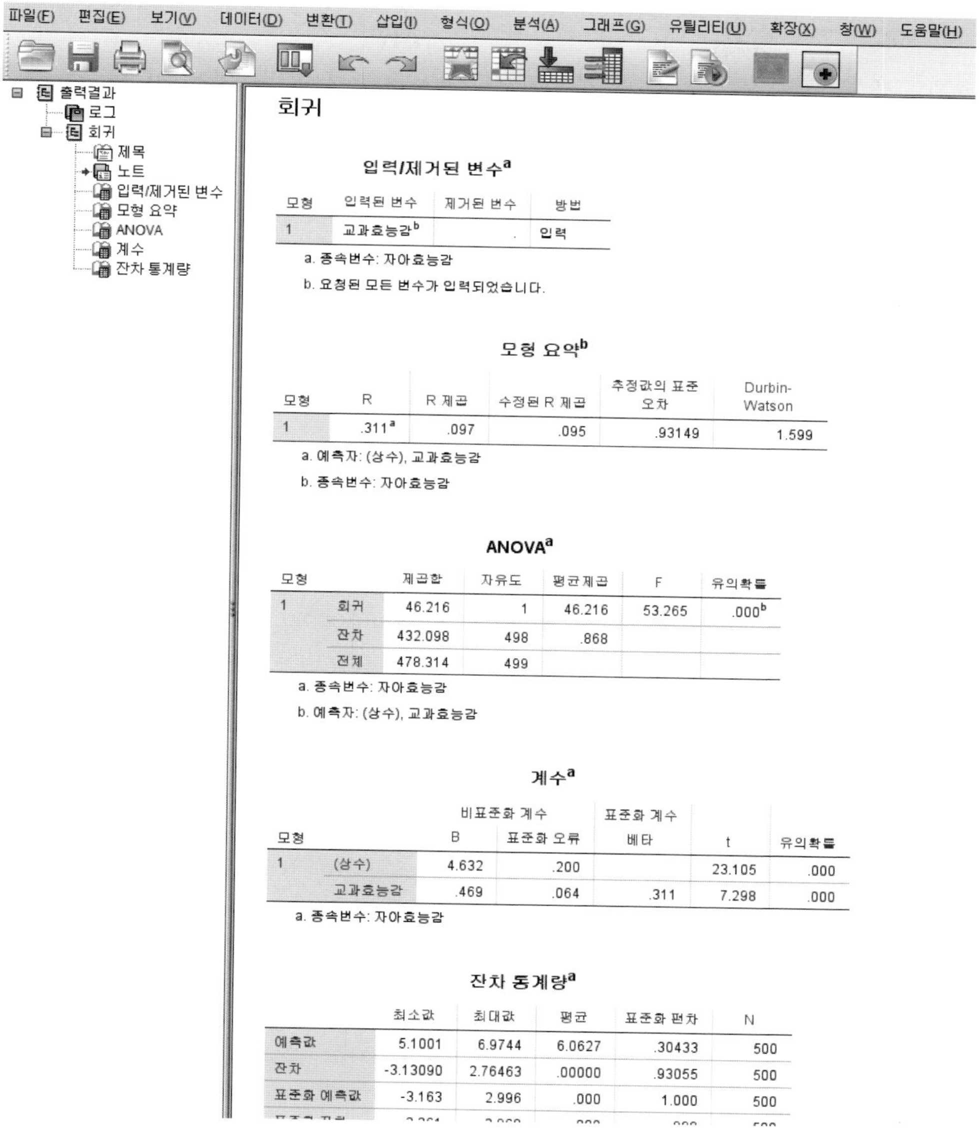

회귀

입력/제거된 변수[a]

모형	입력된 변수	제거된 변수	방법
1	교과효능감[b]	.	입력

a. 종속변수: 자아효능감

b. 요청된 모든 변수가 입력되었습니다.

모형 요약[b]

모형	R	R 제곱	수정된 R 제곱	추정값의 표준 오차	Durbin-Watson
1	.311[a]	.097	.095	.93149	1.599

a. 예측자: (상수), 교과효능감

b. 종속변수: 자아효능감

ANOVA[a]

모형		제곱합	자유도	평균제곱	F	유의확률
1	회귀	46.216	1	46.216	53.265	.000[b]
	잔차	432.098	498	.868		
	전체	478.314	499			

a. 종속변수: 자아효능감

b. 예측자: (상수), 교과효능감

계수[a]

모형		비표준화 계수		표준화 계수		
		B	표준화 오류	베타	t	유의확률
1	(상수)	4.632	.200		23.105	.000
	교과효능감	.469	.064	.311	7.298	.000

a. 종속변수: 자아효능감

잔차 통계량[a]

	최소값	최대값	평균	표준화 편차	N
예측값	5.1001	6.9744	6.0627	.30433	500
잔차	-3.13090	2.76463	.00000	.93055	500
표준화 예측값	-3.163	2.996	.000	1.000	500

(2) 입력/제거된 변수

입력/제거된 변수[a]

모형	입력된 변수	제거된 변수	방법
1	교과효능감[b]	.	입력

a. 종속변수: 자아효능감

b. 요청된 모든 변수가 입력되었습니다.

이 표는 회귀모형에 어떠한 변수가 투입되었는지를 보여 주는 것으로, 이 단순회귀모형에는 교과효능감이라는 독립변수가 투입되었으며, 종속변수는 자아효능감으로 해석하면 된다.

(3) 모형 요약

모형 요약[b]

모형	R	R 제곱	수정된 R 제곱	추정값의 표준오차	Durbin-Watson
1	.311[a]	.097	.095	.93149	1.599

a. 예측자: (상수), 교과효능감

b. 종속변수: 자아효능감

이 표는 모형의 설명력을 나타낸다. 여기서 R은 교과효능감과 자아효능감의 상관을 나타내며, R제곱은 독립변수가 종속변수를 어느 정도 설명하는지에 대한 설명력을 나타낸다. 이 모형에서는 .097로 나타나 교과효능감이 자아효능감 향상의 9.6%를 설명한다고 해석한다. 사실, 이 모형의 R제곱인 설명력은 9.6%로 낮은 편이나, 이 데이터가 시뮬레이션 데이터이며 변수가 하나만 투입되어 이러한 결과를 가져올 수 있다. 분명 뒤에 다중회귀분석으로 넘어가서 독립변수가 많을수록 설명력은 증진되니 알고 있기를 바란다.

여기서 Durbin-Watson을 통해 회귀분석의 가정인 독립성을 살펴볼 수 있는데, 일반적으로 1.5~2.5의 값을 가지면 종속변수의 잔차에 대해 독립적이라는 가정을 충족한다. Durbin-Watson 값이 2.5 이상인 경우 종속변수의 잔차가 독립적이지 않으며, 음의 자기상관이 있다고 말한다. 반대로 1.5 이하인 경우 종속변수의 잔차가 독립적이지 않으며, 양의 자기상관이 있음을 나타낸다. 이 모형에서는 1.599로 1.5 이상을 나타내 회귀분석의 독립성을 충족한 것으로 해석하면 된다.

(4) 분산분석 결과

ANOVA[a]

모형		제곱합	자유도	평균제곱	F	유의확률
1	회귀	46.216	1	46.216	53.265	.000[b]
	잔차	432.098	498	.868		
	전체	478.314	499			

a. 종속변수: 자아효능감

b. 예측자: (상수), 교과효능감

이 표는 회귀모형이 통계적으로 유의한지를 살펴볼 수 있는 분산분석표이다. 여기서 회귀모형은 설명된 변화량을 의미하고, 잔차는 설명되지 않은 변화량을 의미한다. 즉, 회귀의 제곱합인 46.216÷1(자유도)은 평균제곱 46.216으로 나오며, 잔차 432.098÷498(자유도)이 평균제곱 .868로 나타난다. *F*값은 회귀평균제곱값 46.216÷잔차평균제곱값 .868을 계산하여 나온 값이다. 이에 따라 이 모형의 *F*값은 53.265로 나타났으며, 유의확률은 .000으로 회귀선의 모형이 통계적으로 유의하여 적합하다는 것을 의미한다. 반대로 유의확률이 .05 이상으로 나타났을 시는 회귀선이 모형에 부적합하다는 영가설을 기각하지 못하므로, 이와 같은 상황일 시 이후 회귀계수를 해석하면 안 된다. 사실, SPSS나 여타 통계 프로그램은 숫자를 넣기만 하면 분석이 가능하기 때문에 연구자는 해석하기 전에 어떠한 가정을 충족해야 하는지, 어떠한 계수를 해석해야 하는지 잘 공부한 후 분석해 보기를 추천한다.

(5) 계수

계수[a]

모형		비표준화 계수		표준화 계수		
		B	표준화 오류	베타	t	유의확률
1	(상수)	4.632	.200		23.105	.000
	교과효능감	.469	.064	.311	7.298	.000

a. 종속변수: 자아효능감

이 표가 사실 회귀분석 결과를 해석하는 데 가장 중요한 부분이다. 앞서 언급한 모형요약, 분산분석의 표가 인과관계를 살펴보기 전에 가정을 확인하는 과정이라면, 계수 표는 독립변수가 종속변수에 영향이 있는지 없는지, 정적(+)으로 유의한지 부적(−)으로 유의한지를 보여 주는 표이므로 이에 주목해야 한다. 여기서 B는 비표준화 회귀식의 기울기를 나타내며, 표준화 계수 베타는 비표준화 회귀식의 기울기를 0~1로 표준화한 값이다. t값과 유의확률은 논문에서 요구되는 주요한 부분으로 t값이 ±1.96보다 크고, 유의확률(p)이 $< .05$로 나타난다면, 통계적으로 유의하며 영향을 준다고 해석한다. 즉, 이 모형에서 교과효능감은 t값이 7.298로 1.96보다 크고, 유의확률은 .000으로 .05 이하로 나타나 교과효능감은 자아효능감에 정적(+)으로 유의미한 영향을 준다는 의미이다. 구체적으로 해석하자면, 교과효능감을 한 단위 증진시킨다면 종속변수인 자아효능감도 증진한다고 해석하면 된다.

2) 다중회귀분석 결과

(1) 다중회귀분석 결과표

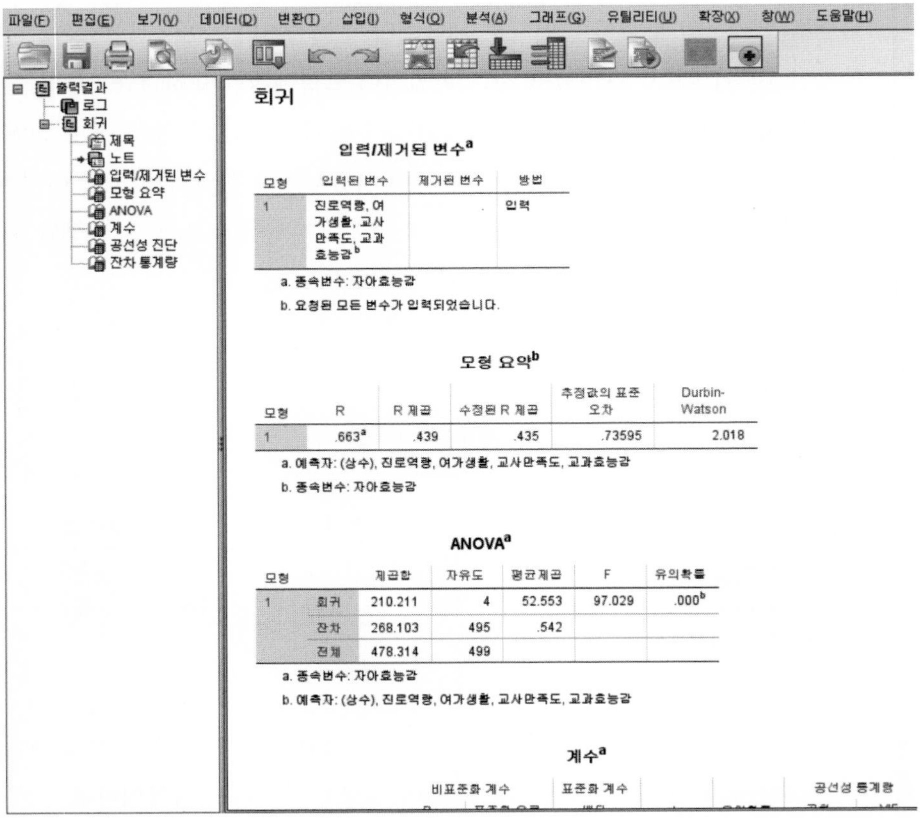

입력/제거된 변수[a]

모형	입력된 변수	제거된 변수	방법
1	진로역량, 여가생활, 교사만족도, 교과효능감[b]	.	입력

a. 종속변수: 자아효능감

b. 요청된 모든 변수가 입력되었습니다.

모형 요약[b]

모형	R	R 제곱	수정된 R 제곱	추정값의 표준오차	Durbin-Watson
1	.663[a]	.439	.435	.73595	2.018

a. 예측자: (상수), 진로역량, 여가생활, 교사만족도, 교과효능감

b. 종속변수: 자아효능감

ANOVA[a]

모형		제곱합	자유도	평균제곱	F	유의확률
1	회귀	210.211	4	52.553	97.029	.000[b]
	잔차	268.103	495	.542		
	전체	478.314	499			

a. 종속변수: 자아효능감

b. 예측자: (상수), 진로역량, 여가생활, 교사만족도, 교과효능감

계수[a]

비표준화 계수		표준화 계수			공선성 통계량	

(2) 입력/제거된 변수

입력/제거된 변수[a]

모형	입력된 변수	제거된 변수	방법
1	진로역량, 여가생활, 교사만족도, 교과효능감[b]	.	입력

a. 종속변수: 자아효능감

b. 요청된 모든 변수가 입력되었습니다.

이 표는 다중회귀모형에 어떠한 변수가 투입되었는지를 보여 주는 것으로, 이 다중회귀모형에서는 진로역량, 여가생활, 교사만족도, 교과효능감이라는 독립변수가 투입되었으며, 종속변수는 자아효능감으로 해석하면 된다.

모형 요약[b]

모형	R	R 제곱	수정된 R 제곱	추정값의 표준오차	Durbin-Watson
1	.663[a]	.439	.435	.73595	2.018

a. 예측자: (상수), 진로역량, 여가생활, 교사만족도, 교과효능감

b. 종속변수: 자아효능감

이 표는 모형 요약 표이다. R은 독립변수와 종속변수인 자아효능감 간 상관을 나타내며, R제곱은 독립변수가 종속변수를 어느 정도 설명하는지에 대한 설명력을 나타낸다. 즉, 이 회귀모형에서는 .439로 나타나 진로역량, 여가생활, 교사만족도, 교과효능감은 자아효능감의 43.9%를 설명한다고 해석하면 된다. 또한 Durbin-Watson의 값은 2.018로 나타나 1.5~2.5의 값을 가져 종속변수의 잔차에 대한 독립성을 확인할 수 있었다.

(3) 분산분석 결과

ANOVA[a]

모형		제곱합	자유도	평균제곱	F	유의확률
1	회귀	210.211	4	52.553	97.029	.000[b]
	잔차	268.103	495	.542		
	전체	478.314	499			

a. 종속변수: 자아효능감

b. 예측자: (상수), 진로역량, 여가생활, 교사만족도, 교과효능감

이 모형의 F값은 97.029로 나타났으며, 유의확률은 .000으로 회귀선이 통계적으로 유의하여 적합하다는 것을 확인할 수 있다.

(4) 계수

계수[a]

모형		비표준화 계수		표준화 계수	t	유의확률	공선성 통계량	
		B	표준화 오류	베타			공차	VIF
1	(상수)	.723	.302		2.389	.017		
	교과효능감	.088	.061	.058	1.449	.148	.698	1.433
	교사만족도	.262	.049	.200	5.369	.000	.815	1.227
	여가생활	.526	.075	.245	7.034	.000	.935	1.070
	진로역량	.723	.061	.465	11.932	.000	.747	1.339

a. 종속변수: 자아효능감

여기서 가장 중시하여 보아야 할 값은 B, 표준화 계수 베타, t, 유의확률, 공차한계, VIF이다. 먼저, 독립변수 간 독립성의 가정인 다중공선성을 살펴보기 위해 공차한계와 VIF 값을 보아야 한다. 앞서 설명하였듯이, 다중공선성이란 독립변수들 간의 높은 상관관계에서 발생하는 문제로 보편적으로 공차한계가 .1 이상의 값을 가지고 VIF 값이 10 미만의 값을 가지면 독립변수 간 상관이 없이 독립적이라고 본다. 즉, 다중공선성이 없이 각 개별 독립변수가 독립적으로 종속변수에 미치는 영향을 살펴보아야 하는데, 독립변수 간 상관이 있다면 다중공선성으로 인해 회귀계수를 비교하는 것이 무의미해진다. 이 모형에서의 공차한계 같은 경우 .698~.935로 나타났으며, VIF 값은 1.070~1.433의 값을 가지는 것으로 도출되었다. 따라서 이 모형에서 도출된 값 또한 공차한계가 .1 이상, VIF 값이 10 미만으로 나와 독립변수 간 상관이 없어 다중공선성이 없음을 알 수 있었으며, 독립성이라는 회귀분석의 가정을 충족하였다.

이후 보아야 할 값은 t값과 유의확률이다. 먼저, 유의확률을 살펴보자면 교과효능감은 .148로 .05 이상의 값을 가져 통계적으로 유의하지 않았으며, 나머지 교사만족도, 여가생활, 진로역량의 유의확률은 .000으로 나타나 .05 이하로 통계적으로 유의미한 것으로 해석할 수 있다. 그렇다면 통계적으로 유의하지 않은 교과효능감을 제외하고 교사만족도, 여가생활, 진로역량의 B값과 표준화 계수 베타를 살펴보아야 한다. 여기서 B는 회귀식의 기울기를 나타내며, 교사만족도는 .262, 여가생활은 .526, 진로역량은 .723으로 도출되었다. 만약 기울기 값이 −값을 가진다면 독립변수는 종속변수에 부적인 영향을 준다고 해석하면 된다. 예를 들어, 학업스트레스가 학업성취도에 미치는 영향을 본다고 하였을 때 B값이 −라면 학업스트레스는 학업성취도에 부적인 영향을 주며, 학업스트레스를 한 단위 증진하였을 때 학업성취도는 감소된다고 해석하면 된다. 그러나 이 모형에서는 교사만족도, 여가생활, 진로역량의 B값은 모두 +값을 가져 자아효능감에 정적인 영향을 준다고 해석하면 된다. 단순회귀분석과 달리 다중회귀분석의 계수 값은 경우 표준화 계수 베타를 확인해야 한다. 언뜻 B값이 높을수록 종속변수에 많은 영향을 준다고 볼 수 있겠으나, 사실 X 단위가 일정하지 않으므로 B값의 단위를 비율화하여 통일한 표준화 계수 베타를 활용하여 상대적 비교가 가능하다. 이 모형에서는 교과효능감의 표준화 계수 베타는 .058, 교사만족도의 표준화 계수 베타는 .200. 여가생활의 표준화 계수 베타는 .245, 진로역량의 표준화 계수 베타는 .465로 도출되었다. 이를 해석하자면 표준화 계수 베타가 가장 높은 순인 진로역량, 여가생활, 교사만족도가 자아효능감에 정적인 영향을 준다는 것을 의미하며, 통계적으로 유의한 변수를 한 단위씩 증진하였을 때 독립변수 중 진로역량이 자아효능감을 가장 많이 증진한다는 것으로 해석한다.

3) 더미/통제 회귀분석 결과

(1) 더미/통제 회귀분석 결과표

분석이 완료된 부분을 나타내면 다음과 같다.

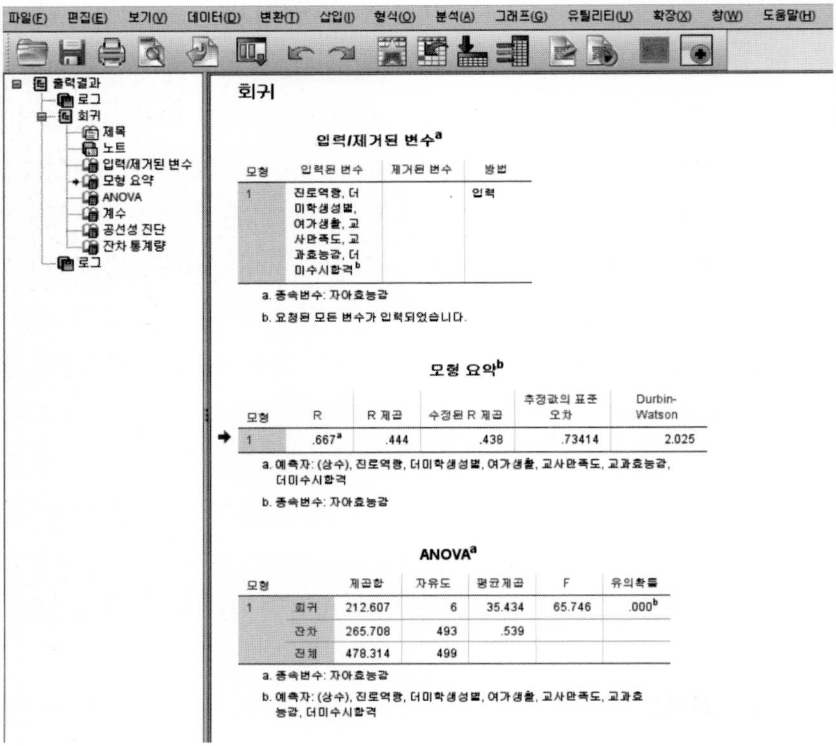

입력/제거된 변수[a]

모형	입력된 변수	제거된 변수	방법
1	진로역량, 더미학생성별, 여가생활, 교사만족도, 교과효능감, 더미수시합격[b]	.	입력

a. 종속변수: 자아효능감

b. 요청된 모든 변수가 입력되었습니다.

모형 요약[b]

모형	R	R 제곱	수정된 R 제곱	추정값의 표준오차	Durbin-Watson
1	.667[a]	.444	.438	.73414	2.025

a. 예측자: (상수), 진로역량, 더미학생성별, 여가생활, 교사만족도, 교과효능감, 더미수시합격

b. 종속변수: 자아효능감

ANOVA[a]

모형		제곱합	자유도	평균제곱	F	유의확률
1	회귀	212.607	6	35.434	65.746	.000[b]
	잔차	265.708	493	.539		
	전체	478.314	499			

a. 종속변수: 자아효능감

b. 예측자: (상수), 진로역량, 더미학생성별, 여가생활, 교사만족도, 교과효능감, 더미수시합격

(2) 입력/제거된 변수

입력/제거된 변수[a]

모형	입력된 변수	제거된 변수	방법
1	진로역량, 더미학생성별, 여가생활, 교사만족도, 교과효능감, 더미수시합격[b]	.	입력

a. 종속변수: 자아효능감

b. 요청된 모든 변수가 입력되었습니다.

이 표를 통해 더미/통제 회귀분석모형에 통제변수인 더미학생성별, 더미수시합격을 포함하여 진로역량, 여가생활, 교사만족도, 교과효능감이 독립변수로 투입되었으며, 종속변수는 자아효능감임을 알 수 있다.

(3) 모형 요약

모형 요약[b]

모형	R	R 제곱	수정된 R 제곱	추정값의 표준 오차	Durbin-Watson
1	.667[a]	.444	.438	.73414	2.025

a. 예측자: (상수), 진로역량, 더미학생성별, 여가생활, 교사만족도, 교과효능감, 더미수시합격

b. 종속변수: 자아효능감

이 표를 통해 R제곱은 .444로 나타나 통제변수를 포함한 모든 독립변수가 종속변수인 자아효능감에 44.4%의 설명력을 지니는 것으로 해석하면 된다. 또한 Durbin-Watson이 2.025로 나타나 종속변수의 잔차 간 상관이 없어 독립성을 충족한 것을 의미한다.

(4) 분산분석 결과

ANOVA[a]

모형		제곱합	자유도	평균제곱	F	유의확률
1	회귀	212.607	6	35.434	65.746	.000[b]
	잔차	265.708	493	.539		
	전체	478.314	499			

a. 종속변수: 자아효능감

b. 예측자: (상수), 진로역량, 더미학생성별, 여가생활, 교사만족도, 교과효능감, 더미수시합격

*F*값이 65.746이며, 유의확률은 .000으로 통계적으로 유의미하였다. 이는 통제 회귀선의 모형이 통계적으로 유의하여 적절하다는 것을 의미한다.

(5) 계수

계수[a]

모형		비표준화 계수		표준화 계수	t	유의확률	공선성 통계량	
		B	표준화 오류	베타			공차	VIF
1	(상수)	.755	.349		2.161	.031		
	더미학생성별	.146	.069	.073	2.106	.036	.934	1.071
	더미수시합격	-.016	.110	-.007	-.146	.884	.492	2.034
	교과효능감	.089	.061	.059	1.465	.144	.695	1.439
	교사만족도	.247	.049	.189	5.018	.000	.796	1.256
	여가생활	.494	.076	.230	6.488	.000	.894	1.118
	진로역량	.739	.080	.475	9.268	.000	.429	2.329

a. 종속변수: 자아효능감

계수를 해석하기 전에 공차한계와 VIF 값을 살펴보면, 공차한계는 .1 이상, VIF 값은 10 미만으로 독립변수 간 다중공선성은 없는 것으로 나타났다. 따라서 학생 성별과 학생 수시합격을 통제한 상황에서 교사만족도(t=5.018, p < .001), 여가생활(t=6.488, p < .001), 진로역량(t=9.268, p < .001)은 자아효능감에 통계적으로 유의미한 영향을 미치는 것으로 나타났으며, 교과효능감(t=1.465, p > .05)은 통계적으로 유의미한 영향이 없는 것으로 나타났다. 이러한 결과는 학생 성별과 수시합격을 통제한 상황에서도 교사만족도를 증진한다면, 여가생활을 증진한다면, 진로역량을 증진한다면 자아효능감은 높아진다는 것이다. 학생 성별과 수시합격은 따로 해석하지 않아도 된다. 결국 자아효능감에 유의한 영향을 미치는 교사만족도, 여가생활, 진로역량 중 상대적으로 큰 영향을 미치는 것을 판단하기 위하여 표준화 계수 베타를 살펴본 결과, 진로역량(β=.475)이 큰 영향을 주며, 그다음으로 여가생활(β=.230), 교사만족도(β=.189) 순으로 자아효능감에 영향을 미치는 것으로 나타났다.

4 논문 양식

1) 단순회귀 논문 양식

결국 논문에 모든 분석 결과를 제시한다기보다 분석 결과에서 도출해 낸 필요한 계수들(B, 표준오차, β, t, R^2, F, Durbin-Watson)을 논문 양식표에 옮겨서 제시하면 된다. 따라서 고등학생의 교과효능감이 자아효능감에 미치는 영향은 어떠한가에 대한 단순회귀분석의 결과를 논문 양식으로 제시하면 〈표 12-1〉과 같다.

〈표 12-1〉 교과효능감이 자아효능감에 미치는 영향

독립변수	B	표준오차	β	t
교과효능감	.469	.064	.311	7.298***
R^2=.097, F=53.265***, Durbin-Watson=1.599				

***p < .001

교과효능감이 자아효능감에 영향을 미치는지 살펴보기 위해 단순회귀분석을 실시하였다. 먼저, Durbin-Watson은 1.599로 나타나 1.5를 상회하여 종속변수의 오차 간 자기상관이 없고 회귀분석의 가정인 독립성을 충족하는 것으로 나타났다. R^2=.097로 도출되어 교과효능감은 종속변수인 자아효능감에 9.7%의 설명력을 지니며, F값도 53.265(p <.001)로 나타나 이 모형의 회귀식은 통계적으로 유의하였다. 교과효능감은 자아효능감에 통계적으로 유의미한 정적인 영향(t=7.298, p <.001)을 지니는 것으로 나타났다. 이러한 결과는 교과효능감을 한 단위 증진시킨다면 자아효능감 또한 증진함을 의미한다.

2) 다중회귀 논문 양식

고등학생의 교과효능감, 교사만족도, 여가생활, 진로역량이 자아효능감에 미치는 영향을 살펴보고자 다중회귀분석을 실시하였으며, 이는 〈표 12-2〉와 같다.

〈표 12-2〉 교과효능감, 교사만족도, 여가생활, 진로역량이 자아효능감에 미치는 영향

독립변수	B	표준오차	β	t	공차한계	VIF
교과효능감	.088	.061	.058	1.449	.698	1.433
교사만족도	.262	.049	.200	5.369***	.815	1.227
여가생활	.526	.075	.245	7.034***	.935	1.070
진로역량	.723	.061	.465	11.932***	.747	1.339
R^2=.439, F=97.029***, Durbin-Watson=2.018						

***p <.001

교과효능감, 교사만족도, 여가생활, 진로역량이 자아효능감에 미치는 영향을 살펴보기 위해 다중회귀분석을 실시하였다. 먼저, 공차한계는 .698~.935, VIF는 1.070~1.433으로 나타났으며, 이는 공차한계가 .1 이상, VIF는 10 미만이라는 조건을 충족하였으므로 독립변수 간 독립성의 가정을 충족한 것으로 나타났다. 또한 Durbin-Watson이 2.018로 나타나 1.5~2.5의 값을 가지면 종속변수의 잔차가 독립적인 것으로 판단함에 있어 이에 대한 독립성 또한 충족하였다. R^2이 .439로 나타나 이는 교과효능감, 교사만족도, 여가생활, 진로역량이 자아효능감의 43.9%의 설명력을 지니며, F값도 97.029(p <.001)로 나타나, 이 모형의 회귀식은 통계적으로 유의하였다. 교과효능감은 자아효능감에 유의미한 영향(t=1.449, p >.05)을 주지 않았으나, 교사만족도(t=5.369, p <.001), 여가생활

(t=7.034, p <.001), 진로역량(t=11.932, p <.001)은 통계적으로 유의미하였다. 즉, 교사만족도, 여가생활, 진로역량은 자아효능감에 정적인 영향을 주며, 각 변수를 한 단위씩 증진하였을 때 자아효능감도 증진함을 의미한다. 표준화 계수 베타를 살펴보았을 때 이 중에서 진로역량이 가장 높은 정적 영향을 자아효능감에 주는 것을 확인할 수 있었으며, 다음으로 여가생활, 교사만족도 순으로 나타났다.

3) 더미/통제 논문 양식

고등학생의 성별과 수시합격을 통제한 상황에서 교과효능감, 교사만족도, 여가생활, 진로역량이 자아효능감에 미치는 영향에 대한 통제 회귀분석의 결과를 논문 양식으로 제시하면, 〈표 12-3〉과 같다.

〈표 12-3〉 교과효능감, 교사만족도, 여가생활, 진로역량이 자아효능감에 미치는 영향에서 성별과 수시합격의 통제 회귀분석

독립변수	B	표준오차	β	t	공차한계	VIF
학생 성별	.146	.069	.073	2.106	.934	1.071
수시합격	−.016	.110	−.007	−.146	.492	2.034
교과효능감	.089	.061	.059	1.465	.695	1.439
교사만족도	.247	.049	.189	5.018***	.796	1.256
여가생활	.494	.076	.230	6.488***	.894	1.118
진로역량	.739	.080	.475	9.268***	.429	2.329
R^2=.444, F=65.746***, Durbin-Watson=2.025						

***p <.001

학생 성별과 수시합격을 통제한 상황에서 고등학생의 교과효능감, 교사만족도, 여가생활, 진로역량이 자아효능감에 미치는 영향을 살펴보기 위해 통제 회귀분석을 실시하였다. 독립변수 간 독립성을 살펴보기 위해 공차한계와 VIF를 살펴본 결과, 공차한계는 .429~.934로 모두 .1을 상회하였으며, VIF 값 또한 1.071~2.329로 나타나 10 미만으로 도출되어 독립성 가정을 충족하였다. Durbin-Watson 값이 2.025로 나타나 1.5~2.5의 값을 가져 종속변수의 잔차에 대한 독립성 가정 또한 충족되었다. R^2는 .444로 나와 이는 학생 성별과 수시합격을 포함한 모든 독립변수가 자아효능감의 44.4%를 설명하며,

F값도 65.746(p <.001)으로 나타나 이 모형의 회귀식은 통계적으로 유의하였다. 교과효능감(t=1.465, p >.05)은 자아효능감에 유의한 영향을 주지 않았으나 교사만족도(t=5.018, p <.001), 여가생활(t=6.488, p <.001), 진로역량(t=9.268, p <.001)은 통계적으로 유의미한 영향을 자아효능감에 주는 것을 확인할 수 있었다. 이러한 결과는 교사만족도, 여가생활, 진로역량을 한 단위씩 증진하였을 때 자아효능감도 증진함을 의미한다. 표준화 계수 베타를 살펴보았을 때 이 중 자아효능감에 진로역량이 가장 큰 영향을 주는 것을 알 수 있으며, 다음으로 여가생활, 교사만족도 순으로 나타났다.

연습문제

1

대학생의 GPA에 미치는 수능시험, 학생부점수, 논술시험의 영향은 어떠한가?

2

고등학생의 성별을 통제한 상황에서 자아효능감, 학업스트레스, 교사기대, 부모기대가 학업성취도에 미치는 영향은 어떠한가?

제13장

매개효과 분석

1. 개념 및 목적
2. 분석 실행
3. 분석 결과
4. 논문 양식

1 개념 및 목적

회귀분석에서 매개효과는 독립변수와 종속변수 간 관계에서 제3의 매개변수가 매개 역할을 하는지 검증하여 검증이 되었을 때 매개변수를 개입하여 설명할 때 활용한다. 이뿐만 아니라 독립변수가 종속변수에 미치는 적접적인 영향, 즉 다중회귀분석을 활용한다면 그저 1차원적 인과를 볼 수 있겠으나, 매개변수와의 관계를 살펴보는 것은 2차원적 인과관계까지 볼 수 있다는 장점이 있다. 예를 들면, 자아효능감과 교과효능감 간 관계에서 진로역량이 완전매개한다고 나타난다면 교과효능감을 관리하기 위해 자아효능감을 증진해야 한다는 시사점을 도출할 수 있다. 반대로 자아효능감과 교과효능감 간 관계에서 진로역량이 부분매개한다고 나타난다면 자아효능감와 교과효능감을 동시에 증진해야 하는 시사점을 얻을 수 있으므로 이러한 유형의 연구가 필요할 때 활용한다고 할 수 있겠다.

그렇다면 매개효과란 무엇인가? 여기서 매개효과란 독립변수가 종속변수에 미치는 영향에서 매개변수가 어떠한 작용을 하는지를 보는 방법이다. 즉, 매개효과는 독립변수와 종속변수 간 관계에 개입하는 제3의 변수인 매개변수가 긍정적인 효과가 있는지 부정적인 효과가 있는지를 살펴보는 것이라 할 수 있다. 이해가 쉽도록 매개효과를 도식화하면, 다음과 같다.

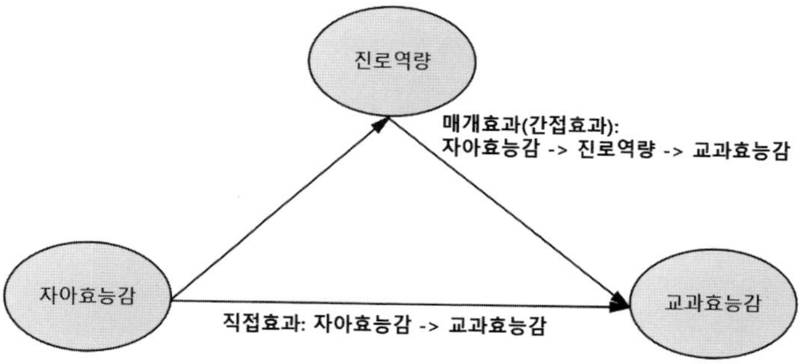

한편으로 매개효과를 간접효과라고도 하는데, 간접효과라는 표현은 구조방정식에 더 많이 쓰이기는 하지만, 같이 알아 두면 좋기에 언급한다. 매개효과와 같은 의미인 간접효과란 독립변수가 종속변수에 직접적으로 미치는 영향이 아닌 독립변수가 매개변수를

통하여 종속변수에 미치는 효과를 의미한다. 즉, 자아효능감이 교과효능감에 미치는 영향에서 진로역량이라는 매개변수의 영향이 존재한다면 이를 매개효과이자 간접효과라 한다. 반대로 직접효과는 독립변수가 바로 종속변수에 미치는 영향을 뜻한다. 여타 회귀분석과 마찬가지로 매개 회귀분석을 실시할 때는 독립변수, 종속변수, 매개변수에 대한 이론적 배경을 기반으로 하여 가설을 정립한 뒤 매개효과에 대한 검증을 실시해야 한다.

그렇다면 여기서 말하는 완전매개효과와 부분매개효과 간 어떠한 차이가 있는지 알아야 할 필요가 있다. 이를 구분하는 방법은 매개변수의 역할에 따라 완전매개인지 부분매개인지 나뉜다. 이에 대한 모형을 도식화하면 다음과 같다.

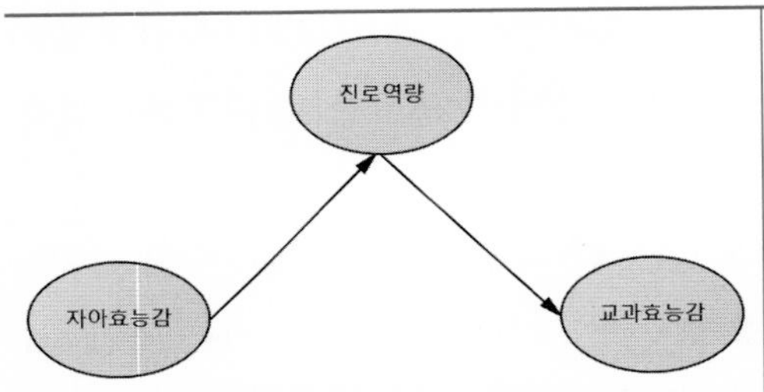

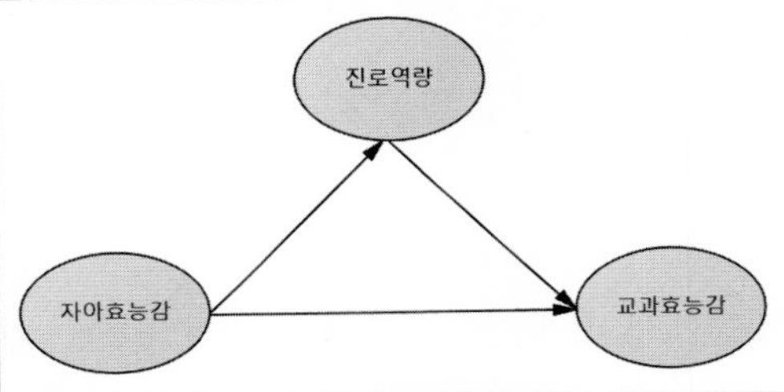

완전매개효과	부분매개효과

매개변수의 입장에서 독립변수가 직접적으로 종속변수에 영향을 미치면 매개변수가 부분적 역할을 수행하는데, 이를 부분매개효과라 한다. 반대로 독립변수가 종속변수에 유의미한 영향이 없을 때는 완전매개효과라 한다. 정리하자면, 독립변수가 유의미한 영향을 종속변수에 주는지에 따라 매개변수가 완전매개이냐 부분매개이냐로 구분할 수 있다.

매개효과를 검정하는 데 보편적으로 검증하는 방법으로는 Baron & Kenny(1986)를 활용한다. 이를 표로 나타내면 〈표 13-1〉과 같다.

〈표 13-1〉 Baron & Kenny의 매개효과 분석 단계

절차	분석	판단기준
1단계	독립변수가 매개변수를 예측하는 단순회귀분석	X → M 유의해야 함
2단계	독립변수가 종속변수를 예측하는 단순회귀분석	X → Y 유의해야 함
3단계	독립변수와 매개변수가 종속변수를 예측하는 다중회귀분석	M → Y 유의해야 함

검정 절차는 다음과 같다. 첫째, 독립변수가 매개변수에 통계적으로 의미 있는 영향을 미치는지 검정한다. 둘째, 독립변수가 종속변수에 유의한 영향관계가 있는지를 검정한다. 셋째, 독립변수와 매개변수를 독립변수로 동시에 투입하고 종속변수에 유의한 영향이 있는지 검정한다. 넷째, 매개효과의 유의성을 검정한다(매개효과의 유의성을 검증하는 방법은 Bootstrapping, Sobel test, Goodman test, Aroian test 등이 있으나 보편적으로 Sobel test를 많이 활용하기에 이를 중점으로 설명하겠다). 네 번째 검정은 사실 Baron & Kenny(1986)의 검정 절차에 포함되지 않으나, 일반적으로 매개효과에 관한 논문을 작성한다면 매개효과의 유의성을 꼭 제시해야 한다. 따라서 매개효과 분석을 할 시 매개효과의 유의성 검정은 꼭 필요한 부분이기에 유념하기를 바라며, 분석하는 방법은 뒤에 매개효과 분석 실행에 제시하였다. 또한 조금 더 친절한 설명을 하자면, 매개효과 분석 절차가 3단계가 있다는 의미는 회귀분석을 세 번 실시하겠다는 것이다. 즉, 세 번의 회귀분석을 순차적으로 실행하고 나온 3개의 분석 결과를 종합하여 논문에 제시한다. 만약 이 부분이 당장 이해되지 않더라도 뒤의 분석 실행과 결과 해석에서 설명할 것이니 넘어가기 바란다.

2 분석 실행

연구문제

고등학생의 자아효능감이 교과효능감에 미치는 영향에서 진로역량의 매개효과는 어떠한가?

회귀분석을 활용하여 자아효능감이 교과효능감에 미치는 영향에서 진로역량의 매개효과는 어떠한지 검정해 보자. 활용할 데이터는 '13장 매개효과 회귀분석.sav'로, 이를 더블클릭한다. Baron & Kenny의 3단계 방법을 활용하여 매개효과를 확인하는 절차를 설명할 것이며, 여기서 3단계란 회귀분석을 세 번 순차적으로 하겠다는 의미이기도 하다.

1

[Baron & Kenny 1단계 절차 (X ➡ M)]

1단계로 독립변수가 매개변수(X ➡ M)에 미치는 영향을 살펴보기 위해 **분석 → 회귀분석 → 선형**을 클릭한다.

2

종속변수에 '진로역량'(매개변수)을 투입하고, **독립변수**에 '자아효능감'(독립변수)을 투입한 후 **통계량**을 클릭한다.

3

회귀식이 유의한지를 살펴보기 위해 모형 적합을 체크한다. 여기서는 독립변수가 하나이기에 공선성 진단을 체크할 필요가 없으나, 3단계에서는 독립변수, 매개변수가 들어가기에 미리 체크한다. 종속변수의 잔차 간 독립성을 살펴보기 위해 Durbin-Watson을 클릭한 후 계속을 클릭한다.

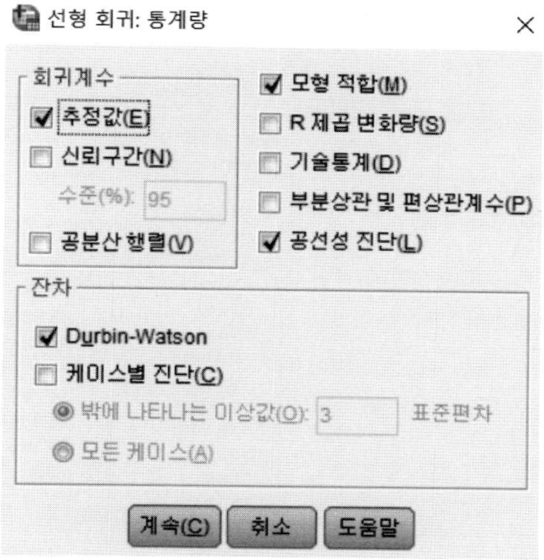

4

확인을 클릭한다(Baron & Kenny 1단계 완료).

5

[Baron & Kenny 2단계 절차 (X ➡ Y)]

2단계로 독립변수가 종속변수(X ➡ Y)에 미치는 영향을 살펴보기 위해 **분석 → 회귀분석 → 선형**을 클릭한다.

6

종속변수에 '교과효능감'을 투입하고, **독립변수**에는 '자아효능감'을 투입한 후 **통계량**을 클릭한다(모형 적합, 공선성 진단, Durbin-Watson이 체크되어 있으면 넘어가도 됨). **확인**을 클릭한다(Baron & Kenny 2단계 완료).

7

[Baron & Kenny 3단계 절차 (X, M ➡ Y)]

3단계로 독립변수와 매개변수가 종속변수(X, M ➡ Y)에 미치는 영향을 살펴보기 위해 **분석 → 회귀분석 → 선형**을 클릭한다.

8

종속변수에 '교과효능감'을 투입하고, **독립변수**에는 '자아효능감' '진로역량'을 투입한 후 **통계량**을 클릭한다(모형 적합, 공선성 진단, Durbin-Watson이 체크되어 있다면 넘어가도 됨). **확인**을 클릭한다(Baron & Kenny 3단계 완료).

9

[매개효과의 유의성을 위한 Sobel test 절차]

구글로 들어가 Sobel test를 검색하고 Calculate Sobel Test를 클릭한다.

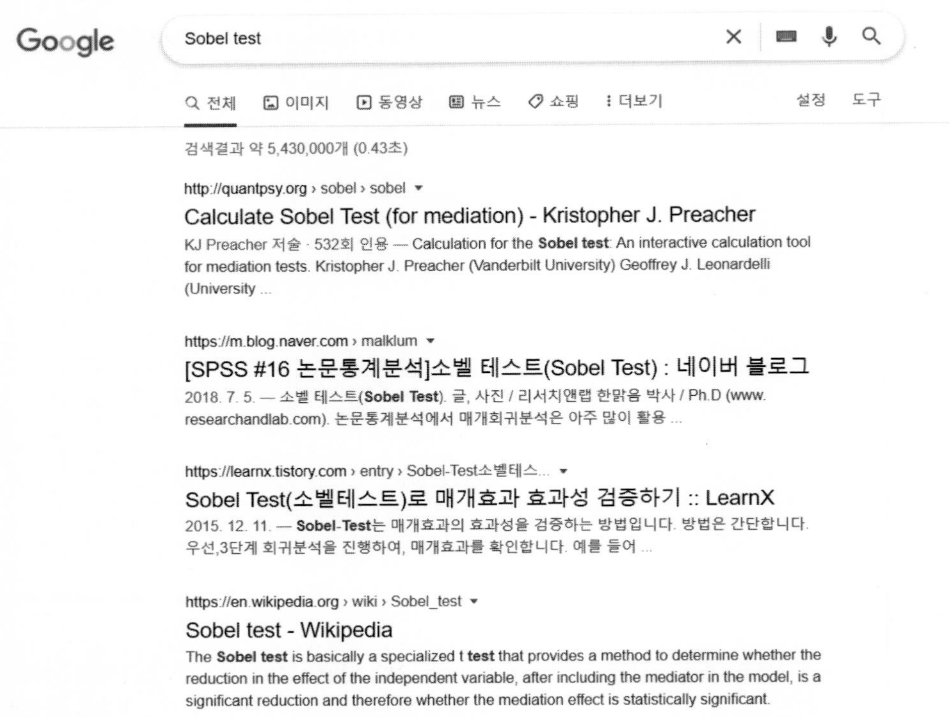

10

a input에 자아효능감(X)이 진로역량(M)에 미치는 영향의 비표준화 계수(B) 값을, b input에 진로역량(M)이 교과효능감(Y)에 미치는 영향의 비표준화 계수(B) 값을, S_a input에 자아효능감(X)이 진로역량(M)에 미치는 영향의 표준오차값을, S_b input에 진로역량(M)이 교과효능감(Y)에 미치는 영향의 표준오차값을 넣고 Calculate를 클릭한다.

CALCULATION FOR THE SOBEL TEST

An interactive calculation tool for mediation tests

- Curriculum vitae
- Selected publications
- Supplemental material for publications
- Online utilities
- Mediation & moderation material
- Vanderbilt Psychological Sciences
- Vanderbilt Quantitative Methods
- Organizations
- Friends and colleagues
- Contact me

To get numbers

1. Run a regression analysis with the IV predicting the mediator. This will give a and s_a.
2. Run a regression analysis with the IV and mediator predicting the DV. This will give b and s_b. Note that s_a and s_b should never be negative.

To conduct the Sobel test

Details can be found in Baron and Kenny (1986), Sobel (1982), Goodman (1960), and MacKinnon, Warsi, and Dwyer (1995). Insert the a, b, s_a, and s_b into the cells below and this program will calculate the critical ratio as a test of whether the indirect effect of the IV on the DV via the mediator is significantly different from zero.

	Input:		Test statistic:	Std. Error:	p-value:
a		Sobel test:			
b		Aroian test:			
s_a		Goodman test:			
s_b		Reset all	Calculate		

Sobel test 값을 입력한 후 아래에 도출되어 나온 Test statistic, STD.Error를 논문에 제시하면 된다.

CALCULATION FOR THE SOBEL TEST

An interactive calculation tool for mediation tests

- Curriculum vitae
- Selected publications
- Supplemental material for publications
- Online utilities
- Mediation & moderation material
- Vanderbilt Psychological Sciences
- Vanderbilt Quantitative Methods
- Organizations
- Friends and colleagues
- Contact me

To get numbers

1. Run a regression analysis with the IV predicting the mediator. This will give a and s_a.
2. Run a regression analysis with the IV and mediator predicting the DV. This will give b and s_b. Note that s_a and s_b should never be negative.

To conduct the Sobel test

Details can be found in Baron and Kenny (1986), Sobel (1982), Goodman (1960), and MacKinnon, Warsi, and Dwyer (1995). Insert the a, b, s_a, and s_b into the cells below and this program will calculate the critical ratio as a test of whether the indirect effect of the IV on the DV via the mediator is significantly different from zero.

	Input:		Test statistic:	Std. Error:	p-value:
a	.372	Sobel test:	7.565739	0.02104434	0
b	.428	Aroian test:	7.55446767	0.02107574	0
s_a	.023	Goodman test:	7.57706093	0.0210129	0
s_b	.050	Reset all	Calculate		

3 분석 결과

Baron & Kenny(1986)의 3단계 검정을 완료하였다면 분석 결과가 3개가 나올 것이다. 이를 순차적으로 해석하면 다음과 같다.

1) 1단계 분석 결과(첫 번째 회귀분석 결과 해석)

모형 요약[b]

모형	R	R 제곱	수정된 R 제곱	추정값의 표준오차	Durbin-Watson
1	.579[a]	.335	.333	.51343	1.683

a. 예측자: (상수), 자아효능감

b. 종속변수: 진로역량

ANOVA[a]

모형		제곱합	자유도	평균제곱	F	유의확률
1	회귀	66.083	1	66.083	250.685	.000[b]
	잔차	131.277	498	.264		
	전체	197.360	499			

a. 종속변수: 진로역량

b. 예측자: (상수), 자아효능감

계수[a]

모형		비표준화 계수		표준화 계수	t	유의확률	공선성 통계량	
		B	표준화 오류	베타			공차	VIF
1	(상수)	1.298	.144		9.003	.000		
	자아효능감	.372	.023	.579	15.833	.000	1.000	1.000

a. 종속변수: 진로역량

독립변수인 자아효능감이 매개변수인 진로역량에 미치는 영향을 분석한 결과표이다. 먼저, Durbin-Watson 값이 1.5~2.5의 값을 충족하여 회귀분석의 독립성 가정이 확인되었는지 보고, 이후 회귀식이 통계적으로 유의미한지 F값과 유의확률을 확인하여 통계적으로 유의한지 살펴야 한다. 이 모형에서는 Durbin-Watson이 1.683, F값이 250.685 ($p<.001$)로 통계적으로 유의하므로 계수를 살펴보겠다. 계수에서 t값이 15.833($p<.001$)

으로 나타나 통계적으로 유의미한 영향이 있었기에 Baron & Kenny의 1단계 검정을 충족하였다.

2) 2단계 분석 결과(두 번째 회귀분석 결과 해석)

모형 요약[b]

모형	R	R 제곱	수정된 R 제곱	추정값의 표준오차	Durbin-Watson
1	.311[a]	.097	.095	.61795	1.882

a. 예측자: (상수), 자아효능감

b. 종속변수: 교과효능감

ANOVA[a]

모형		제곱합	자유도	평균제곱	F	유의확률
1	회귀	20.340	1	20.340	53.265	.000[b]
	잔차	190.166	498	.382		
	전체	210.505	499			

a. 종속변수: 교과효능감

b. 예측자: (상수), 자아효능감

계수[a]

모형		비표준화 계수		표준화 계수			공선성 통계량	
		B	표준화 오류	베타	t	유의확률	공차	VIF
1	(상수)	1.804	.174		10.397	.000		
	자아효능감	.206	.028	.311	7.298	.000	1.000	1.000

a. 종속변수: 교과효능감

독립변수인 자아효능감이 종속변수인 교과효능감에 미치는 영향을 분석한 결과표이다. Durbin-Watson 값이 1.5~2.5의 값을 지니는지 확인하고 독립성 가정을 확인한다. 회귀식이 통계적으로 유의미한지 *F*값과 유의확률을 확인하여 통계적으로 유의한지 살핀다. 이 모형에서는 Durbin-Watson 값이 1.882이며, *F*값이 53.265($p<.001$)로 나타나 통계적으로 유의하여 계수를 살펴볼 수 있다. 계수는 *t*값이 7.298($p<.001$)로 나타나 자아효능감이 교과효능감에 통계적으로 유의한 영향을 미치고 있음을 알 수 있다. 따라서 Baron & Kenny의 2단계 검정도 충족하였다.

3) 3단계 분석 결과(세 번째 회귀분석 결과)

모형 요약[b]

모형	R	R 제곱	수정된 R 제곱	추정값의 표준오차	Durbin-Watson
1	.459[a]	.211	.208	.57809	2.064

a. 예측자: (상수), 진로역량, 자아효능감

b. 종속변수: 교과효능감

ANOVA[a]

모형		제곱합	자유도	평균제곱	F	유의확률
1	회귀	44.415	2	22.207	66.452	.000[b]
	잔차	166.091	497	.334		
	전체	210.505	499			

a. 종속변수: 교과효능감

b. 예측자: (상수), 진로역량, 자아효능감

계수[a]

모형		비표준화 계수		표준화 계수	t	유의확률	공선성 통계량	
		B	표준화 오류	베타			공차	VIF
1	(상수)	1.248	.175		7.131	.000		
	자아효능감	.047	.032	.071	1.451	.147	.665	1.503
	진로역량	.428	.050	.415	8.488	.000	.665	1.503

a. 종속변수: 교과효능감

독립변수인 자아효능감과 매개변수인 진로역량이 교과효능감에 미치는 영향을 분석한 결과표이다. 먼저, Durbin-Watson 값이 2.064로 1.5~2.5의 값을 가져 독립성의 가정을 충족하였다. *F*값과 유의확률은 66.452($p<.001$)로 통계적으로 유의하여 회귀모형이 적합한 것으로 나타났다. 이제 여기서부터 부분매개인지 완전매개인지 살펴볼 수 있으므로 정말 중요하다. 진로역량은 교과효능감에 t=8.488($p<.001$)로 통계적으로 유의하였다. 그러나 자아효능감은 교과효능감에 $t=1.451$($p>.05$)로 나타나 통계적으로 유의하지 않았다. 이 같은 결과를 통해 진로역량이 완전매개효과를 가진다고 할 수 있다. 이를 도식화하여 설명하자면 다음과 같다.

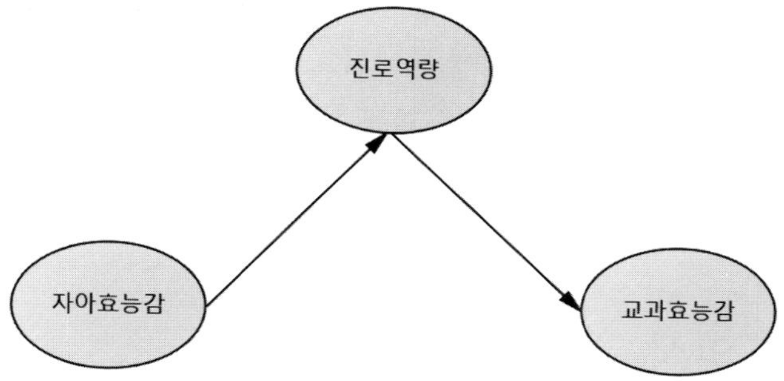

완전매개효과

앞서 1단계 계수값을 살펴보았을 때 자아효능감(독립변수)이 진로역량(매개변수)에 통계적으로 유의하였고, 3단계 계수값을 살펴봤을 때 진로역량(매개변수)이 교과효능감에 유의한 영향이 있었으나 자아효능감(독립변수)이 교과효능감에 통계적으로 유의한 영향은 없었다. 앞의 그림처럼 도식화를 한다면 유의미하였을 때 화살표를 그릴 수 있겠으며, 이 모형에 기반해서 설명하자면 자아효능감은 교과효능감에 직접적으로 영향을 미치지 않으나 진로역량을 매개변수로 교과효능감에 영향을 미치는 것으로 해석할 수 있다. 정리하자면, 자아효능감과 교과효능감 사이에서 진로역량은 완전매개효과를 가진다.

하지만 사회과학에서 전반적으로 완전매개효과를 가지는 현상보다 부분매개효과를 가지는 경우가 대부분이다. 즉, 3단계 회귀계수값을 살펴보았을 때 자아효능감(독립변수), 진로역량(매개변수)이 교과효능감에 모두 유의한 영향이 있는 경우가 부분매개효과를 지닌다고 할 수 있다. 3단계 회귀계수에서 독립변수, 매개변수 모두 종속변수에 통계적으로 유의한 것을 도식화하면 다음과 같다.

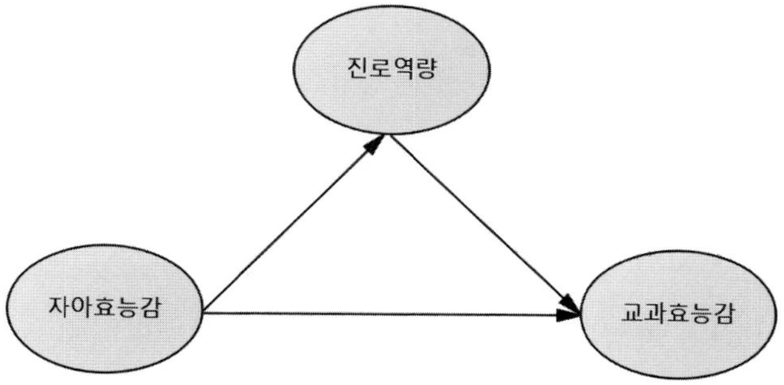

부분매개효과

1단계 검정에서 자아효능감이 진로역량에 통계적으로 유의하고, 3단계 검정에서 자아효능감, 진로역량 모두 교과효능감에 통계적으로 유의하다면, 자아효능감과 교과효능감 간 관계에서 진로역량은 부분매개효과를 지닌다고 한다.

4 논문 양식

매개효과 검정 결과를 논문에 제시할 때는 앞의 회귀분석 결과표 3개에서 논문에 제시해야 할 값을 추출하여 〈표 13-2〉와 같이 논문에 제시하고 해석하면 된다. 즉, 1단계에는 첫 번째 분석 결과의 수치가 들어가고, 2단계에는 두 번째 분석 결과의 수치가 들어가고, 3단계에는 세 번째 분석 결과의 수치가 들어간다는 것을 알기를 바란다. 앞서 도출한 결과에 대해 논문에 제시할 양식과 해석을 나타내면 다음과 같다.

〈표 13-2〉 자아효능감과 교과효능감 간 관계에서 진로역량의 회귀분석 결과

단계	독립변수	종속변수	B	β	t	R^2	F
1	자아효능감	진로역량	.37	.57	15.83***	.33	250.68***
2	자아효능감	교과효능감	.20	.31	7.29***	.09	53.26***
3	진로역량	교과효능감	.42	.41	8.48***	.21	66.45***
	자아효능감		.04	.07	1.45		

*** $p < .001$

고등학생의 자아효능감과 교과효능감 간 관계에서 진로역량의 매개효과를 살펴보았다. 독립변수가 매개변수에 미치는 영향을 살펴보는 1단계의 결과에 따르면, 고등학생의 자아효능감은 진로역량에 유의미한 수준에서 정적 영향(t=15.83, p <.001)을 주는 것으로 나타났다. 즉, 자아효능감이 높을수록 진로역량이 높았으며, 자아효능감이 진로역량의 33%를 설명하는 것으로 나타났다. 독립변수가 종속변수에 미치는 영향을 살펴보는 2단계에서는 고등학생의 자아효능감이 높을수록 교과효능감도 높은 것(t=7.29, p <.001)으로 나타났다. 독립변수와 매개변수를 동시에 투입하여 종속변수에 미치는 영향력을 살펴보는 동시에 매개효과를 지니는지 살펴볼 수 있는 3단계에서는 매개변수인

진로역량이 교과효능감에 정적인 영향(t=8.48, $p<.001$)이 있었으나 독립변수인 자아효능감은 종속변수인 교과효능감에 영향이 없는 것(t=1.45, $p>.05$)으로 나타나 진로역량의 완전매개를 확인할 수 있었다. 정리하자면, 고등학생의 자아효능감이 높을수록 진로역량도 증진되며, 진로역량을 통해서 교과효능감도 증진됨을 의미한다. 매개효과의 유의성을 살펴보기 위해 Sobel test를 실시하였으며, 이는 〈표 13-3〉과 같다.

〈표 13-3〉 Sobel Test 검정

경로	Sobel test	SE
자아효능감 → 진로역량 → 교과효능감	7.565***	.021

***$p<.001$

고등학생의 자아효능감과 교과효능감 간 관계에서 진로역량의 매개효과 유의성을 검증하기 위해 Sobel test를 실시한 결과, 고등학생의 자아효능감이 진로역량을 통해 교과효능감에 통계적으로 유의한 영향을 미치는 것(Sobel=7.565, $p<.001$)으로 나타났다. 이는 진로역량이 자아효능감과 교과효능감의 관계에서 완전매개효과를 지니는 것을 의미한다.

연습문제

1

고등학생의 자아효능감과 교과효능감 간 관계에서 교사만족도의 매개효과는 어떠한가?

2

초등교사의 교사효능감과 행복감 간 관계에서 그릿의 매개효과는 어떠한가?

제14장

조절효과 분석

1. 개념 및 목적
2. 분석 실행
3. 분석 결과
4. 논문 양식

1 개념 및 목적

사회과학에서는 독립변수와 종속변수 간 인과관계에 주로 관심을 가진다. 그런데 사회현상을 설명하는 데 있어 독립변수와 종속변수 간 관계 이외에 타 독립변수를 고려해야 하는 경우도 다수 존재한다. 예를 들면, '중학교 교사가 지각하는 교사효능감은 행복에 영향을 미치는 사회현상에서 심리적 소진이 높고 낮음에 따라 행복에 미치는 영향이 달라진다.'든지, '중학교 교사가 지각하는 교사효능감이 행복에 영향을 미치는 가운데 주변의 사회적 지지에 따라 행복에 미치는 영향은 다를 것이다.'가 조절효과의 좋은 예시라고 할 수 있겠다. 즉, 교사의 교사효능감과 행복 간 관계를 직접효과라 하고, 두 변수 간의 관계에서 제3의 변수를 추가하여 연구하고자 할 때 제3의 변수는 매개변수와 조절변수로 나눌 수 있으며, 이 장에서는 조절효과에 관하여 이야기하고자 한다.

여기서 조절효과란 독립변수와 종속변수 간 관계가 제3의 변수에 따라 크기와 방향이 달라진다는 것을 의미한다. 이는 회귀선이 제3의 변수인 조절변수에 의해 크기와 방향이 달라질 때 제3의 변수를 조절변수라 할 수 있다. 학생의 교과효능감과 학업성취도 간의 관계에서 조기교육 유무에 따라 크기가 다를 수 있어 조기교육 유무가 조절변수라고 예를 들 수 있겠다. 즉, 조절변수란 독립변수와 종속변수 간 관계를 체계적으로 변화시키는 제3의 변수이며, 조절변수는 성별, 수시합격 유무와 같은 더미형 변수가 될 수 있겠다. 이 외에도 사회적 지지, 교과효능감 같은 연속형 변수도 분석이 충분히 가능하다. 조절효과에 대한 이해를 돕고자 모형을 도식화하면 [그림 14-1] 및 [그림 14-2]와 같다.

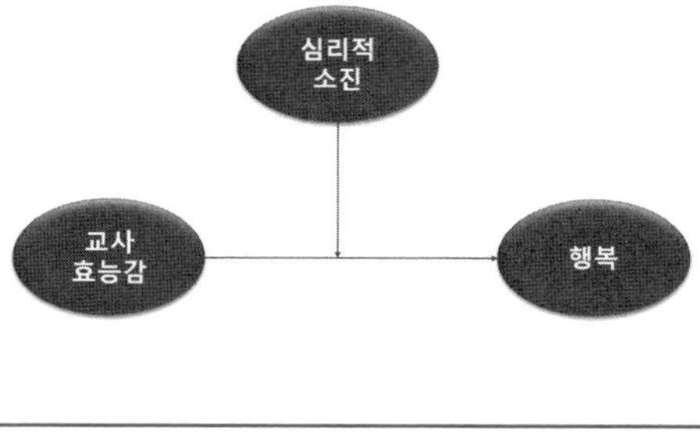

[그림 14-1] 이론적 조절효과모형

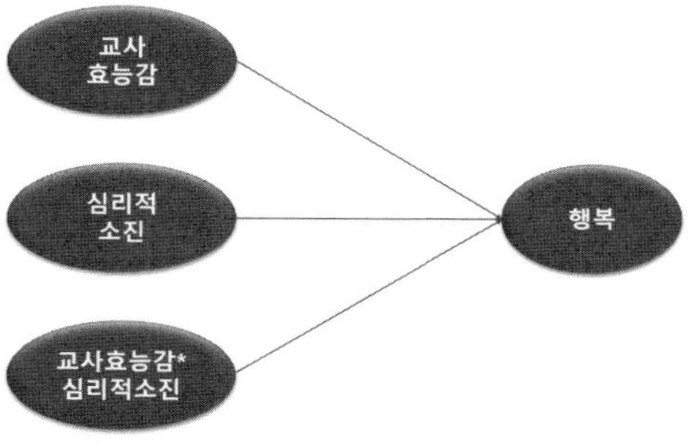

[그림 14-2] 실제 분석모형

[그림 14-1]이 이론적 개념의 조절효과모형이지만, 우리가 실제로 조절효과의 유의미성을 도출해야 하는 실제 분석모형은 [그림 14-2]와 같다. 물론 여기 모형에 나타내지는 않았지만 조절효과 분석모형에서는 상호작용항의 다중공선성을 완화하기 위해 변수계산을 활용하여 평균중심화를 해야 한다. 평균중심화에 대한 부분은 다음 문단에서 조금 더 설명하기로 하고 먼저 조절효과의 판단준거를 앞의 예시로 설명하자면, 교사의 교사효능감과 심리적 소진의 상호작용항이 통계적으로 유의미할 경우 우리는 교사효능감이 행복에 미치는 영향에서 심리적 소진이 조절효과를 가진다고 한다. 이를 좀 더 쉽게 기술하자면, 심리적 소진의 높낮이에 따라 교사효능감이 행복에 미치는 영향이 다를 수 있다고 보면 된다.

조절효과를 분석하는 데 있어 알아야 할 주요한 개념은 상호작용항과 평균중심화이다. 뒤에서 상호작용항과 평균중심화를 SPSS를 활용하여 어떻게 분석하는지를 설명하겠지만, 먼저 상호작용항이란 조절효과를 분석하는 데 있어 독립변수로 회귀모형에 투입되는 변수인 독립변수와 조절변수를 곱한 값이다. 그러나 상호작용항은 독립변수와 조절변수를 동시에 포함한 변수로, 상호작용항으로 인해 모형에 투입된 독립변수 및 조절변수 간 매우 높은 상관관계가 존재하게 되고 다중공선성의 문제가 나타난다. 즉, 독립변수와 조절변수를 곱한 상호작용항으로 인해 투입된 독립변수들 간 독립적이지 않고 공차한계가 .1 이하로 나타나거나 VIF 값이 10 이상으로 나오는 경우가 다반사이다. 제12장 '다중회귀분석'에서도 언급하였지만, 이렇게 다중공선성이 나타난 경우에는 회귀분석에서 독립성의 가정을 위배하여 계수가 도출되더라도 계수를 신뢰하지 못하여 해석을 하면 안 된다. 따라서 독립변수의 다중공선성 문제를 해결하기 위해 독립변수에 대하여 평균중심화를 실시해야 한다.

여기서 평균중심화는 원점수에서 변수의 평균값을 빼 주면 되며, 변수 간의 다중공선성을 줄이기 위해서 실시한다. 사실, 평균중심화를 해야 하는 연유에 대한 많은 논란이 학계에서 존재하나 일단 논문을 쓰는 데 더 쉽고 친절한 이해를 위해 이렇게 알고, 더 궁금한 부분은 공부를 깊이 해 보기를 바란다. 하지만 이 장은 이러한 논란의 옳고 그름보다는 연구자들을 위해 실제 분석을 어떻게 하는지에 초점을 두기에 이를 어떻게 도출하는지 설명하고자 했으며, 조절효과를 보고자 할 때 독립변수와 조절변수의 상호작용항에 대한 다중공선성을 해결하기 위해 평균중심화를 해야 한다는 개념을 알고 있기를 바란다.

조절효과를 검정하는 데 보편적으로 검증하는 방법으로 Baron & Kenny(1986)를 활용하며, 이를 표로 나타내면 〈표 14-1〉과 같다.

〈표 14-1〉 Baron & Kenny의 조절효과 분석 단계

절차	분석
1단계	독립변수가 종속변수를 예측하는 단순회귀분석
2단계	독립변수, 조절변수와 종속변수를 예측하는 다중회귀분석
3단계	독립변수, 조절변수, 상호작용항(독립변수×조절변수)이 종속변수를 예측하는 다중회귀분석
최종준거	3단계 모형에서 투입한 상호작용항이 통계적으로 유의할 시 조절효과가 존재

그러나 Baron & Kenny의 방법대로 평균중심화 없이 분석을 진행한다면 상호작용항으로 인하여 다중공선성, 즉 공차한계가 .1 이하거나 VIF 값이 10 이상인 경우가 발생하게 된다. 따라서 앞의 분석 방법을 따르되 독립변수와 조절변수를 평균중심화하고, 상호작용항 또한 평균중심화한 독립변수와 조절변수를 곱하여 생성하기를 바란다. 앞서 언급했지만 독립변수와 조절변수에만 평균중심화를 해야 하는 이유를 덧붙이자면, 다중공선성이란 투입되는 독립변수들 간 높은 상관을 의미하므로 평균중심화를 실시할 때 독립변수와 조절변수는 실시해야 하나, 종속변수는 평균중심화를 하지 않아도 된다. 또한 조절변수가 연속형 척도이기는 하나, 0과 1로 구성된 척도라면 0이 포함되어 있어 이를 상호작용항으로 만들 경우 조절변수에 대한 평균중심화가 없이 다중공선성의 완화가 가능하다. 즉, 0과 1로 구성된 더미형 조절변수는 상호작용항에 독립변수와 1을 곱하여도 값을 그대로 유지할 것이며, 독립변수에 0을 곱한다면 어차피 0이기에 0과 1로 구성된 더미조절변수의 경우 굳이 평균중심화가 필요하지 않다. 정리하자면, 연속형 독립변수는 조절효과를 살펴보는 데 평균중심화가 필요하나, 0과 1로 구성된 더미조절변수일 경우는 독립변수에 대한 평균중심화가 필요할 뿐 조절변수는 평균중심화가 필요없다고 할 수 있다. 반대로 조절변수 또한 연속형 변수라면 독립변수와 조절변수 모두 평균중심화가 필요하기 때문에 이를 유의하여 알고 있기를 바란다. 평균중심화를 실시해야 하는 경우를 도식화하면 [그림 14-3]과 같다.

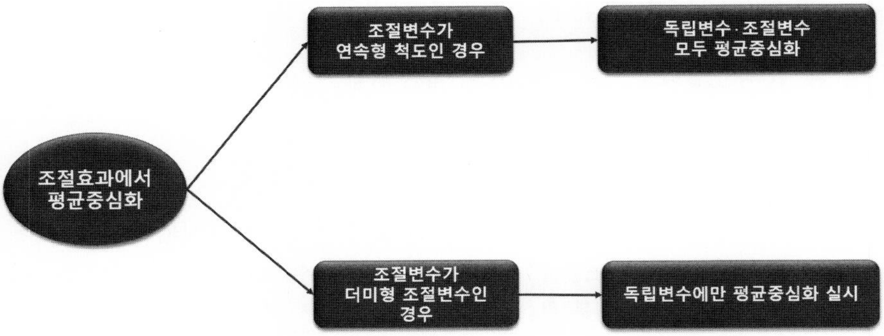

[그림 14-3] 척도에 따른 조절효과 검정유형

2 분석 실행

1) 평균중심화와 상호작용항 생성

연구문제 1

고등교사의 교사효능감이 교사 본인의 행복에 미치는 영향에서 심리적 소진의 조절효과는 어떠한가?

조절효과를 분석하기 전에 평균중심화와 상호작용항이 생성되어 있어야 조절효과를 살펴볼 수 있으므로 이에 대한 실행 방법을 알아보고자 한다. 활용할 데이터는 '14장 조절효과 회귀분석.sav'로, 이를 더블클릭한다. 이 데이터는 독립변수가 고등학교 교사의 교사효능감이며, 조절변수가 심리적 소진(0은 소진이 높은 교사, 1은 소진이 낮은 교사)인 더미형 조절변수임에 있어 교사효능감에 대한 평균중심화를 먼저 실행한 후 상호작용항을 생성하는 방법을 제시하였다.

1

먼저, 독립변수의 교사효능감의 평균중심화를 하려면 교사효능감의 평균을 알아야 하므로 교사효능감의 평균을 알아본다. 분석 → 기술통계량 → 기술통계를 클릭한다.

2

변수에 '교사효능감'을 투입하고 확인을 클릭한다.

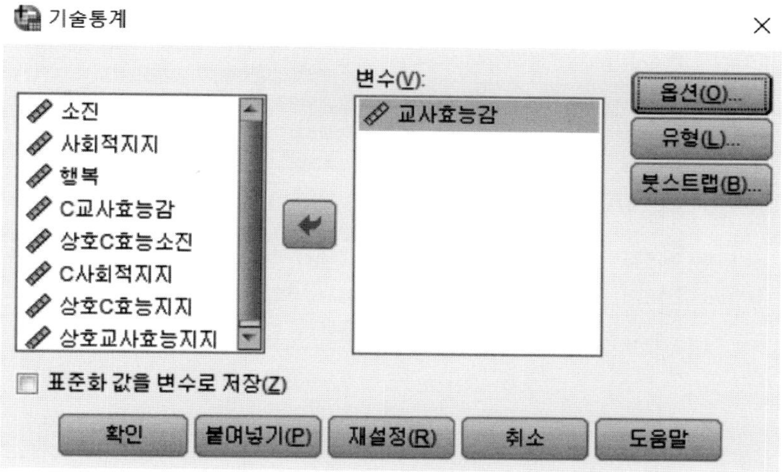

3

다음의 그림과 같이 독립변수인 교사효능감의 평균은 2.6446인 것을 알 수 있다. 이후 단계에서 이 수치를 빼야 하기 때문에 2.6446을 잘 기억하기를 바란다. 이 모형의 변수는 조절변수가 더미형이며 독립변수만 연속형이기에 독립변수만 평균중심화를 할 것이므로 이에 대한 평균을 도출해야 한다. 만일 독립변수와 조절변수 모두 연속형이라면 평균을 둘 다 구해 뒤에 나오는 변수계산도 독립변수-독립변수 평균, 조절변수-조절변수 평균으로 각각 구해야 한다는 점을 알고 있기를 바란다.

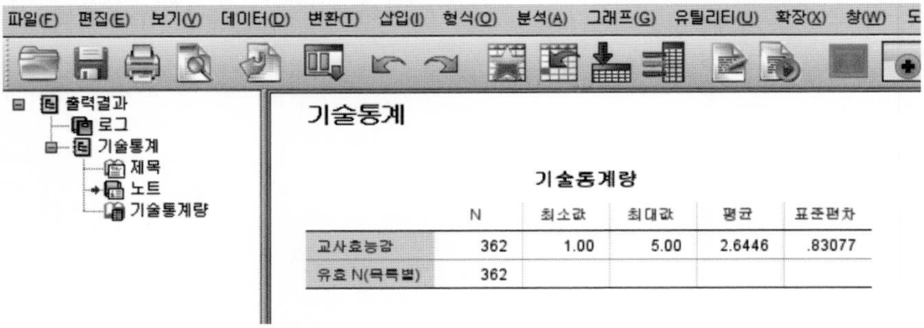

4

독립변수인 교사효능감의 평균중심화를 하기 위해 변환 → 변수 계산을 클릭한다.

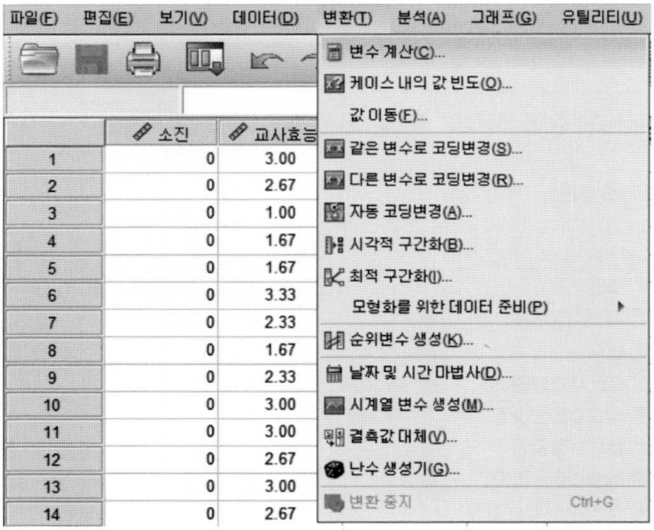

5

목표변수에 새로 평균중심화할 독립변수 이름을 넣는다. 이때 C교사효능감이라 하였는데 평균중심화(Mean centering)의 약자를 넣는 것이 저자에게 편하여 이렇게 지정하였을 뿐이며, 어떤 이름이든 연구자 본인이 알 수 있는 이름을 정하면 된다. **숫자표현식**에 독립변수를 넣고 −2.6446을 입력한다. **확인**을 클릭한다.

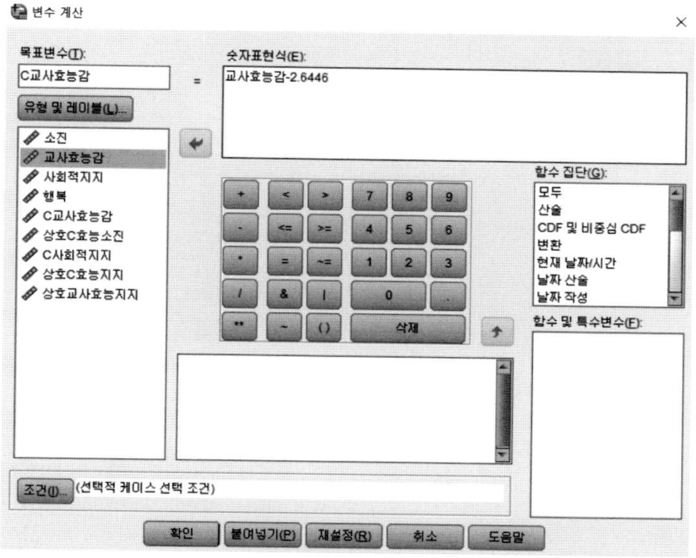

6

독립변수의 평균중심화를 생성했으니 이제 독립변수×조절변수의 상호작용항을 생성할 차례이다. **변환 → 변수 계산**을 클릭한다.

7

목표변수에 상호작용항 변수 이름을 투입한다. 숫자표현식에 'C교사효능감*소진'을 투입한다. 확인을 클릭한다.

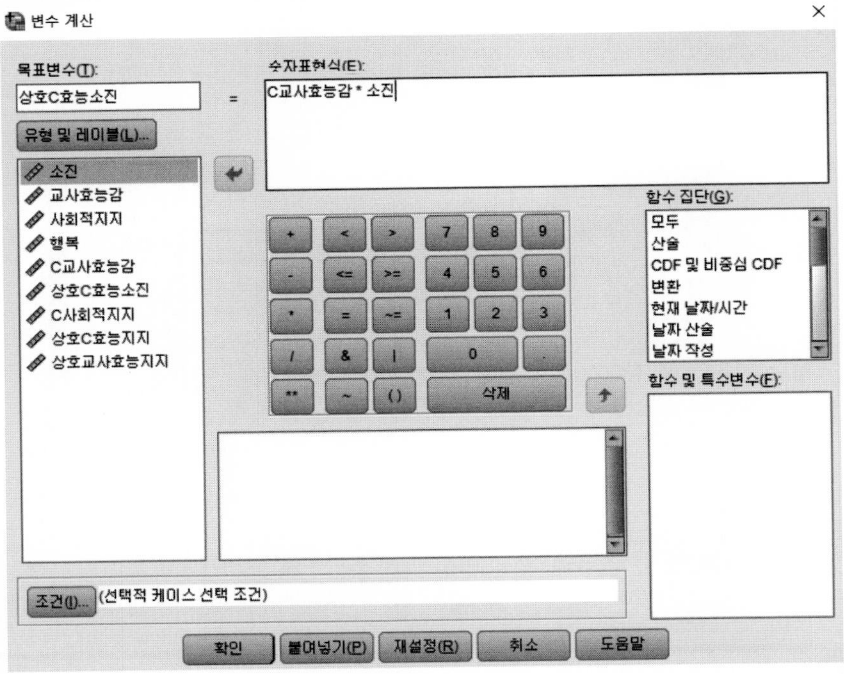

이러한 경로가 완료되었다면 조절효과를 보기 위한 준비는 완료되었다고 볼 수 있다. 그러나 지금 예시로 보인 부분은 소진이라는 조절변수가 0, 1의 더미형으로 나누어진 부분이다. 반대로 조절변수가 연속형 척도로 구성되어 있다면 독립변수에도 평균중심화, 조절변수에도 평균중심화, 상호작용항도 평균중심화된 독립변수와 평균중심화된 조절변수를 곱하여 생성하면 되기에, 앞서 독립변수에 평균중심화를 한 것과 같이 실행해 보기를 바란다.

2) 조절변수가 더미형(0, 1)인 경우 조절효과 실행

연구문제1

고등교사의 교사효능감이 교사 본인의 행복에 미치는 영향에서 심리적 소진의 조절효과는 어떠한가?

조절변수가 더미형(0, 1)인 경우 조절효과는 어떠한지 검정해 보자. 활용할 데이터는 '14장 조절효과 회귀분석.sav'로, 이를 더블클릭한다.

1

분석 → 회귀분석 → 선형을 클릭한다.

2

[Baron & Kenny 1단계 절차 (X ➡ Y)]

다중공선성은 독립변수 간 상관으로부터 나오는 부분으로 종속변수에는 해당되지 않는다. 따라서 종속변수에는 평균중심화를 하지 않은 종속변수를 투입하고, **독립변수**에는 'C교사효능감'(평균중심화된 교사효능감)을 투입한 후 **다음**을 클릭한다.

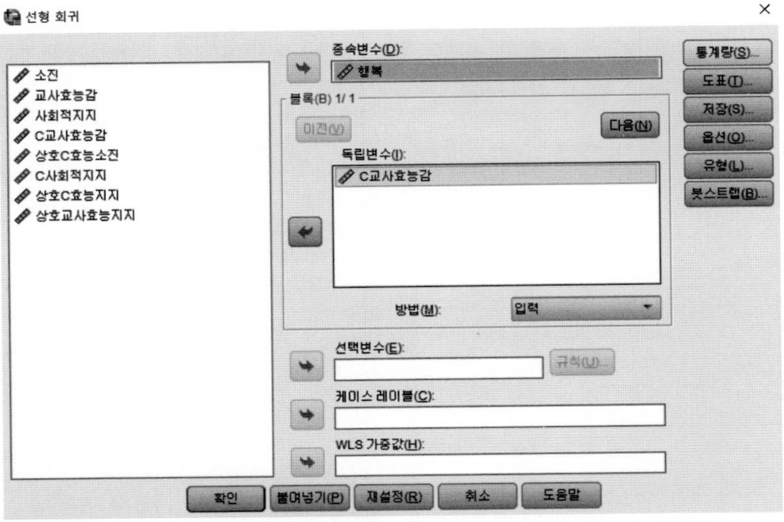

3

[Baron & Kenny 2단계 절차 (X, M ➡ Y)]

독립변수에 조절변수인 '소진'을 투입하고 **다음**을 클릭한다.

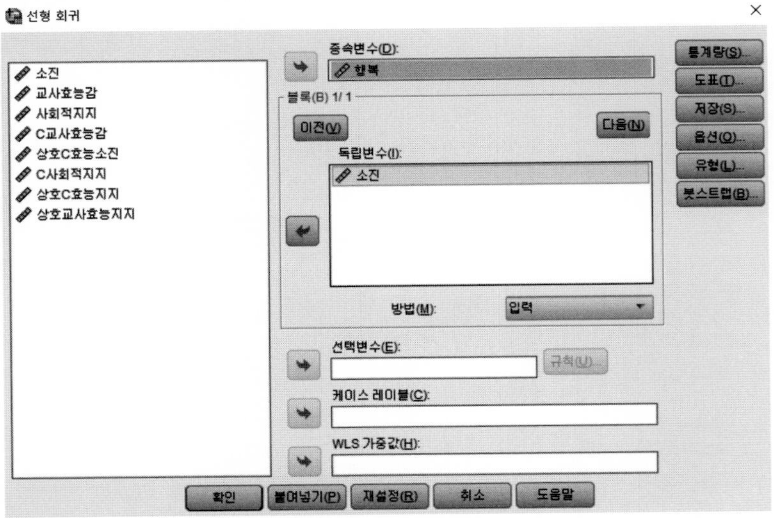

4

[Baron & Kenny 3단계 절차 (X, M, XM ➡ Y)]

상호작용항인 '상호C효능소진'(평균중심화된 교사효능감*심리적 소진)을 투입하고 **통계량**을 클릭한다.

사실, 블록 하나에 하나의 독립변수만 투입된 것 같지만 실제 분석을 해 보면 1블록에는 독립변수 하나, 2블록에는 독립변수를 포함하고 조절변수까지 2개 변수, 3블록에는 독립변수와 조절변수를 포함하고 상호작용항까지 3개 변수가 투입되어 있다.

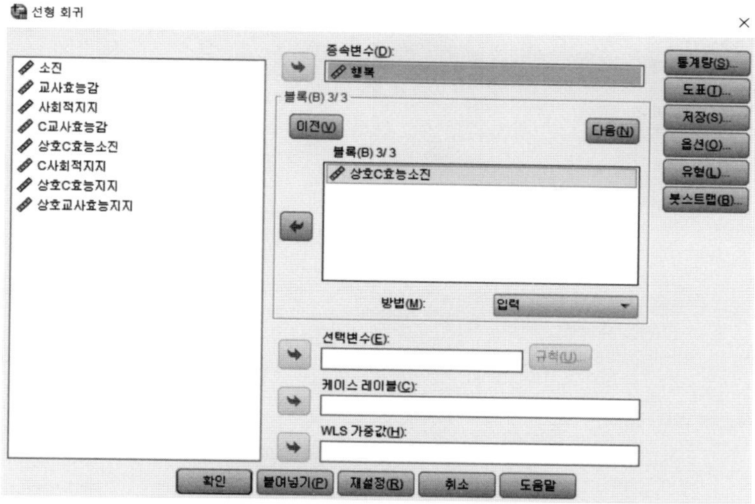

5

투입된 독립변수 간 독립성을 살펴보기 위해 **공선성 진단**을 체크하고, Baron & Kenny의 각 단계별 모형 설명력이 어떻게 변화하는지 살펴보기 위해 **R 제곱 변화량**을 체크하고, 종속변수의 오차 간 독립성 가정을 살펴보기 위해 **Durbin-Watson**을 체크한다. **계속**을 클릭한다.

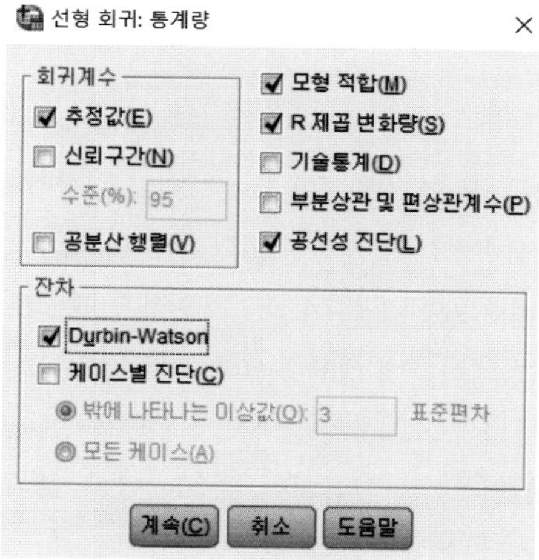

6

확인을 클릭한다. 이렇게 한다면 조절변수가 더미형인 경우의 조절효과 분석은 완료된다. 주요하게 보아야 할 계수들과 해석은 결과 해석에서 언급하겠다.

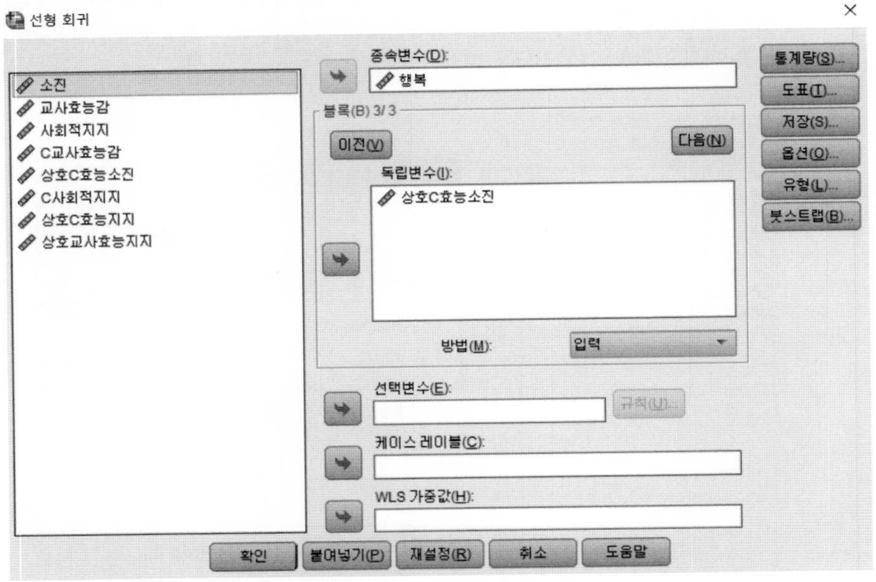

3) 조절변수가 연속형인 경우 조절효과 실행

연구문제2

고등교사의 교사효능감이 교사 본인의 행복에 미치는 영향에서 사회적 지지의 조절효과는 어떠한가?

조절변수가 연속형인 경우는 평균중심화를 독립변수, 조절변수 모두 실행해야 하며, 평균중심화를 한 독립변수와 조절변수의 상호작용항을 생성해야 한다. 즉, 변수 계산을 활용하여 독립변수, 조절변수의 평균중심화를 하고 난 이후 평균중심화가 된 독립변수와 조절변수를 가지고 변수 계산을 하여 상호작용항을 생성하면 된다. 혹여나 숙련되지 않은 연구자를 위해 미리 데이터에 평균중심화가 된 C교사효능감, 평균중심화가 된 C사회적지지, 평균중심화가 된 C교사효능감과 C사회적지지를 곱하여 상호작용항인 상호교사효능지지를 생성했으니 이를 활용하여 분석해 보자. 활용할 데이터는 '14장 조절효과 회귀분석.sav'로, 이를 더블클릭한다.

1

분석 → 회귀분석 → 선형을 클릭한다.

2

[Baron & Kenny 조절효과 1단계 모형]

종속변수에 '행복'을 투입하고, **독립변수**에 'C교사효능감'(평균중심화가 완료된 변수)을 투입한 후 **다음**을 클릭한다.

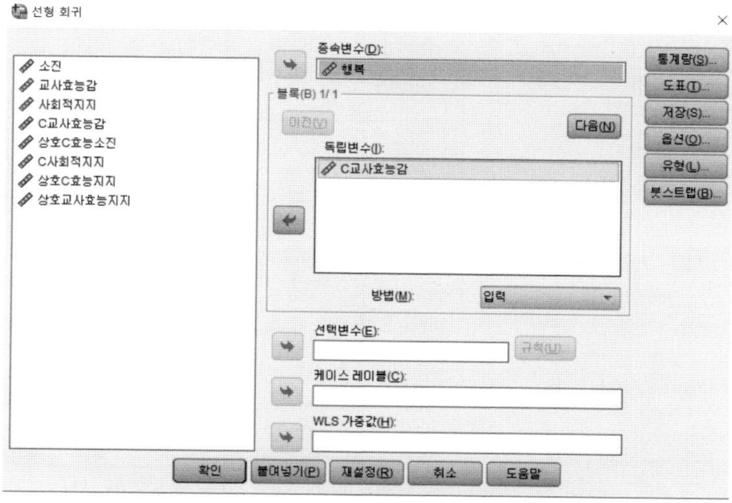

3

[Baron & Kenny 조절효과 2단계 모형]

독립변수에 'C사회적지지'(평균중심화가 완료된 조절변수)를 투입하고 다음을 클릭한다.

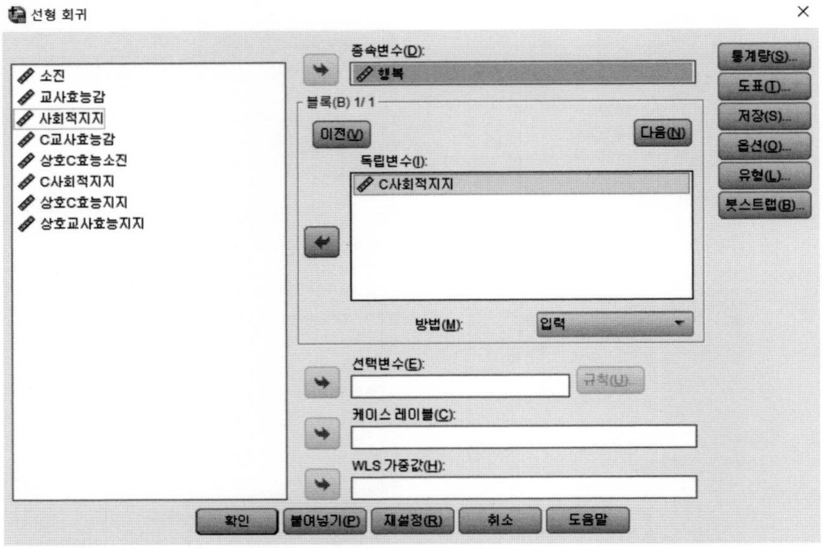

4

[Baron & Kenny 조절효과 3단계 모형]

독립변수에 '상호C효능지지'(평균중심화가 완료된 상호작용변수)를 투입하고 통계량을 클릭한다.

5

조절효과 회귀식이 적절한지 알아보기 위해 **모형 적합**을 체크하고, Baron & Kenny의 각 단계별 모형 설명력이 어떻게 변화하는지 살펴보기 위해 **R 제곱 변화량**을 체크하고, 투입된 독립변수, 조절변수, 상호작용항 변수가 독립적인지 살펴보기 위해 **공선성 진단**을 체크하고, 종속변수 간 잔차가 독립적인지 살펴보기 위해 **Durbin-Watson**을 체크한다.

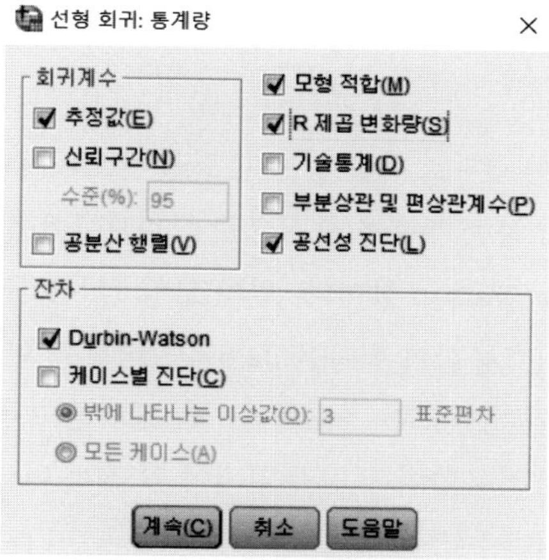

3 분석 결과

1) 조절변수가 더미형(0, 1)인 경우 조절효과 분석 결과 해석

연구문제 1

고등교사의 교사효능감이 교사 본인의 행복에 미치는 영향에서 심리적 소진의 조절효과는 어떠한가?

조절변수가 더미형(0, 1)인 경우 조절효과 분석 결과를 해석하자면 다음과 같다.

모형 요약[d]

모형	R	R 제곱	수정된 R 제곱	추정값의 표준오차	통계량 변화량 R 제곱 변화량	F 변화량	자유도1	자유도2	유의확률 F 변화량	Durbin-Watson
1	.474[a]	.225	.223	.65553	.225	104.415	1	360	.000	
2	.507[b]	.257	.253	.64250	.033	15.744	1	359	.000	
3	.556[c]	.309	.303	.62074	.051	26.617	1	358	.000	1.909

a. 예측자: (상수), C교사효능감

b. 예측자: (상수), C교사효능감, 소진

c. 예측자: (상수), C교사효능감, 소진, 상호C효능소진

d. 종속변수: 행복

먼저, 모형 요약이 분석 결과로 나올 것이다. 도출된 모든 수치를 다 해석하기보다 논문에 필수적으로 제시해야 하는 부분을 중점으로 살펴보아야 하는데, 이때 살펴보아야 할 수치는 R제곱과 Durbin-Watson 값이다. 왼쪽 모형 1의 R 제곱을 보자면, C교사효능감만 투입되었을 때 C교사효능감이 행복을 22.5% 설명함을 의미한다. 모형 2에는 C교사효능감과 소진이 투입되어 있으며, 이 두 변수는 행복을 25.7% 설명한다. 모형 3에는 C교사효능감, 소진, 상호작용항이 모두 투입되어 있으며, 이 세 변수는 행복을 30.9% 설명하는 것으로 나타났다. 사실, 이렇게 해석을 했으나 우리가 관심이 있는 것은 모형 3이기 때문에 3에 대한 해석만 해도 무방하다. 또한 Durbin-Watson 값이 1.909로 1.5~2.5의 값을 가지므로 종속변수의 잔차 간 상관이 없어 독립성 가정을 충족하였다.

ANOVA[a]

모형		제곱합	자유도	평균제곱	F	유의확률
1	회귀	44.869	1	44.869	104.415	.000[b]
	잔차	154.698	360	.430		
	전체	199.567	361			
2	회귀	51.368	2	25.684	62.218	.000[c]
	잔차	148.199	359	.413		
	전체	199.567	361			
3	회귀	61.624	3	20.541	53.310	.000[d]
	잔차	137.943	358	.385		
	전체	199.567	361			

a. 종속변수: 행복

b. 예측자: (상수), C교사효능감

c. 예측자: (상수), C교사효능감, 소진

d. 예측자: (상수), C교사효능감, 소진, 상호C효능소진

앞서 언급하였듯이 모형 3, 즉 독립변수, 조절변수, 상호작용항이 모두 투입된 모형에 대한 해석을 해야 한다. 여기서는 *F*값이 53.310이며 유의확률인 *p*값이 .000으로 .05보다 낮아 통계적으로 유의미하였다. 이는 이 모형의 회귀식이 적합하다는 의미로 보면 된다.

계수[a]

모형		비표준화 계수 B	비표준화 계수 표준화 오류	표준화 계수 베타	t	유의확률	공선성 통계량 공차	공선성 통계량 VIF
1	(상수)	2.691	.034		78.057	.000		
	C교사효능감	.424	.042	.474	10.218	.000	1.000	1.000
2	(상수)	2.543	.050		50.672	.000		
	C교사효능감	.389	.042	.435	9.351	.000	.955	1.047
	소진	.275	.069	.185	3.968	.000	.955	1.047
3	(상수)	2.499	.049		50.760	.000		
	C교사효능감	.122	.066	.137	1.866	.063	.360	2.780
	소진	.289	.067	.194	4.311	.000	.954	1.048
	상호C효능소진	.428	.083	.373	5.159	.000	.369	2.712

a. 종속변수: 행복

교사효능감과 행복의 관계에서 교사 소진의 조절효과 회귀분석의 결과는 앞과 같다. 최종모형 3의 공차한계와 VIF값은 모두 .1 이상, 10 미만으로 나타나 변수들 간 다중공선성도 양호한 것을 알 수 있다. 최종모형 3에서 상호작용항의 영향력은 통계적으로 유의한 것으로 나타났다(t=5.159, p<.05). 이는 교사 소진의 조절효과가 있음을 의미하며, 이러한 조절효과를 도식화하면 다음과 같다.

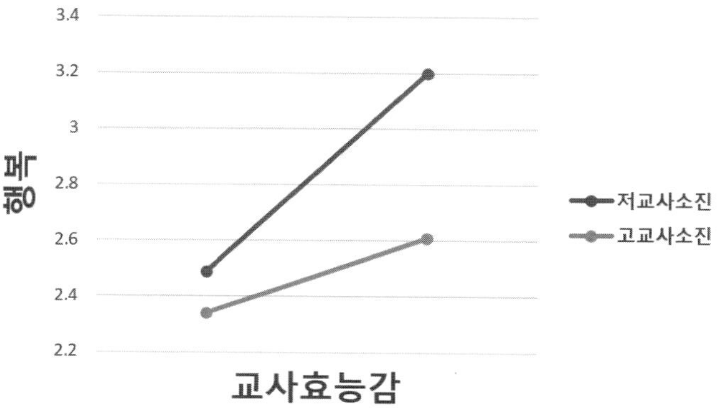

이 그래프와 같이 교사 소진의 조절효과가 통계적으로 유의미하다는 의미는 교사 소진에 따라 교사효능감이 행복에 미치는 회귀식의 기울기가 다르다고 해석할 수 있다. 즉, 교사 소진이 높은 경우보다는 교사 소진이 낮은 경우가 교사효능감이 교사의 행복에 미치는 긍정적 효과를 효과적으로 증진함을 알고 있기를 바란다.

2) 조절변수가 연속형인 경우 조절효과 분석 결과 해석

연구문제2

고등교사의 교사효능감이 교사 본인의 행복에 미치는 영향에서 사회적 지지의 조절효과는 어떠한가?

조절변수가 연속형 변수인 경우 조절효과 분석 결과를 해석하자면 다음과 같다.

모형 요약[d]

모형	R	R 제곱	수정된 R 제곱	추정값의 표준오차	통계량 변화량					Durbin-Watson
					R 제곱 변화량	F 변화량	자유도1	자유도2	유의확률 F 변화량	
1	.474[a]	.225	.223	.65553	.225	104.415	1	360	.000	
2	.538[b]	.290	.286	.62832	.065	32.852	1	359	.000	
3	.571[c]	.325	.320	.61320	.036	18.925	1	358	.000	1.885

a. 예측자: (상수), C교사효능감

b. 예측자: (상수), C교사효능감, C사회적지지

c. 예측자: (상수), C교사효능감, C사회적지지, 상호C효능지지

d. 종속변수: 행복

모형 요약에서 중점적으로 살펴보아야 할 수치는 R제곱과 Durbin-Watson 값이다. 간결하게 설명하자면, 모형 3에 C교사효능감, C사회적지지, 상호C효능지지를 모두 투입하였을 때, 이 3개의 변수가 행복을 32.5% 설명한다는 것을 의미한다. 또한 Durbin-Watson 값이 1.885로 나타나 1.5~2.5의 값을 가지므로 종속변수의 잔차 간 상관이 없어 독립성의 가정을 충족한 것을 알 수 있다.

ANOVA[a]

모형		제곱합	자유도	평균제곱	F	유의확률
1	회귀	44.869	1	44.869	104.415	.000[b]
	잔차	154.698	360	.430		
	전체	199.567	361			
2	회귀	57.838	2	28.919	73.253	.000[c]
	잔차	141.729	359	.395		
	전체	199.567	361			
3	회귀	64.954	3	21.651	57.582	.000[d]
	잔차	134.613	358	.376		
	전체	199.567	361			

a. 종속변수: 행복
b. 예측자: (상수), C교사효능감
c. 예측자: (상수), C교사효능감, C사회적지지
d. 예측자: (상수), C교사효능감, C사회적지지, 상호C효능지지

독립변수, 조절변수, 상호작용항이 모두 투입된 모형 3에서 *F*값이 57.582이며, 유의확률 *p*값이 .000으로 나타나 .05보다 낮아 통계적으로 유의미하였다. 이는 이 모형의 회귀식이 해석하기 적합하다는 의미로 보기를 바란다.

계수[a]

모형		비표준화 계수		표준화 계수			공선성 통계량	
		B	표준화 오류	베타	t	유의확률	공차	VIF
1	(상수)	2.691	.034		78.057	.000		
	C교사효능감	.424	.042	.474	10.218	.000	1.000	1.000
2	(상수)	2.689	.033		81.381	.000		
	C교사효능감	.344	.042	.385	8.161	.000	.890	1.123
	C사회적지지	.265	.046	.270	5.732	.000	.890	1.123
3	(상수)	2.645	.034		78.326	.000		
	C교사효능감	.312	.042	.348	7.452	.000	.862	1.160
	C사회적지지	.267	.045	.273	5.935	.000	.890	1.123
	상호C효능지지	.213	.049	.192	4.350	.000	.966	1.035

a. 종속변수: 행복

교사효능감과 행복의 관계에서 사회적 지지의 조절효과의 결과는 앞의 표와 같다. 먼저, 최종모형 3에서 공차한계와 VIF값은 모두 .1 이상, 10 미만으로 나타나 변수들 간 다중공선성도 양호한 것을 알 수 있다. 제일 중요한 상호작용항의 영향력은 통계적으로 유

의미한 것으로 나타났다(t=4.350, p<.05). 이는 사회적 지지의 조절효과가 있음을 의미하며, 이러한 조절효과를 도식화하면 다음과 같다.

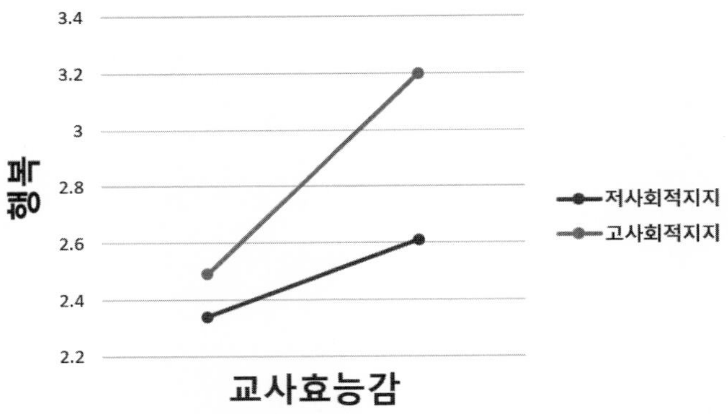

사회적 지지의 조절효과가 통계적으로 유의미하다는 의미는 사회적 지지에 따라 교사효능감이 행복에 미치는 영향이 다르다고 해석할 수 있다. 즉, 사회적 지지가 낮은 경우보다는 사회적 지지가 높은 경우가 교사효능감이 교사의 행복에 미치는 영향이 효과적으로 증진함을 알고 있기를 바란다.

4 논문 양식

1) 조절변수가 더미형(0, 1)인 경우 조절효과 논문 양식

사실, 조절변수가 더미형이든 연속형이든 분석 실행하는 데 차이가 있을 뿐 논문에 제시하는 양식은 같다고 할 수 있다. 그러나 독자의 이해를 위해 앞서 분석하였던 부분을 각각 제시하였으며, 먼저 조절변수의 더미형인 경우를 제시하였다.

연구문제 1

고등교사의 교사효능감이 교사 본인의 행복에 미치는 영향에서 심리적 소진의 조절효과는 어떠한가?

'고등교사의 교사효능감이 교사 본인의 행복에 미치는 영향에서 심리적 소진의 조절효과는 어떠한가?'에 대한 분석 결과를 논문 양식대로 기술하자면 〈표 14-2〉 및 [그림 14-4]와 같다.

〈표 14-2〉 교사효능감이 교사 행복에 미치는 영향에서 심리적 소진의 조절효과

모형	변수	*B*	SE	*β*	t	공차한계	VIF	*F*	DW
1	교사효능감	.42	.04	.47	10.22***	1.00	1.00	104.41***	1.909
2	교사효능감	.39	.04	.44	9.35***	.96	1.05	62.21***	
	심리적 소진	.28	.07	.19	3.97***	.96	1.05		
3	교사효능감	.12	.07	.14	1.87	.36	2.78	53.31***	
	심리적 소진	.29	.07	.19	4.31***	.95	1.05		
	교사효능감×소진	.43	.08	.37	5.16***	.37	2.71		

*** $p < .001$

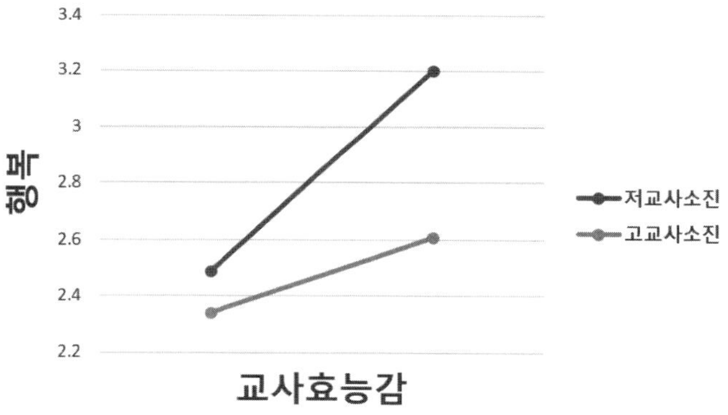

[그림 14-4] 심리적 소진의 조절효과 도식화

분석 결과, 공차한계와 VIF 값은 모두 .1 이상, 10 미만으로 나타나 독립변수의 다중공선성의 문제가 없는 것으로 나타났다. 또한 Durbin-Watson의 통계치가 1.901로 종속변수의 잔차 간 상관이 없어 독립성을 충족한 것으로 나타났다. 모형 3에서 교사효능감과 심리적 소진의 상호작용항이 통계적으로 유의미한 영향력이 있는 것(β=.37, p<.001)으로 나타났으며, 이는 교사효능감과 행복 간 관계에서 심리적 소진의 조절효과가 있음을 의미한다.

2) 조절변수가 연속형인 경우 조절효과 논문 양식

연구문제2

고등교사의 교사효능감이 교사 본인의 행복에 미치는 영향에서 사회적 지지의 조절효과는 어떠한가?

'고등교사의 교사효능감이 교사 본인의 행복에 미치는 영향에서 사회적 지지의 조절효과는 어떠한가?'에 대한 분석 결과를 논문 양식대로 기술하자면 〈표 14-3〉 및 [그림 14-5]와 같다.

〈표 14-3〉 교사효능감이 행복에 미치는 영향에서 사회적 지지의 조절효과

모형	변수	B	SE	β	t	공차한계	VIF	F	DW
1	교사효능감	.42	.04	.47	10.22***	1.00	1.00	104.42***	1.885
2	교사효능감	.34	.04	.39	8.16***	.89	1.12	73.25***	
	사회적지지	.27	.05	.27	5.73***	.89	1.12		
3	교사효능감	.31	.04	.35	7.45***	.86	1.16	57.58***	
	사회적지지	.27	.05	.27	5.94***	.89	1.12		
	효능감×지지	.21	.05	.19	4.35***	.97	1.04		

$^{***} p < .001$

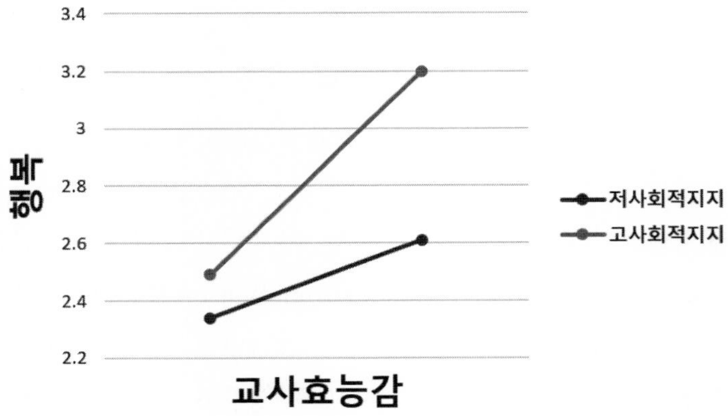

[그림 14-5] 사회적 지지의 조절효과 도식화

분석 결과, 공차한계와 VIF 값은 모두 .1 이상, 10 미만으로 나타나 독립변수의 다중공선성의 문제가 없는 것으로 나타났다. 또한 Durbin-Watson의 통계치가 1.885로 1.5~2.5의 값을 가져, 종속변수의 잔차 간 상관이 없어 독립성을 충족한 것으로 나타났다. 모형 3에서 교사효능감과 사회적 지지의 상호작용항이 통계적으로 유의미한 영향력이 있는 것(β=.19, p<.001)으로 나타났으며, 이는 교사효능감과 행복 간 관계에서 사회적 지지의 조절효과로 인하여 영향력이 다름을 알 수 있다.

연습문제

1

서번트리더십이 목표몰입에 미치는 영향에서 성장욕구의 조절효과는 어떠한가?

2

서번트리더십이 목표몰입에 미치는 영향에서 심리적 안정성의 조절효과는 어떠한가?

제15장

로지스틱 회귀분석

1. 개념 및 목적
2. 분석 실행
3. 분석 결과
4. 논문 양식

1 개념 및 목적

앞선 장에서 언급하였듯이 선형회귀분석은 독립변수를 활용한 종속변수의 예측이 가능하다. 그러나 종속변수가 범주형인 경우 일반적인 선형회귀분석으로 독립변수와 종속변수 간 관계를 분석하는 것은 불가능하다. 또한 선형회귀분석은 종속변수의 잔차가 정규분포를 따르는 연속형 변수인 경우 가능하지만 이를 간과하고 종속변수가 범주형인 경우에도 보편적인 회귀분석을 적용하게 된다면 종속변수의 계수는 해석상 의미를 부여하기 어려운 음수 혹은 표준화 계수 베타가 1보다 큰 값이 나올 가능성이 있다. 따라서 종속변수가 범주형인 경우 로지스틱 회귀분석, 즉 비선형인 S곡선을 활용하여 분석을 실시해야 한다.

따라서 로지스틱 회귀분석이란 종속변수가 범주형인 경우 독립변수와 종속변수 간 관계를 도출하는 분석기법이다. 범주형 종속변수의 예시를 들자면, 대학에 수시합격을 했는지(1) 안 했는지(0), 취직에 성공했는지(1) 안 했는지(0), 교사임용을 합격했는지(1) 안 했는지(0) 등 변수를 측정한 척도가 2개 이상의 범주로 이루어진 경우를 가리킨다. 물론 이분형 척도뿐만이 아닌 종속변수가 다선택지를 가진 다항도 포함되나, 정리하자면 로지스틱 회귀분석은 종속변수가 연속형 변수가 아닌 경우 비선형곡선을 활용하여 분석하는 기법이다. 선형회귀선과 비선형회귀선의 차이를 비교하고자 도식화하면 [그림 15-1] 및 [그림 15-2]와 같다.

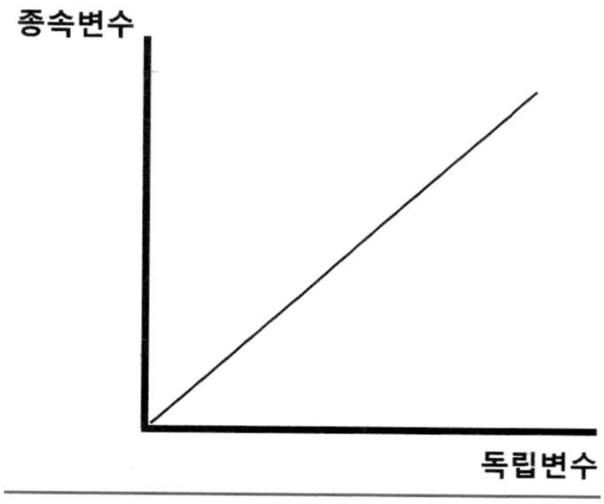

[그림 15-1] 선형회귀선

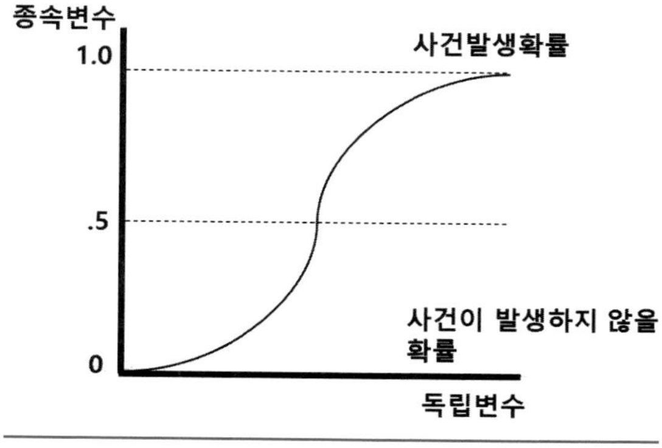

[그림 15-2] 비선형회귀선

앞의 그림을 통해 비선형회귀선을 활용하는 로지스틱 회귀분석과 선형회귀선을 활용하는 일반적인 회귀분석의 차이를 알 수 있겠다. 즉, 로지스틱 회귀분석은 독립변수와 사건이 발생할 확률 간의 관계를 비선형회귀선인 S곡선으로 풀어낸다고 보면 되겠다. 또한 로지스틱 회귀분석은 일반 회귀분석에 정규성, 선형성, 독립성, 등분산성의 가정을 고려하기보다 관측값이 독립적이어야 한다는 독립성 가정만 충족하면 되기에 보편적인 선형회귀분석의 가정보다 고려하는 부분이 유연하다.

또한 로지스틱 회귀분석은 독립변수들의 효과를 도출하기 위해 어떤 사건이 발생한 경우와 발생하지 않은 경우를 설명하기보다는 사건이 발생할 확률을 예측하는 데 초점을 둔다. 즉, 종속변수는 0(수시불합격)과 1(수시합격)로 나타내기 때문에 예측값은 0과 1 사이의 값을 가지며, 이 부분이 보편적인 다중회귀분석에서 근본적인 차이가 있다. 게다가 종속변수의 범주가 3개 이상인 다항 로지스틱도 존재하나, 보편적으로 두 개의 선택지 범주가 있는 이항 로지스틱을 활용하는 경우가 대부분이다. 이에 따라 이항 로지스틱을 활용하는 연구문제를 예를 들자면, '고등학생의 자아존중감과 사회적 지지가 대학수시합격에 미치는 영향은 어떠한가?' '교장 승진에 미치는 결정요인은 어떠한가?' '직장유무, 성별, 소득이 미혼에 미치는 영향은 어떠한가?' 등을 들 수 있겠다.

로지스틱 회귀분석에서 모형의 유의성 검정은 우도비(Likelihood ratio)를 통하여 도출된다. 보편적인 선형회귀분석은 최소자승법(Ordinary least square)을 활용하여 독립변수에 따른 종속변수의 관측값과 예측값 간 거리를 최소화하는 방법을 활용한다. 그러나 로지스틱 회귀분석은 최대우도법(Maximum likelihood method)을 통하여 독립변수에 따른 종속변수의 관측값이 최대로 나타날 가능성이 높은 모형의 모수를 선택한다. 즉, 종속변수가 0과 1 혹은 더 많은 선택지가 있는 경우 선형회귀분석에서 연속형 변수의 소수점을 가지기보다 종속변수가 완전히 0에 속하든지 1에 속하는 확률을 최대화하는 방법이라고 이해하면 조금 편할 것이다. 따라서 이 장에서는 논문에서 자주 쓰이는 이분형 로지스틱 회귀분석에 대해 어떻게 분석을 실행하고 해석하는지에 초점을 두고 설명하였다.

2 분석 실행

연구문제

중등교사의 임용합격에 미치는 결정요인은 어떠한가?

로지스틱 회귀분석을 실시하기 전에 '15장 로지스틱 회귀분석.sav'를 더블클릭하여 불러온다. 이 데이터에서의 종속변수는 임용불합격(0), 임용합격(1)으로 구성되어 있으며, 임용합격에 영향을 미치는 독립변수를 살펴보기 위해 이분형 로지스틱 회귀분석을 실시할 것이다.

1

종속변수가 중등교사의 임용불합격(0), 임용합격(1)이므로 **분석 → 회귀분석 → 이분형 로지스틱**을 클릭한다.

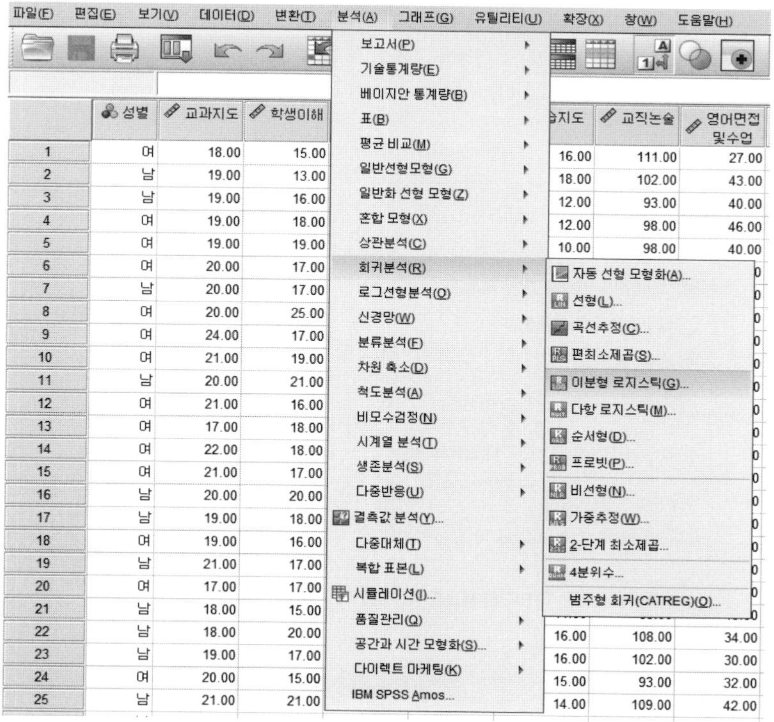

2

종속변수에 '임용합격여부'를 투입하고, **공변량**에 독립변수 '교과지도' '학생이해' '교직소양' '의사소통' '학습지도' '교직논술' '영어면접 및 수업'을 투입한 후 **옵션**을 클릭한다.

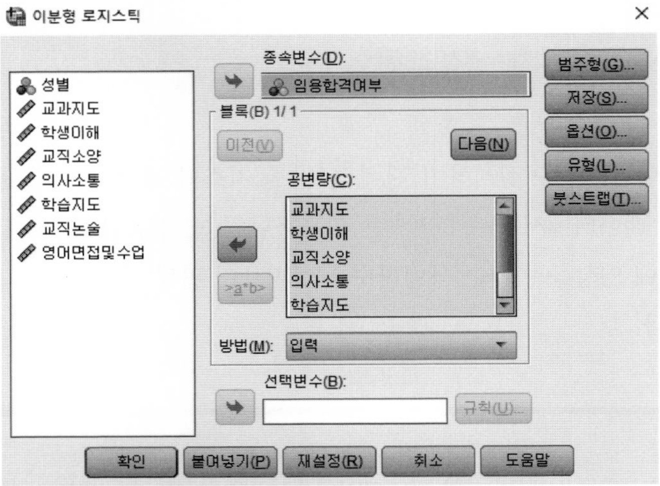

3

종속변수의 실제 값과 예측값을 살펴보기 위해 **분류도표**를 체크하고, 로지스틱 모형의 전체 모형 적합도를 살펴보기 위해 **Hosmer-Lemeshow 적합도**를 체크하고, **exp(B)에 대한 신뢰구간**을 살펴보기 위해 이를 체크한 후 **계속**을 클릭한다.

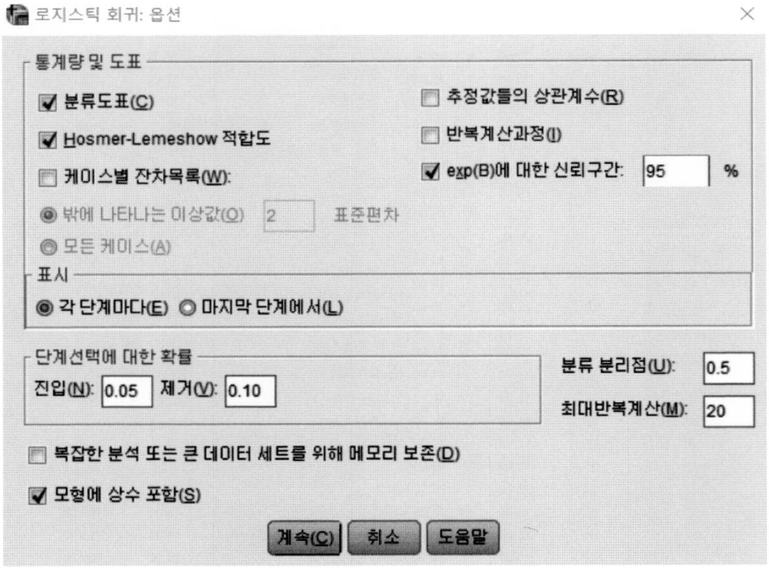

4

확인을 클릭한다.

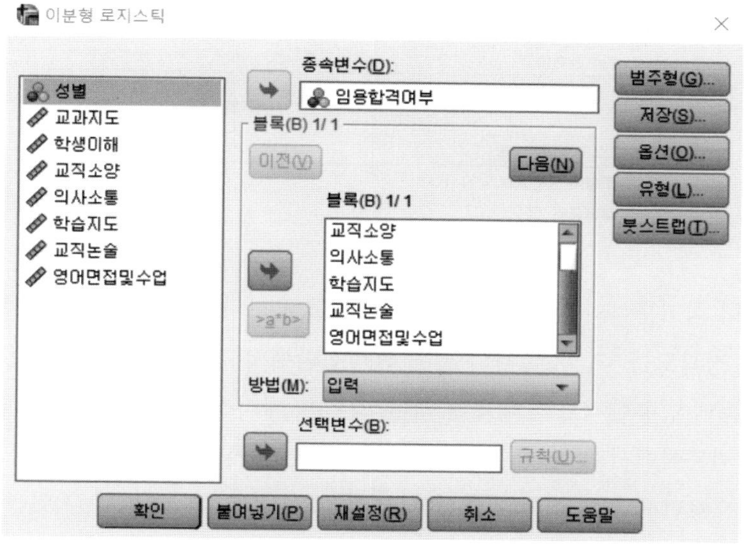

3 분석 결과

종속변수 인코딩

원래 값	내부 값
임용불합격	0
임용합격	1

이분형 종속변수인 임용불합격(0)과 임용합격(1)이 표시된 결과표이다. 즉, 종속변수에서 0은 임용불합격을 의미하고, 1은 임용합격을 나타낸다.

블록 0: 시작 블록

분류표[a,b]

관측됨			예측 임용합격여부 임용불합격	임용합격	분류정확 %
0 단계	임용합격여부	임용불합격	0	186	.0
		임용합격	0	250	100.0
	전체 퍼센트				57.3

a. 모형에 상수항이 있습니다.
b. 절단값은 .500입니다.

로지스틱 회귀분석의 분류표를 통해 케이스들을 보다 큰 집단으로 분류한다. 이 표에서 분류의 정확도는 57.3%로 나타났다. 관측집단에서 250케이스를 예측했으며, 임용불합격이었는데 임용합격으로 예측된 케이스는 186케이스로 나타났다. 사실, 블록 0은 로지스틱 회귀분석에서 첫 단계 모형을 의미하며, 이 모형에서는 독립변수를 포함하지 않고 상수항으로만 구성된 식이 도출된다. 또한 모든 결과표를 해석할 수 있는 것이 이상적이나, 논문에 주로 쓰이는 부분 혹은 나타내야 하는 부분이 우선이기에 이에 초점을 두고 설명하겠다.

블록 1: 방법 = 입력

모형 계수의 총괄 검정

		카이제곱	자유도	유의확률
1 단계	단계	80.993	7	.000
	블록	80.993	7	.000
	모형	80.993	7	.000

모형 요약

단계	-2 로그 우도	Cox와 Snell의 R-제곱	Nagelkerke R-제곱
1	514.003[a]	.170	.228

a. 모수 추정값이 .001보다 작게 변경되어 계산반복 수 4에서 추정을 종료하였습니다.

= Hosmer와 Lemeshow 검정 =

단계	카이제곱	자유도	유의확률
1	10.837	8	.211

따라서 로지스틱 회귀분석 결과를 주요하게 해석해야 하는 부분은 독립변수가 모두 투입된 1단계 최종모형부터이다. 1단계 모형계수의 총괄 검정, 모형 요약, Hosmer-Lemeshow 검정은 독립변수들이 모두 투입되었을 때 로지스틱 회귀모형의 유용성을 나타낸다. 먼저, 모형계수의 총괄 검정에서 모두 통계적으로 유의미함(χ^2=80.993, p<.001)을 살펴볼 수 있었는데, 이는 귀무가설인 이 로지스틱 모형에서 독립변수가 종속변수에 미치는 영향력은 0이다(H_0)라는 가설을 기각하여 이 모형이 유용함을 나타낸다. 모형 요약에서 −2 로그우도(−2 Log Likelihood: −2LL)는 모형의 적합도를 나타내는데, −2LL이 낮을수록 적합도는 높음을 의미하며, 이 모형에서는 514.003으로 나타나 적합하다고 해석할 수 있다.

또한 Cox와 Snell의 R 제곱과 Nagelkerke R 제곱은 회귀분석의 R^2와 유사한 개념으로, 독립변수의 종속변수에 대한 설명력을 의미한다. 논문에 나타내는 지수는 주로 Nagelkerke R 제곱으로 이 모형에서는 .228로 나타났으며, 이는 이 모형에서의 독립변수가 임용합격에 대해 22.8%을 설명함을 의미한다. Hosmer-Lemeshow 검정의 카이제곱은 로지스틱 모형의 적합도를 나타내는 다른 값이다. 주로 구조방정식에서 카이제곱의 개념과 같다고 보면 되며, 종속변수의 관측값과 모형에 의한 예측값 간의 일치 정도를 나타낸다. 이 모형에서는 통계적으로 유의하지 않아 종속변수의 관측값과 예측값 간 차이가 없는 것으로 나타났다.

4 논문 양식

임용합격에 영향을 미치는 결정요인을 도출하고자 로지스틱 회귀분석을 실시하였다. 먼저, 모형 적합도인 χ^2는 80.993(p<.001)으로 통계적으로 유의미하며, 독립변수와 종속변수 간 유의미한 관계를 확인할 수 있었다. 게다가 Hosmer-Lemeshow 검정은 10.837(p>.05)로 나타나 관측빈도와 예측빈도 간 차이가 없었으며, 이는 로지스틱 회귀모형이 임용합격집단과 임용불합격집단을 잘 분류하는 모형으로 적합함을 의미한다. 또한 Nagelkerke R 제곱은 .228로 나타나 투입된 변수가 종속변수인 임용합격을 22.8% 설명하는 것으로 나타났다. 로지스틱 회귀계수는 〈표 15-1〉과 같다.

〈표 15-1〉 임용합격에 대한 로지스틱 회귀분석

변수	β	SE	Wald	오즈비	95% CI	
					하한값	상한값
교과지도	.40	.08	27.99***	1.49	1.29	1.73
학생이해	.40	.08	27.27***	1.50	1.29	1.74
교직소양	.52	.08	45.93***	1.68	1.45	1.96
의사소통	.11	.07	2.42*	1.12	.97	1.29
학습지도	.43	.08	27.21***	1.54	1.31	1.81
교직논술	−.37	.06	39.95***	.69	.62	.78
영어면접 및 수업	.01	.02	.15	1.01	.97	1.04
χ^2=80.993***, Hosmer-Lemeshow=10.837, Nagelkerke R^2=.228						

***$p < .001$, *$p < .05$

임용합격에 대한 로지스틱 회귀분석을 실시한 결과, 영어면접 및 수업을 제외한 모든 변수는 임용합격에 통계적으로 유의미한 영향을 주는 것으로 나타났다. 구체적으로 살펴보면, 교과지도, 학생이해, 교직소양, 의사소통, 학습지도는 임용합격에 통계적으로 정적인 영향($p < .05$)을 주는 것으로 나타났으며, 교직논술 같은 경우는 임용합격에 통계적으로 부적인 영향($p < .05$)을 주는 것으로 도출되었다. 이는 교과지도가 높을수록, 학생이해를 잘할수록, 교직소양이 높을수록, 의사소통을 잘할수록, 학습지도를 잘할수록 임용에 합격할 가능성이 높음을 의미한다. 반대로 교직논술이 높을수록 임용에 불합격할 가능성이 높음을 의미하는 바이다. 오즈비의 경우 교과지도가 증가한다면 임용에 합격할 가능성이 1.49배 높으며, 학생이해를 잘한다면 임용에 합격할 가능성이 1.50배로 높아진다. 교직소양이 높을수록 임용에 합격할 가능성이 1.68배로 높아지며, 의사소통을 잘할수록 임용에 합격할 가능성이 1.12배 높아진다. 마지막으로, 교직논술이 높다면 임용에 불합격할 확률이 .69배로 나타났다.

연습문제

1

중등교사의 임용준비기간, 필기점수, 학부성적이 임용합격에 미치는 영향은 어떠한가?

2

성인의 성별, 직장 유무, 연령, 학력, 소득, 우울이 미혼에 미치는 영향은 어떠한가?

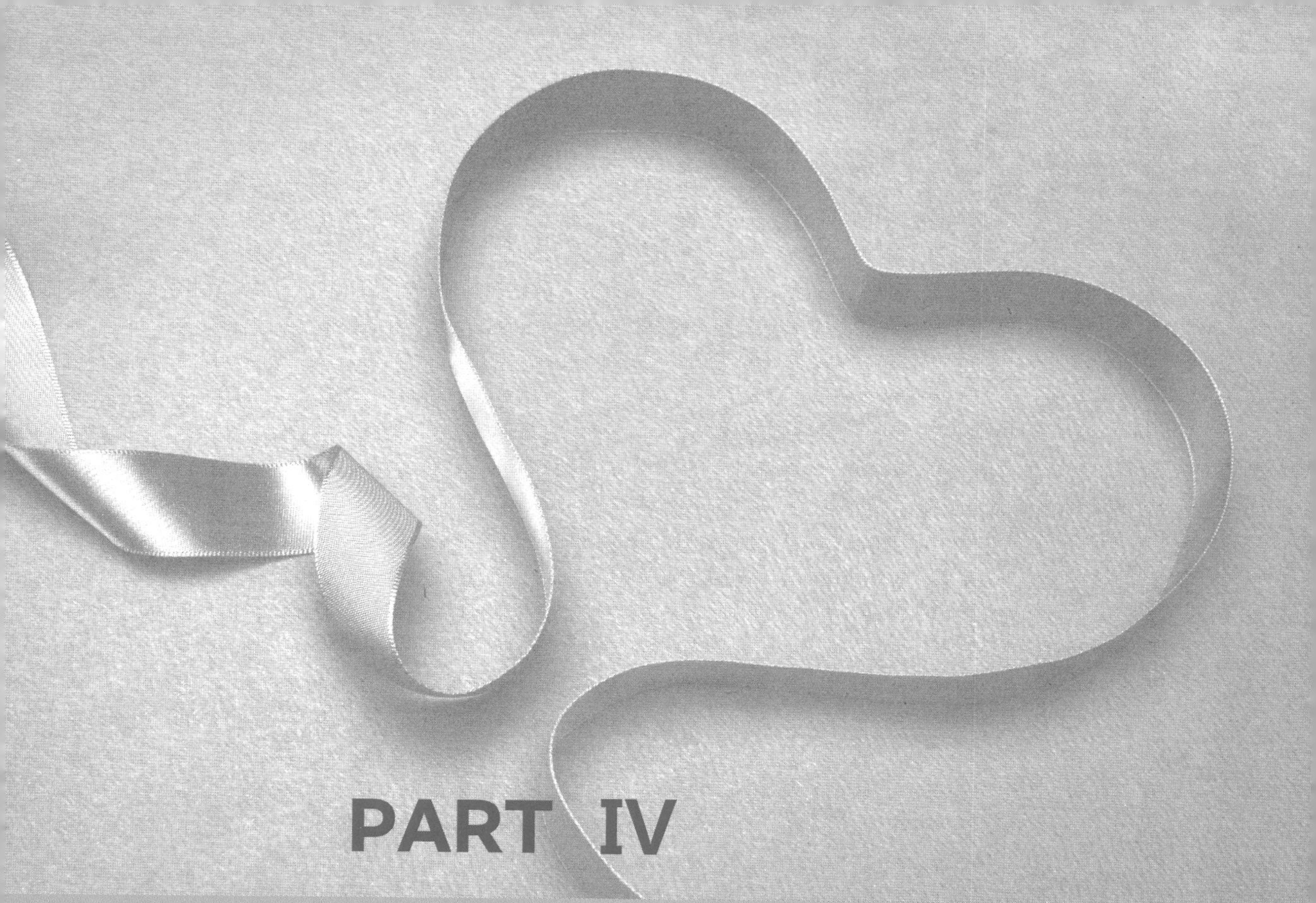

PART IV

분류분석

제16장

군집분석

1 개념 및 목적

실험이나 조사에서 얻은 사례를 어떤 성질에 따라 분류하여 동질적인 몇 개의 군집(Cluster)으로 분류하고자 하는 경우가 있다. 예를 들어, 생물학에서 어떤 특성에 따라 생물을 분류하는 경우, 의학에서 질병의 종류 및 상태를 분류하는 경우, 혹은 심리학에서 성격 유형에 따라 개인을 분류하는 경우에 군집분석(Cluster analysis)을 사용할 수 있다. 이는 n개의 사례를 대상으로 p개의 변수를 측정하였을 때 변수를 이용해 n개의 사례 사이의 유사성(거리)을 측정하여 상대적으로 거리가 가까운 사례를 동질적인 집단으로 군집화(Clustering)하는 것이다.

군집분석은 사례에 대한 명확한 분류기준이 없을 때 실시하는 것으로, 회귀분석이나 판별분석과 달리 의미 없는 변수를 제외하는 기능이 없어 선정된 모든 변수가 동등한 비중으로 유사성 평가에 투입된다. 또한 군집분석은 자료 탐색, 자료 축소, 가설 정립, 군집에 근거한 예측 등의 목적으로 사용된다.

구체적으로 그 목적을 살펴보면 다음과 같다.

- 사례 간의 유사성에 근거하여 군집의 구성원이 됨을 식별한다.
- 전체 다변량 자료의 구조를 파악한다.
- 군집의 형성과정과 그 특성 그리고 식별된 군집 간의 관계 등을 체계적으로 연구·분석한다.

군집분석의 기본 가정은 다음과 같다.

- 군집분석은 군집의 개수나 구조에 관한 아무런 가정이 없다. 즉, 사례 사이의 유사성에 근거하여 '자연스러운' 군집을 찾고, 나아가 자료의 요약을 꾀하는 기본적이고 탐색적인 통계 방법이다.
- 사례에 대한 명확한 분류기준이 없을 때 실시하는 것으로, 변수를 제외하는 기능이 없어 선정된 모든 변수가 동등한 비중으로 유사성 평가에 투입된다.
- 최종 결과에 대한 통계적 유의성 검정 방법이 없으므로 설명변수 선정에 유의해야 한다.

more 다중공선성에 대한 해결방안은?

모집단에 대한 모수치를 알지 못하기 때문에 사례를 표집하여 그 표본이 전집을 대표한다는 가정하에서 이루어진다. 군집변수 간의 다중공선성을 해결하기 위해서는 공선성이 높은 변수를 통합하여 새로운 변수를 구성하거나 공선성의 영향을 통제할 수 있도록 고안된 근사추정치를 선택할 수 있다.

2 분석 실행

1) 계층적 군집분석

계층적 군집분석(Hierarchical cluster analysis)은 각 개체를 가까운 개체끼리 묶어 나가는 방법으로서 원자료를 이용하거나 표준화된 변수를 이용할 수 있다.

연구문제

흡연에 영향을 미치는 변수를 기준으로 하였을 때 흡연집단은 어떤 유형으로 분류되는가?

적용 절차(16장 군집분석 원자료.sav)는 다음과 같다.

I

데이터 편집기 창에서 데이터를 불러온 후 **분석 → 분류분석 → 계층적 군집**을 클릭한다.

군집분석 기법	설명
계층적 군집분석 (Hierarchical cluster analysis)	군집화 과정이 순차적으로 이루어지며, 나무 모양 그림(dendrogram)의 형식을 취하는 유형. 한 군집이 다른 군집의 내부에 포함되나 군집 간에는 중복이 허용되지 않음. 군집의 형성에 위계가 있어서 일단 한 군집에 속하게 된 두 개체는 다시 흩어지지 않음. 사례가 100 이하인 경우에 효과적임
K-평균 군집분석 (K-means cluster analysis)	비계층적 군집분석 방법으로 군집화 과정이 순차적으로 이루어지지 않으며, 다루어야 할 사례가 100 이상인 경우 사용이 용이함. 사전에 몇 개의 군집으로 나눌 것인지 군집 수를 미리 정하고, 각 개체가 어느 군집에 속하는지를 분석함. 군집이 형성된 이후에도 일정 기준에 따라 개체가 이합집산을 되풀이하여 다른 군집에 재배정되지 않을 때까지, 즉 개체가 어느 한 군집에만 속하도록 하여 상호 배타적이 될 때까지 분석 절차를 반복함
이단계 군집분석 (Two-step cluster analysis)	계층 · 비계층적 방법의 절충. 계층적 군집분석은 계산시간이 짧아서 자료를 빠르게 처리할 수 있는 장점이 있으나, 표본의 수가 큰 경우에는 컴퓨터로 처리하기 위한 저장용량이 너무 크기 때문에 분석의 어려움이 있고 극단치의 영향을 많이 받는 단점이 있음. 비계층적 군집분석은 군집중심점을 무작위적인 방법보다 연구자가 지정 선택하였을 경우에 계층적 군집분석과 비교하여 극단치의 영향을 적게 받는 장점이 있음. 이단계 군집분석을 이용할 경우 각각의 장점을 살릴 수 있음

2

변수들을 지정하여 변수로 옮긴다.

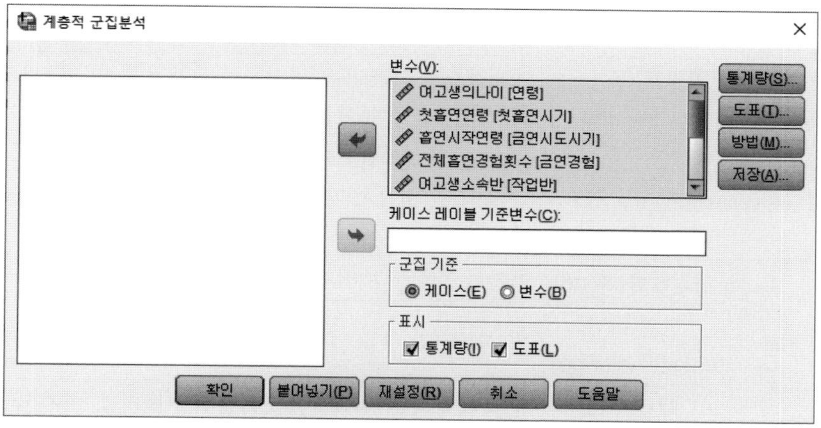

군집	설명
케이스(Cases)	SPSS의 초기 지정값으로 사례들 간의 거리 계산을 통해 사례별 군집분석을 실시함
변수(Variables)	변수 간의 거리 계산을 통해 변수들을 군집화하는 것으로 요인분석과 유사함

3

통계량 버튼을 클릭한 후 **군집화 일정표**와 **근접행렬**을 체크한다. **계속** 버튼을 클릭한다.

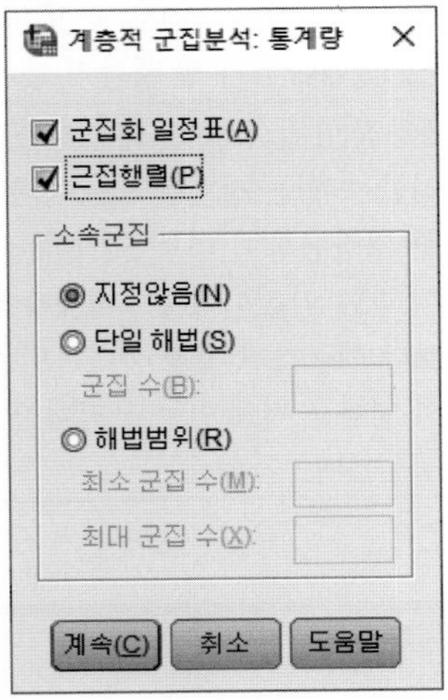

통계량		설명
군집화 일정표 (Agglomeration schedule)		기본값으로 사례 혹은 군집들의 결합된 순서나 단계 및 사례 간의 거리계수를 제시함
근접행렬(Proximity matrix)		항목 간 거리행렬로서 작성된 행렬의 유형은 선택한 측도에 따라 달라짐. 항목 수가 큰 경우 이 사항을 지정하면 큰 출력 결과가 생성됨
소속군집 (Cluster membership)	지정않음(None)	기본값으로 군집 전체를 제거함
	단일 해법 (Single solution)	원하는 군집 수를 입력함
	해법범위 (Range of solution)	군집 해법의 범위에 대한 소속군집을 표시함. 최저 및 최대 군집 해법에 해당하는 값을 입력함. 두 값 모두 1보다 큰 정수여야 하고, 첫 번째 값은 두 번째 값보다 작아야 함

4

그림 2의 상태에서 **도표** 버튼을 클릭한 후 **덴드로그램**을 체크하고 고드름에서는 **전체 군집**을, 방향에서는 **수직**을 체크한 후 **계속** 버튼을 클릭한다.

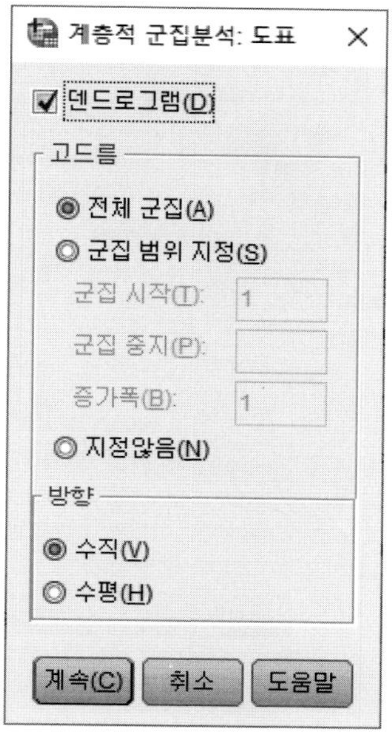

도표		설명
덴드로그램(Dendrogram)		덴드로그램으로 군집화 상태를 나타내는 그림으로 군집화의 절차를 볼 수 있음
고드름 (Icicle)	전체 군집 (All clusters)	모든 군집에 대해 고드름 플롯을 제시함(초기 지정값임)
	군집 범위 지정 (Specified range of clusters)	특정 군집에 대한 고드름의 형태를 제시함
	지정않음(None)	고드름 플롯을 제시하지 않음
방향 (Orientation)	수직(Vertical)	수직 고드름 형태를 제시함(초기 지정값)
	수평(Horizontal)	수평 고드름 형태를 제시함

5

방법 버튼을 클릭한 후 군집방법과 측도의 구간을 선택하고 계속 버튼을 클릭한다.

more 값 변환

값 변환은 각 개체 간의 유사성 거리를 측정하기 전에 원자료를 변환하는 기능이다. 일반적으로 각 변수값을 이용하여 거리(distance) 또는 유사성(similarity)을 측정할 때는 각 변수값의 관측 단위가 달라서 발생되는 영향력을 없애기 위하여 각 변수를 표준화하는 것이 좋다.

방법		설명
군집 방법 (Cluster method)	집단 간 연결 (Between-groups linkage)	두 군집의 모든 개체 간 (제곱)거리의 평균을 군집 간 (제곱)거리로 함
	집단 내 연결 (Within-groups linkage)	새 개체를 기존 군집에 포함시킬 때 새 개체를 포함한 모든 개체 간의 평균거리가 최소가 되는 군집에 포함시키는 방법
	최근접 이웃 (Nearest neighbor)	단일기준 결합 방식(최단거리법)에 따른 군집 형성으로, 두 군집의 개체 간 최단거리를 군집 간 거리로 함. 즉, 어느 한 군집에 속해 있는 개체와 거리가 가장 가까운 다른 군집에 속해 있는 개체를 새로운 군집으로 형성함. 거리가 가깝다는 것은 유사하다는 것을 의미함

		가장 먼 이웃 (Furthest neighbor)	완전기준 결합 방식(최장거리법)에 의해 군집을 형성함. 각 단계마다 한 군집에 속해 있는 사례와 다른 군집에 속해 있는 사례 사이의 유사성이 최장거리일 때 형성됨
		중심값 군집화 (Centroid clustering)	모든 변수에 대한 평균 간의 거리로서 두 군집 간의 거리를 계산함. 군집 p와 군집 q를 합친 새로운 군집을 t번째 군집이라 할 때, 또 다른 r번째 군집과의 유사성 거리는 다음과 같이 계산함 $S_{tr} = \frac{N_p}{N_p+N_q}S_{pr} + \frac{N_q}{N_p+N_q}S_{qr} - \frac{N_pN_q}{(N_p+N_q)^2}S_{pq}$
		중위수 군집화 (Median clustering)	결합된 군집들은 사례 수에 관계없이 중심값의 계산에 있어서 동일하게 가중치화됨 $S_{tr} = \frac{S_{pr}+S_{qr}}{2} - \frac{S_{pq}}{4}$
		Ward의 방법 (Ward's method)	군집 중심 간의 거리에 가중치를 부여하여 군집 간의 거리를 계산함. 총 군집 내 (제곱)거리의 오차제곱합(Error Sum of Squares: ESS)을 최소화하도록 군집끼리 합병함 $S_{tr} = \frac{1}{(N_t+N_r)^2}[(N_r+N_p)S_{rp} + (N_r+N_q)S_{rq} - N_rS_{pq}]$
측도 (Measure)	간격 (Interval)	유클리디안 거리 (Euclidean distance)	변수값들의 차이를 제곱하여 합산한 거리. 다차원 공간에서 직선 최단거리를 구함 $d_{ik} = \sqrt{\sum_{j}^{p}(x_{ij}-x_{kj})^2}$
		제곱 유클리디안 거리 (Squared euclidean distance)	유클리디안 거리를 제곱한 것 $d_{ik}^2 = \sum_{j}^{p}(x_{ij}-x_{kj})^2$
		코사인(Cosine)	비유클리드 거리로 두 관측 벡터 사이의 코사인 각도로 측정됨
		Pearson의 상관 (Pearson correlation)	두 관찰 벡터 사이의 상관관계를 구함 $d_{ik} = \frac{\sum_{j=1}^{p}(x_{ij}x_{kj})}{\sqrt{(\sum_{j=1}^{p}x_{ij}^2)(\sum_{j=1}^{p}x_{kj}^2)}}$
		Chebychev	두 항목 간의 거리는 항목 값 사이의 최소 절대치임 $d_{ik} = \max_j \lvert x_{ij}-x_{kj} \rvert$
		블록(Block)	$d_{ik} = \sum_{j=1}^{p} \lvert x_{ij}-x_{kj} \rvert$

		Minkowski	$d_{ik} = (\sum_{j=1}^{p} \lvert x_{ij} - x_{kj} \rvert^{m}),\ m > 0$
	빈도 (Count)	카이제곱 측도 (Chi-square measure)	기본값으로 동질성 검정에 대한 카이제곱 통계량에 기초함
		파이제곱 측도 (Phi-square measure)	$\phi^2 = \frac{x^2}{n}$
	이분형 (Binary)	유클리디안 거리 (Euclidean distance)	$\sqrt{b+c}$
		제곱 유클리디안 거리 (Squared euclidean distance)	$b+c$
		크기 차이 (Size difference)	비유사성의 한 지표로 범위는 0~1임
		패턴 차이 (Pattern difference)	$\frac{bc}{n^2}$ 로 범위는 0~1임
		분산(Variance)	$\frac{(b+c)}{4n}$
		…	이하 생략
값 변환 (Transform values)	없음(None)	기본 설정으로 표준화하지 않음	
	Z점수(Z Scores)	평균 0, 분산 1을 가지는 표준점수로 변환함	
	−1부터 1까지의 범위(Range −1 to 1)	각 관측값을 범위로 나눔	
	0부터 1까지의 범위 (Range 0 to 1)	각 관측값에서 최소값을 뺀 다음 범위로 나눔	
	최대값 1 (Maximum magnitude)	각 관측값을 최대값으로 나눔	
	평균 1 (Mean of 1)	각 관측값을 평균값으로 나눔	
	표준편차 1 (Standard deviation of 1)	각 관측값을 표준편차로 나눔	

측도변환 (Transform measures)	절댓값 (Absolute values)	거리의 절대치를 이용함
	부호 변경 (Change sign)	비유사성을 유사성으로, 유사성을 비유사성으로 변환함
	0~1 범위로 척도 조정 (Rescale to 0~1 range)	0~1 범위에 대한 거리를 재측정함

6

그림 2의 상태에서 **저장** 버튼을 클릭한 후 소속군집의 **지정않음**을 체크하여 **계속** 버튼을 클릭한다.

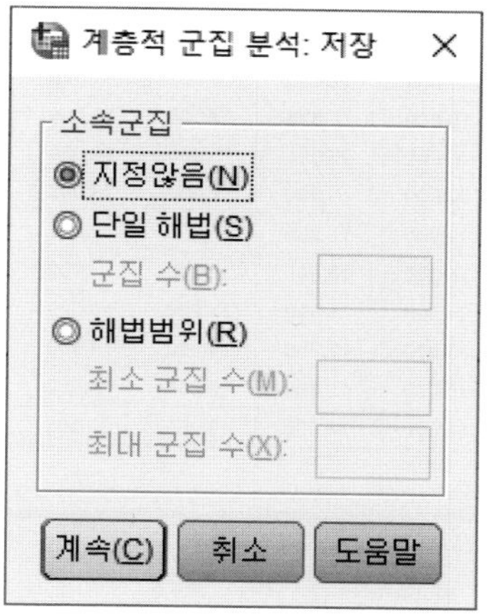

저장	설명
지정않음(None)	기본값으로 군집 전체를 저장하지 않음
단일 해법(Single solution)	지정한 군집 수가 있는 단일군집 해법에 대해 소속군집을 지정함. 1보다 큰 정수를 입력함
해법범위(Range of solutions)	군집해 범위에 대한 전체 해를 저장함. 가장 낮고 가장 높은 군집해와 일치하는 값을 입력함

7

모두 설정되었으면 **확인** 버튼을 클릭하여 분석을 실행하고, SPSS 뷰어 창에 계층적 군집분석에 대한 결과가 나오면 저장해 둔다.

케이스 처리 요약[a]

케이스					
유효		결측		전체	
N	퍼센트	N	퍼센트	N	퍼센트
10	100.0	0	.0	10	100.0

a. 평균 연결법 (집단-간)

두 번 눌러서 활성화

근접행렬

제곱 유클리디안 거리

케이스	1	2	3	4	5	6	7	8	9	10
1	.000	11.000	25.000	15.000	28.000	41.000	17.000	18.000	27.000	33.000
2	11.000	.000	10.000	14.000	13.000	14.000	24.000	11.000	8.000	10.000
3	25.000	10.000	.000	22.000	15.000	16.000	24.000	13.000	10.000	14.000
4	15.000	14.000	22.000	.000	11.000	26.000	6.000	7.000	12.000	34.000
5	28.000	13.000	15.000	11.000	.000	7.000	21.000	14.000	9.000	29.000
6	41.000	14.000	16.000	26.000	7.000	.000	40.000	23.000	10.000	22.000
7	17.000	24.000	24.000	6.000	21.000	40.000	.000	9.000	20.000	46.000
8	18.000	11.000	13.000	7.000	14.000	23.000	9.000	.000	7.000	19.000
9	27.000	8.000	10.000	12.000	9.000	10.000	20.000	7.000	.000	14.000
10	33.000	10.000	14.000	34.000	29.000	22.000	46.000	19.000	14.000	.000

이것은 비유사성 행렬입니다.

8

3개의 군집이 형성되었는지 파악되었으면 그림 6으로 돌아가서 **단일 해법**을 체크하여 **군집 수**를 '3'으로 지정하고 **계속** 버튼을 클릭한다.

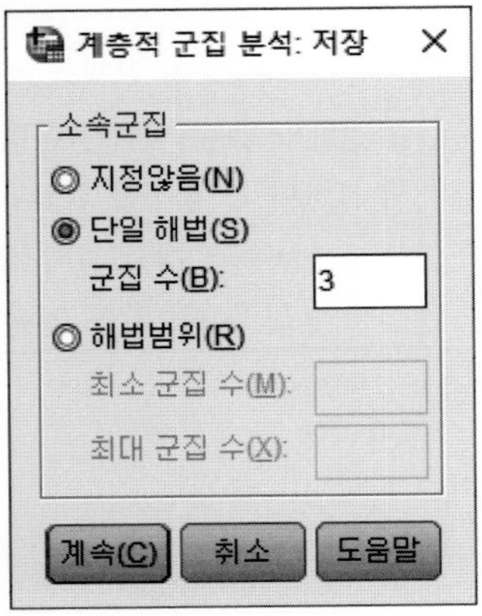

9

SPSS 데이터 보기 창에 'CLU3_1'이라는 새로운 변수가 생성되어 있다.

	연령	첫흡연시기	금연시도시기	금연경험	작업반	가족형태	소득수준	사교성지수	작업효율성	참여경험	CLU3_1
1	15.00	15.00	15.00	1.00	1.00	1.00	1.00	3.00	1.00	2.00	1
2	16.00	15.00	16.00	2.00	1.00	3.00	2.00	4.00	2.00	3.00	2
3	17.00	15.00	17.00	1.00	2.00	4.00	3.00	2.00	2.00	3.00	2
4	15.00	15.00	15.00	2.00	2.00	1.00	4.00	3.00	3.00	2.00	1
5	16.00	16.00	16.00	1.00	1.00	3.00	5.00	4.00	3.00	2.00	3
6	17.00	16.00	17.00	2.00	1.00	4.00	5.00	5.00	2.00	3.00	3
7	15.00	15.00	15.00	2.00	2.00	1.00	4.00	1.00	2.00	1.00	1
8	16.00	16.00	16.00	3.00	2.00	2.00	3.00	2.00	3.00	2.00	2
9	17.00	15.00	16.00	3.00	1.00	3.00	4.00	3.00	3.00	3.00	2
10	18.00	15.00	17.00	3.00	2.00	4.00	1.00	4.00	3.00	3.00	2

2) 비계층적 군집분석(K-평균 군집분석)

연구문제

흡연에 영향을 미치는 변수를 기준으로 하였을 때 흡연집단은 어떤 유형으로 분류되는가?

K-평균 군집분석(K-means cluster analysis)은 계층적 군집분석에 비해 계산 속도가 빠르므로 대량 데이터의 군집분석에 유용하게 이용된다.

적용 절차(16장 군집분석 원자료.sav)는 다음과 같다.

1

데이터 편집기 창에서 데이터를 불러온 후 분석 → 분류분석 → K-평균 군집을 클릭한다.

more 표준화 변수 생성

변수의 측정단위가 다른 경우에는 기술통계 분석 절차에서 표준화 변수를 생성하여 작업을 하면 된다. 분석에 들어가기에 앞서, 기술통계 절차를 이용하여 표준화 변수(표준화된 변수는 변수 이름 앞에 z가 붙음)를 생성한다.

2

변수들을 지정하여 변수로 옮긴다. 군집 수에 2 이상의 값을 입력하며, 여기서는 '3'을 입력한다. 확인 버튼을 클릭하면 비계층적 군집분석의 수행 결과가 SPSS 뷰어 결과 창에 출력된다.

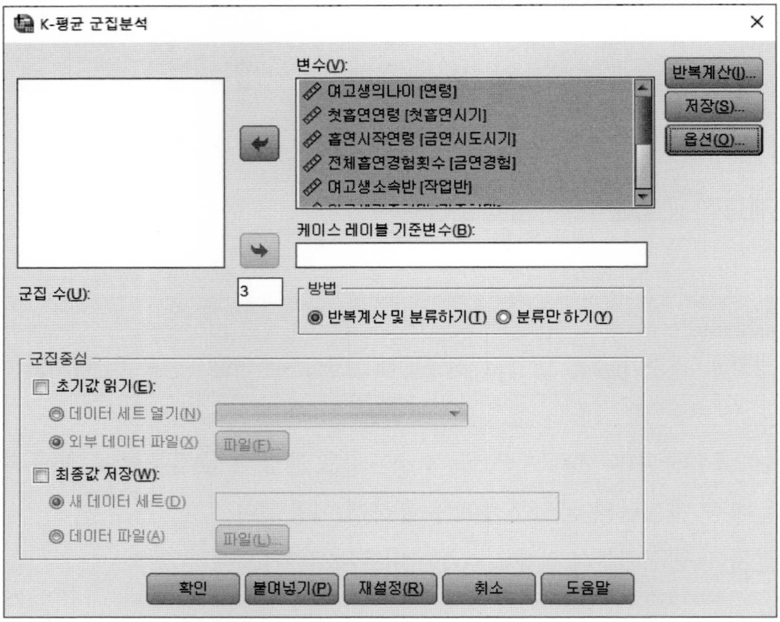

more 케이스 레이블 기준변수

각 사례는 출력 결과에서 사례번호로 구별된다. 경우에 따라 문자변수값을 사용하여 사례를 구별할 때는 문자변수를 지정하면 된다.

more 중심 버튼

군집중심의 초기값을 특정 파일로부터 불러 읽거나 최종 중심값을 파일에 저장할 때 사용하는 버튼이다. 중심 버튼에서 초기 군집중심 파일을 읽거나 군집중심 결과 파일을 저장한다. 군집분석의 효율성을 위해서는 일부 자료를 선택하여 군집중심의 최종값 파일을 저장한 후 다시 전체 데이터를 선택하고 초기값 읽기를 지정하면 효율적이다.

3

보다 자세한 분석을 위해서 다음 절차를 실시한다. 반복계산 버튼을 클릭하고, 기본값대로 체크한 후 계속 버튼을 클릭한다.

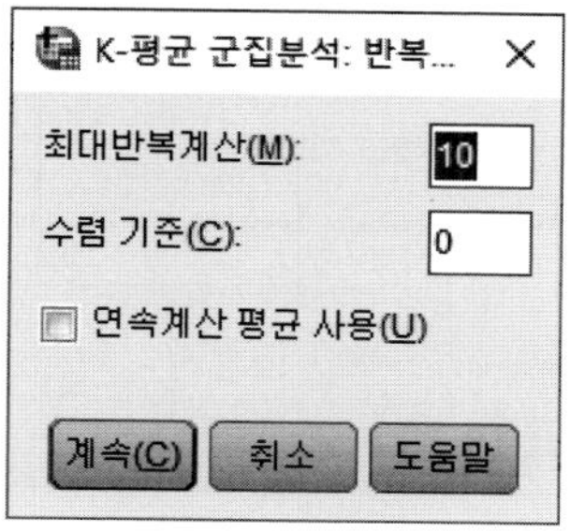

반복계산	설명
최대반복계산 (Maximum iterations)	군집중심을 새로 고치기 위한 최대반복계산 수로, 각 반복계산마다 사례가 차례로 최근 군집중심으로 할당되고 군집평균이 갱신됨. 양의 정수를 입력함
수렴 기준 (Convergence criterion)	초기 지정값으로 군집중심에서 최대 변화량이 초기 중심 간 최소거리의 2%보다 작은 경우 반복계산이 중지됨. 수렴값을 바꾸려면 1 이하의 양수를 기입함
연속계산 평균 사용 (Use running means)	사례를 군집에 할당할 때마다 새로운 군집중심을 계산함

4

저장 버튼을 클릭한다. 소속군집과 군집중심으로부터의 거리를 체크한 후 계속 버튼을 클릭한다.

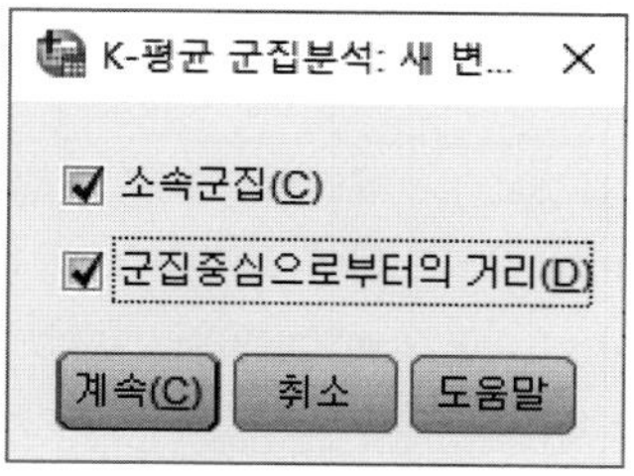

저장	설명
소속군집 (Cluster membership)	각 사례가 할당된 최종적인 군집을 데이터 창에 생성시킴
군집중심으로부터의 거리 (Distance from cluster center)	사례 분류에 사용된 군집중심 간의 유클리디안 거리를 저장함

5

옵션 버튼을 클릭하면 옵션 대화상자가 뜬다. 여기서는 군집중심초기값, 분산분석표, 각 케이스의 군집정보를 체크한 후 계속 버튼을 클릭한다.

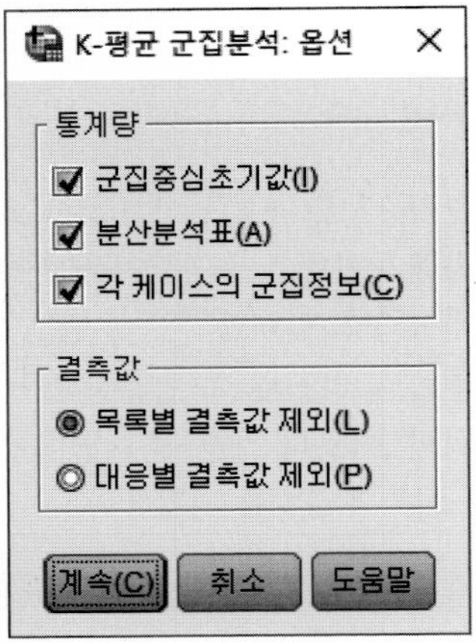

옵션		설명
통계량 (Statistics)	군집중심초기값 (Initial cluster centers)	각 군집에 대한 변수평균의 첫 번째 추정값
	분산분석표 (ANOVA table)	각 군집변수에 대한 일원변량분석 결과를 제시함
	각 케이스의 군집정보 (Cluster information for each case)	사례별로 최종 군집할당을 표시하고 분류에 사용된 사례와 군집중심 간 유클리디안 거리, 최종 군집중심 간 유클리디안 거리를 표시함
결측값 (Missing values)	목록별 결측값 제외 (Exclude cases listwise)	군집변수에 대한 결측값이 있는 사례를 제외시킴
	대응별 결측값 제외 (Exclude cases pairwise)	비결측값이 있는 모든 변수로부터 계산한 거리를 기초로 사례를 군집에 할당함

6

모두 설정되었으면 확인 버튼을 클릭한다. 프로그램이 실행되어 그림과 같은 결과가 나오면 저장해 둔다.

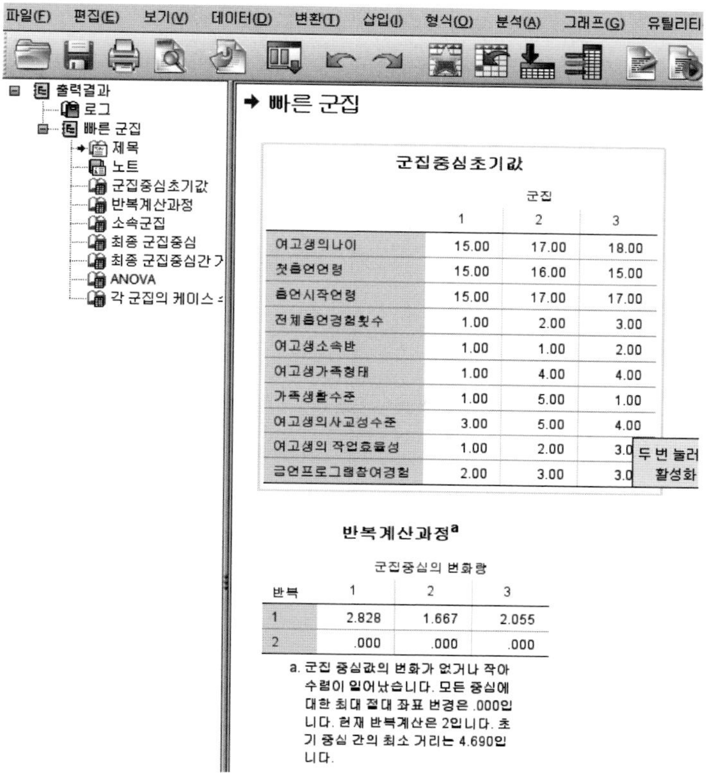

군집중심초기값

	군집 1	군집 2	군집 3
여고생의나이	15.00	17.00	18.00
첫흡연연령	15.00	16.00	15.00
흡연시작연령	15.00	17.00	17.00
전체흡연경험횟수	1.00	2.00	3.00
여고생소속반	1.00	1.00	2.00
여고생가족형태	1.00	4.00	4.00
가족생활수준	1.00	5.00	1.00
여고생의사교성수준	3.00	5.00	4.00
여고생의 작업효율성	1.00	2.00	3.0
금연프로그램참여경험	2.00	3.00	3.0

반복계산과정[a]

반복	군집중심의 변화량 1	2	3
1	2.828	1.667	2.055
2	.000	.000	.000

a. 군집 중심값의 변화가 없거나 작아 수렴이 일어났습니다. 모든 중심에 대한 최대 절대 좌표 변경은 .000입니다. 현재 반복계산은 2입니다. 초기 중심 간의 최소 거리는 4.690입니다.

7

SPSS 데이터 편집기 창에는 소속군집과 군집중심으로부터의 거리가 새로운 변수 'QCL_1(분류된 군집)' 'QCL_2(중심과의 거리)'로 생성되어 저장되어 있다.

	연령	첫흡연시기	금연시도시기	금연경험	작업반	가족형태	소득수준	사교성지수	작업효율성	참여경험	QCL_1	QCL_2
1	15.00	15.00	15.00	1.00	1.00	1.00	1.00	3.00	1.00	2.00	1	2.82843
2	16.00	15.00	16.00	2.00	1.00	3.00	2.00	4.00	2.00	3.00	3	1.69967
3	17.00	15.00	17.00	1.00	2.00	4.00	3.00	2.00	2.00	3.00	3	2.05480
4	15.00	15.00	15.00	2.00	2.00	1.00	4.00	3.00	3.00	2.00	1	1.58114
5	16.00	16.00	16.00	1.00	1.00	3.00	5.00	4.00	3.00	2.00	2	1.56347
6	17.00	16.00	17.00	2.00	1.00	4.00	5.00	5.00	2.00	3.00	2	1.66667
7	15.00	15.00	15.00	2.00	2.00	1.00	4.00	1.00	2.00	1.00	1	1.87083
8	16.00	16.00	16.00	3.00	2.00	2.00	3.00	2.00	3.00	2.00	1	2.00000
9	17.00	15.00	16.00	3.00	1.00	3.00	4.00	3.00	3.00	3.00	2	1.85592
10	18.00	15.00	17.00	3.00	2.00	4.00	1.00	4.00	3.00	3.00	3	2.05480

3 분석 결과

1) 계층적 군집분석

(1) 사례 처리 요약

사례					
유효		결측		전체	
N	퍼센트	N	퍼센트	N	퍼센트
10	100.0	0	0	10	100.0

이 표는 분석에 사용된 사례에 대한 요약이다. 전체 사례 수는 10이며, 모두 분석에 이용되었으므로 유효 백분율은 100%이다.

(2) 근접성행렬

	제곱 유클리디안 거리									
사례	1	2	3	4	5	6	7	8	9	10
1		11.000	25.000	15.000	28.000	41.000	17.000	18.000	27.000	33.000
2	11.000		10.000	14.000	13.000	14.000	24.000	11.000	8.000	10.000
3	25.000	10.000		22.000	15.000	16.000	24.000	13.000	10.000	14.000
4	15.000	14.000	22.000		11.000	26.000	6.000	7.000	12.000	34.000
5	28.000	13.000	15.000	11.000		7.000	21.000	14.000	9.000	29.000
6	41.000	14.000	16.000	26.000	7.000		40.000	23.000	10.000	22.000
7	17.000	24.000	24.000	6.000	21.000	40.000		9.000	20.000	46.000
8	18.000	11.000	13.000	7.000	14.000	23.000	9.000		7.000	19.000
9	27.000	8.000	10.000	12.000	9.000	10.000	20.000	7.000		14.000
10	33.000	10.000	14.000	34.000	29.000	22.000	46.000	19.000	14.000	

이것은 상이성행렬이다.

이 결과표는 개체 사이의 유클리디안 거리행렬을 보여 준다. 이 표에서 거리행렬의 계수는 상이성(dissimilarity)의 크기를 나타낸다. 즉, 계수가 작을수록 유사성이 높다. 사례

4와 7의 거리가 6.000으로 가장 가깝고, 사례 7과 10의 거리가 46.000으로 가장 멀다. 따라서 사례 4와 7은 같은 군집에 포함될 가능성이 높고, 사례 7과 10은 같은 군집에 포함될 가능성이 낮다.

(3) 군집화 일정표

	조합된 군집		계수	최초출현 군집단계		다음 단계
단계	군집 1	군집 2		군집 1	군집 2	
1	4	7	6.000	0	0	7
2	8	9	7.000	0	0	4
3	5	6	7.000	0	0	8
4	2	8	9.500	0	2	5
5	2	3	11.000	4	0	6
6	2	10	14.250	5	0	8
7	1	4	16.000	0	1	9
8	2	5	16.500	6	3	9
9	1	2	23.476	7	8	0

이 표에서 계수는 해당 사례가 속한 군집 간의 거리를 나타낸다. 따라서 이 계수값이 작을수록 빨리 군집이 된다. 1단계에서는 사례 4와 7이, 2단계에서는 사례 8과 9가, 3단계에서는 사례 5와 6이 군집화된다. 4단계에서는 2단계에서 군집화되었던 사례 8이 사례 2와 결합됨으로써 다른 군집이나 사례들과 결합되어 있다. 그리고 마지막 단계에서는 사례 1이 속한 군집과 사례 2를 군집화한다.

(4) 수직 고드름 도표

	사례																		
군집의 수	6		5		10		3		9		8		2		7		4		1
1	×	×	×	×	×	×	×	×	×	×	×	×	×	×	×	×	×	×	×
2	×	×	×	×	×	×	×	×	×	×	×	×	×		×	×	×	×	×
3	×	×	×		×	×	×	×	×	×	×	×	×		×	×	×	×	×
4	×	×	×		×	×	×	×	×	×	×	×	×		×	×	×		×
5	×	×	×		×		×	×	×	×	×	×	×		×	×	×		×

6	×	×	×		×		×		×	×	×	×	×		×	×	×		×
7	×	×	×		×		×		×	×	×		×		×	×	×		×
8	×		×		×		×		×	×	×		×		×	×	×		×
9	×		×		×		×		×		×		×		×	×	×		×

이 표에서 열은 군집의 수에 따라 사례들이 수직 고드름으로 묶이는 차례를 보여 주고 있다. 군집의 수가 1인 경우에는 모든 사례가 다 포함되며, 2인 경우에는 한 군집에 사례 6, 5, 10, 3, 9, 8, 2가 속하고 다른 군집에는 7, 4, 1이 속하게 된다. 또 군집의 수를 3으로 할 경우에는 한 군집에 6, 5, 다른 군집에 10, 3, 9, 8, 2, 마지막 한 군집에 7, 4, 1이 속하게 된다.

만일 이렇게 세 군집으로 나눈다면 (6, 5), (10, 3, 9, 8, 2), (7, 4, 1) 군집의 공통적인 특성으로 각각 군집명을 붙일 수 있다. 예를 들면, (7, 4, 1) 군집의 특성은 현재 학생들의 나이가 어리면서 흡연 경험이 있고, 가족이 핵가족이며, 가족으로부터의 흡연 경험은 거의 없다는 특성을 공유한다. (6, 5) 군집은 생활수준이 낮고 우울 증세가 심한 부류이다. 그리고 (10, 3, 9, 8, 2) 군집은 성적은 중하이고, 금연 프로그램 참여 경험이 많고, 15세 경에 첫 흡연을 하였으며, 한부모 혹은 계부모 가족 형태로 최근에도 흡연 경험이 있다. 이 경우 (7, 4, 1) 군집은 '어린 연령–핵가족 흡연집단', (6, 5) 군집은 '가족원인–개인원인 가출집단', (10, 3, 9, 8, 2) 군집은 '가족원인–개인원인 흡연집단'으로 명명할 수 있다.

(5) 덴드로그램

다음 그림은 나무 모양 그림(덴드로그램)으로서 군집화 순서 상태를 나타낸 것이다. 수평축은 각 군집 간 상대적 거리를, 수직축은 각 개체를 나타낸다. 앞의 수직 고드름 도표와 비교하여 살펴보면 더욱 쉽게 이해될 것이다.

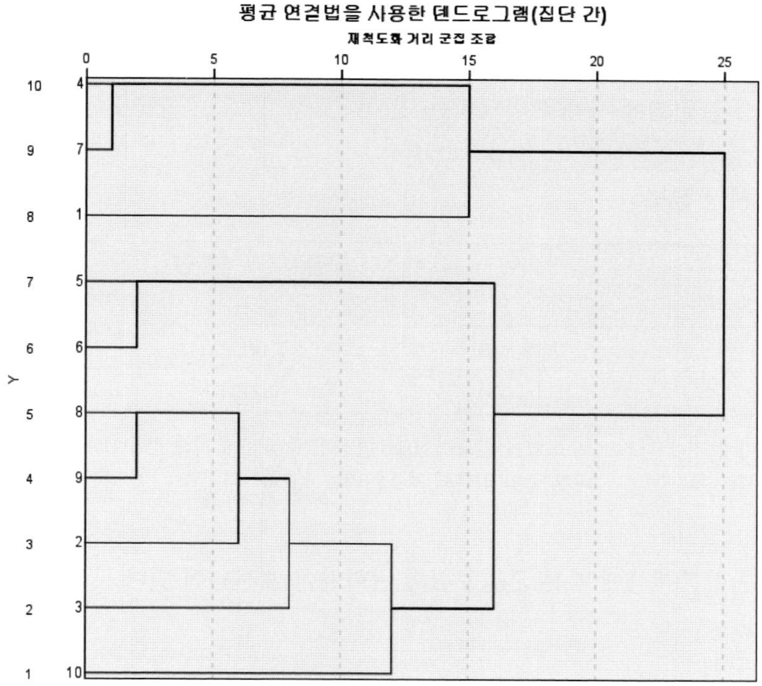

[그림 16-1] 덴드로그램

2) 비계층적 군집분석(K-평균 군집분석)

(1) 초기 군집중심

	군집		
	1	2	3
여고생의 연령	15.00	17.00	18.00
첫 흡연시기	15.00	16.00	15.00
금연 시도시기	15.00	17.00	17.00
금연 경험(회)	1.00	2.00	3.00
여고생 직업반	1.00	1.00	2.00
여고생 가족 형태	1.00	4.00	4.00
가족 소득수준	1.00	5.00	1.00
여고생의 사교성 지수	3.00	5.00	4.00
여고생의 작업 효율성	1.00	2.00	3.00
금연 프로그램 참여 경험	2.00	3.00	3.00

이 표에 제시된 변수별 세 군집의 초기 중심값은 사례 할당을 위한 임시값이다. 이러한 초기 군집 중심값을 기준으로 각 사례와 각 군집 중심점 간의 거리를 계산하여 거리가 가장 가까운 군집에 사례를 할당하는 것이다.

(2) 반복계산 정보[a]

	군집중심의 변화량		
반복계산	1	2	3
1	2.828	1.667	2.055
2	.000	.000	.000

a. 거리 변화가 없거나 작으므로 수렴이 만들어졌다. 변경된 중심점에 의해 형성된 최대거리는 .000이다. 현재 반복계산 횟수는 2다. 내부 중심점 간의 최소거리는 4.690이다.

이 표에는 반복계산에 따른 군집중심의 변화량이 제시되어 있다.

(3) 소속군집

사례 수	군집	거리
1	1	2.828
2	3	1.700
3	3	2.055
4	1	1.581
5	2	1.563
6	2	1.667
7	1	1.871
8	1	2.000
9	2	1.856
10	3	2.055

이 표에는 각 사례가 어떤 군집에 속하는지, 각 사례와 군집중심 간의 거리가 얼마인지를 나타내고 있다.

첫 번째 군집은 1, 4, 7, 8을 포함하고, 두 번째 군집은 5, 6, 9를 포함하고, 세 번째 군집은 2, 3, 10을 포함한다. 첫 번째 군집에서 사례 1은 다른 사례보다 비교적 중심에서 떨어져 있고 두 번째 군집은 제일 가깝게 모여 있다.

(4) 최종 군집중심

	군집		
	1	2	3
여고생의 연령	15.25	16.67	17.00
첫 흡연시기	15.25	15.67	15.00
금연 시도시기	15.25	16.33	16.67
금연 경험(회)	2.00	2.00	2.00
여고생 직업반	1.75	1.00	1.67
여고생 가족 형태	1.25	3.33	3.67
가족 소득수준	3.00	4.67	2.00
여고생의 사교성 지수	2.25	4.00	3.33
여고생의 직업 효율성	2.25	2.67	2.33
금연 프로그램 참여 경험	1.75	2.67	3.00

이 표에는 변수별로 세 군집의 중심값이 제시되어 있다. 초기 중심점을 이용하여 군집분석을 실시하는 과정에서 새로운 사례가 포함되기 때문에 평균이 달라지고 군집의 중심도 달라진다. K-평균 군집분석은 개체가 어느 한 군집에만 속할 때까지 사례의 이합집산이 되풀이된다. 즉, 모든 사례가 세 군집 중 한 곳에 속하게 되면 분석이 끝난다. 최종 군집중심 간 거리는 다음과 같다.

(5) 최종 군집중심 간 거리

군집	1	2	3
1		3.887	3.837
2	3.887		3.000
3	3.837	3.000	

1번 군집과 2번 군집이 가장 멀고, 1번과 3번 군집이 다음으로 멀고, 2번과 3번 군집이 가장 가깝다.

(6) 분산분석

	군집		오차		F	유의확률
	평균제곱	자유도	평균제곱	자유도		
여고생의 연령	3.092	2	.488	7	6.334	.027
첫 흡연시기	.342	2	.202	7	1.688	.252
금연 시도시기	1.958	2	.298	7	6.580	.025
금연 경험(회)	.000	2	.857	7	.000	1.000
여고생 직업반	.542	2	.202	7	2.676	.137
여고생 가족 형태	6.158	2	.298	7	20.692	.001
가족 소득수준	5.467	2	1.238	7	4.415	.057
여고생의 사교성 지수	2.742	2	1.060	7	2.588	.144
여고생의 직업 효율성	.158	2	.583	7	.271	.770
금연 프로그램 참여 경험	1.492	2	.202	7	7.371	.019

다른 군집의 여러 사례 간 차이를 최대화하기 위해 군집을 선택했으므로 F검정은 기술통계 목적으로만 사용되어야 한다. 이 경우 관측 유의수준은 수정되지 않으므로 군집평균이 동일하다는 가설을 검정하는 것으로 해석될 수 없다.

이 표는 세 군집 간의 평균 차이가 있는지를 알아보기 위해 일원변량분석을 실시한 결과이다. 여기서 세 집단을 뚜렷이 구별하는 변수인 여고생의 연령, 금연 시도시기, 여고생 가족 형태, 금연 프로그램 참여 경험 등이 5% 유의수준에서 유의미한 것으로 나타났다. 세 집단을 구별하는 변수를 중심으로 각각 명칭을 부여할 수 있다. 예를 들면, 이 예에서는 나이, 가족 형태, 금연 프로그램 참여 경험에 따라 군집명을 정할 수 있다(마지막 흡연연령은 현재 연령에 따라 달라질 수 있기 때문에 군집명을 정하는 데 참고하지 않았다). 군집 1(사례 1, 4, 7, 8)은 나이가 어리며 핵가족이 많고 흡연의 경험은 적게 나타났다. 그러므로 군집 1은 '어린 연령-핵가족 흡연집단'으로 명명할 수 있을 것이다. 군집 2(사례 5, 6, 9)는 중간 연령이며 계부모가 많고 학대 경험이 많은 것으로 나타났다. 그러므로 군집 2는 '가족문제-상습흡연집단'으로 명명하고자 한다. 군집 3(사례 2, 3, 10)은 고연령이고 금연 프로그램 참여 경험이 많은 집단이다. 따라서 '가족원인-개인원인 흡연집단'으로 칭하고자 한다.

(7) 각 군집의 사례 수

군집	1	4.000
	2	3.000
	3	3.000
유효		10.000
결측		.000

이 표는 K-평균 군집분석 결과, 세 군집으로 할당된 사례 수를 제시한 것이다.

이상과 같은 군집분석을 실시한 후 군집분석의 과정을 논문에 수록하기보다는 군집분석의 결과로 어떤 군집이 형성되었는지를 표로 요약하여 제시하며, '군집화 일정표'나 '수직 고드름 도표'와 같은 분석과정은 부록에 싣는 경우가 많다. 그러고 나서 군집분석의 결과로 나뉜 집단별 차이 검정이나 변량분석 등의 후속적인 과정이 뒤따를 수 있다.

4 논문 양식

1) 계층적 군집분석

결과 해석을 통해 군집에 명칭을 부여하였다면, 최종적으로 명명된 군집별로 다음과 같이 기술통계량을 보고할 수 있다. 모두 10개의 변수가 군집분석에 사용되기 때문에 각각의 타당도를 먼저 고려하고 유의도를 확인한다. 10개의 변수 중 몇 개가 유의하게 나타나고 있는가를 확인한다. 만약 10개의 변수 중 어느 한 변수가 네 집단 간에 차이를 보이지 않는다면, 군집을 해석하고 명명할 때 차이를 보이지 않는 집단을 제외하고 유의한 변수만 가지고 각각의 집단평균에 초점을 두어 해석하게 된다.

〈표 16-1〉 흡연 영향 변수를 이용한 계층적 군집분석 결과

독립변수 \ 군집명		어린 연령-핵가족 흡연집단	가족문제-상습 흡연집단	가족원인-개인원인 흡연집단	전체
연령(세)	15	3			10
	16		2	1	
	17		2	1	
	18		1		
첫 흡연시기(세)	15	3	4		10
	16		1	2	
금연 시도시기(세)	15	3			10
	16		3	1	
	17		2	1	
금연 경험(회)	1	1	1	1	10
	2	2	1	1	
	3		3		
직업반	주간반	1	2	2	10
	야간반	2	3		
가족 형태	핵가족	3			10
	확대가족		1		
	계부모가족		2	1	
	한부모가족		2	1	
소득수준	상	1	1		10
	중상		1		
	중		2		
	중하	2	1		
	하			2	
사교성 지수	거의 없음	1			10
	약간 있음		2		
	보통	2	1		
	약간 심각		2	1	
	매우 심각			1	
직업 효율성	상	1			10
	중	1	2	1	
	하	1	3	1	
금연 프로그램 참여 경험	없음	1			10
	약간 있음	2	1	1	
	많이 있음		4	1	

2) 비계층적 군집분석(K-평균 군집분석)

결과 해석을 통해 군집에 대해 명칭을 부여한 후 명명된 군집별로 다음과 같이 보고할 수 있다. 가장 적절한 수의 군집을 결정하기 위하여 계층적 군집분석을 실시하였으며, 그 결과로 3개의 군집 수를 가장 적절한 유효군집으로 채택하였다. 이를 바탕으로 K-평균 군집분석을 사용하여 각각의 군집을 형성하였다.

〈표 16-2〉 흡연 영향 변수를 이용한 비계층적 군집분석 결과

독립변수	군집명	군집 1	군집 2	군집 3	전체
연령(세)	15	3			10
	16	1	1	1	
	17		2	1	
	18			1	
첫 흡연시기(세)	15	3	1	3	10
	16	1	2		
금연 시도시기(세)	15	3			10
	16	1	2	1	
	17		1	2	
금연 경험(회)	1	1	1	1	10
	2	2	1	1	
	3	1	1	1	
직업반	주간반	1	3	1	10
	야간반	3		2	
가족 형태	핵가족	3			10
	확대가족	1			
	계부모가족		2	1	
	한부모가족		1	2	
소득수준	상	1		1	10
	중상			1	
	중	1			
	중하	2	1		
	하		2		

사교성 지수	거의 없음	1			10
	약간 있음	1		1	
	보통	2	1		
	약간 심각		1	2	
	매우 심각		1		
직업 효율성	상	1			10
	중	1	1	2	
	하	2	2	1	
금연 프로그램 참여 경험	없음	1			10
	약간 있음	3	1		
	많이 있음		2	3	

more 계층적 군집분석과 K-평균 군집분석의 차이

계층적 군집분석은 개체를 한번 묶으면 다시 풀지 않고, K-평균 군집분석은 묶고 푸는 과정을 반복함으로써 군집의 최적화를 추구한다. 따라서 같은 데이터를 이용하여 두 가지 분석을 동시에 하더라도 군집의 형성이 다르게 나타나는 것을 알 수 있다.

연습문제

1

다음은 미국 내 22개 전기회사의 8개 변수에 대한 관찰값을 나타낸 것이다. 계층적 군집법으로 개체 군집화를 실시하시오.

	회사명	X_1	X_2	X_3	X_4	X_5	X_6	X_7	X_8
1	애리조나	1.06	9.2	151	54.4	1.6	9077	0.	.628
2	보스턴 에디슨	.89	10.3	202	57.9	2.2	5088	25.3	1.555
3	루이지애나	1.43	15.4	113	53.0	3.4	9212	0.	1.058
4	커먼웰스 에디슨	1.02	11.2	168	56.0	.3	6423	34.3	.700
5	콘솔 에디슨	1.49	8.8	192	51.2	1.0	3300	15.6	2.044
6	플로리다 파워	1.32	13.5	111	60.0	−2.2	11127	22.5	1.241
7	하와이안 일렉트릭	1.22	12.2	175	67.6	2.2	7642	0.	1.652
8	아이다호 파워	1.10	9.2	245	57.0	3.3	13082	0.	.309
9	켄터키 유틸	1.34	13.0	168	60.4	7.2	8406	0.	.862
10	메디슨 가스	1.12	12.4	197	53.0	2.7	6455	39.2	.623
11	네바다 파워	.75	7.5	173	51.5	6.5	17441	0.	.768
12	뉴잉글랜드 파워	1.13	10.9	178	62.0	3.7	6154	0.	1.897
13	노던스테이트 파워	1.15	12.7	199	53.7	6.4	7179	50.2	.527
14	오클라호마 가스	1.09	12.0	96	49.8	1.4	9673	0.	.588
15	퍼시픽 가스	.96	7.6	164	62.2	−0.1	6468	.9	1.400
16	푸젯사운드 파워	1.16	9.9	252	56.0	9.2	15991	0.	.620
17	샌디에이고 가스	.76	6.4	136	61.9	9.0	5714	8.3	1.920
18	서던 컴퍼니	1.05	12.6	150	56.7	2.7	10140	0.	1.108
19	텍사스 유틸	1.06	11.7	104	54.0	−2.1	13507	0.	.636
20	위스콘신	1.20	11.8	148	59.9	3.5	7287	41.1	.702
21	유나이트 일루미네이팅	1.04	8.6	204	61.0	3.5	6650	0.	2.116
22	버지니아 일렉트릭	1.07	9.3	174	54.3	5.9	10093	26.6	1.306

2

다음은 유럽 25개국의 아홉 가지 식품의 단백질 소비에 관한 데이터이다. 계층적 군집법으로 개체 군집화를 실시하시오.

나라 순서	육류	닭고기	계란	우유	물고기	시리얼	밀	견과류	야채
1	10.1	1.4	.5	8.9	.2	42.3	.6	5.5	1.7
2	8.9	14.0	4.3	19.9	2.1	28.0	3.6	1.3	4.3
3	13.5	9.3	4.1	17.5	4.5	26.6	5.7	2.1	4.0
4	7.8	6.0	1.6	8.3	1.2	56.7	1.1	3.7	4.2
5	9.7	11.4	2.8	12.5	2.0	34.3	5.0	1.1	4.0
6	10.6	10.8	3.7	25.0	9.9	21.9	4.8	.7	2.4
7	8.4	11.6	3.7	11.1	5.4	24.6	6.5	.8	3.6
8	9.5	4.9	2.7	33.7	5.8	26.3	5.1	1.0	1.4
9	18.0	9.9	3.3	19.5	5.7	28.1	4.8	2.4	6.5
10	10.2	3.0	2.8	17.6	5.9	41.7	2.2	7.8	6.5
11	5.3	12.4	2.9	9.7	.3	40.1	4.0	5.4	4.2
12	13.9	10.0	4.7	25.8	2.2	24.0	6.2	1.6	2.9
13	9.0	5.1	2.9	13.7	3.4	36.8	2.1	4.3	6.7
14	9.5	13.6	3.6	23.4	2.5	22.4	4.2	1.8	3.7
15	9.4	4.7	2.7	23.3	9.7	23.0	4.6	1.6	2.7
16	6.9	10.2	2.7	19.3	3.0	36.1	5.9	2.0	6.6
17	6.2	3.7	1.1	4.9	14.2	27.0	5.9	4.7	7.9
18	6.2	6.3	1.5	11.1	1.0	49.6	3.1	5.3	2.8
19	7.1	3.4	3.1	8.6	7.0	29.2	5.7	5.9	7.2
20	9.9	7.8	3.5	24.7	7.5	19.5	3.7	1.4	2.0
21	13.1	10.1	3.1	23.8	2.3	25.6	2.8	2.4	4.9
22	17.4	5.7	4.7	20.6	4.3	24.3	4.7	3.4	3.3
23	9.3	4.6	2.1	16.6	3.0	43.6	6.4	3.4	2.9
24	11.4	12.5	4.1	18.8	3.4	18.6	5.2	1.5	3.8
25	4.4	5.0	1.2	9.5	.6	55.9	3.0	5.7	3.2

제17장

판별분석

1. 개념 및 목적
2. 분석 실행
3. 분석 결과
4. 논문 양식

1 개념 및 목적

판별분석(Discriminant analysis)은 소속집단을 알고 있는 대상자들로부터 다수의 독립변수에 근거한 판별함수(판별방정식)를 유도하고, 이를 이용하여 소속집단을 모르는 새로운 대상자가 어느 집단에 속하는지 결정하는 분석기법이다(한국교육학회 교육평가연구회, 1995). 여러 예측변수를 통해 준거변수의 값을 예측한다는 점에서 다중회귀분석과 같다. 그러나 다중회귀분석은 예측변수와 준거변수 모두 연속형 자료인 반면, 판별분석의 경우 예측변수는 연속형 자료이지만 준거변수는 범주형 자료라는 점에서 차이가 있다.

판별분석의 목적은, 첫째, 분류대상들이 소속될 집단을 판별하는 데 가장 크게 기여하는 중요한 속성(독립변수)을 찾아내는 것이고, 둘째, 모든 분류대상을 두 개 이상의 집단으로 분류하는 것이다. 첫 번째의 예시로는 '인문계, 자연계, 예체능계 고등학생들 간의 교과별 성적의 차이를 가장 잘 설명할 수 있는 요소들의 함수관계는 무엇인가?'를 들 수 있다. 두 번째의 예시로는 '특정의 적성점수, 인성점수, 교과점수를 가지고 있는 학생에게 적합한 직업 유형은 어떤 것이라고 지도할 수 있을 것인가?'를 들 수 있다.

판별함수의 적합성은 선택된 독립변수들의 선형조합을 형성할 때의 가중치, 즉 판별계수에 의존적이다. 판별분석에서는 판별함수에 의해 계산된 각 집단별 Z점수 분포가 집단 내 분산은 가장 작고 집단 간 분산은 가장 크게 되도록 판별계수를 추정한다. 개인의 점수를 평균한 것이 집단의 평균, 즉 센트로이드(Centroid: 선형조합에 의한 집단의 가중치 평균)가 된다. 이러한 방식으로 추정된 판별함수를 이용하여 Z점수를 계산하면 각 집단의 센트로이드가 서로 가장 멀리 떨어지게 되고, 이에 따라 집단들의 구별이 더욱 분명해진다. 구분하고자 하는 집단의 수가 g개이면, 이러한 판별함수가 p개(독립변수의 수) 또는 (g−1)개 중에 더 작은 수만큼 도출된다.

$$Z = b_1X_1 + b_2X_2 + \cdots + b_pX_p$$

Z = 판별점수

b_i = 독립변수 i의 판별계수

X_i = i번째 독립변수

판별분석을 위한 기본 요건은 다음과 같다.

- 독립변수들이 다변량 정규분포를 이루어야 한다.
- 종속변수 집단들의 분산-공분산 행렬이 동일해야 한다.
- 독립변수 간 상관이 높지 않아야 한다.
- 독립변수는 등간이나 비율척도로, 종속변수는 명목척도로 측정되어야 한다.
- 표본 크기는 독립변수 수의 20배 이상이 필요하다.

2 분석 실행

연구문제

수능, 내신, 면접이 대학입학 여부를 얼마나 잘 판별해 주는가?

적용 절차(17장 판별분석 원자료.sav)는 다음과 같다.

1

데이터 편집기 창에서 데이터를 불러온 후 분석 → 분류분석 → 판별분석을 클릭한다.

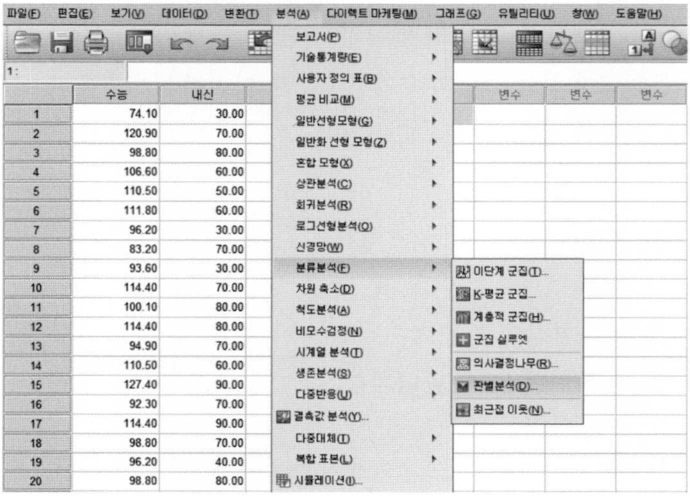

2

집단변수를 지정해 준다. 여기서는 '합격여부'가 집단변수이며, 집단변수를 입력하면 **범위지정** 버튼이 반전된다. 이를 클릭하면 '판별분석: 범위지정' 대화상자가 나타나는데, **최소값**을 1(불합격), **최대값**을 2(합격)로 입력한 후 **계속** 버튼을 클릭한다.

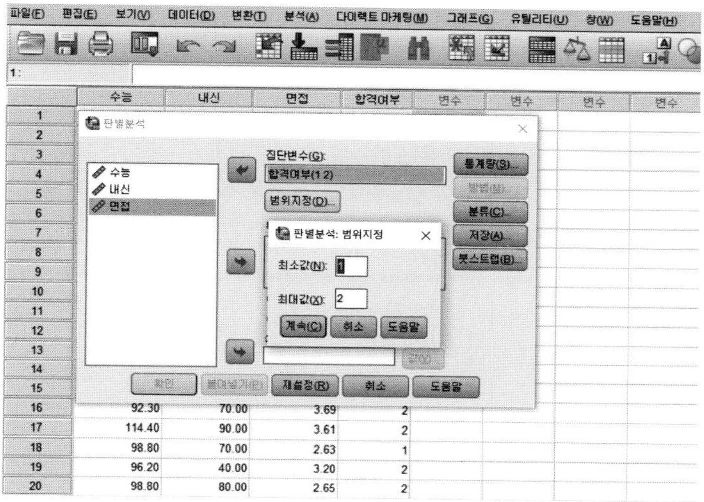

3

독립변수를 지정해 준다. 여기서는 '수능' '내신' '면접'이 독립변수이다. 독립변수를 지정한 후 그것을 투입하는 방법을 선택한다. 여기서는 **단계선택법 사용**을 체크한다.

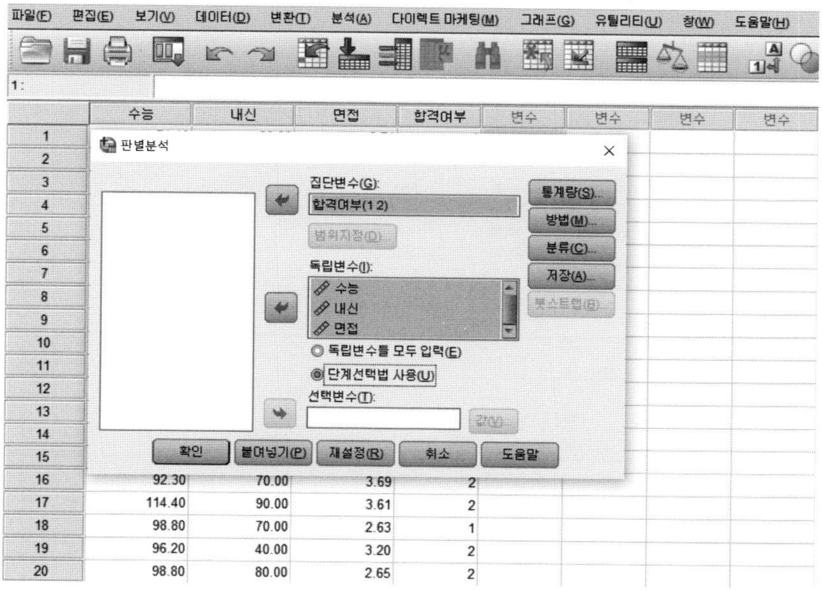

독립변수 선택법	설명
독립변수를 모두 입력 (Enter independents together)	기여도를 검토하지 않고 선택된 독립변수를 한번에 투입하여 분석함. 분석시간이 단축되는 반면, 분석의 중간과정을 볼 수 없음. '독립변수를 모두 입력'을 선택하면 대화상자 우측에 있는 방법 버튼이 반전되지 않음
단계선택법 사용 (Use stepwise method)	선택된 독립변수를 한번에 투입하지 않고 기여도에 따라 하나씩 단계적으로 투입하여 분석함. 많은 수의 독립변수를 고려해야 할 때 유용하며, 단계별로 선택되는 변수의 기여도를 확인할 수 있음

* 선택변수에 왼쪽의 변수를 선택하여 이동하거나, 특정 변수와 특정 값을 입력하면 특정 변수값을 가진 케이스만 분석에서 사용된다. 판별분석에서는 판별함수의 도출단계와 판별함수의 예측력 검증(판별적중률) 단계에서 상이한 표본을 사용하는 경우가 있는데, 이러한 경우에 선택변수는 유용하게 쓰일 수 있다.

4

통계량 버튼을 클릭하여 필요한 통계량을 체크한 후 **계속** 버튼을 클릭한다.

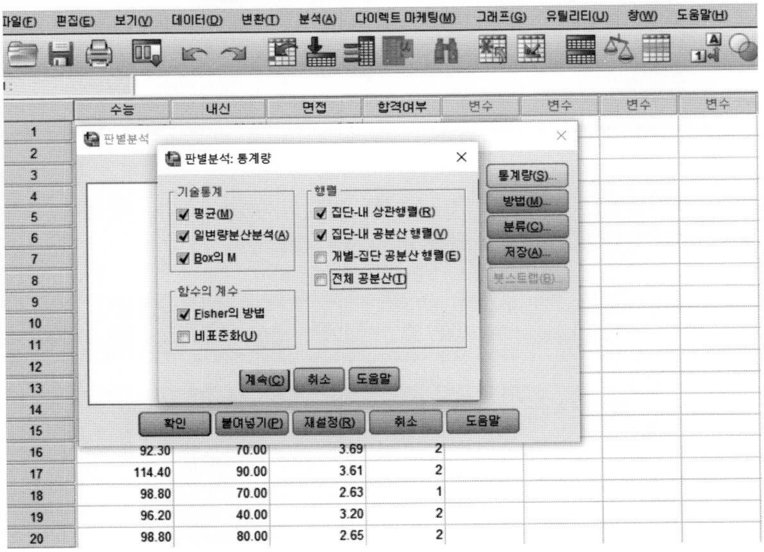

통계량		설명
기술통계 (Descriptives)	평균	독립변수(집단별, 전체)에 대한 평균과 표준편차를 구함
	일변량분산분석	집단평균의 동질성을 검정함
	Box의 M	판별분석의 기본 가정인 모집단 공분산행렬이 동일함을 검정함

함수의 계수 (Function coefficients)	Fisher의 방법 (Fisher's method)	Fisher가 제시한 분류함수계수를 출력함. 이는 비표준화된 분류함수계수를 이용하여 판별점수를 계산하고 분류하는 것임
	비표준화 (Unstandardized)	비표준화된 판별함수로 새로운 사례의 집단 소속을 판별할 때 표준화된 판별함수보다 적용이 편리함
행렬 (Matrices)	집단 내 상관행렬 (Within-groups correlation)	모든 집단에 대한 개별 공분산의 평균을 구하여 집단 내 통합 상관행렬을 표시함
	집단 내 공분산 행렬 (Within-groups covariance)	모든 집단에 대해 개별 공분산행렬을 표시함
	개별-집단 공분산 행렬 (Separate-groups covariance)	각 집단에 대한 공분산행렬을 표시함
	전체 공분산 (Total covariance)	표본 전체에 대한 총분산을 표시함

5

방법 버튼을 클릭하면, Wilks의 람다, F-값 사용, 단계 요약은 초기 설정값으로 체크되어 있다. 이 상태로 계속 버튼을 클릭한다.

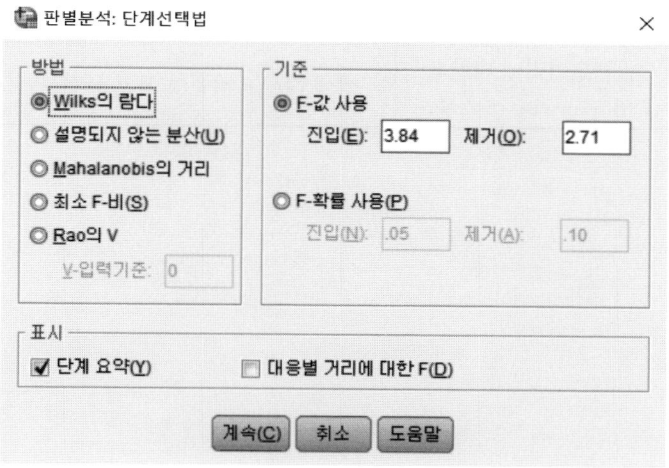

방법		설명
방법 (Method)	Wilks의 람다 (Wilks's lambda)	Wilks의 람다 통계량에 의한 단계선택법으로, 가장 중요한 변수를 먼저 판별함수에 투입하는 방식임. 단계마다 전체 Wilks의 람다를 최소화할 변수를 입력함
	설명되지 않는 분산 (Unexplained variance)	잔차 최소제곱을 기준으로 한 단계선택법으로, 판별집단에 대해 설명이 안 되는 분산의 합이 최소가 되게 하는 변수를 선택하는 것
	Mahalanobis 거리 (Mahalanobis distance)	가장 근접한 두 집단 간 Mahalanobis 거리가 최대가 되게 하는 변수를 선택하는 단계선택법으로 독립변수의 각 사례값이 모든 사례 평균과 얼마나 다른지를 측정함
	최소 F−비 (Smallest F ratio)	두 집단 간의 F 비율이 최소인 것을 최대가 되게 하는 변수를 선택하는 단계선택법
	Rao의 V (Rao's V)	통계량 Rao의 V를 증가시키는 변수를 선택하는 단계선택법
기준 (Criteria)	F값 사용 (Use F value)	변수의 투입 및 탈락의 기준을 F값으로 결정함
	F 확률 사용 (Use probability of F)	변수의 투입 및 탈락의 기준을 F값의 확률값으로 결정함. 초기 설정값은 .05임
표시 (Display)	단계 요약 (Summary of steps)	단계별 통계량을 요약함
	대응별 거리에 대한 F (F for pairwise distance)	각 쌍에 대한 F 비율의 행렬을 제시함

6

분류 버튼을 체크한 후 사전확률에서는 **모든 집단이 동일**이, 공분산 행렬 사용에서는 **집단-내**가 초기 설정값으로 체크되어 있다. 표시에서 **각 케이스에 대한 결과**와 **요약표**에 체크한 후 **계속** 버튼을 클릭한다.

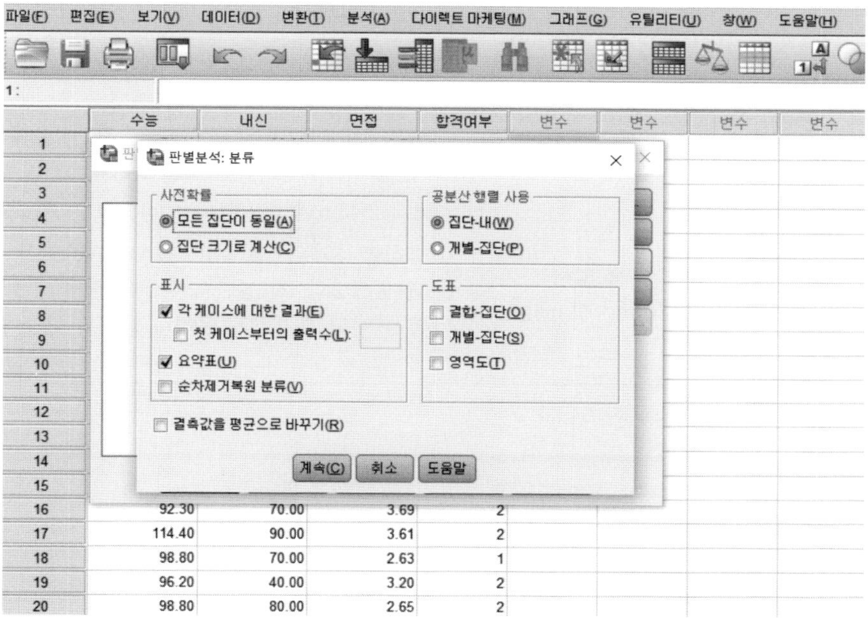

분류		설명
사전확률 (Prior probabilities)	모든 집단이 동일 (All groups equal)	각 집단이 표본에서 차지하는 비율이 모집단에서 차지하는 비율과 동일하다고 가정함
	집단 크기로 계산 (Compute group sizes)	각 집단이 표본에서 차지하는 비율로 사전확률을 추정하여 판별분석을 적용함
표시 (Display)	각 케이스에 대한 결과 (Case wise results)	케이스별로 실제 집단, 예측집단, 사후확률, 판별점수 등을 표시함
	첫 케이스로부터의 출력 수 (Limit cases to first)	출력 결과를 첫 케이스로부터 n개까지로 제한함. 표시되는 케이스 수를 지정할 수 있음
	요약표 (Summary table)	판별분석을 기초로 실제 및 예측 집단, 즉 정확하게 혹은 정확하지 않게 할당된 케이스 수를 표로 나타냄. '혼돈행렬'이라고도 함
	순차제거복원 분류 (Leave-one-out classification)	분석에서 각 케이스는 자신을 제외한 다른 모든 케이스로부터 유도된 함수에 의해 분류됨. 'U방법'이라고도 함

	결측값을 평균으로 바꾸기 (Replace missing values with mean)	무응답치가 있는 경우 그 변수의 평균값을 결측값으로 대체하여 결측값이 있는 케이스가 분류됨
도표 (Plots)	결합-집단 (Combined-groups)	판별함수가 하나일 경우에는 히스토그램을, 판별함수가 2개 이상일 경우에는 처음과 두 번째 판별함수 값의 전체집단 산포도(scatter plot)를 그려 줌
	개별-집단 (Separate-groups)	판별함수가 하나일 경우에는 히스토그램을, 판별함수가 2개 이상일 경우에는 처음과 두 번째 판별함수 값의 개별집단 산포도를 그려 줌
	영역도 (Territorial map)	함수값에 따라 케이스를 집단으로 분류하는 데 사용하는 경계의 도표로, 숫자는 케이스가 분류된 집단에 해당함. 각 집단의 평균은 경계 내에서 별표로 표시됨. 판별함수가 하나일 경우에는 영역도가 표시되지 않음

7

저장 버튼을 클릭한 후 모든 항목에 체크하고 계속 버튼을 클릭한다.

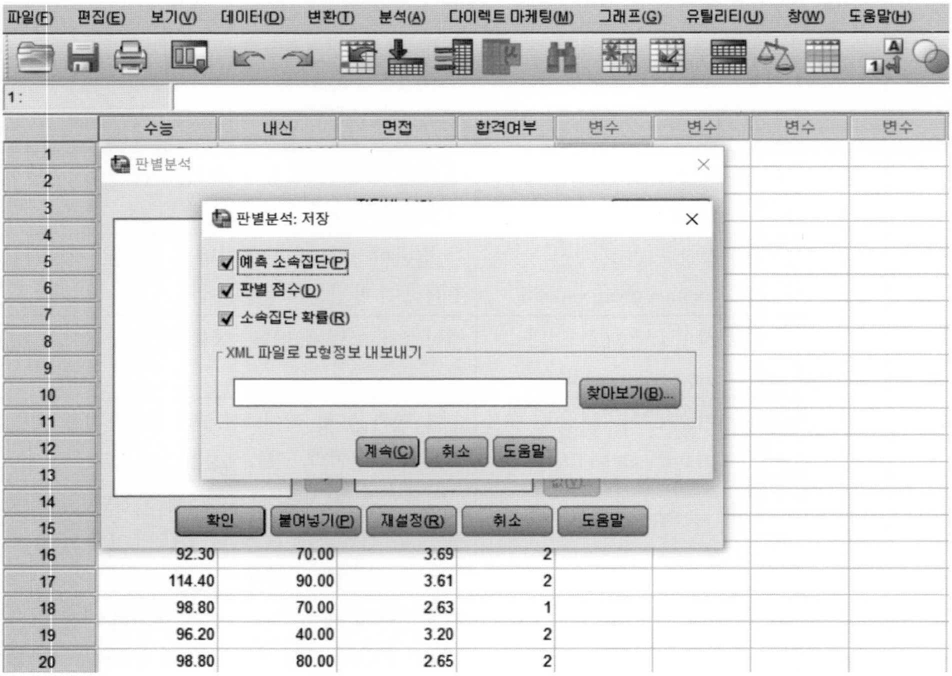

저장	설명
예측 소속집단(Predicted group membership)	실제 파일에 예측된 집단을 나타내 줌
판별 점수(Discriminant scores)	판별 점수를 나타냄
소속집단 확률(Probabilities of group membership)	판별 점수에 대한 집단의 확률을 나타내 줌

8

모두 설정되었으면 **확인** 버튼을 클릭한다. 프로그램이 실행되어 그림과 같은 결과가 나오면 저장해 둔다.

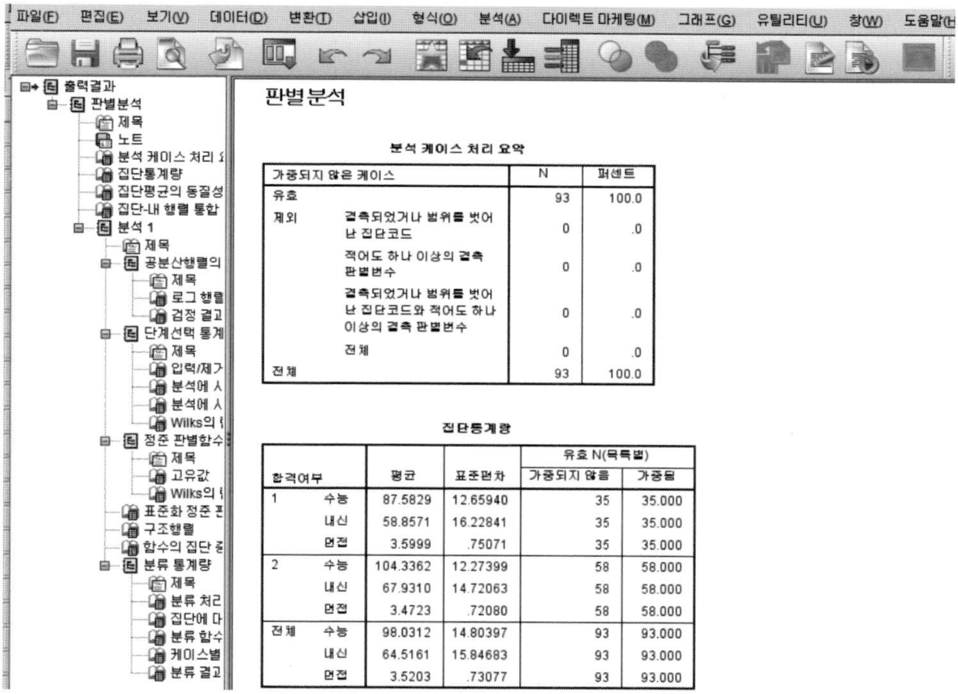

분석 케이스 처리 요약

가중되지 않은 케이스		N	퍼센트
유효		93	100.0
제외	결측되었거나 범위를 벗어난 집단코드	0	.0
	적어도 하나 이상의 결측 판별변수	0	.0
	결측되었거나 범위를 벗어난 집단코드와 적어도 하나 이상의 결측 판별변수	0	.0
	전체	0	.0
전체		93	100.0

집단통계량

합격여부		평균	표준편차	유효 N(목록별) 가중되지 않음	가중됨
1	수능	87.5829	12.65940	35	35.000
	내신	58.8571	16.22841	35	35.000
	면접	3.5999	.75071	35	35.000
2	수능	104.3362	12.27399	58	58.000
	내신	67.9310	14.72063	58	58.000
	면접	3.4723	.72080	58	58.000
전체	수능	98.0312	14.80397	93	93.000
	내신	64.5161	15.84683	93	93.000
	면접	3.5203	.73077	93	93.000

9

SPSS 데이터 편집기 창에는 다음과 같이 예측 소속집단, 판별 점수, 집단 1과 집단 2에 속할 확률 등 새로운 변수가 생성되어 있다.

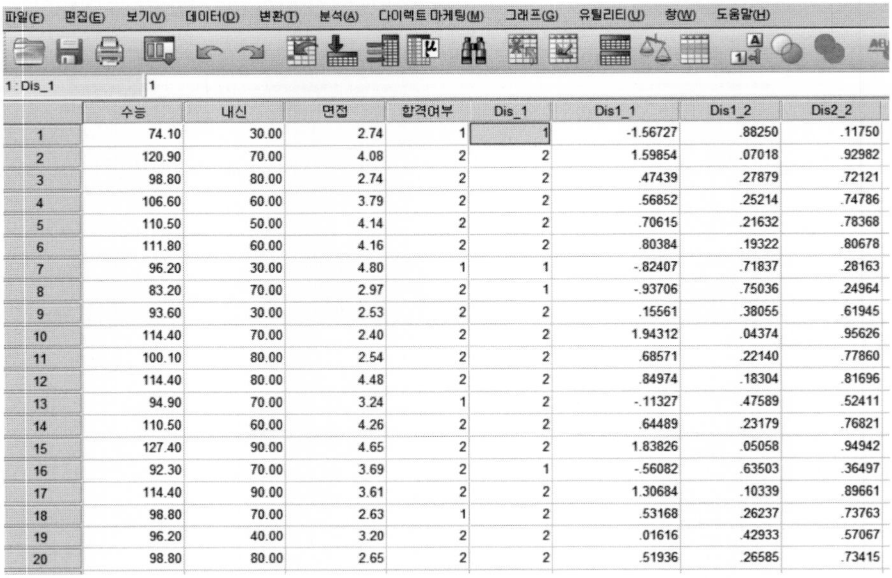

	수능	내신	면접	합격여부	Dis_1	Dis1_1	Dis1_2	Dis2_2
1	74.10	30.00	2.74	1	1	-1.56727	.88250	.11750
2	120.90	70.00	4.08	2	2	1.59854	.07018	.92982
3	98.80	80.00	2.74	2	2	.47439	.27879	.72121
4	106.60	60.00	3.79	2	2	.56852	.25214	.74786
5	110.50	50.00	4.14	2	2	.70615	.21632	.78368
6	111.80	60.00	4.16	2	2	.80384	.19322	.80678
7	96.20	30.00	4.80	1	1	-.82407	.71837	.28163
8	83.20	70.00	2.97	2	1	-.93706	.75036	.24964
9	93.60	30.00	2.53	2	2	.15561	.38055	.61945
10	114.40	70.00	2.40	2	2	1.94312	.04374	.95626
11	100.10	80.00	2.54	2	2	.68571	.22140	.77860
12	114.40	80.00	4.48	2	2	.84974	.18304	.81696
13	94.90	70.00	3.24	1	2	-.11327	.47589	.52411
14	110.50	60.00	4.26	2	2	.64489	.23179	.76821
15	127.40	90.00	4.65	2	2	1.83826	.05058	.94942
16	92.30	70.00	3.69	2	1	-.56082	.63503	.36497
17	114.40	90.00	3.61	2	2	1.30684	.10339	.89661
18	98.80	70.00	2.63	1	2	.53168	.26237	.73763
19	96.20	40.00	3.20	2	2	.01616	.42933	.57067
20	98.80	80.00	2.65	2	2	.51936	.26585	.73415

3 분석 결과

1) 분석 사례 처리 요약

가중되지 않은 케이스		N	퍼센트
유효		93	100.0
제외	결측되었거나 범위를 벗어난 집단코드	0	.0
	적어도 하나 이상의 결측 판별변수	0	.0
	결측되었거나 범위를 벗어난 집단코드와 적어도 하나 이상의 결측 판별변수	0	.0
	전체	0	.0
전체		93	100.0

전체 93건의 사례 모두를 선택하여 판별분석을 실시하였으므로 유효한 사례는 93건이다.

2) 집단통계량

합격 여부		평균	표준편차	유효 N(목록별)	
				가중되지 않음	가중됨
불합격	수능	87.5829	12.65940	35	35.000
	내신	58.8571	16.22841	35	35.000
	면접	3.5999	.75071	35	35.000
합격	수능	104.3362	12.27399	58	58.000
	내신	67.9310	14.72063	58	58.000
	면접	3.4723	.72080	58	58.000
전체	수능	98.0312	14.80397	93	93.000
	내신	64.5161	15.84683	93	93.000
	면접	3.5203	.73077	93	93.000

이 표는 두 집단의 평균과 표준편차를 보여 주고 있다. 불합격 집단의 평균은 수능이 87.58, 내신이 58.86, 면접이 3.60으로 나타났으며, 합격 집단의 평균은 수능이 104.34, 내신이 67.93, 면접이 3.47로 나타났다. 평균으로 살펴보면 합격 집단이 면접을 제외하고 모두 높은 것으로 나타났다.

3) 집단평균의 동질성에 대한 검정

	Wilks의 람다	*F*	자유도 1	자유도 2	유의확률
수능	.696	39.721	1	91	.000
내신	.922	7.676	1	91	.007
면접	.993	.662	1	91	.418

이 표에서 제시된 Wilks의 람다값은 '집단 내 분산/총분산'으로, 그 값이 0~1에 있다. 0에 가까울수록 집단 내 분산은 작고 집단 간 분산은 크다는 의미가 된다. 즉, 0에 가까울수록 두 집단 간에 차이가 있음을 나타낸다. 이를 더욱 확실하게 알 수 있는 것이 자유도를 고려하여 구한 *F*값이다. *F*값이 크면 집단 간 분산이 크다는 것을 의미한다. 여기서

는 면접의 Wilks의 람다값이 .993으로 1.000에 가까우며 유의수준 .05에서 유의한 차이가 없는 것으로 나타났다. 즉, 수능, 내신에서는 두 집단 간에 유의미한 차이가 있지만 면접은 두 집단 간에 차이가 없으므로, 판별분석에서는 집단 간에 차이가 있는 변수인 수능, 내신이 이용된다.

4) 집단 내 통합행렬[a]

		수능	내신	면접
공분산	수능	154.241	20.227	2.344
	내신	20.227	234.132	.829
	면접	2.344	.829	.536
상관관계	수능	1.000	.106	.258
	내신	.106	1.000	.074
	면접	.258	.074	1.000

a. 공분산행렬의 자유도는 91입니다.

이 표에는 집단 내 통합행렬의 공분산행렬과 상관행렬이 나타나 있다. 다른 변수의 상관관계보다 수능과 면접의 상관관계가 비교적 높은 것으로 나타나 있다.

5) 공분산행렬[a]

합격 여부 판단		수능	내신	면접
불합격	수능	160.260	−38.050	2.577
	내신	−38.050	263.361	1.189
	면접	2.577	1.189	.564
합격	수능	150.651	54.989	2.205
	내신	54.989	216.697	.615
	면접	2.205	.615	.520
전체	수능	219.158	56.075	1.812
	내신	56.075	251.122	.546
	면접	1.812	.546	.534

a. 전체 공분산행렬은 92의 자유도를 가집니다.

이 표에는 불합격 집단과 합격 집단에 관한 판별변수별 공분산행렬이 제시되어 있다.

6) 로그행렬식

합격 여부 판단	순위	로그 행렬식
불합격	2	4.427
합격	2	4.296
집단 내 통합값	2	4.346

인쇄된 판별값의 순위와 자연로그는 집단 공분산행렬의 순위 및 자연로그를 나타냅니다.

7) 검정 결과

Box의 M		.106
F	근사법	.034
	자유도 1	3
	자유도 2	187685.526
	유의확률	.991

모집단 공분산행렬이 동일하다는 영가설을 검정합니다.

판별분석은 다변량 정규분포를 가정하고 각 집단의 공분산이 동일하다는 가정하에 성립된다는 것을 기억해야 한다. 각 집단 간 공분산이 동일하다는 가정을 검정하기 위해서 Box의 M 통계량을 제시하고 있다. Box의 M 통계량이 .106이고, 유의확률이 .991($p > .05$)이므로 집단 간 공분산이 동일하다는 영가설이 채택된다.

만일 영가설이 기각되는 경우, 즉 집단 간 공분산이 동일하지 않다고 나타난 경우는 독립변수의 표준화와 같은 적절한 조치가 필요하다. 그러나 공분산행렬의 동일성이 크게 차이가 나지 않거나 표본의 크기가 큰 경우에는 그대로 적용하여도 무관하다.

8) 입력/제거된 변수[a, b, c, d]

단계	입력된	Wilks의 람다							
		통계량	자유도1	자유도2	자유도3	정확한 F			
						통계량	자유도1	자유도2	유의확률
1	수능	.696	1	1	91.000	39.721	1	91.000	.000
2	면접	.664	2	1	91.000	22.793	2	90.000	.000

각 단계에서 전체 Wilks의 람다를 최소화하는 변수가 입력됩니다.

a. 최대 단계 수는 8입니다.
b. 입력할 최소 부분 F는 3.84입니다.
c. 제거할 최대 부분 F는 2.71입니다.
d. F 수준, 공차한계 또는 VIN 부족으로 계산을 더 수행할 수 없습니다.

이 표에서는 판별함수에 진입된 변수는 수능, 면접이고, 내신은 제외되었음을 보여준다.

이 예에서는 단계선택법 중에서 Wilks의 방식을 지정하였다. 이는 전체 Wilks의 람다 값을 최소화하는 변수를 투입하는 방식이다. 변수 투입의 방식은 최대 8단계까지 가능하며, 투입할 최소 F값은 3.84로, 제거할 최대 F값은 2.71로 지정되어 있다. 수능, 내신, 면접 중에서 수능, 면접의 F값이 각각 39.721($p<.001$), 22.793($p<.001$)로 유의미하게 나타났다.

9) 분석에 사용된 변수

단계		공차	제거에 대한 F	Wilks의 람다
1	수능	1.000	39.721	
2	수능	.934	44.605	.993
	면접	.934	4.386	.696

여기서 변수가 단계별 판별분석에 들어갈 것인지의 여부를 결정하는 기준이 독립변수 간의 선형적인 연관성을 나타내 주는 공차한계이다.

10) 분석에서 제외된 변수

단계		공차한계	최소 공차한계	입력할 F	Wilks의 람다
0	수능	1.000	1.000	39.721	.696
	내신	1.000	1.000	7.676	.922
	면접	1.000	1.000	.662	.993
1	내신	.989	.989	3.070	.673
	면접	.934	.934	4.386	.664
2	내신	.986	.926	3.248	.640

이 표에서는 '분석할 변수 없음', 즉 분석에서 제외된 변수에 대해 단계별로 Wilks의 람다값이 제시되어 있다. 여기에서 입력할 *F*값이 크면 집단 간의 차이가 크므로 설명력이 크다고 할 수 있다. 따라서 먼저 투입해야 할 변수가 된다. 단계 0을 살펴보면 입력할 *F*가 가장 크고 Wilks의 람다가 가장 적은 것은 수능이다.

11) Wilks의 람다

단계	변수의 수	람다	자유도1	자유도2	자유도3	정확한 F			
						통계량	자유도1	자유도2	유의확률
1	1	.696	1	1	91	39.721	1	91.000	.000
2	2	.664	2	1	91	22.793	2	90.000	.000

이 표에서는 단계별로 투입된 Wilks의 람다값을 제시하고 있다. 단계 1에서 수능만 독립변수로 작용하였을 때, 단계 2에서 수능과 내신이 독립변수로 작용하였을 때 통계적 유의확률이 .000이므로 통계적으로 유의하다.

12) 고유값

함수	고유값	분산의 %	누적 %	정준상관
1	.507[a]	100.0	100.0	.580

a. 첫 번째 1 정준판별함수가 분석에 사용되었습니다.

이 표는 정준판별함수를 요약한 것으로, 판별함수의 수는 (집단의 수−1)과 독립변수의 수 중에서 적은 수만큼 만들어진다. 여기서는 집단의 수가 2개이고 독립변수의 수가 3개이므로 1과 3 중에서 작은 쪽의 수가 1이므로 판별함수는 1개가 만들어진다. 고유값은 집단 간 분산을 집단 내 분산으로 나눈 비율이므로, 고유값이 여러 개인 경우 그 상대적 크기는 판별함수가 총분산을 어느 정도 설명해 주고 있는가를 나타낸다. 따라서 고유값이 클수록 판별함수의 기여도가 큰 것을 나타내며 각 판별함수의 중요도를 판단하는 기준이 된다. 여기서는 고유값이 .507로 총분산의 100%를 설명하고 있다.

정준상관계수는 고유값과 비슷한 의미로 판별점수와 집단 간의 관련 정도를 나타낸다. 이 값이 클수록 판별력은 우수하다고 할 수 있다. 정준상관계수의 제곱은 집단들에 의하여 설명될 수 있는 판별함수의 분산 비율로 정준상관계수가 1에 가까울수록 설명력이 크다고 할 수 있다. 여기서는 정준상관계수가 .580으로 판별력이 좋다고 할 수 있다.

13) Wilks의 람다

함수의 검정	Wilks의 람다	χ^2	자유도	유의확률
1	.664	36.881	2	.000

집단의 수가 2개일 때 Wilks의 람다값은 집단 내 분산을 총분산으로 나눈 비율이다. 따라서 Wilks의 람다값이 작을수록 판별함수의 설명력은 높아진다. 이 Wilks의 람다값과 자유도를 고려한 χ^2값을 이용하여 판별함수의 유의성을 검정한다. 여기서 χ^2값은 36.881(p=.000)이므로 집단 간 판별점수의 차이는 유의한 것으로 나타났다.

14) 표준화 정준판별함수 계수

	함수
	1
수능	1.028
면접	−.385

이 표는 표준화 정준판별함수 계수를 나타내고 있다. 각 판별변수의 측정단위가 서로

다를 수 있으므로 SPSS에서는 기본적으로 표준화된 판별함수를 도출한다.

이 자료에서는 수능과 면접이 설명력 있는 계수로 제시되었으며, 표준화된 판별함수는 'D=(수능×1.028)+(면접×−.385)'이 된다.

15) 구조행렬

	함수
	1
수능	.928
면접	−.120
내신[a]	.081
판별변수와 표준화 정준판별함수 간의 집단 내 통합 상관행렬. 변수는 함수 내 상관행렬의 절대값 크기순으로 정렬되어 있습니다.	

a. 이 변수는 분석에 사용되지 않습니다.

구조행렬은 독립변수들이 판별력에 미치는 상대적 기여도를 알 수 있는 것으로 판별함수와 변수 간의 상관관계를 나타낸 것이다. 상관관계가 높을수록 판별점수가 높아진다. 여기서는 수능이 .928로 가장 높기 때문에 판별함수에서 가장 큰 영향을 미친다.

16) 정준판별함수 계수

	함수
	1
수능	.083
면접	−.526
(상수)	−6.260
비표준화 계수	

비표준화 정준판별함수로 'D=−6.260+(.083×수능−.526×면접)'로 나타낸다. 이 함수는 표준화하지 않은 계수이므로 상대적인 중요성을 판단하는 데 사용할 수 없다.

17) 함수의 집단 중심값

합격 여부	함수
	1
불합격	-.906
합격	.547
표준화하지 않은 정준판별함수가 집단평균에 대해 계산되었습니다.	

이 표에는 집단평균에 의해 평가된 비표준화 정준판별함수의 집단 중심값이 제시되어 있다. 각 집단의 중심점에 대한 좌표는 차후에 새로운 사례가 어떤 집단에 소속될 것인지를 판별할 때 필요한 값이다. 즉, 집단 중심값에 가까운 개체를 그 집단 구성원으로 판별한다. 예를 들어, 불합격의 평균 판별점수는 -.906, 합격의 평균 판별점수는 .547이다. 분류기준은 두 집단 중심값의 평균으로 (-.906+.547)/2=-.180이기에 -.180보다 큰 값을 가지면 합격, -.180보다 작은 값을 가지면 불합격으로 분류된다.

18) 집단에 대한 사전확률

우수 판단	사전확률	분석에 사용된 사례	
		가중되지 않음	가중됨
불합격	.500	5	5.000
합격	.500	5	5.000
합계	1.000	10	10.000

불합격과 합격의 사전확률은 동일하다.

19) 분류함수계수

	불합격합격 판단	
	불합격	합격
수능	.499	.619
면접	4.534	3.771
(상수)	−30.703	−39.539
Fisher의 선형판별함수		

Fisher의 선형판별함수는 집단 내 제곱합에 대한 집단 간의 비율을 최대화한다. 분류함수계수는 집단별 함수값을 결정하는 판별함수의 계수를 보여 준다.

불합격의 판별함수: D=−30.703+(.499×수능+4.534×면접)
합격의 판별함수: D=−39.539+(.619×수능+3.771×면접)

20) 분류 결과[a]

불합격합격 판단		실제 집단	예측 소속집단		전체
			불합격	합격	
원래 값	빈도	불합격	25	10	35
		합격	9	49	58
	%	불합격	71.4	28.6	100.0
		합격	15.5	84.5	100.0

a. 원래의 집단 케이스 중 79.6%가 올바로 분류되었습니다.

이 표는 판별한 결과를 정리한 것이다. 여기서 불합격의 경우는 71.4%, 합격의 경우는 84.5%로 정확하게 판별하였으므로 전체적으로 79.6%의 정확도를 보인다.

4 논문 양식

다음 표에는 두 집단의 단계적 판별분석에 대한 결과가 제시되어 있다. 세 집단 이상의 판별분석에 대한 보고서 작성의 형태는 크게 다르지 않다.

〈표 17-1〉 합격불합격에 대한 단계적 판별분석 결과

판별함수와 변수의 상관					예측변수 간의 pooled상관		
예측변수	단계	단계별 Lambda	1	단분산 F	수능	내신	면접
수능	1	.696	.928	39.721		.106	.258
내신	2	.922	−.120	7.676			.074
면접	3	.993	.081	.662			
고유값		.507					
설명분산		100			사례의 정확분류비율: 79.6%		
정준상관		.580					
람다값		.664			BOX의 M=.106(p=.991)		

분석 결과, 수능, 면접, 내신 변수가 판별함수식에 순차적으로 투입되었다. 내신 변수는 집단을 구분하는 데 영향을 미치지 못하는 것으로 나타났다. 판별력이 있는 하나의 판별함수의 고유값은 .507, 정준상관은 .580, 람다값은 .664, 전체 분산의 100%를 설명하는 것으로 나타났다. 수능이 합격불합격을 판별하는 데 가장 기여도가 높은 변수이며, 면접도 기여하는 것으로 나타났다. 정확하게 분류된 비율은 79.6%로 나타났다.

연습문제

어느 회사 직장인의 협력성, 직업의식, 직업적성에 따라 업무수행 유형에 대한 고용주의 판별 기능을 분석하시오.

제18장

요인분석

1. 개념 및 목적
2. 분석 실행
3. 분석 결과
4. 논문 양식

1 개념 및 목적

요인분석(Factor analysis)은 다수 변수 간의 관계(상관관계)를 기초로 하여, 직접 관측할 수는 없지만 변수 속에 내재되어 있는 소수의 공통 차원(Common underlying dimension)을 찾아냄으로써 변수를 적은 수의 구조로 축약하거나 요약하기 위해서 사용하는 통계기법이다. 따라서 측정척도나 검사의 개발과정에서 측정도구의 타당성을 파악하기 위해 많이 사용된다. 독립변수와 종속변수가 지정되지 않고 변수 간의 상호작용을 분석한다는 점에서 다른 다변량분석 방법과 다르다. 요인분석은 잠재적인 요인의 수를 파악하거나 잠재요인의 본질 및 상대적 중요도를 파악하고, 가설적 이론에 대한 검정을 실시할 목적으로 사용할 수 있다.

요인분석을 실시하기 위해서는 다음과 같은 기본 가정이 충족되어야 한다.

- 표본의 수는 최소한 100~200개 이상의 사례를 사용할 것을 권장하고 있다[100(poor), 300(good), 1000(excellent)로 본다(Comrey & Lee, 1992)]. 변수와 표본 수의 비율은 10배 이상이 바람직하며, 최소한 5배는 되어야 한다.
- 무응답자, 극단적인 점수에 대한 사전 점검과 정리가 필요하다.
- 변수 간의 선형성이 충족되어야 한다. 대체로 요인분석될 변수의 절반 이상은 상관이 .30(보수적 기준은 .40)을 초과해야 요인분석할 가치가 있다고 본다.

2 분석 실행

연구문제

교사지식척도는 타당한가?

교사의 지식이란 교사가 교수행위를 위하여 이미 습득해서 가지고 있는 지식이라고 정의할 수 있다. 여기서 분석하고자 하는 교사의 지식척도는 김용정(2009)이 개발한 교사지식척도를 변형한 것이다. 여기에서는 이 척도에서 편의상 33개의 문항을 뽑아 461명에게 설문한 결과를 분석한 적용 절차를 소개한다.

적용 절차(18장 요인분석 원자료.sav)는 다음과 같다.

1

데이터 편집기 창에서 데이터를 불러온 후 분석 → 차원 축소 → 요인분석을 클릭한다.

2

분석하고자 하는 변수(V01~V33)를 모두 선택하여 변수로 이동시킨다.

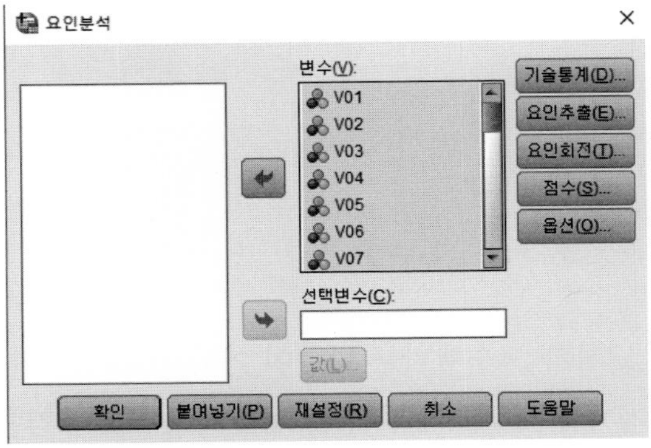

3

기술통계 버튼을 클릭한 후 필요한 항목을 체크한다. 여기서는 일변량 기술통계, 초기해법, 계수를 체크하고 계속 버튼을 클릭한다.

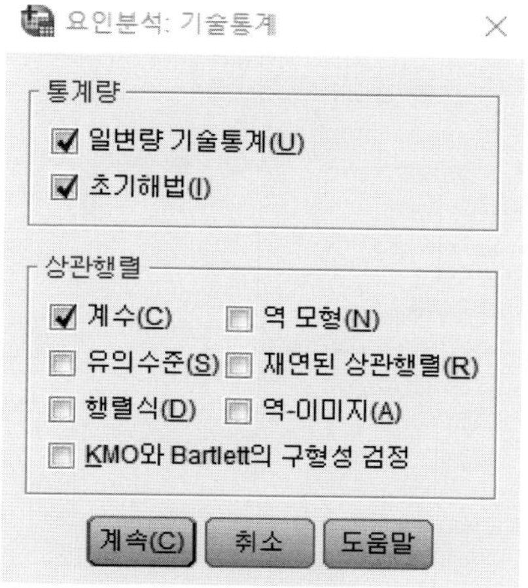

통계량(Statistics)	
일변량 기술통계 (Univariate descriptives)	분석하고자 하는 변수의 평균, 표준편차, 사례 수를 나타냄
초기해법 (Initial solution)	초기 공통성, 고유값(Eigenvalues), 설명된 변량의 비율을 나타냄

상관행렬(Correlation Matrix)	
계수(Coefficients)	지정된 변수들에 대한 상관계수행렬을 보여 줌
역 모형(Inverse)	역상관계수행렬과 공변량행렬을 나타냄
유의수준(Significance levels)	상관행렬에서 상관계수의 단측 유의수준을 나타냄
재연된 상관행렬(Reproduced)	요인에 의해 추정된 상관관계행렬과 잔차를 나타냄
행렬식(Determinant)	행렬식의 값을 나타냄
역-이미지(Anti-image)	음의 부분상관계수와 음의 부분공분산의 행렬을 나타냄
KMO와 Bartlett의 구형성 검정 (KMO and Bartlett's test of sphericity)	상관행렬의 적합성을 검정하는 것으로, KMO의 값이 1에 가까울수록 요인분석에 적합하다고 할 수 있음

4

요인추출 버튼을 클릭한다. 방법은 주성분을 체크하고 필요한 부분을 체크한다. 여기서 스크리 도표는 잠정적인 요인의 수를 알 수 있게 해 준다. 계속 버튼을 클릭한다.

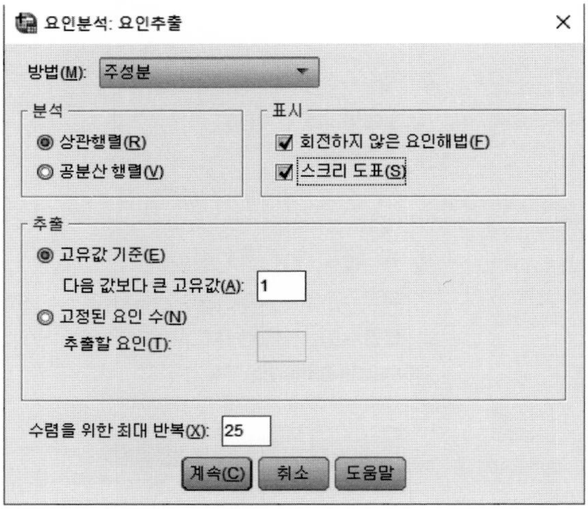

more 요인추출 방법: 주성분분석(PCA)과 공통요인분석(CFA)

요인추출의 방법은 크게 성분을 분석하는 주성분분석(Principal Component Analysis: PCA)과 공통요인을 분석하는 공통요인분석(Common Factor Analysis: CFA)의 두 가지 형태로 분류할 수 있다. 보통 전체 변량은 공통변량, 특수변량, 오차변량으로 구성되는데, 여기서 공통변량은 한 변수가 다른 변수와 공유하고 있는 변량을 의미하고, 특수변량은 특정 변수만이 가지고 있는 변량을 의미한다. 그리고 오차변량은 알려지지 않은 변량이다. 주성분분석은 이 세 가지의 변량요소 모두를 포함하여 변량을 극대화하는 성분을 추출한다. 공통요인분석에서는 요인들을 단지 공통변량(Common variance)에 근거하여 추정한다. 이 방식은 주된 관심이 기본적 차원을 식별하고 공통변량에 관심이 있을 때 적절하다.

주성분분석과 공통요인분석은 서로 다른 특성을 지니고 있지만, 경험적인 연구들은 변수의 수가 30을 초과하거나 대부분 변수의 공통성(Communality)이 .60을 초과하면 같은 결과를 얻는다고 보고하고 있다(Gorsuch, 1983).

방법(Method): 요인을 추출하는 방법	
주성분분석 방법 (Principle components)	성분을 추출하는 모형으로서 변량이 큰 것부터 작은 것까지 내림차순으로 나타남
주축 요인추출법 (Principal axis factoring)	주성분분석법과 논리적 방법은 같으나 최초의 공통성 추정치로 중다상관자승(SMC)을 사용하고 이에 기초하여 요인 수를 추출함
비가중치 최소자승 방법 (Unweighed least squares)	고정된 요인 수를 구하기 위해서 잔차를 최소화하는 요인 패턴행렬을 구함
최대우도 방법 (Maximum likelihood)	모집단으로부터 관찰된 상관행렬을 표집할 가능성을 최대화하는 부하량을 계산함으로써 모수치를 추정하고, 공통요인에 대한 χ^2검정이 가능함

알파 요인 방법(Alpha factoring)	신뢰도 계수 알파를 극대화하는 요인을 산출함
이미지 요인 방법(Image factoring)	주성분분석법과 논리적 방법은 같으나 상관행렬의 대각선 값에 공통성으로 사용함

분석(Analyze)	
상관행렬 (Correlation matrix)	상관행렬을 분석하며, 변수가 다른 측도에 의해 측정되는 경우에 유용함
공분산 행렬 (Covariance matrix)	공분산행렬을 분석하며, 각 변수에 대해 다른 분산을 가지는 다중집단의 요인분석에 적합함

추출(Extract)	
고유값 기준 (Eigenvalue over)	보통 1로 지정되어 있는데, 이렇게 지정된 고유값 이상의 요인이 추출됨
고정된 요인 수 (Fixed number of factors)	사용자가 요인의 수를 지정해서 추출하는 것임

표시(Display)	
회전하지 않은 요인해법 (Unrotated factor solution)	회전 전의 요인 부하량, 공분산, 고유값 등을 나타냄
스크리 도표(Scree plot)	잠정적인 요인의 수를 알려 주는 것으로, 연결된 선이 급경사를 이루면 각 성분이 하나의 요인이 된다고 판단함

5

요인회전 버튼을 클릭한 뒤 회전 방법을 체크한다. 여기서는 가장 많이 활용되는 직접 오블리민을 체크한다. 이를 체크하면 회전 해법이 자동으로 체크되고 최대 반복 계산 수도 25로 설정되는데 50으로 수정한다.

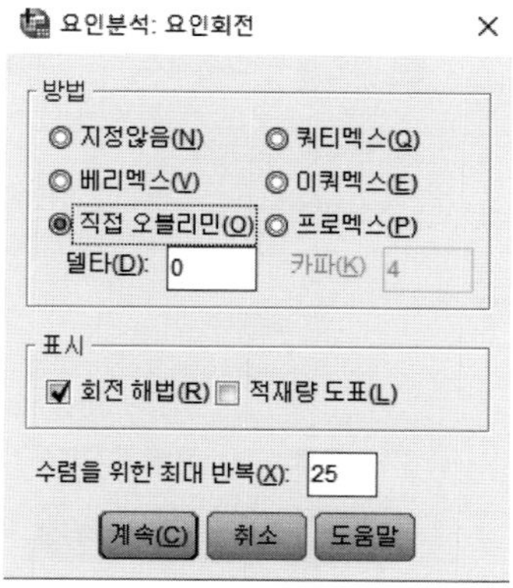

요인회전 방법(Method)	
지정않음 (None)	추출된 요인을 회전시키지 않음
쿼티멕스 (Quartimax)	직각회전의 방법으로 성분행렬의 행을 단순화하기 위해서 성분행렬의 변수 요인 중 요인 적재값이 작은 것은 더욱 극소화하고 요인 적재값이 큰 것은 극대화함으로써 그 차이를 극대화하려는 방법
베리멕스 (Varimax)	직각회전의 방법으로 성분행렬에서 부하량의 자승화를 극대화하도록 요인축을 회전시킴으로써 성분행렬의 열(각 요인)을 단순화하는 방법
이쿼멕스 (Equamax)	쿼티멕스 회전과 베리멕스 회전을 절충한 방법으로서 행과 열을 동시에 간략히 하려는 방법
직접 오블리민 (Direct Oblimin)	사각회전 방법으로서 이론적으로 더 의미 있는 구조를 찾기 위해서 많이 사용되며, 일반적으로 가장 많이 사용됨
프로멕스 (Promax)	사각회전 방법으로 직접 오블리민 방법보다 빠르게 계산해 줌으로써 대규모 자료의 분석에 유용함

표시(Display)	
회전 해법 (Rotationed solution)	회전한 후 추출된 요인값들을 계산하여 요인변환행렬, 회전요인 구조행렬을 나타냄
적재값 도표 [Loading plot(s)]	각 요인 간 변수의 적재치를 계산하여 나타냄
수렴을 위한 최대 반복 (Maximum iterations for convergence)	요인이 결정되기까지의 계산의 반복 수를 나타내는 것으로 기본적으로 25회로 설정되어 있음

6

요인값을 저장하거나 결과 창에 나타내기 위해서 **변수로 저장**을 체크한다. 이를 선택하면 **회귀**가 이미 체크되어 있다. **계속** 버튼을 클릭한다.

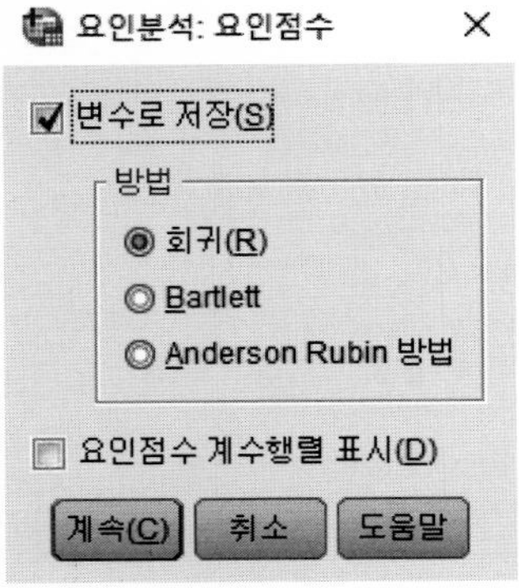

저장 방법(Save-Method)	
회귀(Regression)	회귀분석에서는 요인점수 간의 상관을 가정하고 각 요인 간 변량-공변량이 산출됨. 요인점수를 추정하는 방법 중에서 가장 일반적으로 사용되는 방법
Bartlett	추정된 요인점수를 구하는 방법
Anderson-Rubin 방법	요인점수를 추정하는 방법으로서 Bartlett 방법의 변형이라고 보면 됨. 여기서는 추정된 요인이 직교적 관계에 있음을 확인하게 함
요인점수 계수행렬 표시 (Display factor scores coefficient matrix)	요인점수들의 행렬을 나타내는 것으로서 요인점수 공변량행렬을 보여 줌

7

기타 옵션을 지정하기 위해서 옵션 버튼을 클릭한다. 여기서는 목록별 결측값 제외를 체크하고 적재량이 큰 순서대로 나타내기 위해서 크기순 정렬을 체크한 후 계속 버튼을 클릭한다.

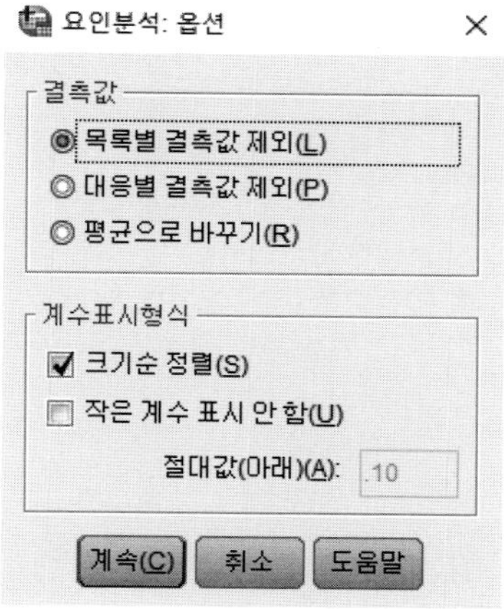

계수표시형식(Coefficient display format)	
크기순 정렬(Sorted size)	동일한 요인에 대해 높은 적재값을 가지는 변수부터 내림차순으로 나타내 줌
작은 계수 표시 안 함 (Suppress absolute values less than)	절대값이 지정한 값(.3)보다 작을 경우 출력되지 않음

8

모두 설정되었으면 **확인** 버튼을 클릭한다. SPSS 뷰어 창에 나타난 결과를 저장해 둔다.

기술통계량

	평균	표준편차	분석수
V01	4.01	.606	461
V02	3.82	.574	461
V03	3.90	.585	461
V04	3.99	.580	461
V05	3.90	.654	461
V06	3.75	.657	461
V07	4.15	.542	461
V08	3.83	.630	461
V09	3.55	.707	461
V10	3.78	.660	461
V11	3.83	.606	461
V12	3.65	.673	461
V13	3.90	.673	461
V14	3.80	.735	461
V15	3.76	.664	461
V16	3.91	.612	461
V17	3.40	.752	461
V18	3.59	.722	461
V19	3.99	.606	461
V20	3.90	.708	461

3 분석 결과

1) 공통성

〈표 18-1〉 공통성

변수	초기	추출	변수	초기	추출	변수	초기	추출
V1	1.000	.623	V12	1.000	.566	V23	1.000	.708
V2	1.000	.585	V13	1.000	.556	V24	1.000	.693
V3	1.000	.652	V14	1.000	.597	V25	1.000	.679
V4	1.000	.593	V15	1.000	.551	V26	1.000	.678
V5	1.000	.728	V16	1.000	.551	V27	1.000	.602

V6	1.000	.568	V17	1.000	.628	V28	1.000	.526
V7	1.000	.591	V18	1.000	.525	V29	1.000	.649
V8	1.000	.544	V19	1.000	.563	V30	1.000	.617
V9	1.000	.668	V20	1.000	.611	V31	1.000	.617
V10	1.000	.571	V21	1.000	.620	V32	1.000	.655
V11	1.000	.602	V22	1.000	.524	V33	1.000	.584
추출 방법: 주성분분석								

이 표는 주성분분석으로 요인을 구분하였음을 보여 주고 있다. 각 변수의 초기값과 주성분분석법에 의해서 각 변수에 대해 추출된 값이 제시되어 있다. 여기서 공통성은 모두 1.0이다. 모든 변수의 변량이 1.0이기 때문에 전체 변량은 33.0이 된다.

2) 설명된 총분산

〈표 18-2〉 설명된 총분산

성분	초기 고유값			추출 제곱합 적재값			회전 제곱합 적재값
	합계	% 분산	% 누적	합계	% 분산	% 누적	합계
1	13.684	41.467	41.467	13.684	41.467	41.467	9.560
2	1.589	4.816	46.283	1.589	4.816	46.283	7.856
3	1.408	4.268	50.551	1.408	4.268	50.551	7.414
4	1.207	3.659	54.209	1.207	3.659	54.209	2.896
5	1.080	3.273	57.483	1.080	3.273	57.483	8.434
6	1.056	3.200	60.683	1.056	3.200	60.683	2.087
7	.845	2.560	63.242				
8	.788	2.389	65.632				
9	.754	2.284	67.915				
10	.681	2.064	69.979				
11	.658	1.993	71.971				
12	.622	1.886	73.857				
13	.593	1.797	75.655				
14	.571	1.730	77.385				
15	.566	1.714	79.099				

16	.508	1.538	80.637				
17	.499	1.513	82.150				
18	.493	1.494	83.645				
19	.465	1.408	85.053				
20	.464	1.406	86.459				
21	.447	1.356	87.815				
22	.438	1.328	89.143				
23	.410	1.243	90.386				
24	.398	1.206	91.591				
25	.387	1.174	92.765				
26	.370	1.122	93.887				
27	.346	1.048	94.935				
28	.323	.977	95.913				
29	.313	.949	96.862				
30	.287	.869	97.731				
31	.277	.840	98.571				
32	.252	.762	99.333				
33	.220	.667	100.000				

추출 방법: 주성분분석

설명된 총분산은 요인이 묶이는 기준을 보여 주는 것으로서 특히 초기 고유값(Eigenvalues), 즉 고유값 1.0을 요인추출의 준거로 삼는다. 고유값이 1.0 미만이라는 것은 한 변수의 변량(1.0)도 채 설명하지 못하는 요인이라는 것을 의미하기 때문이다. 여기서는 고유값이 1.0 이상인 요인이 6개인 것으로 나타났다. 첫 번째 요인은 41.467%의 설명변량을 가지고 있으며(13.684/33×100=41.676), 두 번째 성분은 전체 변량의 4.816%의 설명변량을 가지고 있음을 알 수 있다.

3) 스크리 도표

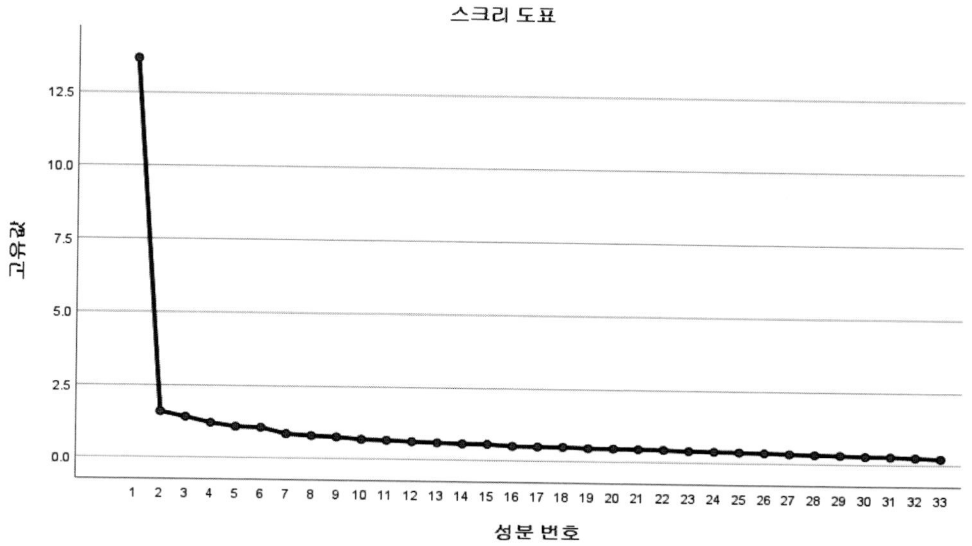

[그림 18-1] 스크리 도표

이것은 잠정적인 요인의 수를 알려 주는 스크리 검사 결과를 보여 주는 것이다. 여기서 가로축은 요인 수(성분 번호), 세로축은 고유값을 나타낸다. 스크리 도표는 잠정적인 요인 수를 파악하는 데 통찰을 제공해 줌으로써 연구자가 분석에 앞서서 요인 수를 지정해 주고자 할 때 유용한 정보를 제공한다. 스크리 도표를 통해 요인 수를 결정하는 방법은 고유값이 현저하게 작아지다가 거의 가로축과 평행에 놓이는 지점을 결정점으로 하여 잠정적인 요인의 수를 찾는 방법이다. 이 도표에서는 요인 수의 변화에 따라 현저하게 고유값이 변하다가 7번 요인에서부터 고유값의 크기가 비슷해지면서 기울기가 가로축과 평행에 놓이고 있으므로 이 지점에서 6개의 요인이 추출될 수 있다는 것을 알 수 있다. 그러나 Kaiser(1974)는 기울기의 변화를 통해 요인의 수를 결정하는 하나의 결정점을 찾는 것이 어렵다는 이유를 들어 활용 방법상의 모호함을 지적하기도 한다.

4) 성분행렬[a]

〈표 18-3〉 성분행렬

	요인					
	1	2	3	4	5	6
V31	.739	−.096	−.017	−.169	−.002	−.181
V21	.718	.028	.164	.215	−.151	−.091
V32	.705	−.005	−.272	−.115	.030	−.265
V26	.699	−.207	.216	.267	.081	−.150
V09	.686	−.078	−.238	−.159	.299	.140
V11	.685	−.084	.126	−.273	.163	.099
V10	.683	−.110	−.055	−.167	.239	.063
V14	.677	−.261	.260	.044	.010	.023
V13	.673	−.174	.234	.059	.091	.077
V19	.669	.005	−.026	−.014	−.336	−.044
V28	.669	−.069	−.016	−.059	.003	−.264
V17	.665	−.122	−.326	−.027	−.059	.247
V24	.665	−.109	−.146	−.011	−.429	.182
V29	.662	−.125	−.030	−.135	−.098	−.408
V08	.661	.088	.104	−.114	.115	.250
V27	.655	−.208	.218	.227	.059	−.162
V23	.654	−.253	−.122	−.059	−.391	.212
V07	.636	.315	.293	.043	−.004	.006
V18	.635	.003	−.276	−.140	−.117	.111
V33	.633	.010	−.420	.074	.018	−.042
V22	.624	.193	−.230	.181	−.105	.029
V25	.624	.093	−.163	.496	.061	.078
V12	.623	−.289	.131	.099	.204	.158
V16	.621	.138	−.225	−.125	.263	−.098
V30	.615	.081	−.357	.171	.154	−.227
V20	.614	−.207	.239	.221	−.292	−.003
V03	.613	.451	.235	−.063	−.029	.115
V02	.597	.247	.145	−.354	−.089	−.122

V01	.590	.382	.192	−.160	−.010	−.259
V04	.587	.464	.142	−.015	−.115	.012
V15	.577	−.312	.189	.027	.289	.028
V06	.549	.025	.129	−.295	.022	.402
V05	.485	.479	−.060	.416	.185	.228

* 요인추출 방법: 주성분분석

a. 추출된 6성분

성분행렬에서는 설명된 총분산에서 산출된 6개의 요인에 대해서 회전시키기 전의 요인 부하량을 보여 주고 있다. 일반적으로 요인 부하량은 각 변수의 요인에 대한 가중치를 의미한다. 이 표에는 각 요인에 해당되는 문항의 요인 부하량이 나타나 있다. 일반적으로 요인 부하량이 클수록 해당 요인과의 상관이 높다고 해석하는데(보통 준거는 ±.30 이상, 엄격하게는 ±.50 이상), 성분행렬표에 나타나듯 요인 1에 대한 V31의 요인 부하량은 .739이며, 이를 통해 요인 1과 V31은 높은 상관을 가지고 있음을 알 수 있다. 각 요인 부하량은 한 요인에 대해 큰 값부터 작은 값까지 내림차순으로 나열되어 있다. 하지만 이 단계의 성분행렬은 회전시키기 이전의 상태이므로 최종적으로 유의미한 요인구조는 아니다.

5) 패턴행렬[a]

〈표 18-4〉 패턴행렬

	요인					
	1	2	3	4	5	6
V26	.739	.055	−.085	.103	−.007	−.161
V15	.721	−.069	−.107	−.023	.103	.183
V27	.699	.065	−.077	.057	−.013	−.163
V12	.657	−.112	−.039	.095	−.064	.210
V14	.651	.084	.048	−.052	−.164	.050
V13	.605	.113	.025	.043	−.089	.118
V20	.512	.088	.203	.036	−.420	−.205
V21	.402	.284	−.008	.156	−.232	−.195

V11	.356	.251	−.154	−.130	−.073	.345
V01	.041	.738	−.193	−.040	.101	−.074
V03	.015	.705	.085	.209	−.046	.143
V04	−.076	.678	.003	.209	−.110	.004
V02	−.028	.652	−.154	−.202	−.113	.097
V07	.234	.604	.075	.183	.013	.020
V30	.098	.014	−.639	.252	−.026	−.125
V32	.079	.153	−.617	−.060	−.174	−.054
V16	.059	.207	−.564	.093	.071	.171
V33	−.015	−.061	−.543	.206	−.302	.006
V09	.204	−.021	−.470	.084	−.085	.390
V29	.270	.232	−.434	−.270	−.169	−.219
V28	.303	.209	−.369	−.108	−.105	−.107
V31	.289	.231	−.359	−.166	−.183	.017
V10	.334	.082	−.337	−.020	−.049	.303
V05	.029	.280	−.056	.736	.088	.074
V25	.287	−.051	−.192	.576	−.153	−.117
V22	−.038	.164	−.267	.333	−.323	−.062
V23	.115	−.062	.009	−.058	−.802	.072
V24	.005	.050	−.007	.030	−.796	.008
V19	.078	.255	−.087	−.019	−.525	−.121
V17	.045	−.130	−.286	.153	−.524	.240
V18	−.082	.084	−.316	.039	−.470	.165
V06	.115	.270	.123	−.020	−.280	.504
V08	.234	.293	−.025	.124	−.129	.349

* 요인추출 방법: 주성분분석. 회전 방법: Kaiser 정규화가 있는 오블리민.

a. 26 반복 계산에서 요인회전이 수렴되었습니다.

이 표에서 패턴행렬은 요인 축을 회전한 후의 성분행렬이다. 실제 요인의 구조를 확정하고 요인을 해석하는 단계이므로 요인분석의 결과에서 가장 핵심적인 부분이라고 할 수 있다. 여기서 회전 후 요인 부하량을 나타내는 회전 후의 성분행렬의 값을 살펴보면, 변수 V26, V15, V27, V12, V14, V13, V20, V21, V11은 요인 1을 측정하는 문항이고, 변수 V01, V03, V04, V02, V07은 요인 2를, 변수 V30, V32, V16, V33, V09, V29, V28, V31, V10은 요인 3을, 변수 V05, V25, V22는 요인 4를, 변수 V23, V24, V19, V17, V18은 요인 5를, 그리고 변수 V06, V08은 요인 6을 측정하는 문항이라고 해석할 수 있다.

이러한 과정을 반복하게 되면 최종적인 모형을 선택할 수 있다. 최종적인 요인모형이 적합하다고 판단되면, 마지막으로 요인에 명칭을 부여하고 해석한다. 여기에서는 김용정(2009)이 개발한 교사지식척도를 바탕으로 학생수준 이해지식, 개별화지도 지식, 교육과정 자료지식, 교육과정 수준지식, 수업계획 지식, 수업 방법 지식이 교사지식을 구성하는 하위 요인이라고 보고 이를 요인명으로 명명하였다. 요인명은 묶인 변수를 가장 잘 대표할 수 있는 것을 사용하는 것이 바람직한데, 보편적으로 이론적인 선행연구에서 사용된 명칭을 사용하거나 그와 같은 근거가 없을 때에는 변수의 속성에 근거하여 정하면 된다.

4 논문 양식

논문에 제시하는 요인분석의 결과표는 일반적으로 회전 후의 성분행렬에 나타난 요인 부하량, 공통성, 고유값, 설명변량, 누적변량들을 제시한다. 이들을 표로 제시하는 방법은 다음과 같다.

〈표 18-5〉 교사지식척도 측정요인에 대한 요인분석 결과

	요인						공통성
	학생수준 이해지식	개별화 지도지식	교육과정 자료지식	교육과정 수준지식	수업계획 지식	수업 방법 지식	
V26	.739	.055	−.085	.103	−.007	−.161	.678
V15	.721	−.069	−.107	−.023	.103	.183	.551
V27	.699	.065	−.077	.057	−.013	−.163	.602
V12	.657	−.112	−.039	.095	−.064	.210	.566
V14	.651	.084	.048	−.052	−.164	.050	.597
V13	.605	.113	.025	.043	−.089	.118	.556
V20	.512	.088	.203	.036	−.420	−.205	.611

V21	.402	.284	−.008	.156	−.232	−.195	.620
V11	.356	.251	−.154	−.130	−.073	.345	.602
V01	.041	.738	−.193	−.040	.101	−.074	.623
V03	.015	.705	.085	.209	−.046	.143	.652
V04	−.076	.678	.003	.209	−.110	.004	.593
V02	−.028	.652	−.154	−.202	−.113	.097	.585
V07	.234	.604	.075	.183	.013	.020	.591
V30	.098	.014	−.639	.252	−.026	−.125	.617
V32	.079	.153	−.617	−.060	−.174	−.054	.655
V16	.059	.207	−.564	.093	.071	.171	.551
V33	−.015	−.061	−.543	.206	−.302	.006	.584
V09	.204	−.021	−.470	.084	−.085	.390	.668
V29	.270	.232	−.434	−.270	−.169	−.219	.649
V28	.303	.209	−.369	−.108	−.105	−.107	.526
V31	.289	.231	−.359	−.166	−.183	.017	.617
V10	.334	.082	−.337	−.020	−.049	.303	.571
V05	.029	.280	−.056	.736	.088	.074	.728
V25	.287	−.051	−.192	.576	−.153	−.117	.679
V22	−.038	.164	−.267	.333	−.323	−.062	.524
V23	.115	−.062	.009	−.058	−.802	.072	.708
V24	.005	.050	−.007	.030	−.796	.008	.693
V19	.078	.255	−.087	−.019	−.525	−.121	.563
V17	.045	−.130	−.286	.153	−.524	.240	.628
V18	−.082	.084	−.316	.039	−.470	.165	.525
V06	.115	.270	.123	−.020	−.280	.504	.569
V08	.234	.293	−.025	.124	−.129	.349	.544
고유값	13.68	1.59	1.41	1.21	1.08	1.06	
설명변량	41.47	4.82	4.27	3.66	3.27	3.20	
누적변량	41.47	46.28	50.55	54.21	57.48	60.68	
문항 수	9	5	9	3	5	2	

* 요인추출 방법: 주성분분석, 회전 방법: 직접 오블리민, 요인추출의 준거: 고유값(1.0)

이 표는 고유값 1.0을 기준으로 산출된 요인의 구조를 나타낸 것이다. 이 6개 요인 모형의 전체 설명변량은 60.7%로 상당히 높고, 요인별로는 요인 1이 41.5%, 요인 2가 4.8%, 요인 3이 4.3%, 요인 4가 3.7%, 요인 5가 3.3%, 요인 6이 3.2%의 설명변량을 갖는다. 아울러 이 표에서는 산출된 요인을 개념화하기 위해서 문항 속성을 바탕으로 요인을 명명하였다. 이런 표는 전체적인 요인구조의 윤곽을 파악하고, 개별 변수의 특성뿐 아니라 요인의 특성을 세부적으로 기술하는 데 도움이 된다. 특히 표를 제시할 때는 요인추출 모형과 요인회전 방식, 요인추출의 준거(고유값)를 밝혀 주도록 한다.

연습문제

1

18개의 측정변수를 이용하여 부모의 양육태도를 측정하였다. 이에 대한 주성분분석을 실시하고, 각 성분에 대하여 명명하시오.

2

성격 관련 6개 문항, 식습관 관련 4개 문항, 스트레스 관련 2개 문항 등으로 구성된 설문 문항이 있다. 이에 대한 요인분석을 실시하시오.

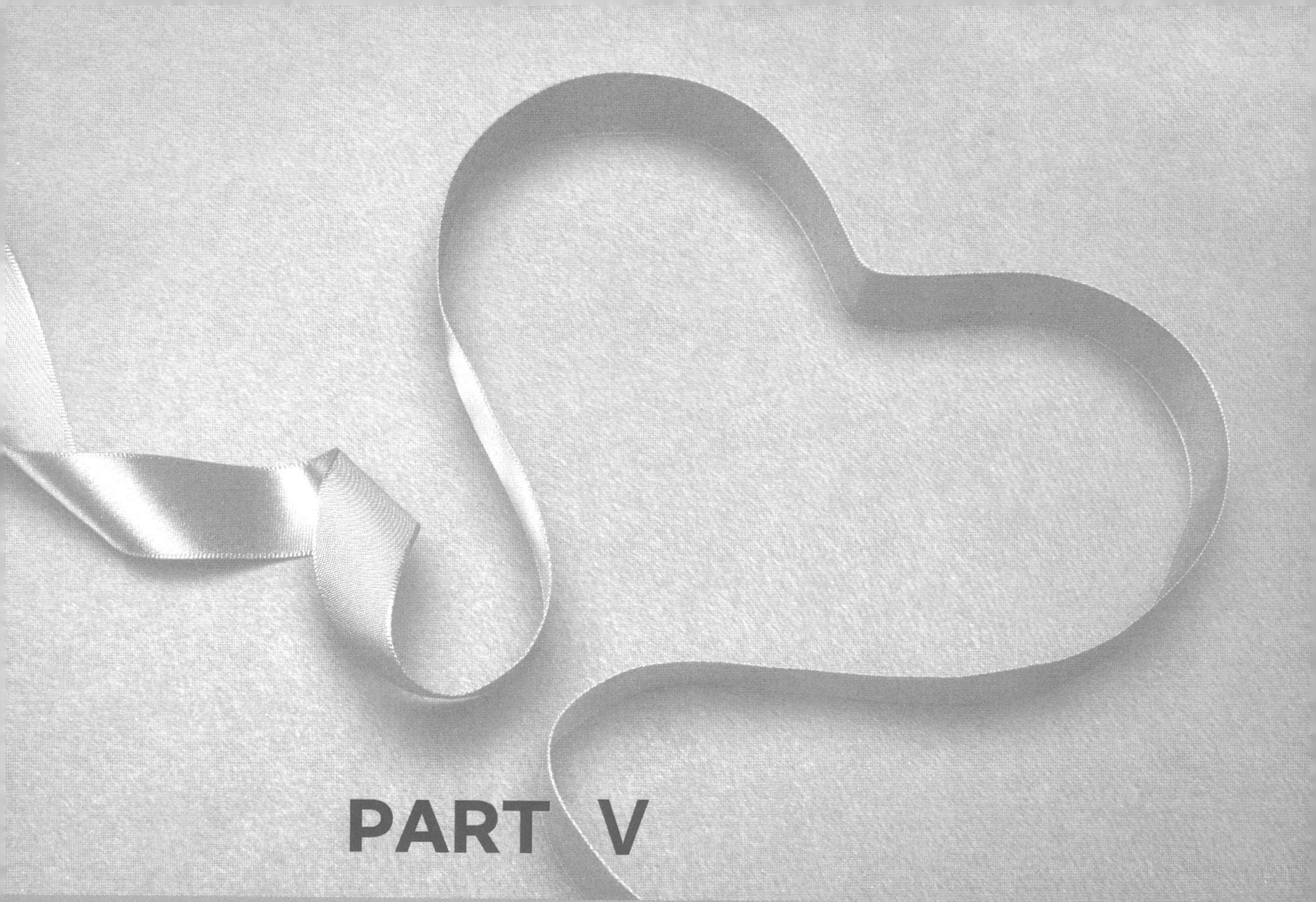

PART V

구조방정식

제19장 경로분석

제20장 확인적 요인분석

제21장 구조방정식

제19장

경로분석

1. 개념 및 목적
2. 분석 실행
3. 분석 결과
4. 논문 양식

1 개념 및 목적

경로분석(Path analysis)은 현상의 원인 및 결과로 여겨지는 관계, 즉 인과모형의 경험적 타당성을 검토하는 데 활용된다. 회귀분석이 '예측'에 중점을 둔 반면에, 경로분석은 변수들 간의 관계를 그럴듯하게 '설명'하는 데 관심의 초점을 두고 있는 점이 다르다. 다중회귀분석에서 독립변수들의 종속변수에 대한 직접효과만을 고려한다면, 경로분석에서는 직접효과뿐 아니라 간접효과도 분석할 수 있다. 직접효과는 독립변수가 종속변수의 변화에 직접 영향을 미치는 것을 의미하며, 간접효과는 하나 이상의 중간 변수를 거쳐 영향을 미치는 것을 의미한다. 또한 제3의 변수효과는 두 변수가 제3의 변수에 의해 동시에 영향을 받는 것을 의미한다.

경로분석은 생물학자 Wright(1934)가 처음 개발한 방법으로, 연구자가 변수 사이에 구조적 관계를 상정해서 만든 인과모형에 따라 주어진 상관자료를 분석하여 의미 있게 해석하기 위한 통계적 기법이다. 해당 분야의 지식과 이론적 고찰을 바탕으로 연구자가 설정한 인과모형의 적절성을 분석 · 검토하는 데 경로분석을 적용한다.

경로분석의 기본 가정은 다음과 같다(Pedhazar, 1982).

- 인과모형 내 변수 사이의 관계는 선형적(linear)이고 가법적(additive)이다.
- 인과모형 속에 포함된 각 변수 간의 방향은 일방적이다.
- 모든 잔여변수는 인과모형 내 여타 변수와 상관이 없으며, 잔여변수 상호 간에도 상관이 없다.
- 인과모형 내 모든 변수는 오차 없이 측정된 것이다.
- 변수들은 적어도 등간척도의 수준에서 측정되어야 한다.

2 분석 실행

경로분석을 실시하기 위해서는 AMOS(Analysis of Moment Structure) 프로그램을 사용해야 한다. AMOS는 Arbuckle과 Werner가 개발하고 SPSS사에서 제공하는 구조방정식분석용 패키지이다. 회귀분석 또는 요인분석보다 복잡한 분석인 경로모형, 구조방정식 모형과 같은 공분산구조분석(Analysis of covariance structure)과 인과모형분석(Analysis of casual modeling)에 활용된다. AMOS 패키지는 그림 도구상자를 이용하여 연구자의 이론 모형을 손쉽게 설계, 편집, 분석할 수 있으므로 통계에 대한 기초지식이 부족한 초보자도 널리 사용하고 있다.

연구문제

학업성취도에 영향을 미치는 요인으로 학생의 진로체험, 사회적 지지, 진로성숙도를 선정하고, 211명의 학생들을 대상으로 각 특성에 대해 측정하였다. 학생들의 학업성취도와 관련된 변수 간의 관계는 어떠한가?

1) 연구모형 설정하기

이론적 배경에 근거하여 관심 변수의 관계를 연구모형으로 도식화한다.

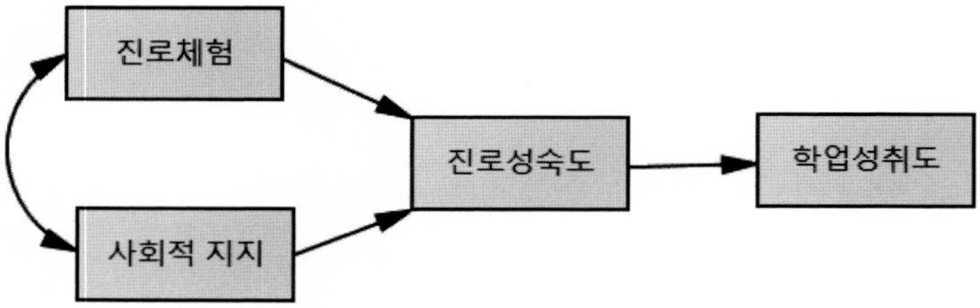

[그림 19-1] 연구모형의 설정

2) SPSS상의 자료입력

AMOS 프로그램 실행을 위해서는 분석에 사용할 데이터를 지정해야 한다. 데이터는 제2장에서 소개한 자료입력 방법에 따라 작성된 SPSS 데이터 파일을 그대로 사용하거나, 사용자가 SPSS 데이터 파일로 상관분석을 실시하여 상관계수행렬을 구하고 그것을 입력하여 별도의 데이터 파일을 작성할 수 있다. SPSS 데이터 파일을 그대로 사용하면 AMOS 프로그램이 자동으로 공분산행렬로 변환하여 분석하므로 편리하지만, 데이터 파일에 결측값이 포함되어 있는 경우 추정과정에서 문제가 될 수 있다. 그러므로 이러한 문제를 방지하기 위해 상관계수행렬(또는 공변량행렬)을 사용한다. 이 장에서는 SPSS 데이터 파일을 그대로 사용하도록 하고, 연습문제에서 공변량행렬을 이용하여 분석하는 예를 제시하고자 한다.

3) AMOS 프로그램 시작

AMOS 프로그램 실행을 위해서는 SPSS 프로그램 '분석'의 제일 하단에 위치한 'IBM SPSS Amos'를 클릭하면 작업 화면이 나타난다.

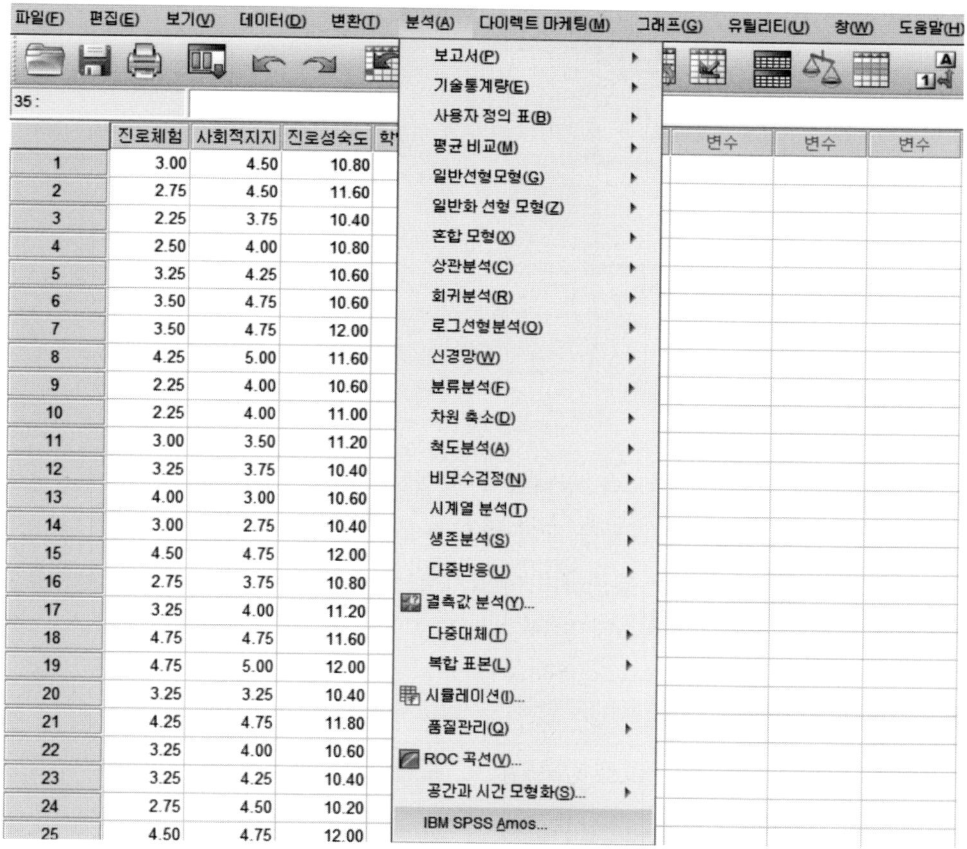

[그림 19-2] AMOS 열기

AMOS 그래픽스가 올바르게 실행되면 그림과 같은 화면이 나타난다.

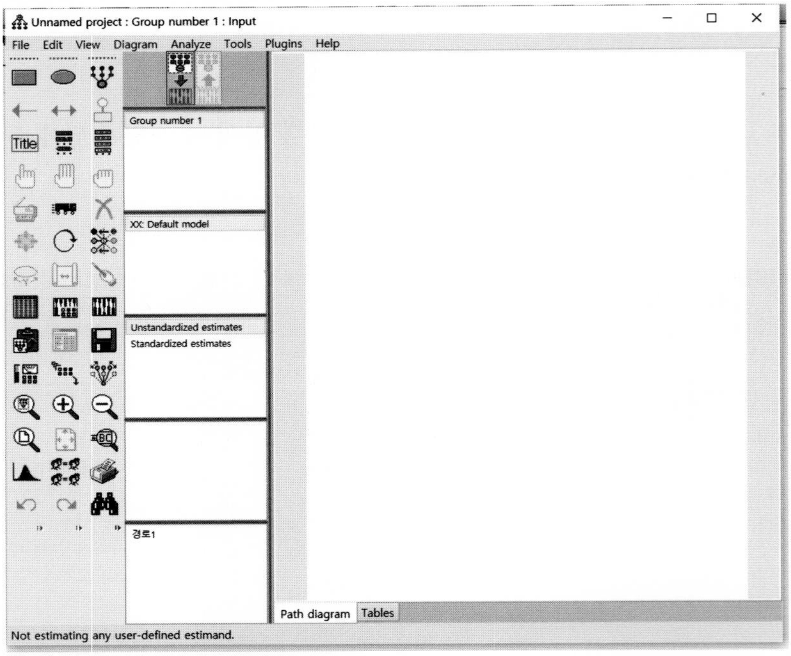

AMOS 그래픽스 창은 도구모음, 상태표시, 작업시트로 구성되어 있다. 도구모음은 편리한 분석 실행을 돕는 아이콘들을 모아 놓은 부분이고, 상태표시는 분석집단, 분석모형, 분석 결과 등이 표시되는 부분이며, 작업시트는 실제 사용자가 모형을 그림으로 표시하는 부분이다. 도구모음의 아이콘과 그 기능은 〈표 19-1〉과 같다.

〈표 19-1〉 AMOS 25 Graphics 창의 도구모음 아이콘

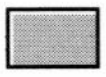	측정변수 그리기		데이터 파일 지정
	잠재변수 그리기		분석 옵션 설정
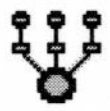	측정모형 그리기. 클릭할 때마다 측정변수 생성		분석 실행
	경로 그리기		클립보드에 모형 복사
	상관관계 그리기		분석 결과 열기

	오차 그리기. 클릭할 때마다 시계방향으로 회전		저장
Title	모형의 제목 입력		도형 및 경로의 특성 지정
	모형 내 변수 목록 제시		도형 및 경로의 특성을 다른 도형 및 경로로 복사
	데이터의 변수 목록 제시		모형 내 도형의 대칭 정렬
	특정 도형 선택		모형의 특정 부분만 확대
	전체 도형 선택		전체 모형 확대
	도형 선택 해제		전체 모형 축소
	도형 복사		전체 화면 보기
	도형 이동		전체 모형이 한 화면에 보이도록 조정
	도형 삭제		확대 보기
	도형의 크기 조정		베이지안 추정
	도형 회전		다집단분석
	잠재변수에 연결된 측정변수 대칭 이동		출력
	모수 이동		이전 실행 취소
	화면상의 경로도 위치 이동		실행 취소한 내용 재실행
	경로 혹은 상관관계 표시선의 위치를 중간으로 조정		모형 옵션 설정

4) AMOS 프로그램에 연구모형 그리기

적용 절차(19장 경로분석 원자료.sav)는 다음과 같다.

1

도구상자의 아이콘을 사용하여 연구모형을 작업시트에 그린다.

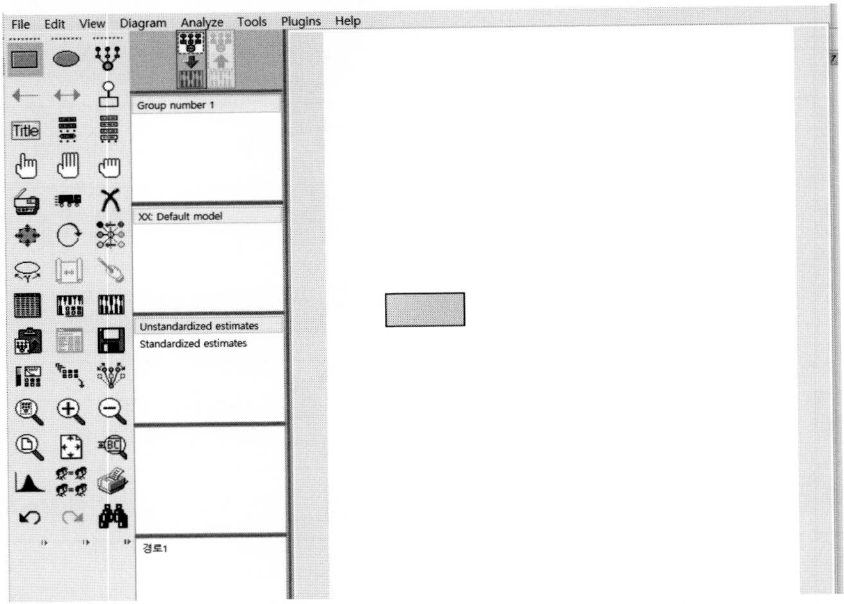

2

측정변수를 모두 그리고 난 후 ←를 클릭하여 경로를 표시한다.

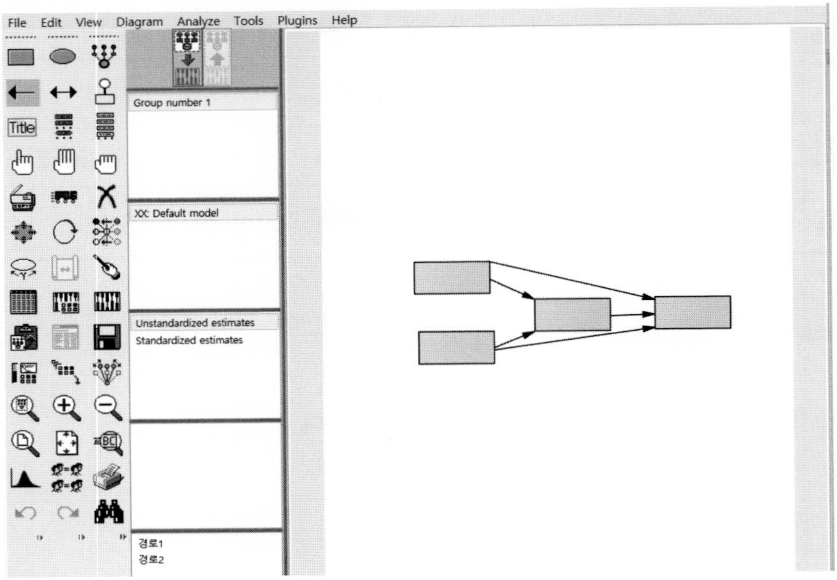

3

각 경로도형에 변수를 정의해 주기 위해 아이콘을 클릭하여 변수 이름을 도형으로 끌어오거나 각 도형을 더블클릭 또는 우클릭하여 **Object Properties(개체 속성)** 대화상자를 연다.

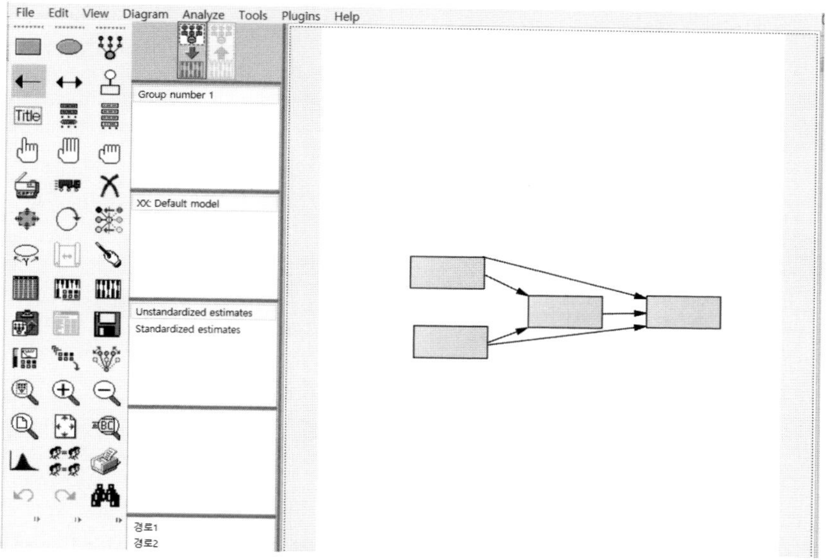

4

Object Properties 대화상자에서 **Variable label**에 SPSS 자료 파일에 입력된 변수 이름과 동일한 해당 변수 이름을 입력한다.

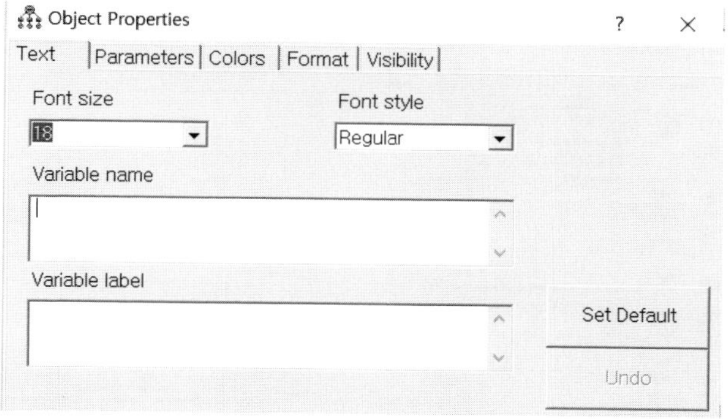

AMOS의 장점 중 하나는 측정변수에 오차항을 설정하여 오차를 통제할 수 있다는 것이다. 이를 위해 오차가 존재할 것으로 가정되는 변수에 오차항을 삽입한다.

5

도구상자의 아이콘을 클릭한 다음, 오차항이 생성되기를 원하는 경로도형을 선택하여 클릭하면 간단히 오차항을 삽입할 수 있다. 오차항 역시 **Object Properties** 대화상자를 열어 변수 이름을 지정해 준다(e1, e2). AMOS 프로그램에서 오차항의 경로계수는 자동으로 '1'로 설정된다.

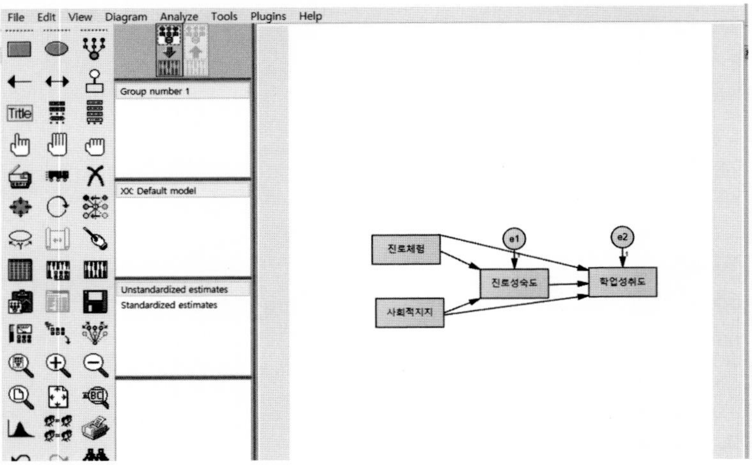

변수 이름이 길다 하여 줄을 바꿔 쓰거나 띄어쓰기를 잘못해서는 안 된다. AMOS가 변수를 인식하지 못하여 오류가 발생하기 때문이다. 즉, SPSS에 입력한 변수명과 동일해야 한다.

6

↔을 사용하여 사회경제적 진로체험과 사회적 지지 간의 상관관계가 있음을 지정해 준다.

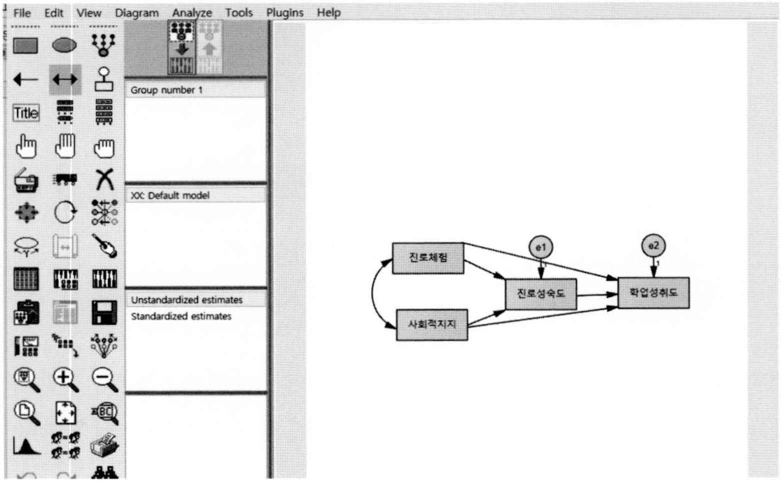

5) AMOS 프로그램 분석 실행

1

분석을 실행하기 위해 우선 미리 생성해 둔 데이터 파일의 경로를 지정한다. **File** 메뉴에서 **Data Files** 하위 메뉴를 클릭하거나, 도구모음에서 [아이콘] 아이콘을 클릭하여 데이터 파일 지정을 위한 대화상자를 연다. 대화상자가 열리면 **File Name**을 선택해 해당 데이터 파일이 존재하는 폴더에서 파일을 선택하고, **OK** 버튼을 선택하여 대화상자를 닫는다.

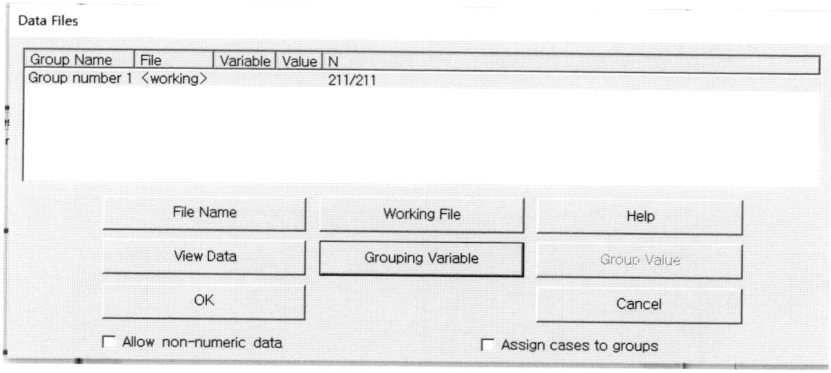

2

데이터 파일 지정을 마치면 [아이콘] **Analysis Properties**를 클릭한다.

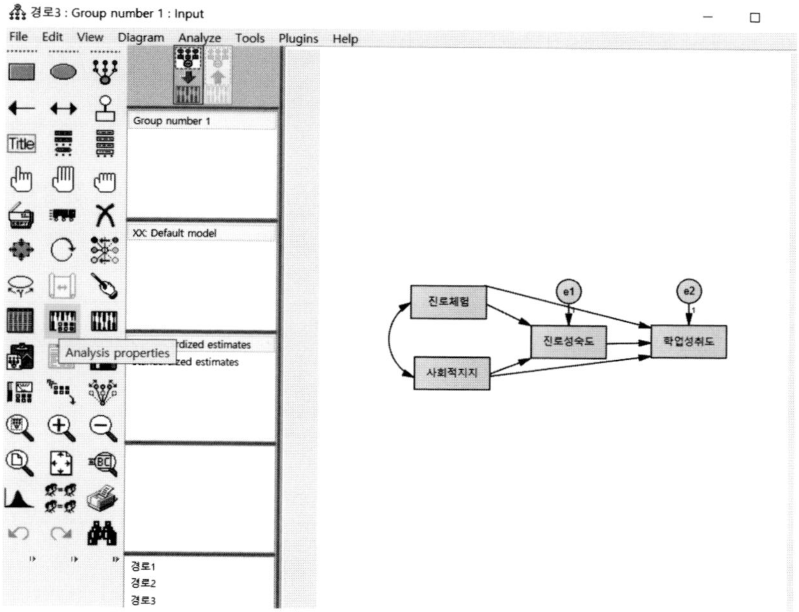

3

Output 탭에서 결과 출력물 선택창을 열어 출력 결과물의 내용을 체크한다.

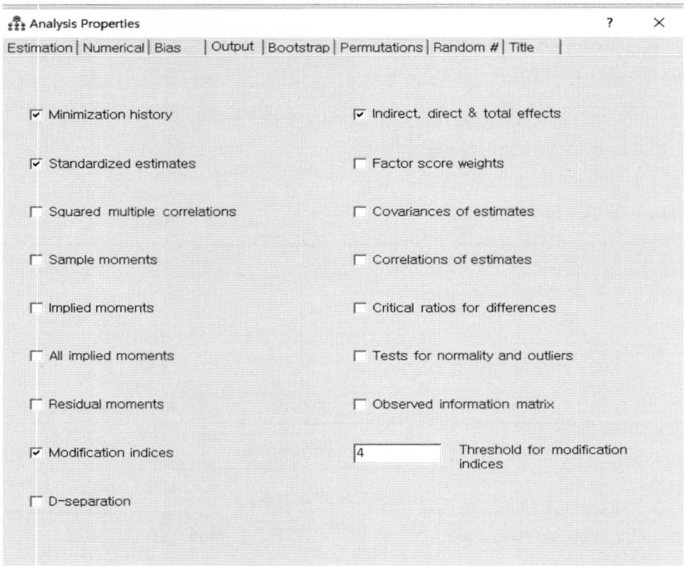

결과 출력물의 키워드에 대한 설명은 〈표 19-2〉와 같다.

〈표 19-2〉 출력물 선택 키워드

선택 키워드	내용
Minimization history	데이터와 모형 간 불일치 정도의 과정을 요약
Standardized estimates	표준화된 회귀계수
Squared multiple correlations	다중상관치. 내생변수가 외생변수에 의해 설명되는 부분
Sample moments	표본의 평균
Implied moments	관찰변수의 공분산, 평균
All implied moments	모든 변수의 공분산, 평균
Residual moments	표본 공분산행렬과 공분산행렬의 차이
Modification indices	모형의 적합도를 개선하기 위한 수정지수
D-separation	D 분리
Indirect, direct & total effects	간접 효과, 직접 효과, 전체 효과
Factor score weights	요인점수

Covariances of estimates	모수의 공분산행렬
Correlations of estimates	모수의 상관행렬
Critical ratios for differences	모수 t통계량
Tests for nomality and outliers	정규분포성과 이상치 검정
Observed information matrix	관측정보행렬
Threshold for modification indices	수정지수 기준점

4

AMOS 프로그램 실행 시 결측값을 포함하는 데이터 파일을 사용할 경우 **Estimation** 탭에서 **Estimate means and intercepts**를 체크하여 완전정보 최대우도추정(Full information maximum likelihood estimation)을 적용하여야 한다.

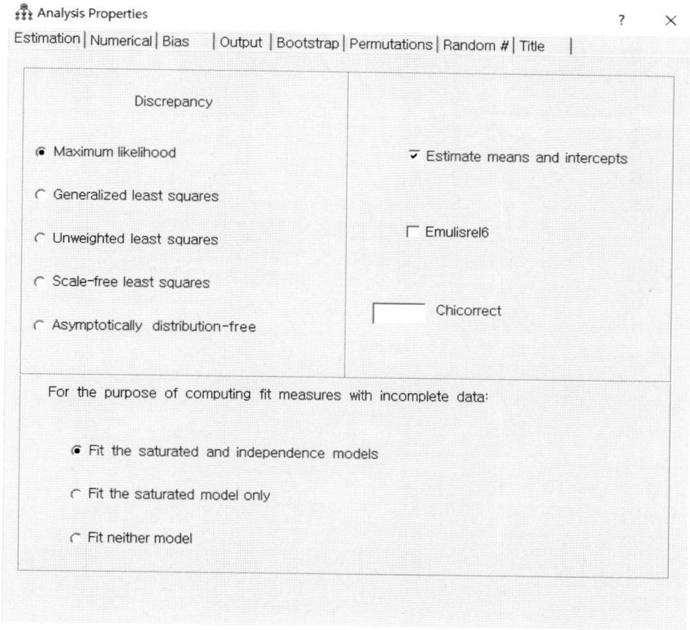

5

출력물 선택까지 마쳤으면 도구상자의 아이콘이나 Analyze → Calculate Estimates를 클릭하여 분석을 실행한다.

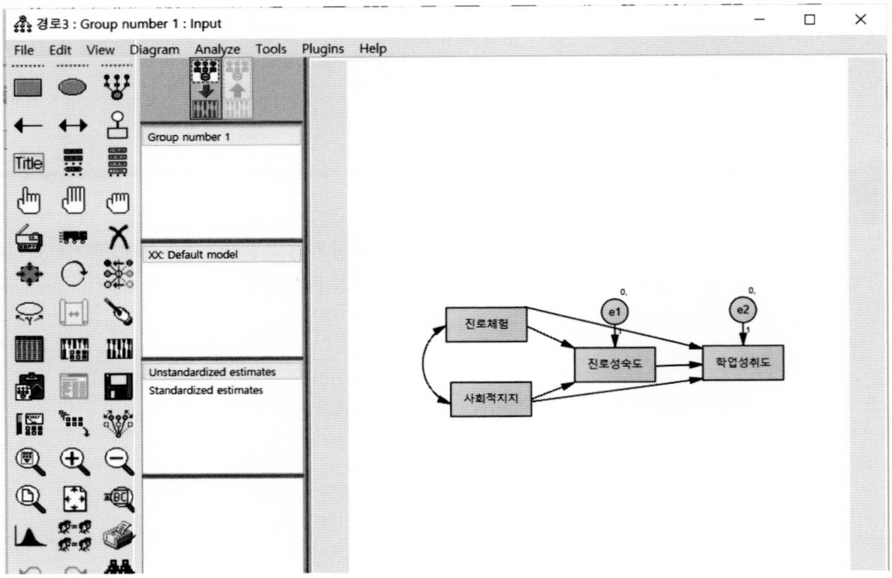

3 분석 결과

경로분석의 경우 변수 간 경로계수를 알아보는 것이 가장 큰 관심사이므로 결과물 가운데 [Estimates] 부분을 중심으로 분석 결과를 알 수 있다. 표 형식으로 제공되는 [Output]으로 [Estimates]의 분석 결과를 살펴보면 [그림 19-3]과 같다.

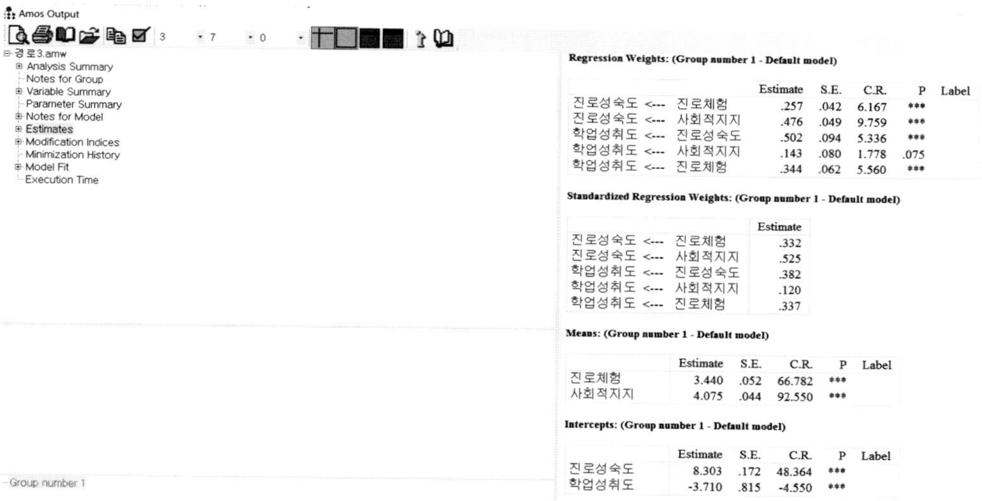

Regression Weights: (Group number 1 - Default model)

			Estimate	S.E.	C.R.	P	Label
진로성숙도	<---	진로체험	.257	.042	6.167	***	
진로성숙도	<---	사회적지지	.476	.049	9.759	***	
학업성취도	<---	진로성숙도	.502	.094	5.336	***	
학업성취도	<---	사회적지지	.143	.080	1.778	.075	
학업성취도	<---	진로체험	.344	.062	5.560	***	

Standardized Regression Weights: (Group number 1 - Default model)

			Estimate
진로성숙도	<---	진로체험	.332
진로성숙도	<---	사회적지지	.525
학업성취도	<---	진로성숙도	.382
학업성취도	<---	사회적지지	.120
학업성취도	<---	진로체험	.337

Means: (Group number 1 - Default model)

	Estimate	S.E.	C.R.	P	Label
진로체험	3.440	.052	66.782	***	
사회적지지	4.075	.044	92.550	***	

Intercepts: (Group number 1 - Default model)

	Estimate	S.E.	C.R.	P	Label
진로성숙도	8.303	.172	48.364	***	
학업성취도	-3.710	.815	-4.550	***	

[그림 19-3] Estimates의 분석 결과

[Estimates]의 구성을 살펴보면 〈표 19-3〉과 같다.

〈표 19-3〉 Estimates의 구성

추정치(Estimates)	
Maximum likelihood estimates	모수의 추정이 최대우도법을 통해 이루어졌음을 의미함
Regression weights	변수 간 영향력의 크기를 의미함
Standardized regression weights	표준화된 계수임
Means	독립변수의 추정평균
Intercepts	종속변수의 추정절편
Covariances	변수 간 공분산계수로서 표준오차, t값, p값이 함께 제시됨
Correlations	변수 간 상관관계 계수로서 표준오차, t값, p값이 함께 제시됨

Variances	변수의 분산값으로 표준오차, t값, p값이 함께 제시됨
Squared multiple correlations	특정 내생변수의 분산이 선행변수에 의해 설명되는 비율
Total effects	한 변수가 다른 변수에 미치는 표준화되지 않은 전체 효과를 의미함
Standardized total effects	한 변수가 다른 변수에 미치는 표준화된 전체 효과를 의미함
Direct effects	한 변수가 다른 변수에 미치는 표준화되지 않은 직접효과를 의미함
Standardized direct effects	한 변수가 다른 변수에 미치는 표준화된 직접효과를 의미함
Indirect effects	한 변수가 다른 변수에 미치는 표준화되지 않은 간접효과를 의미함
Standardized indirect effects	한 변수가 다른 변수에 미치는 표준화된 간접효과를 의미함

본 연구문제의 분석 결과를 살펴보면, 연구모형에서 설정한 경로 중 '사회적지지 → 학업성취도' 경로의 경우는 유의수준 .05에서 통계적으로 유의하지 않게 나타났다. 따라서 유의하지 않은 경로를 제거하여 결과를 비교할 필요가 있다. 도구상자의 아이콘이나 'Analyze → Calculate Estimates'를 클릭하여 다시 분석을 실행한다. 분석 결과, '사회적지지 → 학업성취도' 직접 경로를 삭제한 경우에 더 나은 결과를 얻을 수 있었다. 단, 통계적으로 유의하지 않은 경로라 하여 무조건 제거하는 것이 아니라 반드시 이론적 근거에 바탕을 두고 제거하는 것이 바람직하다. 이에 따라 얻은 경로계수를 연구모형에 제시하면 [그림 19-4]와 같은 경로도를 얻을 수 있다.

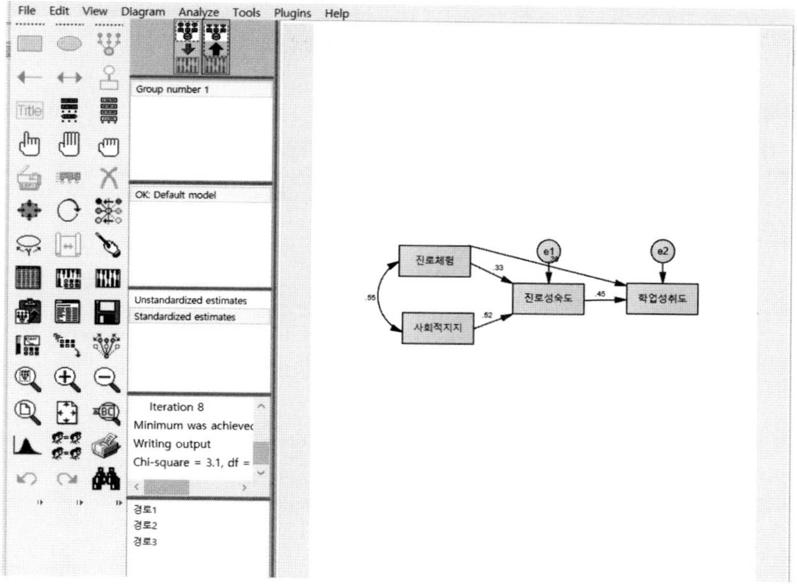

[그림 19-4] 연구모형의 경로도

경로도에서 각 변수의 직접효과, 간접효과, 전체 효과는 'Output의 Estimates' 부분에서 확인할 수 있고, 표준화된 효과 부분을 바탕으로 해석한다.

Standardized Total Effects (Group number 1 - Default model)

	사회적지지	진로체험	진로성숙도
진로성숙도	.525	.332	.000
학업성취도	.238	.509	.453

Direct Effects (Group number 1 - Default model)

	사회적지지	진로체험	진로성숙도
진로성숙도	.476	.257	.000
학업성취도	.000	.366	.595

Standardized Direct Effects (Group number 1 - Default model)

	사회적지지	진로체험	진로성숙도
진로성숙도	.525	.332	.000
학업성취도	.000	.359	.453

Group number 1

Indirect Effects (Group number 1 - Default model)

	사회적지지	진로체험	진로성숙도
진로성숙도	.000	.000	.000
학업성취도	.284	.153	.000

Default model

Standardized Indirect Effects (Group number 1 - Default model)

	사회적지지	진로체험	진로성숙도
진로성숙도	.000	.000	.000
학업성취도	.238	.150	.000

[그림 19-5] 각 변수의 효과

연구모형의 적합도는 Output의 'Model Fit' 부분에서 확인할 수 있다.

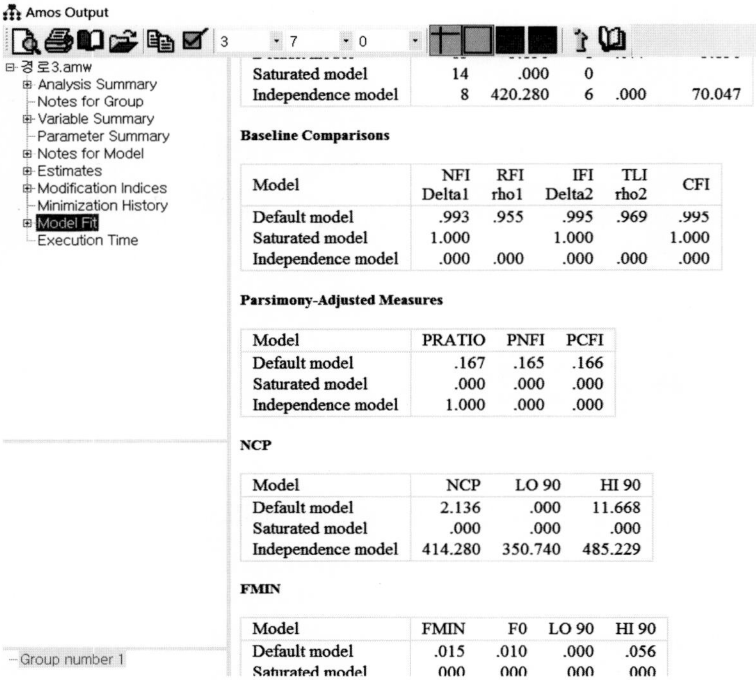

Saturated model	14	.000	0		
Independence model	8	420.280	6	.000	70.047

Baseline Comparisons

Model	NFI Delta1	RFI rho1	IFI Delta2	TLI rho2	CFI
Default model	.993	.955	.995	.969	.995
Saturated model	1.000		1.000		1.000
Independence model	.000	.000	.000	.000	.000

Parsimony-Adjusted Measures

Model	PRATIO	PNFI	PCFI
Default model	.167	.165	.166
Saturated model	.000	.000	.000
Independence model	1.000	.000	.000

NCP

Model	NCP	LO 90	HI 90
Default model	2.136	.000	11.668
Saturated model	.000	.000	.000
Independence model	414.280	350.740	485.229

FMIN

Model	FMIN	F0	LO 90	HI 90
Default model	.015	.010	.000	.056
Saturated model	.000	.000	.000	.000

[그림 19-6] 연구모형의 적합도

일반적으로 사용되는 적합도 지수는 〈표 19-4〉와 같다(김석우, 2015; 노경섭, 2019; 배병렬, 2007).

〈표 19-4〉 적합도 지수

적합도 지수		개발자	기준값	표본 크기	간명도
절대 적합도 지수	GFI (Goodness of Fit Index)	Jöreskog & Sörbom (1984)	>.90	민감	비고려
	AGFI(Adjusted Goodness of Fit Index)	Jöreskog & Sörbom (1984)	없음	민감	고려
	RMSEA(Root Mean Square Error of Approximation)	Steiger & Lind (1980)	<.05	덜 민감	고려

증분 적합도 지수	NFI (Normal Fit Index)	Bentler & Bonett (1980)	>.90	민감	비고려
	TLI(Tucker-Lewis Index)	Bentler & Bonett (1980)	>.90	덜 민감	고려
	CFI (Comparative Fit Index)	Bentler (1990)	>.90	덜 민감	비고려
간명 적합도 지수	PGFI(Parsimonious Goodness of Fit Index)	Mulaik et al. (1987)	>.90	민감	비고려
	PNFI(Parsimonious Normal Fit Index)	Mulaik et al. (1989)	>.60	민감	비고려
	PCFI(Parsimonious Comparative Fit Index)	Bentler (1990)	>.90	덜 민감	비고려

적합도 지수를 선택할 때에는 표본 크기에 민감하지 않고 모형의 간명성을 고려하는 지수를 선택하는 것이 바람직하다. 이러한 기준에서는 GFI와 RMSEA가 가장 추천할 만한 적합도 지수이다. 증분적합도 지수(Relative fit index, Incremental fit index)는 독립모형과 비교하여 모형의 적합도를 평가하는 지수로서 이론모형이 독립모형에 비해 자료를 얼마나 잘 설명하는지를 나타내 준다. 독립모형은 변수 간 관계가 없음을 가정하지 않은 모형을 의미한다. 상대적합도 지수에는 NNFI(TLI), CFI 등이 추천할 만하다. 한편, 변수가 많아질수록 연구모형이 복잡해지면서 적합도 지수가 올라가는 경우가 있는데, 이를 방지하기 위한 적합도 지수가 간명적합도 지수이다. 간명적합도 지수에는 PGFI, PNFI, PCFI 등이 있다. 좋은 이론이란 동일한 현상을 가장 간단하게 설명할 수 있는 것이므로 간명한 모형을 지지할 수 있는 적합도가 가장 좋은 것이라 할 수 있다.

4 논문 양식

학생들의 학업성취도와 관련된 변수들 간의 관계를 알아보기 위하여 학업성취도에 영향을 미치는 요인으로 진로체험, 사회적 지지, 진로성숙도를 선정하고, 211명의 학생들을 대상으로 각 특성에 대해 측정하였다. 예측변수인 진로체험, 사회적 지지, 진로성숙도와 종속변수인 학업성취도 간의 상관계수행렬은 〈표 19-5〉와 같다.

〈표 19-5〉 학업성취도 관련 변수 간의 상관계수행렬

	진로체험	사회적 지지	진로성숙도	학업성취도
진로체험	1			
사회적 지지	.549**			
진로성숙도	.620**	.707**		
학업성취도	.640**	.575**	.676**	1

** $p<.01$

변수 간의 관계를 검정하기 위하여 [그림 19-1]과 같은 모형을 설정하고, AMOS 프로그램을 이용하여 모형의 적합도 및 경로계수의 값을 추정하였다. 연구모형의 적합도는 〈표 19-6〉과 같다.

〈표 19-6〉 모형의 적합도

	χ^2(p)	*df*	RMSEA	TLI	CFI
연구모형	3.136(.077)	1	.101	.969	.995
수용기준	$p>.05$		.08 이하	.90 이상	.90 이상

연구자가 설정한 모형이 수집한 자료의 특성을 잘 반영할 수 있는지 검정한 결과, χ^2값은 3.136, 유의확률은 .077으로서 유의수준 .05에서 모형과 자료가 일치한다는 영가설이 기각되었다. 그러나 χ^2검정은 표본의 크기에 매우 민감하게 영향을 받는다는 단점이 있으므로 다른 적합도 지수를 함께 고려하여 모형의 적합도를 평가해 보아야 한다. 표본크기에 영향을 받지 않는 적합도 지수는 RMSEA, TLI, CFI이다. 연구모형의 RMSEA는 .101으로서 수용할 수 있는 기준값(〈표 19-5〉 참조)과 비교할 때 다소 낮은 적합도를 보이고 있다. 그러나 TLI와 CFI는 각각 .969와 .995로 기준치보다 높은 적합도를 나타내고 있어 대체로 양호한 모형이라고 평가할 수 있다.

[그림 19-7] 학업성취도에 대한 경로모형

연구모형에서 추정된 경로계수의 값을 살펴보면 진로체험 → 진로성숙도와 진로체험 → 학업성취도 경로계수는 각각 .33, .36, 사회적 지지 → 진로성숙도 경로계수는 .52, 진로성숙도 → 학업성취도 경로계수는 .45로서 모두 유의수준 .05에서 유의한 값을 나타내고 있다. 그리고 진로체험과 사회적 지지와의 상관관계는 .55로 나타났다.

학업성취도에 대한 연구모형의 효과계수는 〈표 19-7〉과 같다. 진로체험 → 학업성취도의 전체 효과는 직접효과 .36과 간접효과 .15의 합으로 구성되므로 .51이다. 또한 사회적 지지 → 학업성취도의 간접효과는 .24이다. 진로성숙도 → 학업성취도의 직접효과는 .45로 나타났다. 이와 같이 경로분석에서는 직접적인 인과관계만 다루는 회귀분석과 달리 매개변수에 의한 간접효과까지 파악할 수 있다는 장점이 있다.

〈표 19-7〉 연구모형의 효과계수

		진로체험	사회적 지지	진로성숙도
진로성숙도	직접효과	.33	.52	–
	간접효과	–	–	–
	전체효과	.33	–	–
학업성취도	직접효과	.36	–	.45
	간접효과	.15	.24	–
	전체효과	.51	.24	.45

연습문제

교사 자율성이 직장생활만족도에 영향을 미치는 것으로 나타났다. 이 과정에서 문헌연구를 통해 교사 자율성이 교사협력과 교사소진을 매개로 하여 직장생활만족도에 영향을 미친다는 가설을 수립하였다. 이를 바탕으로 직장생활만족도 원인에 대한 경로분석을 실시하시오.

제20장

확인적 요인분석

1. 개념 및 목적
2. 분석 실행
3. 분석 결과
4. 논문 양식

1 개념 및 목적

확인적 요인분석(Confirmatory Factor Analysis: CFA)은 요인분석의 두 모형 중 공통요인 모형을 확인할 목적으로 사용하는 방법이다. 간단히 말해, SPSS에서 하는 요인분석은 탐색적 요인분석(Exploratory Factor Analysis: EFA), AMOS에서 하는 분석은 확인적 요인분석이라고 할 수 있다. 그러나 이것으로는 충분하지 않으며, 두 요인분석은 잠재변수와 관측변수 간의 관계 설정에서 차이를 보인다. 즉, 요인분석모형은 X(관찰변수), λ(Lambda, 요인 부하량), ξ(Xi, 잠재변수), δ(Delta, 측정오차)의 네 가지 요소로 구성된 측정모형으로 볼 수 있으며, 선형등식으로는 $X = \Lambda\xi + \delta$로 나타낼 수 있다. Λ(Lambda)는 λ 추정치를 포함하는 행렬이다. λ는 요인과 관측변수를 연결하는 계수로서 요인의 한 단위 변화에 따른 관측변수의 기대 변화의 크기를 나타낸다. 즉, 관측변수에 대한 요인의 영향력을 나타내는 회귀계수이다. 잠재변수 ξ_1의 관측변수의 개수가 x1에서 x4까지 4개, ξ_2는 x5에서 x8까지 4개로 정의된다면, 확인적 요인분석에서는 ξ_1이 x1에서 x4까지 상관을 가지고 나머지 관측변수와는 상관을 가지지 않는다고 가정한다. 하지만 탐색적 요인분석에서는 ξ_1이 x1에서 x8까지 모든 관측변수와 상관관계를 가지게 된다. 이것이 확인적 요인분석과 탐색적 요인분석의 가장 큰 차이점이다.

확인적 요인분석의 기본 가정은 다음과 같다.

- 모든 측정오차 δ는 요인 ξ와 서로 상관이 없어야 한다.
- $E(\xi) = E(\delta) = 0$ 및 $Var(\xi) = 1$이어야 한다. 즉, 요인과 측정오차의 기대치는 0이고 요인의 변량은 1로 고정되어 있어야 한다.

확인적 요인분석에서의 영가설 및 대립가설은 다음과 같다.

- 영가설(H_0): 표본 공분산행렬=모형 공분산행렬($\Sigma = \Sigma(\theta)$)
- 대립가설(H_1): 표본 공분산행렬≠모형 공분산행렬($\Sigma \neq \Sigma(\theta)$)

2 분석 실행

연구문제

초등학생들의 학업성취도를 구성하는 관찰변수를 국어, 수학, 사회, 과학 교과의 성적으로 설정하고, 이들의 관련성을 살펴보기 위해 S 초등학교 학생들을 대상으로 종단연구를 실시하였다. 초등학교 3학년 때와 5학년 때의 학업성취도 간의 관계는 어떠한가?

적용 절차(20장 확인적 요인분석 원자료.sav)는 다음과 같다.

1

연구모형에 포함되어 있는 변수의 자료를 SPSS 데이터 파일로 입력하고 AMOS 프로그램을 시작한다. **분석 → IBM SPSS Amos**를 클릭하여 실행한다.

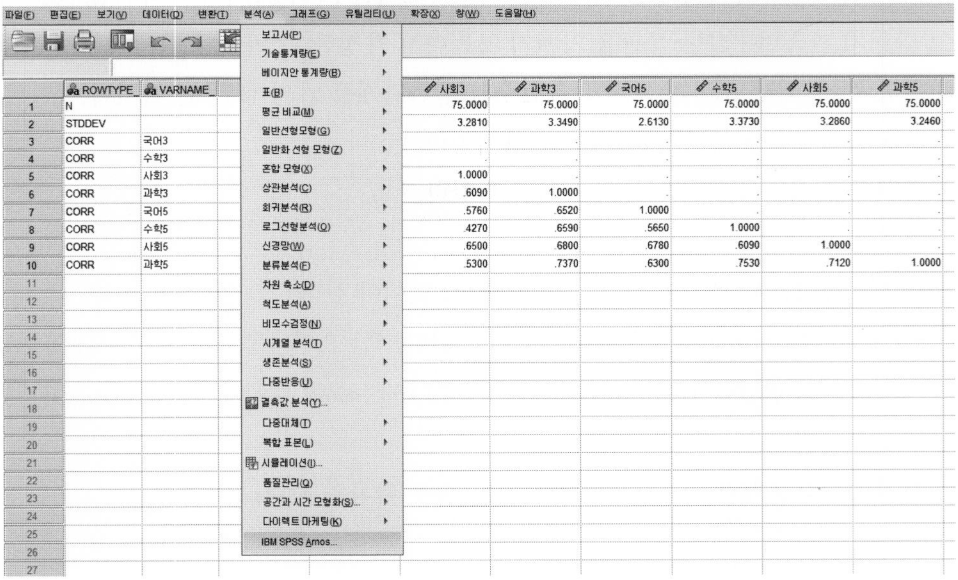

2

[확인적 요인분석 연구모형 그리기]

도구상자에서 아이콘을 클릭하여 **잠재변수, 관측변수, 오차**를 그리고 ↔으로 **잠재변수 간 상관관계 화살표**를 그린다.

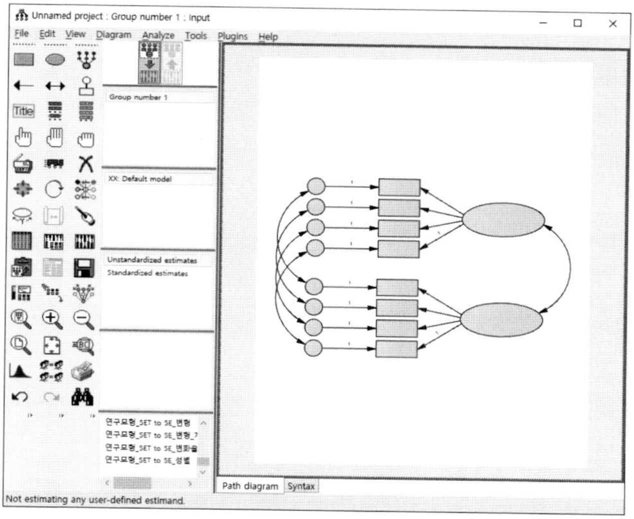

3

[변수명 입력하기]

작업시트에 있는 관측변수, 잠재변수, 오차에 마우스를 대고 오른쪽 마우스 버튼을 클릭하여 **Object Properties**를 클릭하고 **Object Properties** 대화상자의 **Text** 탭에 있는 **Variable name**에 변수명을 입력한다.

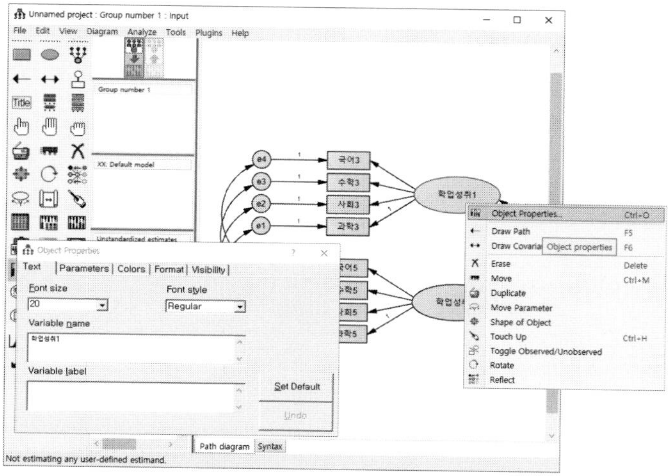

more 관측변수명 일치

SPSS에 저장된 관측변수명과 AMOS 경로도상의 관측변수명은 반드시 일치해야 하지만 잠재변수명은 일치하지 않아도 된다.

4

[연구모형과 표본자료 연결하기]

연구모형과 표본자료를 연결해 주기 위해 도구상자에서 **데이터 파일 지정 아이콘** 을 클릭하거나 **File → Data Files**를 클릭한다.

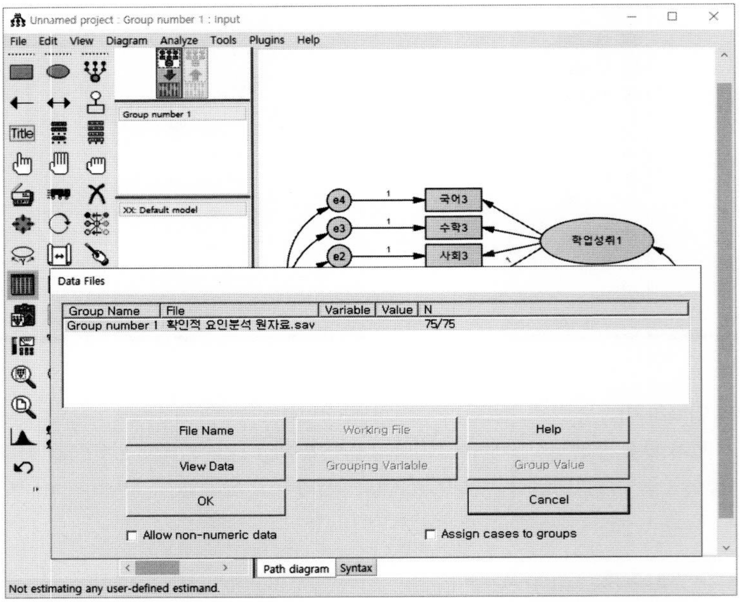

5

[연구모형과 표본자료 연결하기]

해당 데이터 파일이 존재하는 폴더에서 데이터 파일을 선택하고, 열기 버튼을 클릭한다.

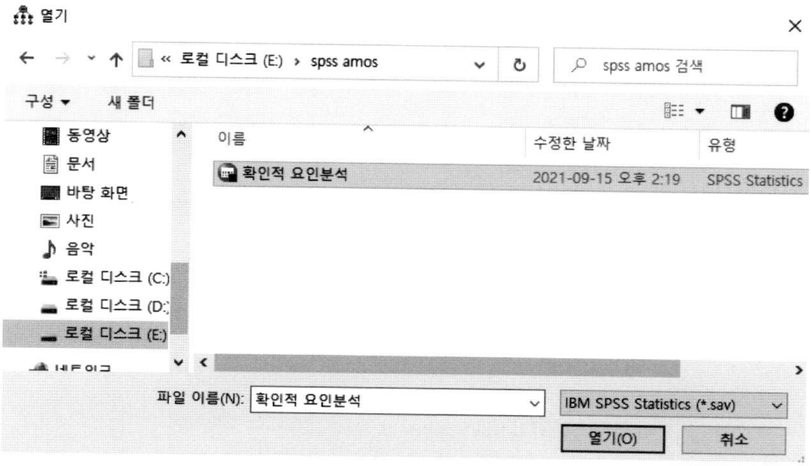

6

[모수 추정 방법 선택]

View → Analysis Properties → Estimation에서 모수 추정 방법(Discrepency)을 체크한다.

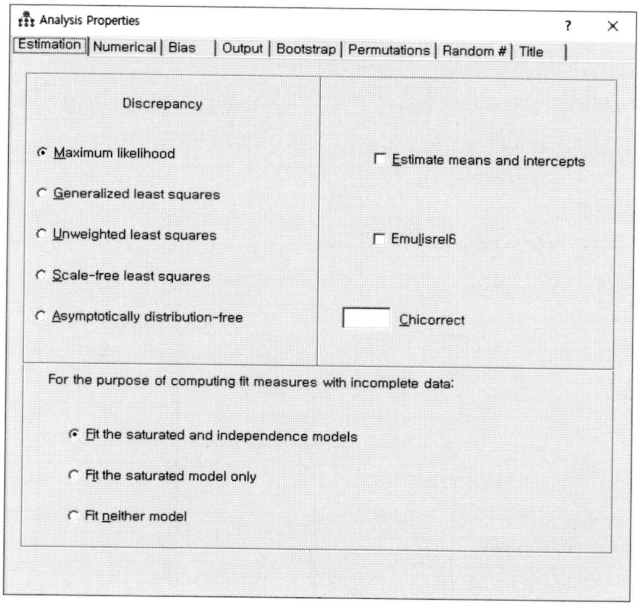

7

[모수 추정치 선택]

View → Analysis Properties → Output에서 모수 추정치를 체크한다.

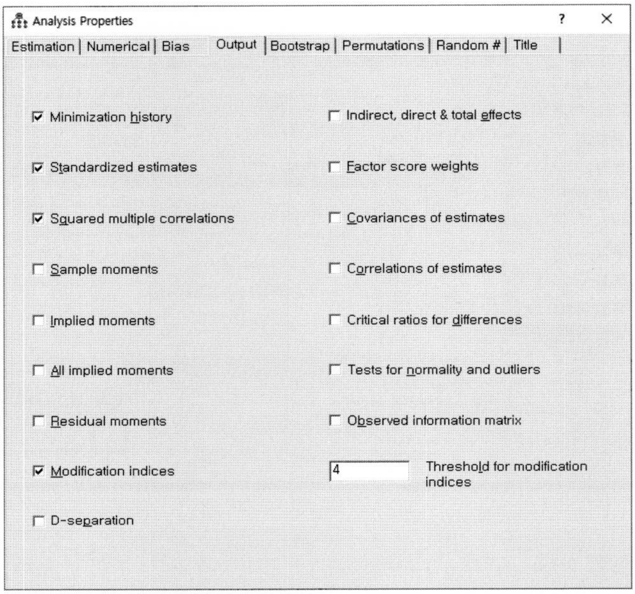

8

[저장하기]

도구상자에서 저장 실행 아이콘 을 클릭하거나 Analyze → Save As를 클릭하면 '다른 이름으로 저장' 대화상자가 나타난다.

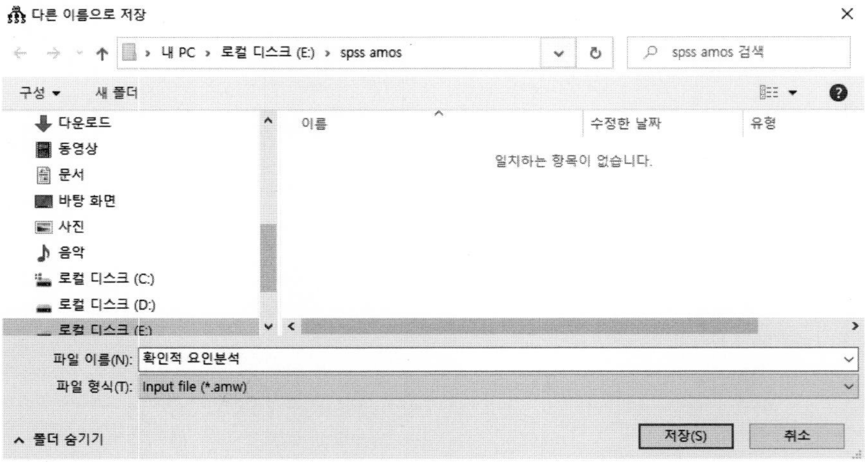

9

[분석 실행]

도구상자에서 분석 실행 아이콘 을 클릭하거나 Analyze → Calculate Estimates를 클릭하여 분석을 실행한다.

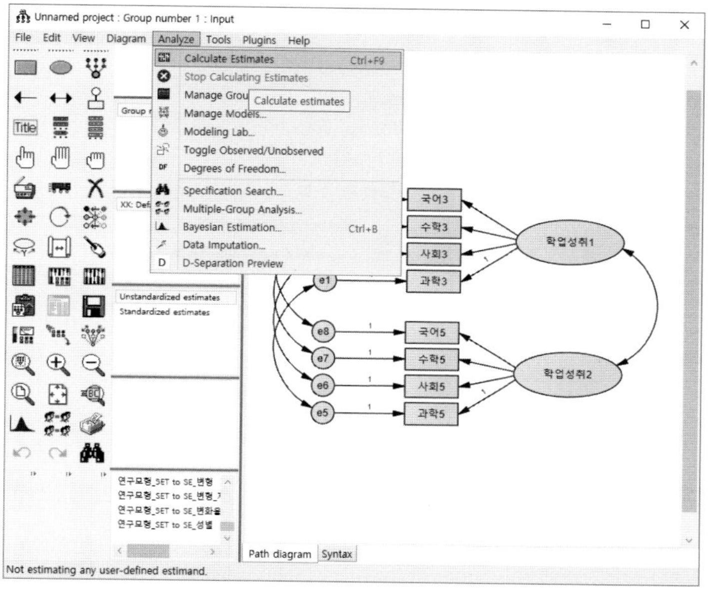

10

[분석 결과 열기]

분석 결과를 열기 위해 분석 결과 열기 아이콘 을 클릭하거나 View → Text Output을 클릭한다.

3 분석 결과

1) Notes for Model

I

Amos Output → Notes for Model을 클릭한다.

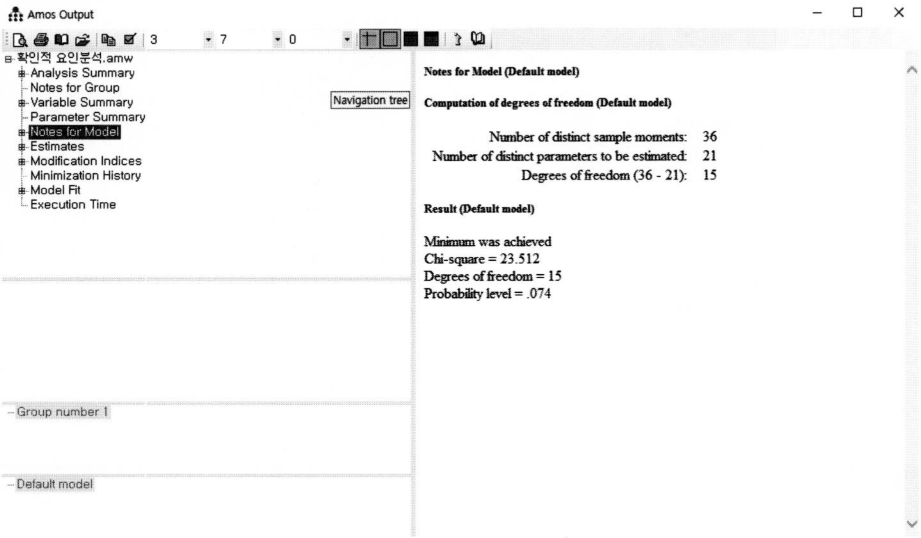

Note for Model에는 앞의 그림과 같이 연구모형의 개괄적인 내용이 제시되어 있다. Computation of degrees of freedom(Default model)에서 연구모형의 자유도의 계산 결과가 제시되어 있다. 자유도는 15이다.

χ^2값은 23.512이고, p값은 .074이다.

2) 추정치 확인하기

I

Amos Output → Estimates를 클릭한다.

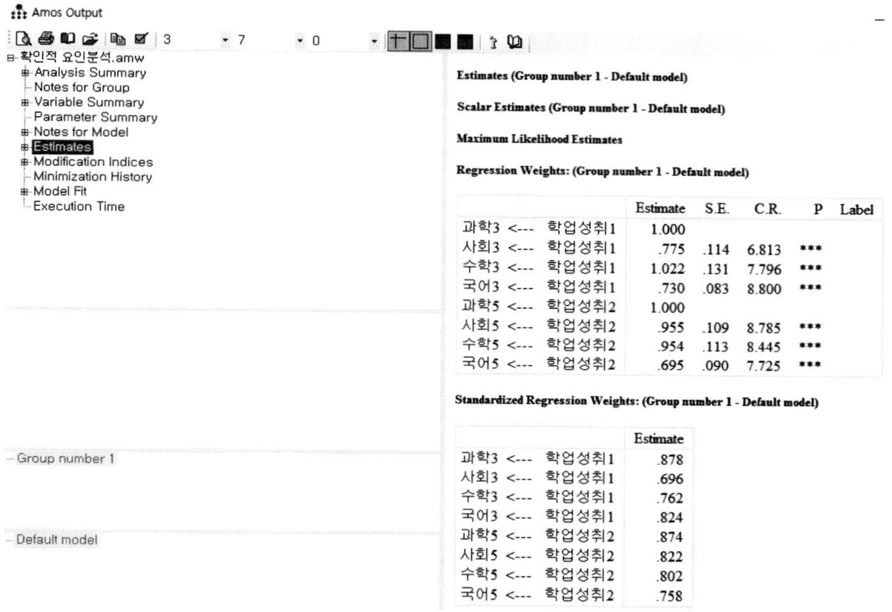

Estimates (Group number 1 - Default model)

Scalar Estimates (Group number 1 - Default model)

Maximum Likelihood Estimates

Regression Weights: (Group number 1 - Default model)

			Estimate	S.E.	C.R.	P	Label
과학3	<---	학업성취1	1.000				
사회3	<---	학업성취1	.775	.114	6.813	***	
수학3	<---	학업성취1	1.022	.131	7.796	***	
국어3	<---	학업성취1	.730	.083	8.800	***	
과학5	<---	학업성취2	1.000				
사회5	<---	학업성취2	.955	.109	8.785	***	
수학5	<---	학업성취2	.954	.113	8.445	***	
국어5	<---	학업성취2	.695	.090	7.725	***	

Standardized Regression Weights: (Group number 1 - Default model)

			Estimate
과학3	<---	학업성취1	.878
사회3	<---	학업성취1	.696
수학3	<---	학업성취1	.762
국어3	<---	학업성취1	.824
과학5	<---	학업성취2	.874
사회5	<---	학업성취2	.822
수학5	<---	학업성취2	.802
국어5	<---	학업성취2	.758

Estimates에는 이 그림과 같이 AMOS 분석을 통해 계산된 추정값들이 제시되어 있다. Estimates는 모형 적합도(Model Fit)와 함께 가장 중요한 출력 결과물이다. 특히 연구가설들은 Estimates에 제시되는 내용에 의해 지지 여부가 결정된다. 그 내용은 다음과 같다.

(1) 회귀계수

Regression Weights: (Group number 1 - Default model)

	Estimate	S.E.	C.R.	P	Label
과학3 <--- 학업성취1	1.000				
사회3 <--- 학업성취1	.775	.114	6.813	***	
수학3 <--- 학업성취1	1.022	.131	7.796	***	
국어3 <--- 학업성취1	.730	.083	8.800	***	
과학5 <--- 학업성취2	1.000				
사회5 <--- 학업성취2	.955	.109	8.785	***	
수학5 <--- 학업성취2	.954	.113	8.445	***	
국어5 <--- 학업성취2	.695	.090	7.725	***	

Standardized Regression Weights: (Group number 1 - Default model)

	Estimate
과학3 <--- 학업성취1	.878
사회3 <--- 학업성취1	.696
수학3 <--- 학업성취1	.762
국어3 <--- 학업성취1	.824
과학5 <--- 학업성취2	.874
사회5 <--- 학업성취2	.822
수학5 <--- 학업성취2	.802
국어5 <--- 학업성취2	.758

회귀계수(Regression weight estimation)는 표준화되지 않은 것이다. 학업성취도1, 학업성취도2의 잠재요인에 대한 관찰변수 회귀계수의 결정비(C.R.)는 모두 유의한 것으로 나타났다($p < .001$). 회귀계수 아래에는 표준화 회귀계수가 제시되어 있다. 표준화 회귀계수의 적재량이 .50 이상이어서 문제가 없는 것으로 나타났다.

(2) 공분산계수

Covariances: (Group number 1 - Default model)

	Estimate	S.E.	C.R.	P	Label
학업성취1 <--> 학업성취2	7.748	1.560	4.965	***	
e1 <--> e5	.264	.478	.552	.581	
e2 <--> e6	1.310	.631	2.077	.038	
e3 <--> e7	1.773	.756	2.347	.019	
e4 <--> e8	.877	.376	2.332	.020	

학업성취도1과 학업성취도2의 공분산계수는 7.748이다. 잠재변수에 대한 공분산계수의 C.R.은 유의한 것으로 나타났다($p < .001$).

(3) 적합도 지수 확인

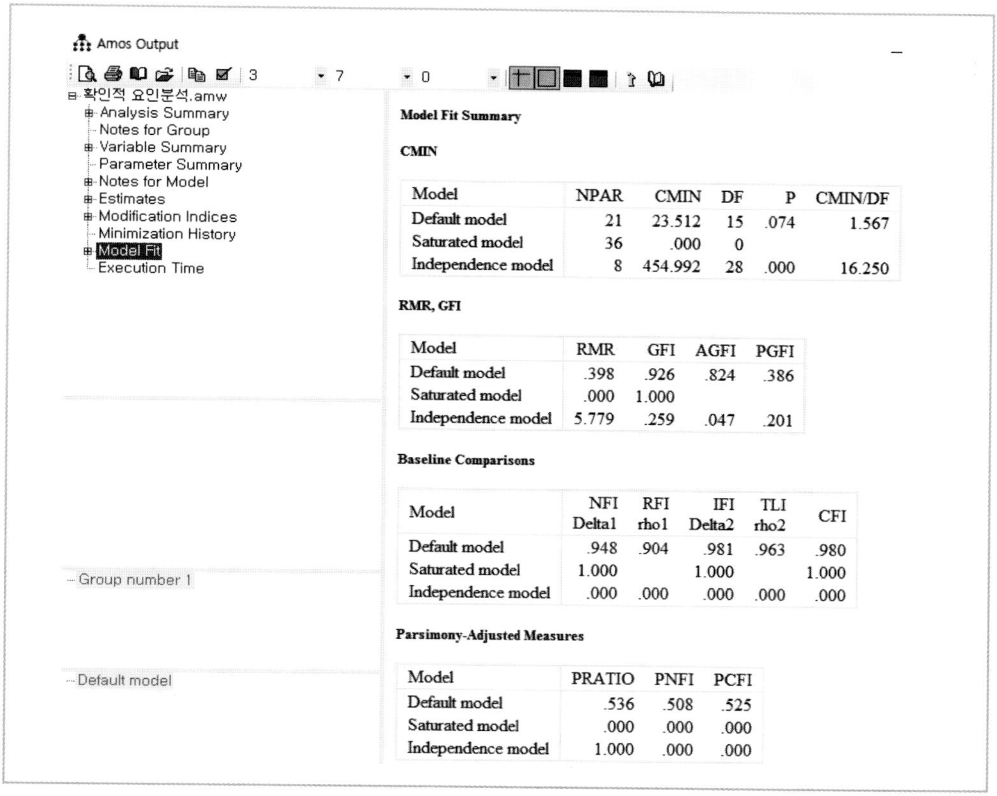

Model Fit Summary

CMIN

Model	NPAR	CMIN	DF	P	CMIN/DF
Default model	21	23.512	15	.074	1.567
Saturated model	36	.000	0		
Independence model	8	454.992	28	.000	16.250

RMR, GFI

Model	RMR	GFI	AGFI	PGFI
Default model	.398	.926	.824	.386
Saturated model	.000	1.000		
Independence model	5.779	.259	.047	.201

Baseline Comparisons

Model	NFI Delta1	RFI rho1	IFI Delta2	TLI rho2	CFI
Default model	.948	.904	.981	.963	.980
Saturated model	1.000		1.000		1.000
Independence model	.000	.000	.000	.000	.000

Parsimony-Adjusted Measures

Model	PRATIO	PNFI	PCFI
Default model	.536	.508	.525
Saturated model	.000	.000	.000
Independence model	1.000	.000	.000

AMOS는 다양한 적합도 지수(Model fit)를 보여 준다. 앞에서는 AMOS가 제시하는 적합도 지수가 제시되어 있다. 이 가운데 CMIN(χ^2), RMSEA, TLI, CFI, GFI의 다섯 가지 적합도 지수를 중심으로 모형의 적합도를 판단할 수 있다. 연구모형은 p값이 .074로 유의수준 .05보다 크게 나와 전체 모형의 적합도가 양호한 것으로 판단된다. GFI, TLI, CFI 적합도 지수의 판정 결과, 모두 수용기준인 .90 이상으로 높은 수준의 적합도를 확보한 것으로 나타났으나, RMSEA 적합도 지수 판정에서는 수용기준인 .05 이하에 미치지 못하는 .088로 나타났다.

4 논문 양식

초등학생의 학업성취도를 구성하는 관찰변수를 국어, 수학, 사회, 과학 교과의 성적으로 설정하고, 이들의 관련성을 살펴보기 위해 S 초등학교 학생들을 대상으로 종단연구를 실시하였다. 초등학교 3학년 때와 5학년 때의 학업성취도 간의 관계는 어떠한가? 이를 살펴보기 위하여 [그림 20-1]과 같은 연구모형을 설정하였다.

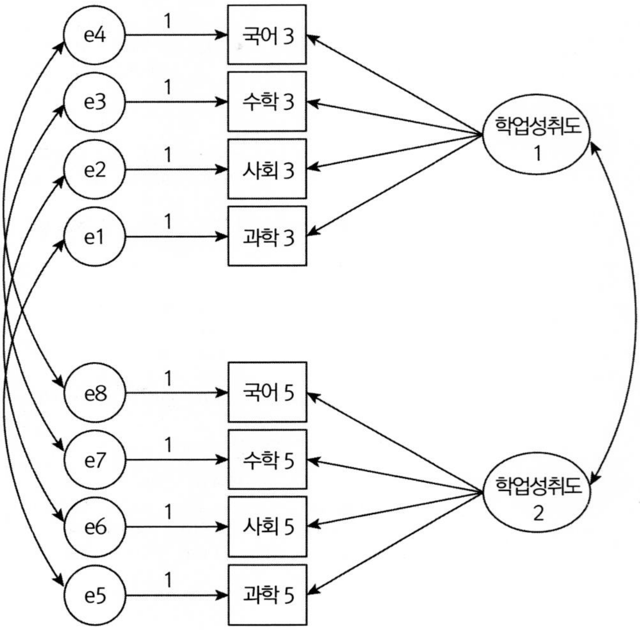

[그림 20-1] 초등학교 3학년과 5학년의 학업성취도 모형

75명의 학생들을 대상으로 각 특성에 대해 종단연구로 측정하였으며, 산출된 변수들 간의 상관계수행렬은 〈표 20-1〉과 같다.

〈표 20-1〉 학업성취도와 관련 변수 간의 상관계수행렬

	국어 5	수학 5	사회 5	과학 5	국어 3	수학 3	사회 3	과학 3
국어 5	1.000							
수학 5	.565	1.000						

사회 5	.678	.609	1.000					
과학 5	.630	.753	.712	1.000				
국어 3	.739	.650	.674	.666	1.000			
수학 3	.543	.705	.581	.606	.604	1.000		
사회 3	.576	.427	.650	.530	.679	.451	1.000	
과학 3	.652	.659	.690	.737	.693	.719	.609	1.000

AMOS 프로그램에 의해 연구모형의 적합도 지수 및 각 변수의 분산과 공분산, 잠재요인과 관찰변수 간의 관계를 나타내는 요인계수를 추정하였다. 연구모형의 추정치는 [그림 20-2]에 제시하였다.

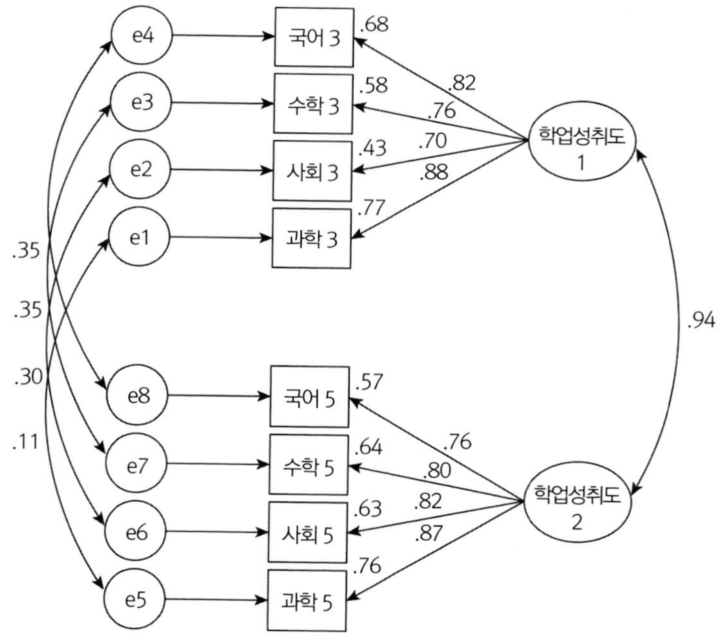

[그림 20-2] 연구모형

연구모형의 적합도 분석 결과는 〈표 20-2〉와 같다.

〈표 20-2〉 연구모형의 적합도 분석 결과

	χ^2(p)	자유도	RMSEA	TLI	CFI	GFI
연구모형	23.50(.07)	15	.09	.96	.98	.93
수용기준	$p > .05$		.05 이하	.90 이상	.90 이상	.90 이상

연구자가 설정한 연구모형에 대한 적합도 검정 결과, 유의수준 .05에서 모형이 자료와 합치된다는 영가설이 채택되었으며($\chi^2 = 23.50$, $p = .07$), RMSEA에 의한 적합도는 기준값보다 낮은 것으로 나타났으나 TLI, CFI, GFI에 의한 적합도는 기준값보다 높게 나타났다. 그러므로 연구모형은 자료에 적합하다고 할 수 있다.

연습문제

1

다음은 관련 연구를 토대로 이론적인 배경하에 설정한 연구모형이다. 이 연구모형에서 개인 능력과 성취 욕구가 상관관계가 있다는 가정하에 확인적 요인분석을 실시하고 결과를 설명하시오.

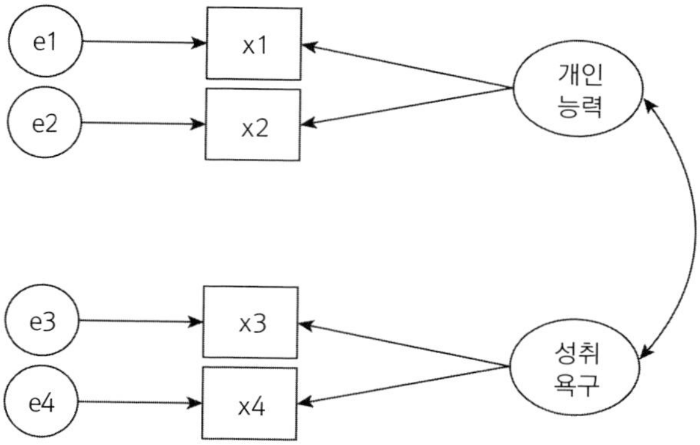

2

최근 모 갤럽에서는 인기 있는 각종 다큐멘터리에 대한 만족도 평가를 주제별로 실시하고 있다. 만족도를 측정하기 위한 측정변수는 유용성(Y1), 편리성(Y2), 디자인(Y3) 등이다. 이를 통해서 확인적 요인분석을 위한 연구모형을 구상해 보시오.

제21장

구조방정식

1. 개념 및 목적
2. 분석 실행
3. 분석 결과
4. 논문 양식

1 개념 및 목적

구조방정식모형(Structural Equation Modeling: SEM)은 공분산구조모형이라고도 하며, 이를 통해 이루어지는 분석을 공분산구조분석(Covariance structural analysis)이라고 한다. 이는 잠재변수 간의 구조적 관계를 설정한 모형을 계량적으로 관찰한 측정지표 간의 상관행렬계수를 통해 검증하는 통계기법이다. 즉, 확인적 요인분석과 요인들 간의 단순 인과관계를 알아보는 경로분석이 결합된 기법이라고 할 수 있다. SEM은 오차의 추정이 가능하고, 매개변수의 이용이 가능하며, 이론모형에 대한 통계적 평가가 가능한 장점들이 있다.

구조방정식모형을 적용하기 위해서는 다음과 같은 기본 가정을 충족시켜야 한다.

- 표본 수는 최소한 입력자료 상관행렬(공분산행렬)의 수보다 커야 한다. SEM에 사용되는 표본의 수는 추정될 모수의 수에 비해 적어도 5배 이상 되어야 하며, 10배의 표본 비율이 가장 적절한 표본 크기라고 본다(Bentler & Chou, 1987).
- 입력될 자료는 자료의 정확성, 결측자료 및 극단치, 정규성, 선형성, 등분산성 등의 점검이 필요하다.
- 잔차와 잠재변수 간의 상관은 0이다.

일반 구조방정식모형 또는 완전 구조방정식모형(general or full SEM)이라고 부른다. 구조방정식모형에서 변수는 잠재변수와 관측변수로 구분된다. 잠재변수는 문맥에 따라 구인(Construct)과 같은 뜻으로 사용되기도 하며 요인(Factor)으로도 쓰인다. 또한 잠재변수는 관찰이 불가능하기 때문에 비관측(unobserved) 변수 또는 비측정(unmeasured) 변수라고도 한다. 잠재변수는 외생 잠재변수와 내생 잠재변수로 구분되는데, 외생 잠재변수는 ξ_1이며, 내생 잠재변수는 η_1과 η_2이다. 또한 ξ_1은 독립변수이며 η_1과 η_2는 종속변수가 된다. 〈표 21-1〉에서처럼 외생 잠재변수의 관측변수는 X로, 내생 잠재변수의 관측변수는 Y로 표시되며 사각형으로 표현된다.

구조방정식에서 계수는 λ(lambda), γ(gamma), β(beta)의 세 가지이다. 외생 및 내생 잠재변수가 자신을 측정하는 관측변수에 대한 영향 정도를 각각 λ_x, λ_y라고 한다. ξ_1, x1, δ_1을 구조방정식으로 나타내면 '$x1=(\lambda_{x11})\xi_1+\delta_1$'이다. 여기서 λ는 회귀계수이면

서 요인 부하량이다. 따라서 화살표 방향이 잠재변수에서 관측변수로 향한다. γ는 외생 잠재변수가 내생 잠재변수에게 또는 외생 관측변수가 내생 관측변수에게 미치는 영향이다. λ, γ, β를 경로계수라고 표현하기도 한다. AMOS의 분석 결과물에서는 λ, γ, β를 회귀가중치(Regression weight)로 통괄하여 지칭한다. ϕ(phi)는 잠재변수 간 또는 관측변수 간의 공분산이다.

구조방정식의 오차는 측정오차와 방해오차의 두 가지로 나뉜다. 측정오차는 관측변수가 측정될 때의 오차를 말하는데, 관측변수 X의 측정오차는 δ, 관측변수 Y의 측정오차는 ϵ이다. 방해오차 ζ는 내생변수에만 붙는 오차로 외생변수가 내생변수를 설명하지 못하는 부분을 의미한다. 구조방정식의 모수행렬은 8개의 경로계수로 구성된다. 즉, X의 λ, Y의 λ, γ, β 각각의 행렬 4개, X의 측정오차, Y의 측정오차, 방해오차 각각의 행렬 3개 그리고 공분산 ϕ의 행렬 1개로 총 8개이다.

구조방정식모형의 변수, 계수 및 오차는 다음과 같다.

〈표 21-1〉 구조방정식모형에서의 표현

잠재변수 (원, 타원)	변수명	외생 잠재변수 ξ(xi or ksi)	내생 잠재변수 η(eta)
	방해오차		ζ(zeta)
관측변수 (사각형)	변수명	X(q=x의 개수)	Y(p=y의 개수)
	측정오차	δ(delta)	ϵ(epsilon)
계수	측정모형	λ_x(lambda x)	λ_y(lambda y)
	이론모형	γ(gamma): 외생 → 내생	β(beta): 내생 → 외생
공분산	ϕ(phi): 외생 ↔ 내생		

2 분석 실행

연구문제

부모의 지지 요인을 구성하는 관측변수로 도구적 조력(V1), 언어적 격려(V2), 진로 관련 모델링(V3), 정서적 지지(V4), 학업적 정서조절 요인을 구성하는 관측변수로 정서적 자각(V5), 목표일치 행동(V5), 정서의 긍정적 재평가(V7), 진로성숙도 요인을 구성하는 관측변수로 독립성(V8), 준비성(V9), 자기이해능력(V10), 학업적 자기효능감 요인을 구성하는 관측변수로 자신감(V11), 자기조절 효능감(V12), 과제 난이도 선호(V13)를 설정하였다. 부모의 지지, 학업적 정서조절, 진로성숙도, 학업적 자기효능감 요인 간의 관계는 어떠한가?

1) 연구모형 설정하기

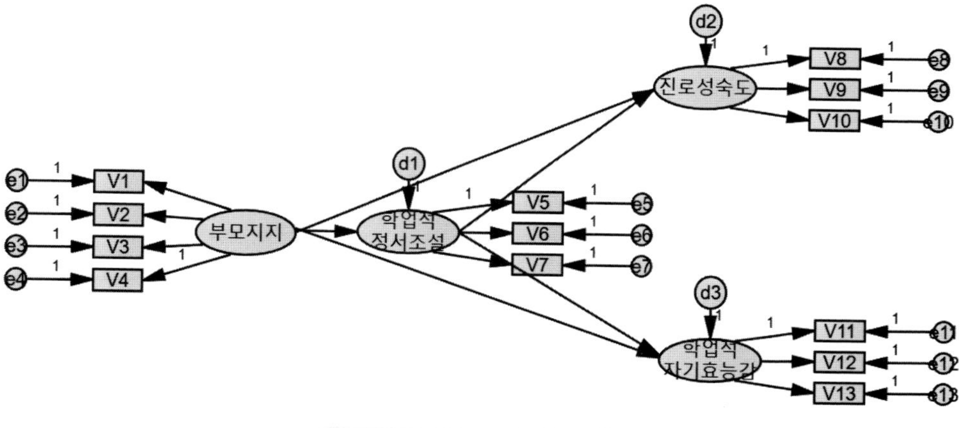

[그림 21-1] 연구모형의 설정

2) AMOS 프로그램의 시작

시작 ▷ 프로그램 ▷ IBM SPSS Statistics ▷ IBM SPSS AMOS 25 ▷ Amos Graphics

이 작업시트를 열고 도구상자를 이용해 연구모형을 그린다.

1

작업시트가 열리면 도구상자 중 잠재변수, 관측변수 및 오차를 동시에 그리는 아이콘을 클릭하여 작업시트에서 그린다.

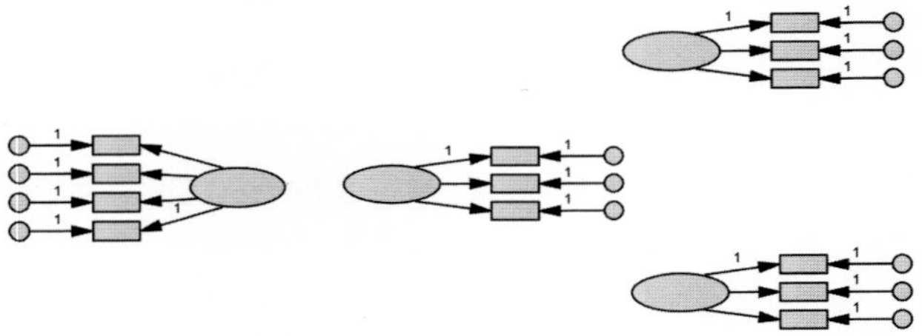

2

경로를 나타내는 아이콘을 클릭하여 경로를 그리고 내생 잠재변수에 (방해오차항)을 클릭하여 그린다.

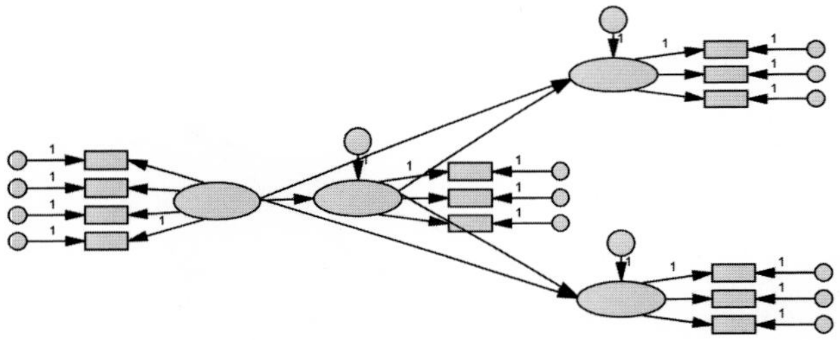

3

관측변수, 잠재변수에 마우스를 대고 버튼을 더블클릭하여 Object Properties 대화상자를 불러온 후 **Text** 상자를 선택하고 변수명을 써넣는다. 오차변수명을 한꺼번에 넣기 위해서는 **Plugins** 메뉴에서 **Name Unobserved Variables**를 클릭하면 된다.

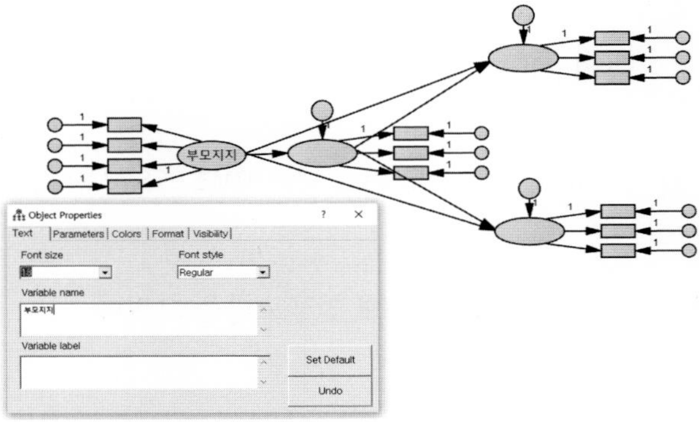

4

자료의 연결 및 실행, 경로도와 자료를 연결해 주기 위해 도구상자에서 [icon] 아이콘을 클릭하거나 File → Data File을 클릭하여 그림과 같은 대화상자가 나타나게 한다.

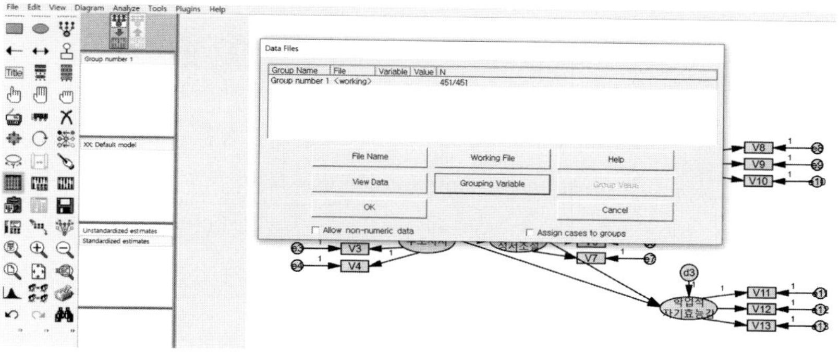

자료입력 방식

AMOS는 입력자료로 꼭 원자료를 요구하는 것은 아니다. 원자료를 통해 얻은 상관행렬이나 공분산행렬도 입력자료로 이용될 수 있다. 입력자료로 원자료가 필요한 경우는 추정법이 자료의 정규분포를 가정하지 않은 경우나 결측자료에 의한 사례를 특별한 방법(예: 완전정보 최우도법)을 이용하여 분석하는 경우이다. AMOS에서 평균이 분석되지 않는다면 공분산행렬과 상관행렬 가운데 하나가 이용된다. Hair 등(2014)에 따르면 공분산행렬은 연구자가 가정한 잠재변수 간의 관계가 채택되는지를 확인하고자 할 때 적절하며, 상관행렬은 탐색적인 성격에 의해 인과관계의 패턴을 검토하고자 할 때 적절하다.

5

데이터 파일을 지정하고 난 후 View → Analysis Properties를 클릭하여 대화상자가 나타나면 Estimation에서 추정 방법을 체크한다.

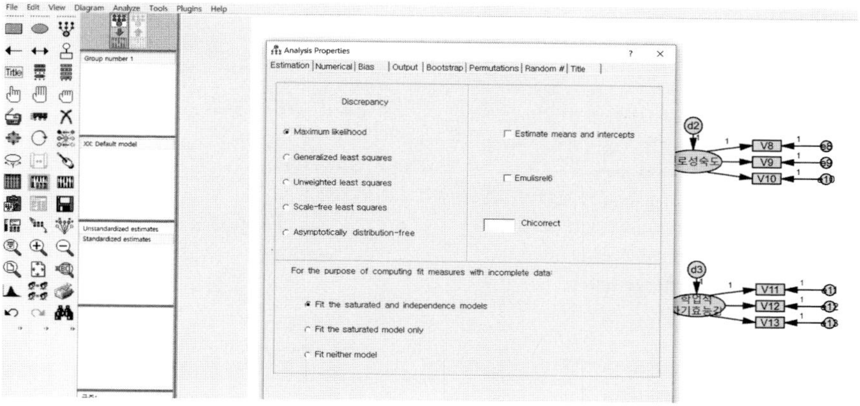

〈표 21-2〉 AMOS에서 제공하는 추정 방법

	선택 키워드	내용
Discrepancy (불일치 정도)	Maximum likelihood	최대우도법
	Generalized least squares	일반화 최소자승법
	Unweighted least squares	비가중 최소자승법
	Scaled-free least squares	척도와 무관한 최소자승법
	Asymptotically distribution-free	점근적인 분포와 무관한 최소자승법
기타	Estimate means and intercepts	각 변수의 평균과 절편을 제시함
	Emulisrel6	불일치 함수의 계산 방법을 변형한 방법
	Chicorrect	평균과 절편이 높은 값이 나올 때 제약함
For the purpose of computing fit measures with incomplete date (적합도 지수 표시 방법)	Fit the saturated and independence models	포화모형과 독립모형을 제시함
	Fit the saturated model only	포화모형만 제시함
	Fit neither model	어느 모형도 제시하지 않음

6

또한 Analysis Properties 하위 메뉴의 Output에서 분석에 필요한 각종 추정치를 체크한다.

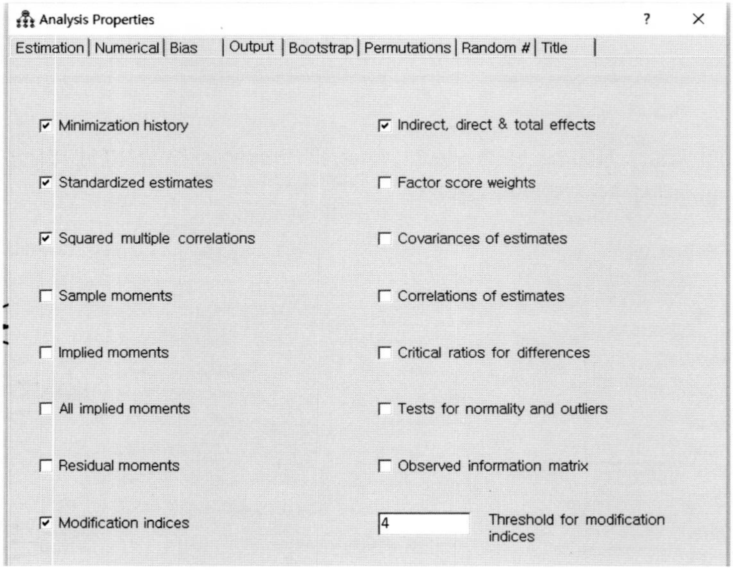

7

데이터 파일을 지정하고 도구상자에서 아이콘을 클릭하거나 Analyze → Calculate Estimates를 클릭하여 분석을 실행한다.

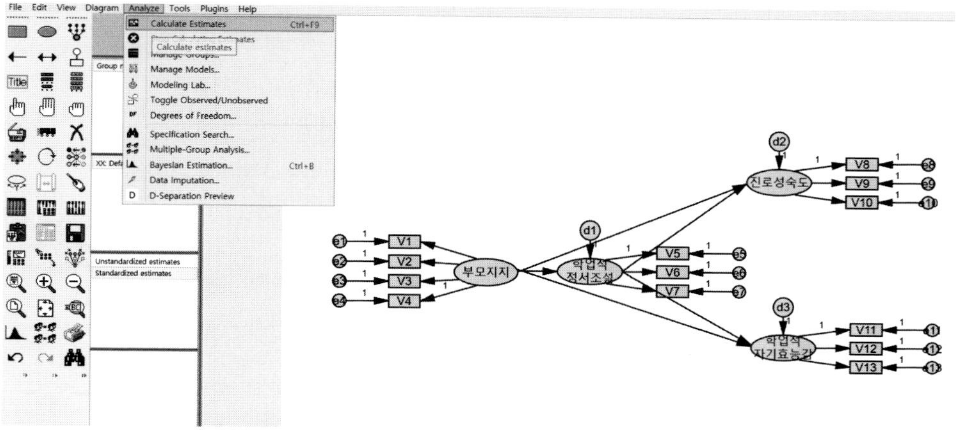

8

분석 결과는 를 클릭하여 혹은 View → Text Output에서 확인할 수 있다.

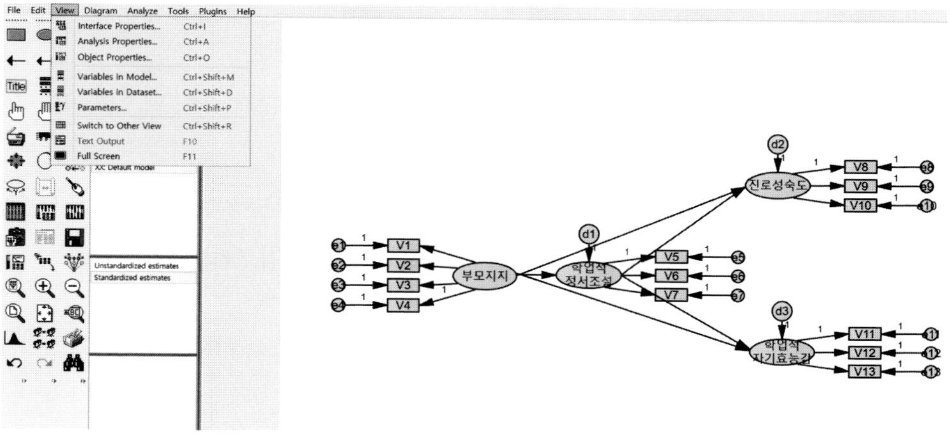

9

화면에 모형의 적합도를 나타내기 위해서 도구상자의 Title을 선택하고 화면의 빈 여백을 찾아 클릭하면 그림과 같은 대화상자가 나타난다. 'Figure Caption' 대화상자가 나타나면 Caption에 'CMIN=₩CMIN, GFI=₩GFI, CFI=₩CFI, RMSEA=₩RMSEA'를 입력한다. File Save As에서 구조방정식모형으로 저장한다.

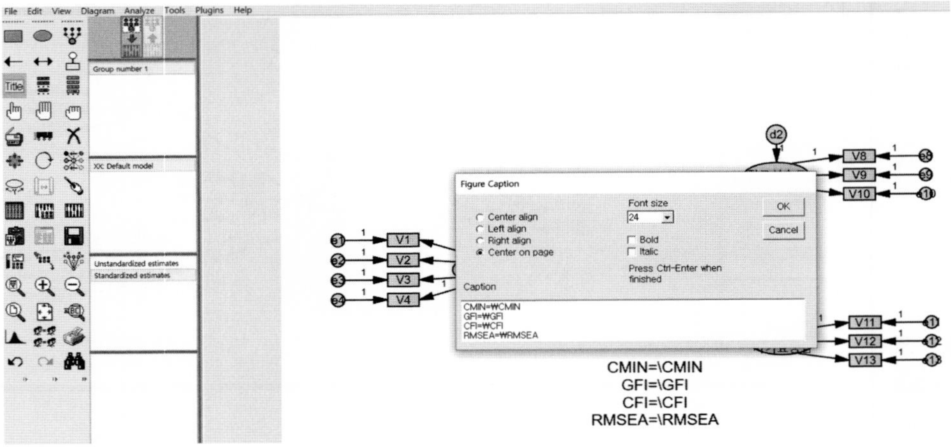

3 분석 결과

구조방정식분석 결과의 큰 관심사는 모형의 적합도, 변수들 간의 경로계수이므로 분석 결과에서 모형 적합도 및 수정지수, 추정치를 중심으로 검토해야 한다.

1) 모형 적합도와 수정지수

구조방정식모형의 가장 큰 관심사는 모형 적합도 및 모형의 수정이다. 연구모형의 적합도는 'Text Out'의 'Model Fit'에서 알아볼 수 있다. AMOS에서는 다양한 적합도 지수가 제공되지만 일반적으로 추천되는 전반적 적합도 지수로서 $\chi^2/df < 3.0$, GFI > .90, CFI > .90, RMSEA < .08 등을 중심으로 모형의 적합도를 판단할 수 있다(김석우, 2015; 배병렬, 2014; 홍세희, 2000; Byrne, 2001).

1

Model Fit을 클릭하여 연구모형의 전체적인 적합도를 살펴보면 χ^2(CMIN)/df=3.092>3.0, GFI=.943>.90, CFI=.960>.90, RMSEA=.068<.080으로 χ^2(CMIN)/df=3.092>3.0을 제외하고 전반적으로 연구모형이 적합하다고 할 수 있다. 따라서 모형을 수정하는 것이 필요하다.

- 연구모형.amw
  - Analysis Summary
  - Notes for Group
  - Variable Summary
  - Parameter Summary
  - Notes for Model
  - Estimates
  - Modification Indices
  - Minimization History
  - Model Fit
  - Execution Time

Model Fit Summary

CMIN

Model	NPAR	CMIN	DF	P	CMIN/DF
Default model	31	185.506	60	.000	3.092
Saturated model	91	.000	0		
Independence model	13	3235.206	78	.000	41.477

RMR, GFI

Model	RMR	GFI	AGFI	PGFI
Default model	.101	.943	.914	.622
Saturated model	.000	1.000		
Independence model	.790	.293	.175	.251

Baseline Comparisons

Model	NFI Delta1	RFI rho1	IFI Delta2	TLI rho2	CFI
Default model	.943	.925	.960	.948	.960
Saturated model	1.000		1.000		1.000
Independence model	.000	.000	.000	.000	.000

FMIN

Model	FMIN	F0	LO 90	HI 90
Default model	.412	.279	.196	.379
Saturated model	.000	.000	.000	.000
Independence model	7.189	7.016	6.611	7.438

RMSEA

Model	RMSEA	LO 90	HI 90	PCLOSE
Default model	.068	.057	.079	.004
Independence model	.300	.291	.309	.000

AIC

Model	AIC	BCC	BIC	CAIC
Default model	247.506	249.497	374.962	405.962
Saturated model	182.000	187.844	556.144	647.144
Independence model	3261.206	3262.041	3314.655	3327.655

2

Analysis Properties의 X를 클릭하여 닫고 아이콘을 클릭하거나 Analyze → Calculate Estimates를 클릭하여 분석을 실행한 후, 를 클릭하거나 View → Text Output을 클릭한다. 여기서 Modification Indices를 클릭하면 다음과 같이 수정지수(M.I.)를 볼 수 있다.

Amos Output

- 연구모형.amw
  - Analysis Summary
  - Notes for Group
  - Variable Summary
  - Parameter Summary
  - Notes for Model
  - Estimates
  - Modification Indices
  - Minimization History
  - Model Fit
  - Execution Time

Navigation tree

Group number 1

Modification Indices (Group number 1 - Default model)

Covariances: (Group number 1 - Default model)

			M.I.	Par Change
d2	<-->	d3	36.965	.185
e13	<-->	d1	4.251	.114
e13	<-->	d2	4.695	.115
e12	<-->	d1	4.802	-.121
e12	<-->	d2	12.660	.188
e11	<-->	d2	7.922	.151
e10	<-->	d3	4.638	.063
e8	<-->	d3	14.858	.115
e8	<-->	e13	8.376	.150
e8	<-->	e11	6.943	.138
e7	<-->	부모지지	8.192	.120
e7	<-->	d1	9.278	-.147
e7	<-->	e10	5.522	-.106
e6	<-->	부모지지	5.959	-.092
e6	<-->	d1	6.316	.105
e6	<-->	d2	4.088	-.085
e6	<-->	e13	4.011	.098
e6	<-->	e12	6.929	-.129
e5	<-->	e7	7.829	-.129
e5	<-->	e6	9.703	.125
e1	<-->	d1	6.183	.099
e1	<-->	e7	21.668	.186
e2	<-->	e11	5.164	-.093
e4	<-->	e13	4.017	-.104

연구모형의 적합도를 향상시키기 위해서 공분산 관계(양방향 화살표) 중 M.I. 수치가 가장 큰 오차항 d2와 e3를 연결시키는 것이다(M.I.=36.965). 그러나 진로성숙도와 학업적 자기효능감 공분산관계 설정은 연구자의 기본 가설에 위배된다. 따라서 이 분석에서는 공분산 관계(양방향 화살표) 중 M.I. 수치가 그다음으로 큰 오차항 e1과 e7을 연결시켜 수정하는 것이 필요할 것이다(M.I.=21.668). 일반적으로 적합도 향상을 위하여 공분산의 설정을 통한 모형 수정 원칙을 정리하면 다음과 같다(김석우, 2015).

- 잠재변수의 오차항과 측정변수의 오차항 간에는 공분산을 설정해서는 안 된다.
- 잠재변수와 측정변수의 오차항 간에는 공분산을 설정해서는 안 된다.
- 외생 잠재변수의 측정변수 오차항과 내생 잠재변수의 측정변수 오차항 간에는 공분산을 설정해서는 안 된다.
- 공분산은 측정변수의 오차항 간에 그리고 잠재변수의 오차항 간에 설정할 수 있다.
- 공분산을 설정할 때는 여러 개를 한꺼번에 설정하여 분석하지 말고, 하나씩 설정하여 결과를 파악하면서 다른 변수 간에 공분산을 설정하는 것이 좋다.

2) 추정치

I

연구모형에서 설정한 변수들 간의 경로계수 및 추정된 경로계수의 통계적 유의도는 **View → Text Output**의 **Estimates**에서 확인할 수 있다. 'Regression Weights'에서 '부모지지 → 진로성숙도' '부모지지 → 학업적 자기효능감'을 제외하고 모든 경로계수에서 유의확률 p가 .05보다 작으므로 모든 경로계수는 통계적으로 유의함을 알 수 있다.

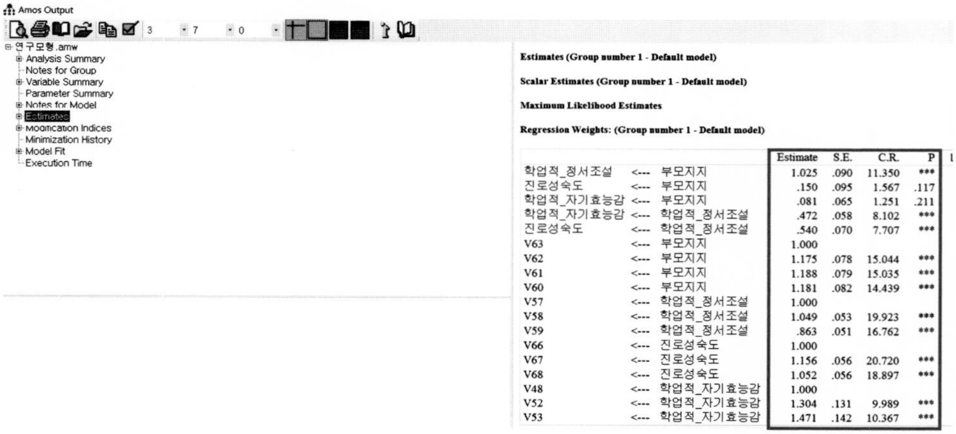

Estimates (Group number 1 - Default model)

Scalar Estimates (Group number 1 - Default model)

Maximum Likelihood Estimates

Regression Weights: (Group number 1 - Default model)

			Estimate	S.E.	C.R.	P
학업적_정서조설	<---	부모지지	1.025	.090	11.350	***
진로성숙도	<---	부모지지	.150	.095	1.567	.117
학업적_자기효능감	<---	부모지지	.081	.065	1.251	.211
학업적_자기효능감	<---	학업적_정서조설	.472	.058	8.102	***
진로성숙도	<---	학업적_정서조설	.540	.070	7.707	***
V63	<---	부모지지	1.000			
V62	<---	부모지지	1.175	.078	15.044	***
V61	<---	부모지지	1.188	.079	15.035	***
V60	<---	부모지지	1.181	.082	14.439	***
V57	<---	학업적_정서조설	1.000			
V58	<---	학업적_정서조설	1.049	.053	19.923	***
V59	<---	학업적_정서조설	.863	.051	16.762	***
V66	<---	진로성숙도	1.000			
V67	<---	진로성숙도	1.156	.056	20.720	***
V68	<---	진로성숙도	1.052	.056	18.897	***
V48	<---	학업적_자기효능감	1.000			
V52	<---	학업적_자기효능감	1.304	.131	9.989	***
V53	<---	학업적_자기효능감	1.471	.142	10.367	***

2

분석을 실시한 후 을 클릭하면 모형 적합도, 경로계수, 회귀계수, 측정변수의 분산 등이 표시된다.

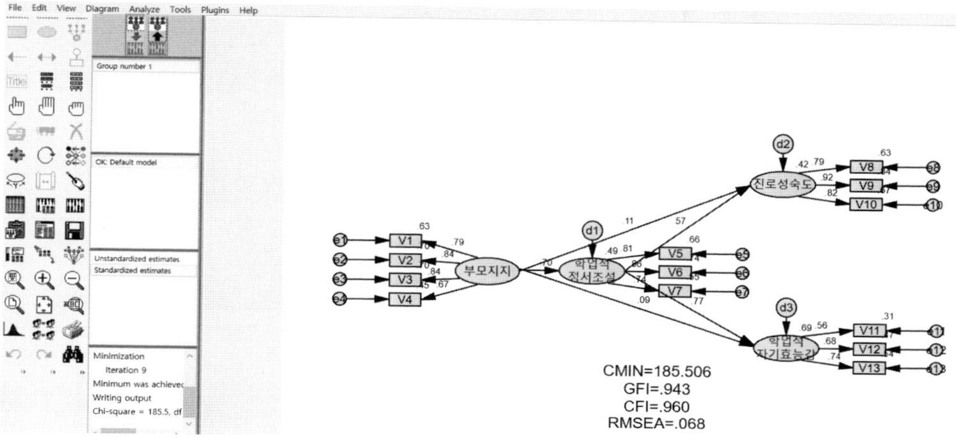

4 논문 양식

부모의 지지 요인, 학업적 정서조절 요인, 진로성숙도 요인, 학업적 자기효능감 요인 간의 관계를 알아보기 위해 505쪽의 [그림 21-1]과 같은 연구모형을 설정하였다. 부모의 지지 요인을 구성하는 관측변수로 도구적 조력(V1), 언어적 격려(V2), 진로 관련 모델링(V3), 정서적 지지(V4), 학업적 정서조절 요인으로 정서적 자각(V5), 목표일치행동(V6), 정서의 긍정적 재평가(V7), 진로성숙도 요인을 구성하는 관측변수로 독립성(V8), 준비성(V9), 자기이해능력(V10), 학업적 자기 효능감 요인을 구성하는 관측변수로 자신감(V11), 자기조절 효능감(V12), 과제 난이도 선호(V13)를 설정하였다. 각 변수들 간의 상관계수행렬은 〈표 21-3〉과 같다.

〈표 21-3〉 상관계수행렬

	V1	V2	V3	V4	V5	V6	V7	V8	V9	V10	V11	V12
V2	.655**	1										
V3	.642**	.718**	1									
V4	.549**	.534**	.575**	1								
V5	.477**	.478**	.483**	.367**	1							
V6	.465**	.445**	.441**	.340**	.731**	1						
V7	.578**	.507**	.459**	.425**	.559**	.650**	1					
V8	.318**	.363**	.332**	.309**	.424**	.414**	.397**	1				
V9	.391**	.382**	.351**	.313**	.453**	.467**	.411**	.730**	1			
V10	.330**	.346**	.329**	.267**	.435**	.428**	.341**	.636**	.756**	1		
V11	.309**	.259**	.313**	.278**	.345**	.384**	.373**	.416**	.374**	.356**	1	
V12	.412**	.415**	.385**	.292**	.427**	.436**	.403**	.425**	.459**	.430**	.385**	1
V13	.345**	.343**	.335**	.225**	.484**	.548**	.439**	.474**	.426**	.438**	.400**	.508**

** $p < .01$

I

제안모형: 연구모형

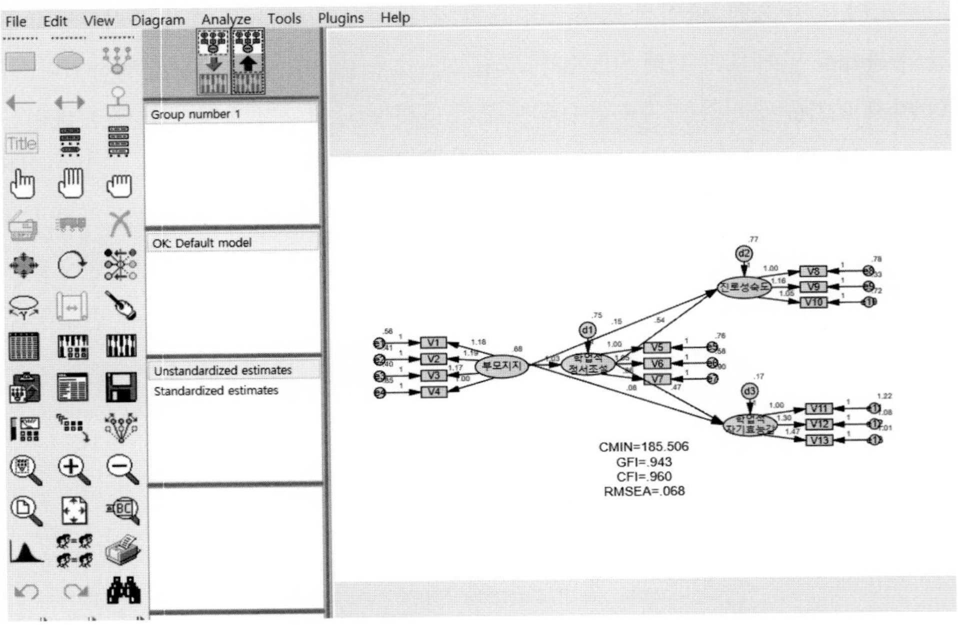

〈표 21-4〉 모형적합도 검정 결과

	χ^2(p)	df	χ^2/df	GFI	CFA	RMSEA
제안모형: 연구모형	185.506 (.000)	60	3.092	.943	.960	.068
수정모형	162.748 (.000)	59	2.758	.950	.967	.063
수용기준	$p > .05$		3 미만	.90 이상	.90 이상	.08 이하

2 수정모형

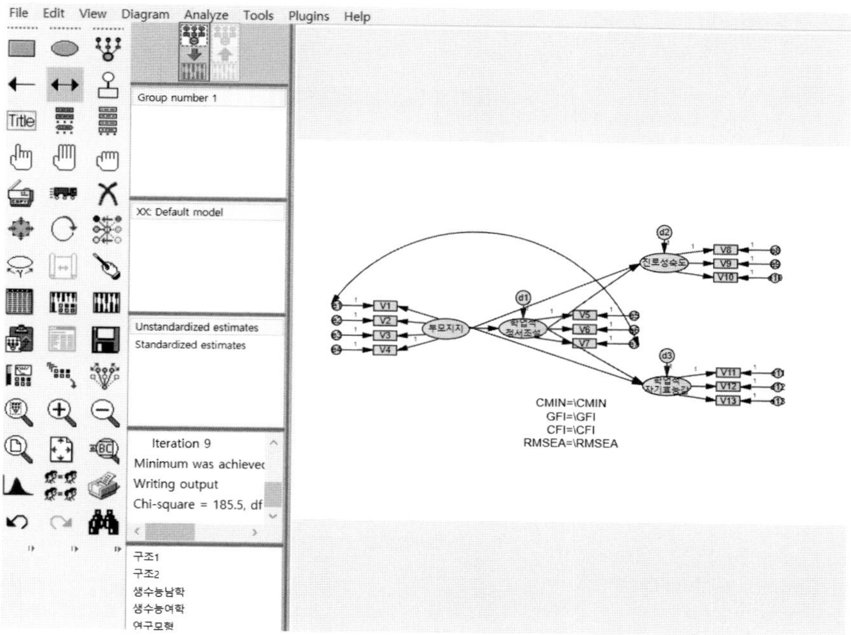

연구자가 설정한 제안모형에 대한 적합도 검정 결과, GFI, CFI, RMSEA 등의 값은 기준보다 높은 적합도를 나타내고 있다. 그러나 모형이 자료와 합치된다는 영가설이 기각되었으며(χ^2=185.506, p=.000), χ^2/df 또한 3.09로 3보다 크게 나타났다. 이는 모형의 수정을 암시하고 있다. 따라서 자료의 특성을 더 잘 반영할 수 있는 모형을 탐색하기 위하여 수정지수를 살펴본 결과, 오차항 e1와 e7 간에 연결시키는 모형의 경우 χ^2값이

22.758 감소된다. 〈표 21-4〉에서 보듯이 χ^2/df가 3.092에서 2.758로 유의하게 감소하고 있으며, 다른 적합도 지수들 모두 기준값보다 더 나은 적합도를 보이고 있다. 따라서 수정모형이 제안모형보다 자료의 속성을 더 잘 반영한다고 할 수 있어서 수정모형을 선택하여 변수들 간의 관계를 파악하였다.

구조모형의 R^2은 독립변수들이 종속변수를 설명하는 정도인데, 부모지지 설명모형에서 부모지지 요인에 의해서 학업적 정서조절을 총 69%, 학업적 자기효능감을 총 63%, 진로성숙도를 총 51% 설명하고 있다. 한편, 부모지지 요인에 의해서 학업적 정서조절을 간접적으로 63%, 진로성숙도를 간접적으로 51% 설명하고 있는 것으로 나타났다.

연습문제

성격, 운동, 식습관, 스트레스, 질병 등 5개의 잠재변수가 있다. 연구문제와 관련된 잠재변수 간의 가정된 관계인 연구모형을 구상해 보시오.

부록

<적정 표본 수가 궁금할 때>

연구대상 전체(모집단)를 표집하기 어려운 경우, 연구 대상 전체를 대표할 수 있는 표본을 추출하여 분석하고, 이를 통해 모집단의 정보(모수)를 추측한다. 이때 연구 가설에 적절한 표본의 수를 결정하는 일은 중요한 문제이다. 필요한 표본 수 이상을 추출하는 것은 제한된 자원의 낭비를 초래하고, 표본 수가 충분하지 않으면 연구결과의 검정력이 충분히 커지지 않아 의미 있는 차이를 발견하기 어렵다.

표본 수는 공식을 적용하여 산출할 수도 있지만, 때로는 표본 수 산정 및 검정력 계산에 대한 입증된 공식이 없는 경우도 있다. 이러한 경우에는 시뮬레이션을 시행하여 표본 수 및 검정력을 계산한다. 다양한 컴퓨터 프로그램이 있지만, 사용이 간편하고 무료로 다운로드할 수 있는 프로그램을 한 가지 소개하고자 한다.

독일의 뒤셀도르프 대학교에서 만든 G*Power 프로그램은 Exact, t tests, F tests, z tests에 필요한 표본 수 및 검정력을 쉽게 산출할 수 있다. 프로그램은 G*Power 프로그램 공식 사이트에서 무료로 다운로드할 수 있다.

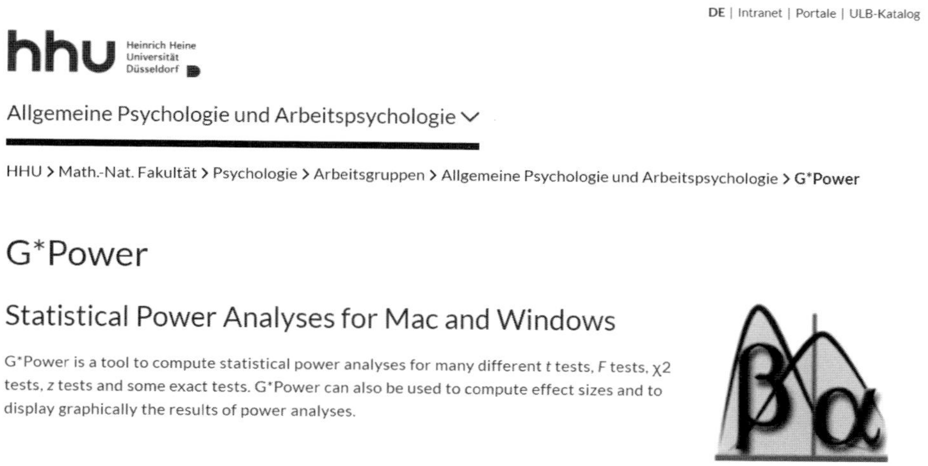

G*Power 프로그램 공식 사이트(http://www.gpower.hhu.de/en.tml)

독립표본 t검정에서 적정 표본수가 궁금할 때, 다음과 같이 계산할 수 있다.

1

Test family 콤보 버튼에서 t tests를 선택한다.

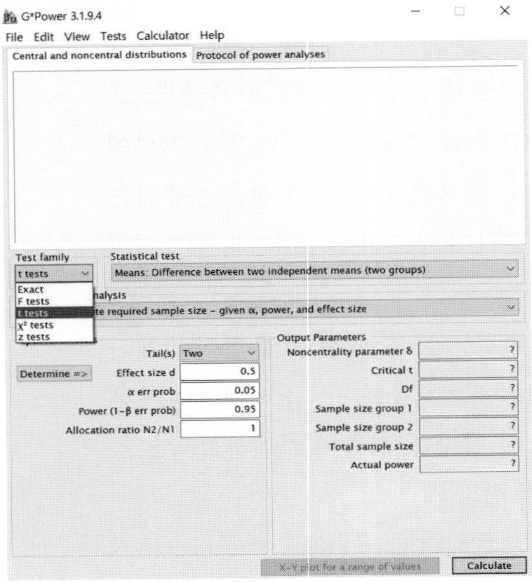

2

Independent t-test를 선택하기 위해 Statistical test 콤보 버튼에서 Means: Difference between two independent means(two groups)를 선택한다.

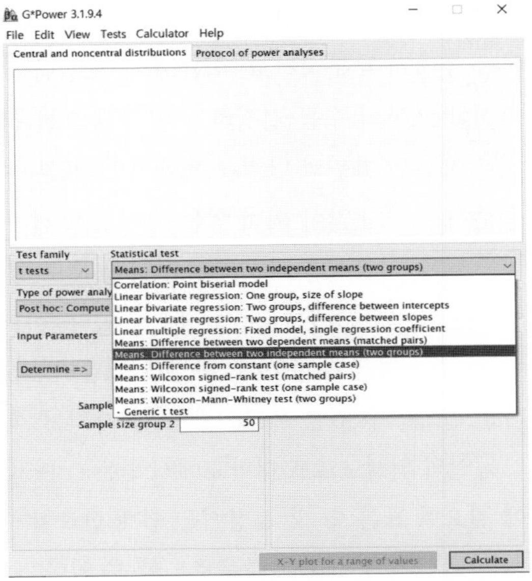

3

Type of power analysis 콤보 버튼에서 A priori: Compute required sample size-given α, power, and effect size를 선택한다.

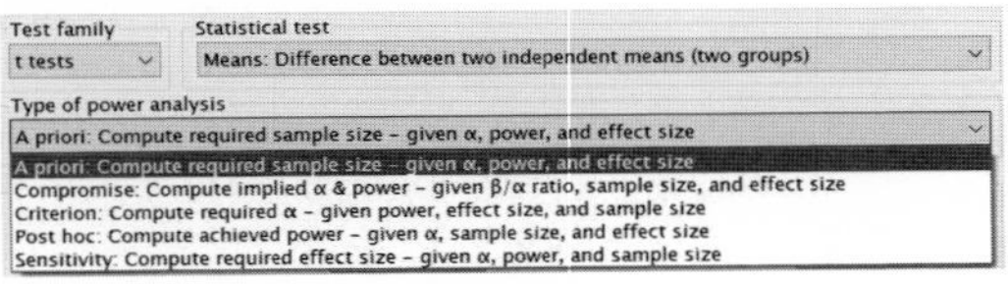

4

Input Parameters 콤보 버튼에서 Effect size d, α err prob, Power(1−β err prob)를 입력한다.

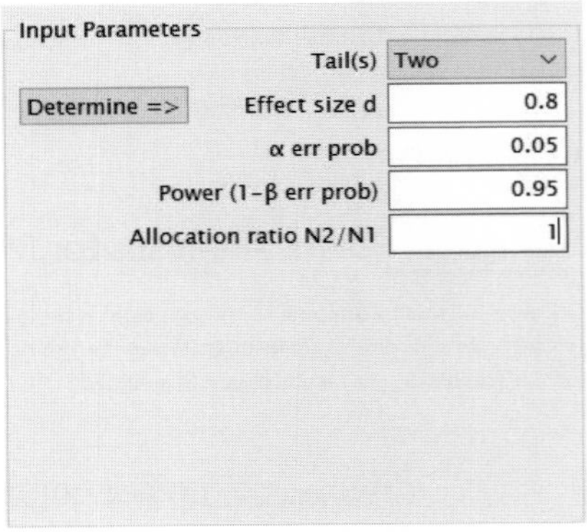

Type of power analysis	
A priori: Compute required sample size-given α, power, and effect size	유의수준(α), 검정력($1-\beta$), 선별하고자 하는 모집단의 효과크기를 이용하여 표본 수를 산출할 때
Compromise: Compute implied α & power-given β/α ratio, sample size, and effect size	효과크기, 표본 수, 오차확률비를 이용하여 유의수준(α), 검정력($1-\beta$)을 계산함
Criterion: Compute required α-given power, effect size, and sample size	검정력, 효과크기, 표본 수를 이용하여 유의수준(α), 그리고 이와 연관된 표본크기를 제공함
Post hoc: Compute achieved power-given α, sample size, and effect size	유의수준(α), 효과크기, 표본 수를 이용하여 검정력($1-\beta$)을 제공함
Sensitivity: Compute required effect size-given α, power, and sample size	유의수준(α), 검정력($1-\beta$), 표본 수를 이용하여 모집단의 효과크기를 계산함

Input Parameters	
Tail(s)	one: 단측검증 two: 양측검증
Effect size d	Determine 버튼을 누르면, 선택된 통계 기법에 해당하는 효과크기를 계산할 수 있는 Effect size drawer 창이 열린다. 이를 통해 효과크기를 계산할 수 있다. 코헨은 0.8을 추천한다.
α err prob	제 1종 오류: 영가설이 참인데도, 검정결과 영가설을 기각하는 오류. α 오류라고도 한다.
Power ($1-\beta$ err prob)	검정력: 영가설이 거짓일 때 기각하는 능력. 일반적으로 0.8에서 0.9 사이의 값을 사용한다.
Allocation ratio N2/N1	집단비로 N1은 집단 1의 수, N2는 집단 2의 수이다.

5

Calculate 버튼을 클릭하여 그룹별 Sample size를 구한다.

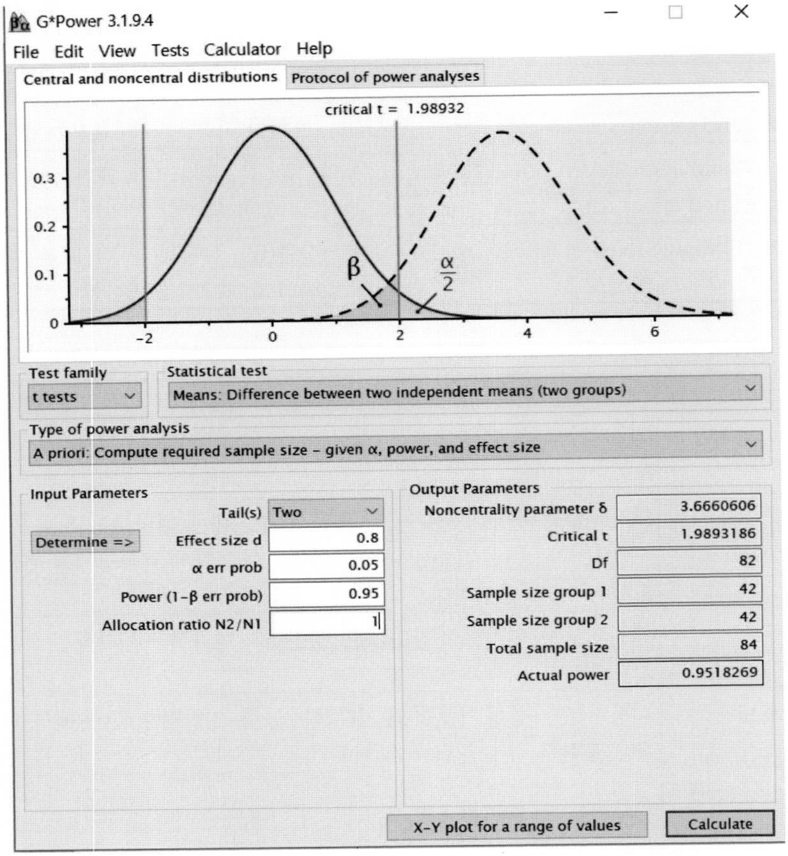

무료 프로그램이기는 하나, 해당 프로그램을 사용하여 논문, 보고서 등을 쓸 때는 인용 표시를 하도록 하자.

Faul, F., Erdfelder, E., Lang, A.-G., & Buchner, A. (2007). G*Power 3: A flexible statistical power analysis program for the social, behavioral, and biomedical sciences. *Behavior Research Methods, 39*, 175–191. Download PDF

Faul, F., Erdfelder, E., Buchner, A., & Lang, A.-G. (2009). Statistical power analyses using G*Power 3.1: Tests for correlation and regression analyses. *Behavior Research Methods, 41*, 1149–1160. Download PDF

참고문헌

강병서, 김계수(2009). 사회과학 통계분석. 경기: 한나래.

곽기영(2019). SPSS를 이용한 통계데이터분석. 경기: 청람.

김규원(1999). SPSS 사회조사분석. 서울: 고려정보산업.

김석우(2001). 사회과학 연구를 위한 통계방법의 이해. 서울: 원미사.

김석우(2015). SPSS AMOS 활용의 실제. 서울: 학지사.

김석우(2016). 기초통계학. 서울: 학지사.

김용정(2009). 교사문화의 진단도구 개발 및 특성 분석. 부산대학교 대학원 박사학위논문.

김정환(2008). 교육연구 및 통계방법(개정신판). 서울: 원미사.

김충련(2012). SPSS 데이터분석. 서울: 21세기사.

노경섭(2019). 제대로 알고 쓰는 논문 통계분석 – SPSS & AMOS. 서울: 한빛아카데미.

노형진, 유자양(2016). SPSS 및 Excel을 활용한 다변량분석 이론과 실제. 서울: 지필미디어.

박광배(2000). 다변량분석. 서울: 학지사.

박성현, 조신섭, 김성수(1999). 통계자료분석을 위한 한글 SPSS. 서울: SPSS아카데미.

박정식, 윤영선(2002). 현대통계학(제4판). 서울: 다산사.

배병렬(2014). AMOS7에 의한 구조방정식모델링. 서울: 도서출판 청람.

서영숙(2020). 독립성 검정의 역사적 고찰: 검정부터 부스트래핑 방법까지. 교육평가연구, 33(2), 323–351.

성태제(2014). 현대 기초통계학(7판). 서울: 학지사.

성태제(2019). SPSS 25.0/AMOS/HLM을 이용한 알기 쉬운 통계분석. 서울: 학지사.

손충기, 백영균, 박정환(2006). 내가 하는 통계분석 SPSS(제4판). 서울: 학지사.

송인섭(1994). 통계학의 이해(개정판). 서울: 학지사.

송인섭(2001). 통계학의 기초. 서울: 학지사.

이종성, 강계남, 김양분, 강상진(2000). 사회과학연구를 위한 통계방법(제4판). 서울: 박영사.

이학식, 임지훈(2017). SPSS 24 매뉴얼. 서울: 집현재.

이훈영(2010). 이훈영 교수의 통계학. 경기: 청람.

이훈영(2013). SPSS를 이용한 데이터분석. 경기: 청람.

한국교육학회 교육평가연구회(편)(1995). 교육 측정 · 평가 · 연구 · 통계 용어사전. 서울: 중앙교육진흥연구소.

홍세희(2000). 구조방정식 모형의 적합도 지수 선정기준과 그 근거. 한국심리학회지, 19(1), 161-177.

황정규 편(1998). 교육측정 · 평가의 새 지평. 서울: 교육과학사.

Abrami, P. C., Chomsky, P., & Cordon, R. (2001). *Statistical analysis for the social sciences: An interactive approach.* Needham Heights, MA: Allyn & Bacon.

Baron, R. M., & Kenny, D. A. (1986). The moderator-mediator variable distinction in social psychological research: Conceptual, strategic, and statistical considerations. *Journal of personality and social psychology, 51*(6), 1173.

Bentler, P. M. (1990). Comparative fit indexes structural models. *Psychological Bulletin, 107*, 238-246.

Bentler, P. M., & Bonnet, D. G. (1980). Significance tests and goodness of fit in the analysis of covariance structures. *Psychological Bulletin, 88*, 588-606.

Bentler, P. M., & Chou, C.-P. (1987). Practical issues in structural modeling. *Sociological Methods and Research, 16,* 78-117.

Bloomers, P. J., & Forsyth, R. A. (1977). *Elementary statistical methods in psychology and education* (2nd ed.). Lanham, MD: University Press of America, Inc.

Bollen, K. A. (1989). *Structural equations with latent variables.* New York: John Wiley & Sons, Inc.

Byrne, B. M. (2001). *Structural equation modeling with AMOS: Basic concepts, applications, and programming.* Mahwah, NJ: Lawrence Erlbaum Associates.

Comrey, A. L., & Lee, H. B. (1992). *A first course in factor analysis.* Hillsdale, NJ: Erlbaum.

Dillon, W. R., & Goldstein, M. (1984). *Multivariate analysis: Methods and applications.* New York: John Wiley & Sons, Inc.

Draper, N. R., & Smith, H. (1966). *Applied regression analysis* (2nd ed.). New York: John Wiley & Sons, Inc.

Faul, F., Erdfelder, E., Buchner, A., & Lang, A.-G. (2009). Statistical power analyses using G*Power 3.1: Tests for correlation and regression analyses. Behavior Research Methods, 41, 1149-1160. Download PDF.

Faul, F., Erdfelder, E., Lang, A.-G., & Buchner, A. (2007). G*Power 3: A flexible statistical power analysis program for the social, behavioral, and biomedical sciences. Behavior Research Methods, 39, 175-191. Download PDF.

Fienberg, S. E. (1979). The use of chi-square statistics for categorical data problems. *Journal of the Royal Statistical Society, Series B (Methodological), 41*, 54-64.

Fish, L. J. (1988). Why multivariate methods are usually vital. *Measurement and Evaluation in Counseling and Development, 21*, 130–137.

Fisher, R. A. (1922). On the interpretation of chi-square from contingency tables, and the calculation of p. *Journal of the Royal Statistical Society, 85*(1), 87–94.

Fisher, R. A. (1934). *Statistical methods for research workers* (5th ed.). Edinburgh: Oliver and Boyd.

George, D., & Mallery, P. (2020). *IBM SPSS Statistics 26 step by step* (sixth edition). New York: Routledge.

Gorsuch, R. L. (1983). *Factor analysis* (2nd ed.). Hillsdale, NJ: Lawrence Erlbaum Associates.

Hair, J. F., Anderson, R. E., Tatham, R. L., & Clack, W. C. (2014). *Multivariate data analysis* (5th ed.). Englewood Cliff, NJ: Prentice–Hall, Inc.

Harremoes, P., & Tusnady, G. (2012). Information divergence is more chi-squared distributed than the chi-squared statistics. Retrieved from https://arxiv.org/pdf/1202.1125.pdf

Hayes, A. F. (2015). Process macro를 활용한 매개분석 · 조절분석 및 조절된 매개분석. (이형권 편역). 경기: 신영사. (원저는 2013년에 출판).

Hays, W. L. (1988). *Statistics* (4th ed.). New York: Holt, Rinehart & Winston.

Holmbeck, G. N. (1997). Toward terminological, conceptual, and statistical clarity in the study of mediators and moderators: Examples from the child–clinical and pediatric psychology literatures. *Journal of consulting and clinical psychology, 65*(4), 599.

Hope, A. C. A. (1968). A simplified Monte Carlo significance test procedure. *Journal of Royal Statistical Society Series B, 30*(3), 582–598.

Hotelling, H. (1935). The most predictable criterion. *Journal of Educational Psychology, 26*, 139–142.

Howell, D. C. (2009). Contingency tables are not all the same. Retrieved from https://docplayer.net/21126573-Contingency-tables-are-not-all-the-same-david-c-howell-university-of-vermont.html

Jöreskog, K. G., & Sörbom, D. (1984). *LISLEL–VI users guide* (3rd ed.). Mooresville, IN: Scientific Software.

Kaiser, H. F. (1974). An index of factorial simplicity. *Psychometrika, 39*, 31–36.

Lewis, D., & Burke, C. J. (1949). The use and misuse of the chi-square test. *Psychological Bulletin, 46*(6), 433–489.

MacKinnon, D. P., & Dwyer, J. H. (1993). Estimating mediated effects in prevention studies. *Evaluation Review, 17*(2), 144–158.

MacKinnon, D. P., Warsi, G., & Dwyer, J. H. (1995). A simulation study of mediated effect measures. *Multivariate Behavioral Research, 30*(1), 41–62.

Mark, S. A., & Roger, K. B. (1984). *Cluster analysis.* Beverly Hills, CA: Sage Publications.

McDonald, J. H. (2014). *Handbook of biological statistics* (3rd ed.). Baltimore, MD: Sparky House Publishing.

Mulaik, S. A. (1987). Toward a conception of causality applicable to experimentation and causal modeling. *Child Development, 58*, 18–32.

Mulaik, S. A., James, L. R., Van Alstine, J., Bennett, N., Lind, S., & Stillwell, C. D. (1989). Evaluation of Goodness-of-Fit Indices for Structural Equation Models. *Psychological Bulletin*, 105, 430–445.

Nunnally, J. C. (1967). *Psychometric theory.* New York, NY: McGraw-Hill.

Pearson, K. (1900). On the criterion that a given system of deviations from the probable in the case of a correlated system of variables is such that it can be reasonably supposed to have arisen from random sampling. *Philosophical Magazine Series 5, 50*(302), 157–175.

Pearson, K. (1904). On the theory of contingency and its relation to association and normal correlation. Drapers' Company Research Memoirs, Biometric Series I. London, UK: Dulau and Co.

Pedhazar, E. J. (1982). *Multiple regression in behavioral research: Explanation and prediction* (2nd ed.). New York: Holt, Rinehart & Winston.

Pedhazar, E. J., & Schmelkin, L. P. (1991). *Measurement, design, and analysis: An integrated approach.* Hillsdale, NJ: Lawrence Erlbaum Associates.

Preacher, K. J., & Hayes, A. F. (2004). SPSS and SAS procedures for estimating indirect effects in simple mediation models. *Behavior Research Methods, Instruments, & Computers, 36*(4), 717–731.

Steiger, J. H., & Lind, J. C. (1980). Statistically-based tests for the number of common factors. *Paper Presented at the Annual Meeting of the Psychometric Society*, Iowa City, IO.

Tabachnick, B. G., & Fidell, L. S. (1989). *Using multivariate statistics* (2nd ed.). New York: Harper & Row.

Wikipedia. (2019). Friedrich Robert Helmert. Retrieved from https://en.wikipedia.org/w/index.php?title=Friedrich_Robert_Helmert&oldid=929060229

Wilks, S. S. (1935). The likelihood test of independence in contingency tables. *The Annals of Mathematical Statistics, 6*(4), 190–196.

Wright, S. (1934). The method of path coefficients. *Annals of Mathematical Statistics, 5,* 161–215.

Yates, F. (1934). Contingency tables involving small numbers and the chi-square test. *Supplement*

to the Journal of the Royal Statistical Society, 1(2), 217–235.
G*Power 프로그램 공식 사이트 http://www.gpower.hhu.de/en.tml

찾아보기

인명

내용

저자 소개

김석우(Kim Suk-Woo)
고려대학교 사범대학 교육학과 졸업
미국 UCLA 대학원 교육학과 석사 및 철학박사
현 부산대학교 사범대학 교육학과 교수

김윤용(Kim Yun-Yong)
부산대학교 사범대학 교육학과 졸업
부산대학교 대학원 교육학과 석사 및 교육학박사
전 부산대학교 사범대학 교육학과 강사

구경호(Koo Kyung-Ho)
부산대학교 대학원 교육학과 석사 및 교육학박사
현 경상남도교육청 교육정책연구소 책임연구원

김형란(Kim Hyung-Ran)
부산대학교 대학원 교육학박사
현 부산대학교 교육발전소 박사후 연구원

서원석(Suh Won-Suk)
미국 뉴욕주립대학교 스토니브룩 경제학과 졸업
부산대학교 대학원 교육학박사 수료
현 주식회사 플러스원 대표

이승배(Lee Seungbae)
부산대학교 사범대학 수학교육학과 졸업
부산대학교 대학원 교육학과 석사 및 교육학박사
현 부산광역시교육청 교육정책연구소 연구원

장재혁(Chang Jaehyuck)
고려대학교 사회학과 및 영어교육학과 졸업
부산대학교 대학원 교육학과 석사 및 교육학박사
현 부산대학교 사범대학 교육학과 강사

한 권으로 끝내는 SPSS & AMOS
Mastering SPSS & AMOS

2022년 3월 20일 1판 1쇄 인쇄
2022년 3월 30일 1판 1쇄 발행

지은이 • 김석우 · 김윤용 · 구경호 · 김형란 · 서원석 · 이승배 · 장재혁
펴낸이 • 김진환
펴낸곳 • (주) 학지사

04031 서울특별시 마포구 양화로 15길 20 마인드월드빌딩
대표전화 • 02)330-5114 팩스 • 02)324-2345
등록번호 • 제313-2006-000265호

홈페이지 • http://www.hakjisa.co.kr
페이스북 • https://www.facebook.com/hakjisabook

ISBN 978-89-997-2648-4 93310

정가 24,000원